猕猴桃研究进展(VIII)
Advances in *Actinidia* Research (VIII)

黄宏文　主编
Edited by HUANG Hongwen

科 学 出 版 社
北　京

内 容 简 介

本书收集国内猕猴桃会议代表提交的论文，内容涉及猕猴桃产业与市场、种质资源与遗传育种、生物技术研究、栽培技术与发育生理以及猕猴桃病虫害防治五个方面。书中所收录的论文是国内外从事猕猴桃研究、管理、开发利用人员近年来的成果或工作积累，针对一些产业发展问题及新技术应用提供建议，是供广大从事猕猴桃科研、教学、推广与生产、市场销售等领域人员参考的重要资料。

本书适合科研人员、教师、大中专学生、职业院校及从事果树行业管理的行政部门人员、基层科技人员作为参考，也可供猕猴桃爱好者阅读。

图书在版编目(CIP)数据

猕猴桃研究进展.VIII/黄宏文主编. —北京：科学出版社，2018.1
ISBN 978-7-03-055331-7

Ⅰ.①猕… Ⅱ.①黄… Ⅲ.①猕猴桃-文集 Ⅳ.①S663.4-53

中国版本图书馆 CIP 数据核字(2017)第 277046 号

责任编辑：张颖兵/责任校对：邵 娜
责任印制：彭 超/封面设计：苏 波

科学出版社 出版
北京东黄城根北街 16 号
邮政编码：100717
http://www.sciencep.com
武汉市首壹印务有限公司印刷
科学出版社发行 各地新华书店经销
*
开本：787×1092 1/16
2018 年 1 月第 一 版 印张：18 插页：8
2018 年 1 月第一次印刷 字数：493 000

定价：120.00 元

(如有印装质量问题，我社负责调换)

《猕猴桃研究进展(VIII)》编委会

序

(FOREWORD)

我国作为全球猕猴桃最大的生产国,在猕猴桃的科学研究、技术研发、产业升级等方面具有举足轻重的地位。本次全国猕猴桃会议是在国内外猕猴桃科技与产业发展的一个重要的转折时期召开的,与会代表提交的论文报告和关注的问题也充分反映了我们处在一个承前启后、继往开来的重要时刻。

其一,2010 年以来猕猴桃溃疡病的出现在重创西方猕猴桃产业大国意大利和新西兰的同时,也一定程度上影响了我国猕猴桃生产。特别在果园选址不科学或品种选择不合理的地区,因冬季低温或倒春寒对树体伤害导致溃疡病暴发,毁园现象多有发生,给我们敲响了科学合理区划和正确品种选择的警钟。显然,我们目前处在与猕猴桃溃疡病抗争的关键时期,可喜的是与往届会议忌讳溃疡病、回避溃疡病对当地产业的影响不同,此次与会代表高度关注溃疡病且直面问题。本次会议提交了一些有关猕猴桃溃疡病研究进展和防治技术探讨的重要论文,我国猕猴桃溃疡病研究和防治取得了显著进展。

其二,猕猴桃新品种更新换代成为国内外趋势。无论是新西兰全面以 Zespri ® SunGold (Gold3)取代'Hort16A',还是意大利大规模推广 Jingold™('Jintao'金桃),或是我国的红肉新品种'东红'快速取代'红阳'等,新品种更新换代态势迅猛。这促进了国内外猕猴桃产业和产品升级,同时也给猕猴桃科技人员和种植者带来了机遇和挑战。充分认识新品种对产业的推动和相关技术能力的同步提升,对我国未来猕猴桃产业的升级和我国三农工作的重要意义,有利于我们认清科研方向和理顺产业发展导向。

其三,当前我国农业供给侧的改革为猕猴桃产业发展拓展了空间。猕猴桃作为我国高值经济果树在农业供给侧的改革中具有重要意义,特别在秦岭与南岭之间广阔丘陵与山地,大量农作不宜土地具有发展猕猴桃生产的巨大空间和潜力。例如,在贵州喀斯特地区,通常的烟草与玉米连作已经不适合可持续发展。猕猴桃园的建立在提高农民收入的同时,对水土保持和生态维持也远优于一年生作物的耕作。目前贵州、云南两省作为猕猴桃新的规模产业发展区域还需要我国广大猕猴桃科技人员的智慧和努力,使之成为我国猕猴桃高值栽培的"新产地"。

其四,猕猴桃在我国精准扶贫中发挥重要作用。无论在我国中西部贫困山区,还是在其他老少边穷地区,由于缺乏合适产业发展的带动,长期处于贫困现状。然而,这些地区具备优越的猕猴桃种植自然环境,以猕猴桃产业带动的精准扶贫已在湖南、江西、贵州、云南等贫困山区蓬勃发展起来。这些地区的县、乡、村各级政府与从事猕猴桃科研的人员及企业家共同努力,推动猕猴桃产业在精准扶贫工作中的落实,近年来栽培面积和产业规模呈现大幅增长的势态。猕猴桃产业发展对我国精准扶贫国策的支撑具有深远意义。

其五,我国猕猴桃的科研和技术研发能力进一步提高,特别是基因组技术在猕猴桃育种中的应用。以去年中国、意大利、新西兰三国猕猴桃科技人员共同编撰的 *The Kiwifruit Genome* 为例,我国科技人员基因组研究的进展令人瞩目。同时,一系列新技术、新方法、新仪器的应用对提升猕猴桃产业水平和产品的质量发挥了重要作用。

虽然我国猕猴桃产业存在的果园管理粗放、肥水施用不合理、产量低、质量差、采收指标不落实、储运规范不健全、商业销售无序等问题严重影响着我国猕猴桃产业的声誉和国际竞争性,但是年轻一代的猕猴桃科研工作者、企业家、种植农户正通过努力改变这些顽疾将我国猕猴桃产业提升到一个新的高度。本次会议还成功举行了猕猴桃分会理事会换届工作,作为本会的创始人和十多年的理事长,我非常欣慰地看到新一届理事会年富力强、专业结构合理、代表面广,我充分相信我国猕猴桃事业在猕猴桃分会新一届理事会的领导下取得更长足的进展。

黄宏文

2017 年 4 月 26 日于广州

前　　言

（PREFACE）

猕猴桃是20世纪初开始人工驯化栽培的水果，至今仅有一百余年历史。自1978年以来，我国开展了广泛而深入的猕猴桃野生资源调查，对其分类系统、地理分布和自然生境进行了详细研究，并发掘和选育了一批优良品种和品系。我国猕猴桃自1978年不足1公顷的种植面积，迅速扩增，截至2015年栽培面积超过25万公顷，产量达到260万吨，分别占全球总量55%和65%。中国作为猕猴桃自然资源和栽培生产双重大国，未来将更加深远地影响猕猴桃资源的可持续利用和全球猕猴桃产业的可持续发展。

中国猕猴桃产业的快速稳定发展令世界瞩目，成绩的背后凝结了我国猕猴桃科研工作者、种植者、经销商和农业企业家的辛勤付出和不懈努力。中国园艺学会猕猴桃分会在全国猕猴桃科研和产业界人士的长期支持下，每两年组织一届全国猕猴桃研讨会，并将会议交流成果结集出版。第六届全国猕猴桃大会由中国园艺学会猕猴桃分会主办，苍溪县人民政府承办。根据会议交流内容，本卷《猕猴桃研究进展（VIII）》所收录论文包括猕猴桃产业与市场、种质资源与遗传育种、生物技术研究、栽培技术与发育生理，以及猕猴桃病虫害防治五个方面。会议论文集的出版旨在记录猕猴桃科学研究及产业发展的现状，同时针对存在的问题，提出我国猕猴桃研发及产业策略。

由于能力和水平所限，书中纰漏之处在所难免，恳请大家批评指正。借此机会再次向为本书提供稿件的作者和对本书的顺利出版给予支持的领导和同仁们表示衷心的感谢！中国园艺学会猕猴桃分会希望得到大家一如既往的指导和支持，在猕猴桃科研和产业发展道路上与各位携手并进！

中国园艺学会猕猴桃分会

2017年4月8日于武汉

前　言

(PREFACE)

目　录

(CONTENTS)

(一) 猕猴桃产业与市场

(二) 种质资源与遗传育种

(三) 生物技术研究

(四) 栽培技术与发育生理

(五)猕猴桃病虫害防治

（一）猕猴桃产业与市场

浅析苍溪猕猴桃产业发展现状及未来发展方向

罗 俊 何仕松 郑 静 刘 健 刘 原

（四川苍溪猕猴桃研究所 苍溪 628400）

摘 要 苍溪是我国最早进行猕猴桃人工栽培的地区之一，是世界红肉猕猴桃的原产地。苍溪现有猕猴桃栽植面积2.33万公顷，年产鲜果8万吨，综合产值达25亿元；已先后选育出‘川猕1号’‘川猕2号’‘川猕3号’‘川猕4号’‘新观2号’‘红阳’‘红华’‘红美’‘红昇’等多个猕猴桃新品种，开发有猕猴桃果浆、果汁、果酒、果脯等加工产品，并远销欧、美、日、韩等20多个国家和地区。苍溪猕猴桃产业正迅速扩大，但目前产业也面临诸如品种结构单一、园区规划建设不合理、管理水平不高、病虫害检疫防控不到位、缺乏专业的育苗基地、产品加工水平低、品牌影响力不大等问题；随着在科技创新、队伍建设、标准生产、物流加工、品牌建设等领域的不断投入，未来苍溪猕猴桃产业必将形成一条集育种、栽培、加工、仓储、物流及周边产业为一体的完整产业链。

关键词 猕猴桃 苍溪 发展现状 发展方向

苍溪是我国最早进行猕猴桃人工栽培的地区之一，是世界红肉猕猴桃的原产地。1997年在当地成功选育出首个红肉猕猴桃新品种——‘红阳’，被地方政府确定为主栽品种进行推广，发展规模迅速扩大。2016年全县猕猴桃发展规划提出：未来5年，以年发展3万亩（0.20×10^4 hm^2）的速度新建15万亩（1.00×10^4 hm^2），到2020年，实现全县猕猴桃栽植面积50万亩（3.33×10^4 hm^2），年产鲜果50万吨，猕猴桃综合产值100亿元以上。猕猴桃已成为苍溪县的主导特色产业，在推动区域经济发展，带动农民脱贫致富奔小康等方面发挥了重要作用。

1 产业发展现状

根据2015年统计结果，苍溪有猕猴桃栽植面积35万亩（2.33×10^4 hm^2），年产鲜果8万吨，综合产值达25亿元。其中‘红阳’猕猴桃的栽植面积32万亩（2.13×10^4 hm^2），占总栽植面积的91.43％，其他栽植品种包括‘海沃特’‘金红50’‘金什1号’‘Hort16A’等。目前，全县已建成猕猴桃基地乡镇37个，种植专业村445个，执行国家无公害农产品猕猴桃标准3项，制定了苍溪县地方标准8项、农业标准示范区工作标准6项、农业标准化示范区质量管理工作标准11项和配套标准5项，有效地规范引导了产业发展。

苍溪目前已选育出‘川猕1号’‘川猕2号’‘川猕3号’‘川猕4号’‘新观2号’‘红阳’‘红华’‘红美’‘红昇’等多个猕猴桃新品种，被世界各地广泛引种栽培。现有主推品种‘红阳’，由于其糖分含量高、口感好、品质特优，深受国内外消费者喜爱，产品远销日本、韩国、美国以及欧盟的德国、荷兰等20多个国家和地区。苍溪现已引进、培育鲜销和加工龙头企业7家，开发的加工产品包括果浆、果汁、果酒、果脯等。全县各产区先后成立了猕猴桃专业合作社75家，建成精深加工生产线8条，建成1个万吨级仓储物流中心，发展猕猴桃包装企业1家、肥料生产企业2家，初步形成了一条以生产、销售、加工为主导，投入品、包装等延伸产业为补充的猕猴桃产业链。此外，苍溪已建成国家“出口猕猴桃质量安全示范区”，苍溪红心猕猴桃被认定为“生态原产地域保护产品”，获得国家地理标志证明商标，猕猴桃已成为当地的明星产品，市场前景广阔。

2 产业目前面临的问题

2.1 品种结构单一

‘红阳’作为苍溪猕猴桃的主推品种，栽植面积占全县总栽植面积的91.43 %。由于‘红阳’对生长环境要求严格，加上果实偏小、商品果率低且高感溃疡病等缺点，盲目大面积推广，将导致产业发展存在诸多隐患，发展后劲不足。

2.2 种植区域选址不合理

苍溪地处四川盆地北部，属中低山丘陵区，局部土壤环境差异较大。目前由于缺乏对应的园区评价体系，存在较大面积的不科学建园，造成一些园区产量低，多年难见效益，使业主蒙受了较大的经济损失，投资信心受挫。

2.3 整体种植技术水平不高

近年来，大量的投资者进入猕猴桃生产领域，但由于许多投资者自身准备不足，又缺乏种植技术，不重视土壤培肥，不科学合理的施肥用药，整体管理水平达不到要求，导致单位面积产量低，一旦资金链断裂，必然使企业发展陷入困局，形成恶性循环。

2.4 技术保障体系不完善

苍溪目前在绝大部分基地乡镇都配备有猕猴桃技术员，但受人力资源限制，个别种植区域仍然无法兼顾，且技术指导水平也参差不齐。同时，缺乏专业的育苗基地，现有的良繁体系生产能力有限，生产的组培苗、容器苗造价偏高，难以被市场接受。面对这种情况，业主只能分散采购种苗，这又对种苗质量安全的监管增加了难度，加上现有的监管体系不完善，对种苗、穗条、花粉等的流通缺乏有效的管控，易造成病原菌传播，一旦暴发大面积病害，势必危及产业发展。

2.5 果实商品化处理水平低

苍溪猕猴桃目前的销售模式依然是以鲜果销售为主，有一定的加工生产能力，但缺乏大型加工龙头企业，品牌影响力不大。鲜果销售受货架期的影响，季节性限制明显，且果实商品化处理水平低，产品附加值不高，经济效益有限。此外，缺少完善的冷链运输和销售系统，也制约着鲜果的销售。

3 产业未来发展方向

3.1 科学发展

应充分认识到科学技术在猕猴桃产业发展中的重要性，发展要尊重理论，同时也要结合实际。针对苍溪局部土壤气候环境变化大的特点，应转变发展思维，在坚持以红肉品种为特色的前提下，对确不适宜发展红肉品种的区域，进行绿肉、黄肉、软枣等品种的开发利用，优化品种结构。同时，应充分利用现有的品种选育基础，有针对性地开展适应性好、贮藏期长以及商品性好的红肉猕猴桃新品种选育，搞好品种资源储备，解除品种这一产业发展的重要制约因素，同时搭配早、中、晚熟品种，延长产品货架期。此外，应加强对种植技术的更新和完善，注重对国内外新技术的引进和推广，注重对一些重点、难点问题的研究。特别是对猕猴桃溃疡病等重要病害，要积极探寻发病原因、发病规律，总结防治技术，加强药物筛选，注重区域环境改造，寻求综合防治途径。

3.2 队伍建设

苍溪猕猴桃产业的快速发展需要大量的人力投入，且需求方向也是多方面的。目前的人才结构还远达不到产业发展的要求，应积极补充人才队伍，调整人才结构，着力建设一支高素质、多层次的技术团队。通过引进等方式补充科研人才,通过考核招聘等方式选拔技术人才,通过发掘培养等方式搜寻实用型人才。只有形成了一支综合、高效的人才队伍,各项规划和发展方案才能得到科学合理的执行,发展的过程中也才能少走弯路。

3.3 标准化生产

规范化、标准化是现代农业产业发展的趋势,对节省资源、保证产品质量作用明显。标准化既是对生产环节质量的要求,也是对生产流程系统性的要求。今后苍溪猕猴桃产业必然会发展成为一条集育种、栽培、加工、仓储、物流及周边产业为一体的完整产业链,标准化将涵盖生产的各个环节,应有计划地完善产业链,同时推行相应的技术标准。苍溪应利用现有良繁基础,发展专业的育苗基地,推广无病毒容器苗,同时完善监管体系,杜绝苗木繁育上的无序生产;应注重园区评价,根据土壤气候特征,合理搭配品种;应重视生产管理技术,合理施肥用药,保证产品的绿色品质;应重视机械化、智能化程度,保证生产的安全高效;应重视各环节的协同推进,保证产业链的健康发展。

3.4 物流加工

全产业链发展是苍溪猕猴桃产业发展的趋势。针对目前缺少完善的冷链运输系统,果实出库后货架期缩短,冷藏损失率高等问题,应在城区和各大集散地有计划、分批次地建设一批低温气调保鲜库和物流中心,加强果品分级分类、贮运、保鲜、包装和信息服务等市场配套设施建设,逐步形成设施齐全、功能完善的现代农产品物流体系。与此同时,应从长远出发,在做好现有鲜果销售的同时,通过引进、培育加工龙头企业,搞好猕猴桃加工产品的开发,逐步调整全县鲜销和加工产品比例,提升效益。

3.5 品牌建设

在已有品牌基础上,应继续加大品牌建设力度,注重对现有品牌的保护和利用,挖掘品牌潜力,严把质量监管,树立品牌形象;注重宣传包装,发挥品牌效益,通过品牌宣传占领市场,通过品牌实力稳固市场。同时由政府主导,举办猕猴桃名优产品展销、评比和推介活动,加强媒体宣传,提升产品知名度,积极拓展市场。

A Brief Perspective on the Development Status and Direction of Kiwifruit Industry in Cangxi, Sichuan

LUO Jun HE Shisong ZHENG Jing LIU Jian LIU Yuan

(Kiwifruit Institute of Cangxi Cangxi 628400)

Abstract Cangxi is one of the earliest places that artificial cultivation of kiwifruit was conducted in China, and it is also the original place of red-fleshed kiwifruit. Currently, Cangxi has a cultivation area of kiwifruit approximately 23.3 thousand hm^2, with 80 thousand tons of fresh fruit production and 2.5 billions of production values. Several new cultivated varieties (e.g., Chuanmi No. 1, 2, 3 and 4, Xinguan No. 2, Hongyang, Honghua, Hongmei, and Hongsheng) have been bred. Processed kiwifruit products such as jam, juice, fruit wine, and preserved fruit have been developed, and these products are well sold in more than 20 counties such as Europe, America, Japan, and Korea. Although kiwifruit industry in Cangxi is rapidly expanding, many issues still exist, including simple variety structure, irrational planning and construction of garden, pool management, pool prevention and quarantine in disease and pests, lack of professional breeding base, low levels of product processing, and pool brand influence. With the increasing investment in scientific and technological innovation, team development, standardized production, logistics processing, and brand construction, kiwifruit industry in Cangxi will developed into a complete industry chain with breeding, cultivation, processing, storage, logistics, and surrounding industries as a whole in the future.

Key words Kiwifruit Cangxi Development status Development direction

刍议西峡猕猴桃的发展

王熙龙

(河南省西峡猕猴桃研究所　西峡　474573)

摘　要　西峡县是全国猕猴桃最佳适生县之一,西峡猕猴桃产业发展经过了五个不同阶段。本文对西峡猕猴桃产业主要特点和存在的主要问题进行总结,对今后发展建议与前景展望提出了包括巩固已发展面积是重点、抓好早中晚与红黄绿优良品种合理搭配等观点,并希望尽快成立"三个服务中心"及建立一个猕猴桃超级批发市场。

关键词　猕猴桃　发展阶段　产业特点　问题　建议与展望

西峡地处北亚热带与暖温带分界线、湿润区与半湿润区分界线,年均气温 15.2 ℃,年均降水量 900 mm 左右,相对湿度 75 %;无霜期 236 d;年平均日照时数 2 049 h,森林覆盖率76.8 %。优良的地理气候和生态环境使西峡成为猕猴桃最佳适生区之一。西峡种质资源丰富,野生红肉、黄肉、绿肉猕猴桃均有分布,且分布面积广,适合人工栽培,抗冻害、日灼和病虫害能力强,内在品质优良,口感好,维生素 C 含量高。西峡被国家林业局命名为"中国名优特经济林——猕猴桃之乡",通过了国家质量检验检疫总局"西峡猕猴桃地理标志产品保护"认证。

西峡历届县委、县政府都把猕猴桃资源的保护与开发放在县域经济发展的战略位置,一届接着一届抓,一任接着一任干,把猕猴桃产业作为特色农业的一号工程,使西峡猕猴桃产业得到了健康、持续发展。西峡县被农业部命名为"国家级猕猴桃标准化生产示范县",被命名为"国家农业(猕猴桃)标准化生产示范区"。西峡产猕猴桃被评为"河南省最具影响力的十大地理标志产品",先后通过 OFDC(国家环保总局有机食品认证中心)、美国 OCIA(美国有机作物改良协会)、日本 JAS(日本有机作物标准法规)、欧盟 ECOECRT(欧盟有机认证协会)和 NOP(美国有机认证协会)等认证机构的有机认证。

1　西峡猕猴桃产业发展阶段

1.1　初级可研阶段(1990 年以前)

西峡是全国猕猴桃开发利用最早、规模较大的县份之一。早在 20 世纪 70 年代初,西峡率先在全国开展猕猴桃资源普查。1975 年西峡选出了一批优良单株,同年西峡成立了全国最早的猕猴桃科研机构——西峡猕猴桃研究所,开始从事猕猴桃人工繁殖研究。1980 年在西峡陈阳乡(现划入丁河镇)陈阳坪村建立了第一个山地人工栽培猕猴桃园,同时建成了全国第一个猕猴桃规模化专业苗圃。1981 年农业部在西峡举办了"全国猕猴桃技术培训班",1982 年全国猕猴桃优株选育座谈会在西峡召开,会议确定在全国试种 15 个优良品种,其中西峡猕猴桃研究所选育 9 个;1986 年林业部在西峡举办了猕猴桃技术培训班。1984 年,西峡猕猴桃研究所培育的'华光 2 号''华美 1 号'两个优良品种首批通过省级鉴定,并荣获省部级科技进步二等奖,国家科技进步三等奖。

1.2　初步发展阶段(1991~1998 年)

随着猕猴桃产品在市场逐步得到认可,县委县政府高度重视,于 1991 年成立了猕猴桃生产办公室。猕猴桃生产办公室与西峡猕猴桃研究所一起,先后在丁河、双龙、桑坪等乡镇开始规模化人工种植，建设了 10 处基地，面积达 4000 多亩（1 亩≈666 m^2）。基地大部分在浅山区，主要栽培‘华美 1 号’‘华美 2 号’和‘秦美’等品种，成为西峡第一批猕猴桃商品基地。

1.3 大力发展阶段（1999~2004 年）

自 1999 年开始，西峡把猕猴桃产业列入县委县政府重点工程，坚持一张蓝图绘到底，一任接着一任干，在全县范围内大力发展猕猴桃。在猕猴桃发展初期，为提高群众思想认识，增强发展猕猴桃产业的信心和决心，西峡县委、县政府决定由全县广大干部职工率先建立示范园，实施猕猴桃产业示范带动工程。建立了 6600 亩县级示范园，2600 亩乡镇示范园。通过示范带动，群众看到了猕猴桃产业带来的效益，自觉学习猕猴桃生产相关技术，参与猕猴桃产业发展的积极性空前高涨，全县上下形成了齐抓猕猴桃产业的良好氛围。

1.4 快速发展阶段（2005~2010 年）

自 2005 年开始，西峡县委、县政府确定了“咬定猕猴桃不放松，实现全国优质猕猴桃示范县”的发展目标，把猕猴桃生产发展作为巩固扩大农业产业结构调整成果、发展农村经济、增加农民收入和建设社会主义新农村的重中之重，在人力、物力、财力等方面给予全方面支持。自 2009 年起，对新发展基地每亩补贴提高到 500 元，使猕猴桃基地每年以 1 万亩以上的规模向前推进，实现了猕猴桃产业大发展、快发展。为了解决猕猴桃基地水利配套问题，县委、县政府整合农业项目资金，投入到猕猴桃产业。到 2010 年，全县已发展猕猴桃基地 8 万多亩，建立标准化优质高效示范基地 12 处，成为全国知名的猕猴桃重点产区。

1.5 转型发展阶段（2011 年至今）

为了使猕猴桃产业发展实现从分散经营向集约化经营转变、从农户种植向公司化种植转变，加快猕猴桃产业转型升级，西峡开始创新猕猴桃产业发展机制，引导合作社、种植大户、企业等通过合同承包、土地流转等形式发展猕猴桃，初步探索了土地流转发展猕猴桃的新路子。

2 西峡猕猴桃产业主要特点

2.1 基地建设规模较大

经过多年的发展，目前西峡已建成猕猴桃人工基地 11.5 万亩，挂果面积 4.5 万亩，产量 4.8 万吨，打造形成了“312 国道百公里猕猴桃长廊”，基地规模和产量居全国第二位。全县面积较大、效益较好的专业村达到 50 多个，专业村猕猴桃种植总面积约 5 万余亩，总产量约 4.2 万吨，分别占全县总量的 51 %和 88 %。

2.2 品种布局较合理

以优质晚熟品种‘海沃德’为主，适度发展了一批中晚熟和早熟品种，基本形成了红、黄、绿肉果实和早、中、晚熟品种相互搭配的科学布局。以品种多、口感好、品质优在国内外享誉较高的知名度。其中畅销世界的‘海沃德’种植面积达 6.9 万亩，占种植总面积的 60 %；‘秦美’‘米良 1 号’等中晚熟品种占全县种植总面积的 10 %，‘华美 2 号’‘红阳’等早熟品种占 15 %，‘徐香’‘金桃’‘金红 50’‘脐红’等品种占 15 %。是全国最大的‘金桃’种植基地。

2.3 基地管理水平较高

部分猕猴桃基地进行了水利、架材、道路配套，达到了旱能浇、涝能排，个别猕猴桃园投资一步到位，已挂果的基地平均亩产 1 500~2 000 kg。大部分果农掌握了单主干上架、配方施肥、定量挂果、生物综合防治及果实套袋、人工授粉、套种绿肥等标准化、有机化种植技术，果品质量有了较大提高。

2.4 产业化水平不断提高

不断拉长产业链条，大力扶持猕猴桃深加工企业，提升加工产品档次，提高产业附加值，做大做强产业。全县已建成保鲜库84座，贮藏量达3.5万吨。全县规模较大的猕猴桃生产加工企业达到10余家，依托果然风情、华邦、哪吒、达能等猕猴桃加工企业，年加工猕猴桃能力达到3万吨，产品涉及果汁、果片、果酱、果酒、罐头、果粉等8大系列30多个品种，加工企业实现产值3.8亿元，产品畅销全国40多个大中城市和台湾地区，并先后出口到俄罗斯、乌克兰、韩国、东南亚等国家和地区。

2.5 产业效益日益突出

随着全县猕猴桃产业的快速发展壮大，产业经济效益快速增长，全县猕猴桃产业总产值达到5亿元，综合效益20亿元，直接参与猕猴桃产业发展建设人员达到8万人，果农人均纯收入达到8 000元以上，不少群众亩均收入达到1万多元，一些果农亩均收入超过2万元，重点产区农民收入的70 %以上来自猕猴桃产业，一大批农民通过种植猕猴桃走上了致富路。猕猴桃产业的发展，带动了包装、运输、贮藏、加工、营销、旅游等行业快速发展，猕猴桃产业已成为支撑农村经济发展和农民增收的主导产业。

2.6 企业、合作社及大户承包渐成风尚

不少乡镇由农民分散经营的猕猴桃果园试行土地流转，逐步实现了"规模化、集约化、专业化"生产经营格局。如：南阳市果然风情实业有限公司、河南哪吒农业科技公司、华夏联诚果业公司、华实果业公司、国伟果业公司等企业，冕昊合作社、伏牛山猕猴桃购销专业合作社、杨氏乐万家猕猴桃合作社、钰麒猕猴桃专业合作社等合作社均签订了承包合同。全县猕猴桃专业合作社达到56家，入社农户达到8 000余户。

2.7 技术支撑能力较强

多年来，西峡立足本地丰富的种质资源，筛选和引种出适合本县区种植的'华美2号''华美1号''华金''豫皇1号''豫皇2号''华光'系列、'海沃德''红阳''米良1号'等一批优良品种。有从事猕猴桃科研的"河南省西峡猕猴桃研究所"及"南阳市猕猴桃开发工程技术研究中心"，有从事猕猴桃科技服务与推广的"西峡猕猴桃生产办公室"，有从事猕猴桃开发的"西峡猕猴桃开发总公司"。西峡农民猕猴桃技术员达到200多名；西峡与中科院武汉植物园、中国农科院郑州果树研究所等国内外科研机构建立了科技合作关系，与西北农林科技大学合作建立了"西北农林科技大学南阳西峡猕猴桃试验站"。

2.8 野生资源保护较好

全县野生猕猴桃资源分布面积达40余万亩，其中相对集中分布区域15.4万亩，全年产量1.2万吨以上，居全国县级之首，以分布集中、品质优良、种类繁多而驰名中外，是世界上不可多得的中华猕猴桃、美味猕猴桃、软枣猕猴桃的交叉分布区域。

3 西峡猕猴桃产业存在的主要问题

西峡猕猴桃产业发展虽然取得了部分辉煌，但是在猕猴桃产业发展中，也存在一些问题。

3.1 标准化生产水平不高

虽然有部分高产稳产标准化示范园，但整体标准化程度不高。滥用猕猴桃膨大剂和早采、早卖鲜果等短期行为时有发生，重视化肥速效肥轻视有机肥的现象仍比较普遍，重视产量轻视合理负载的现象比较多。

3.2 水利、架材、防风林等设施配套不完善

每年新发展基地投资大，县乡两级只能以新园整地起垄、立杆架材、栽植苗木等环节为主进行扶持，在财力上无暇顾及新老园的水利、棚架丝和防风林配套。村集体无经济实力去帮助扶持，群众在没效益之前不愿投入，"等、靠、要"思想严重。因此，基础设施不配套，全县近一半猕猴桃园属于低标准猕猴桃园。

3.3 重栽不重管现象较普遍

在县委、县政府大力号召下，每年新建果园面积1万亩左右，然而管理滞后，尤其是1~3年幼果园。幼果园由于管理任务大且没有经济效益，处于不舍得投资，听天由命失管的多，造成新园幼苗成活率低，老园抽枝少，树冠弱，挂果比例低，产量低，单果重低，品质低等不良现象，直接影响了效益提升。

3.4 精品意识不够

生产的果品商品率低，达不到国际质量安全保证体系，无全球市场战略意识，并且商业市场竞争无序，只注重大众市场，缺乏进入国内外高端市场的果品和意识。

3.5 促进猕猴桃产业发展的二、三产业相对滞后

龙头企业少、带动力还不够强。目前建成并投入生产的冷库中，多数属于家庭简易冷藏库，上规模、上档次的气调库不足，加工企业少，也因长期受资金、规模及环境问题的影响，年加工能力较弱，市场竞争力不强。另外，信息咨询服务体系也还处在初级发展阶段，有待进一步规范和完善。

4 建议与前景展望

4.1 巩固已发展面积是重点

适度发展新面积，重点巩固已经发展面积，避免前建后毁现象。西峡土地资源稀缺，"七山二水一分田"的自然状况，限制了猕猴桃栽培面积。巩固和提高现有人工基地11.5万亩，使其均达到优质丰产园是发展西峡猕猴桃产业的重点。尤其要加强1~3年幼园管理，提高当年苗木成活率放在重中之重，因为当年苗木成活率达到95%以上，幼苗长势良好是直接影响到基地建设质量和产业的成败。要克服幼树无效益时，果农不舍得投入的弊端。搞好已发展猕猴桃基地的补栽和补造工作，发挥已有猕猴桃果园的整体效益，使发展与提升相结合，坚持发展一处、成活一处、见效一处。

4.2 严格标准化生产

全面推广单主干上架、配方施肥、定量挂果、生物防治、人工授粉、果实套袋、分级采摘优质丰产技术。禁止滥用膨大素，禁止使用违禁农药，禁止抢青。只有标准化的猕猴桃果品才能放心进军国际市场，才能在国际市场有立足之地，才能在国际市场上有大的发展。

4.3 抓好品种搭配

按照风味好、耐贮性好等特点，抓好早中晚、红黄绿优良品种合理搭配，特别要加快优良红肉猕猴桃品种和黄肉猕猴桃品种的推广。为了突出区位优势，建议更加重视优质黄肉品种的推广。

4.4 强化有机猕猴桃和无公害猕猴桃生产

要建立畜、沼、果循环工程，重施有机肥，培肥地力，增强土壤微生物活性，建立生态果园。

4.5 强化企业、合作社及大户承包机制

改变一家一户分散种植，集中精力实行大户承包、合作社经营、企业介入等大规模的经营

机制,从种植销售到加工要创新机制,以此来带动西峡猕猴桃产业的升级。按照“依法、自愿、有偿”的原则,积极推进猕猴桃果园土地流转,建立健全猕猴桃果园承包经营权流转管理服务体系,通过转包、出租、转让、入股等方式引导种植大户、专业合作社和企业参与经营,提高猕猴桃效益和标准化水平。按照“公司+基地+合作社+农户”、大户承包等生产经营模式,实施标准化种植。这种模式采用无公害种植管理或有机种植管理,实行统一管理、统一质量、统一品牌、统一包装、统一销售的标准化生产模式。实现了“源头无隐患、投入无违禁、管理无盲区、果品无公害”的示范效果,实现了企业和农户“双赢”。

4.6 拓展猕猴桃产业链条

重点扶持果然风情、哪吒、福莱尔、兆丰、华邦等公司为代表的猕猴桃龙头深加工企业,扩大加工能力,提升加工产品档次,做大做强产业。鼓励龙头企业和专业合作社建设猕猴桃选果包装线和气调库,提高猕猴桃商品化处理水平。培育引进企业实施猕猴桃深加工项目,有效利用残次果、非标果,增加产业附加值,延伸猕猴桃产业链。积极鼓励猕猴桃龙头深加工企业争创国家级、省部级名优产品,打造出一批能够真正代表西峡猕猴桃的知名品牌,提高西峡猕猴桃的知名度、美誉度和影响力、竞争力。

4.7 挖掘猕猴桃产业发展文化

发展乡村旅游,提高产业附加值,形成一三产业互动。发展以猕猴桃产业为观光点,一三产业互动的乡村旅游,开发猕猴桃旅游产品,积极探索不同时节的“观花、赏绿、采果”等链条式第三产业发展模式。探索猕猴桃产业旅游文化发展,打造特色文化园区,扩大附加值,多渠道增加农民收入,降低猕猴桃种植风险。

4.8 鼎力支持猕猴桃科研建设

解决西峡猕猴桃研究所及猕猴桃试验站人员编制问题,由定补变为全供,并足额拨付科研经费。只有这样才能安抚人心,才能招揽到科研人员,才能留住科研人员,立足于本地的猕猴桃科研才能真正地开展起来。

4.9 强化猕猴桃科研横向合作

积极开展全国及世界范围内的猕猴桃研发与交流,引领猕猴桃科研发展。强化与西北农林科技大学、中国科学院武汉植物园、中国农科院郑州果树研究所、南京林业大学、河南农业大学等科研院校合作;积极加强与意大利、新西兰、智利、法国、希腊、日本、韩国等猕猴桃主产国合作。科研合作的主要内容包括:猕猴桃品种选育研究(如猕猴桃耐热品种的选育、猕猴桃抗病品种的选育、优质高产红肉猕猴桃新品种的选育),猕猴桃引种试验与推广研究,猕猴桃高效栽培技术研究(如猕猴桃品种区域布局优化研究、猕猴桃园肥水耦合技术研究、猕猴桃低产园改良技术研究、不同猕猴桃品种高效栽培差异研究),猕猴桃病虫害控制,等等。密切合作,互惠互利,产学研相结合。通过科研合作,提高一批人才,培养一批中、高级人才和技术员。引领、示范、指导、带动全县猕猴桃产业发展。

4.10 强化野生猕猴桃保护与开发

以保持全国野生猕猴桃“县级第一位”的优势不动摇,以经济生态化发展为方向,以天然野生有机产品为核心,以合理开发、稀林补造、加强保护、完善市场、拉长链条为手段,提高西峡野生猕猴桃知名度,推进全县野生猕猴桃资源开发和利用,实现农村经济增长、农民增收和野生猕猴桃产业化发展。力争保护与开发全县野生猕猴桃面积达 20 万亩以上。

4.11 尽快成立“三心”

尽快成立西峡猕猴桃销售服务中心、西峡土地流转服务中心、西峡猕猴桃技术服务中心,服务好猕猴桃产业，服务好种植大户，服务好猕猴桃加工企业。

4.12 尽快建立猕猴桃超级批发市场

为了规范市场销售行为，提高交易效率，并形成一个强有力的销售信息中心，可以选取县内距主产区较近，人口相对集中、设施完善、交通便利的地区，尽快投资建立猕猴桃超级批发市场。使之成为闻名全国的猕猴桃批零交易中心，改变目前影响交通的马路市场，以及田间地头等零星分散的繁乱局面。

Some Discussion about the Development of Kiwifruit Industry in Xixia County, Henan Province

WANG Xilong

(Xixia Kiwifruit Institute Xixia 474573)

Abstract Xixia county is one of the suitable kiwifruit cultivation areas in China, and the local development of kiwifruit industry has undergone five different stages. The author also summarizes the major advantages and main problems within local kiwifruit industry, and put forward some good suggestions for the further sustainable development in Xixia county, while the most important issues are setting up ‘three service centers’ and a super trading market for kiwifruit.

Key words Kiwifruit Development stage Industry character Problem Prospective

对猕猴桃加工产业发展的思考

张　羿

（长沙国猿猕猴桃科技开发有限责任公司　长沙　410318）

摘　要　随着我国猕猴桃产业的快速发展，猕猴桃的精深加工已成为今后猕猴桃产业健康可持续发展的必由之路。走过去重种植、轻加工，加工规模小、附加值低，产品科技创新低、同质化竞争高的旧路，已然碰到"南墙"，必须另辟蹊径，走出一条新的猕猴桃产业多元化发展新路子。随着我国经济进入中高速发展新常态和农业供给侧结构性改革，猕猴桃产业必然成为现代健康消费市场发展新趋势。实践证明，科技含量高、附加值高、价值高、差异化竞争优势强的产品已成为中高端市场消费者青睐品，市场潜力巨大。

关键词　猕猴桃　加工　产业发展

随着我国猕猴桃产业的快速发展，猕猴桃深加工已成为今后猕猴桃产业健康可持续发展的必由之路。各地种植区都在想法破解这一瓶颈，但收效不甚理想。特别是近几年来猕猴桃产业作为地方政府的扶贫产业，大力推广种植。据不完全统计，全国推广种植面积，进入盛果期的已高达 100 万亩以上。根据我们的经验，猕猴桃鲜果平均年产量可达到 2 000 千克/亩，其中次果（单果 70 克以下）量达到 25 %左右，这就是说每亩鲜果产量中有 400～500 千克的次果需要深加工。就全国现已种植的 100 万亩面积推算，鲜果产量高达 200 万吨左右，次果产量达到 50 万吨，这是一个急需深加工的海量市场（据了解，全国每年以 10 %的种植面积增长）。根据我们的调查，现在从事猕猴桃深加工的企业主要集中在中部几个省份的猕猴桃高产区，以小微加工企业为主，加工规模小、附加值低，同质化竞争突出，产品科技创新不足。现在全国还没有年综合加工猕猴桃 10 万吨规模以上的企业，十分不利于猕猴桃产业的发展。

湖南猕猴桃产业曾走在全国的前列，作为湖南湘西扶贫项目得到了资金扶持和中央领导的高度重视，猕猴桃种植面积扩大到 4 万亩以上，大量猕猴桃鲜果集中丰收。由于鲜果市场的有限，深加工的不足和滞后以及市场信息的不对称，造成了大量猕猴桃鲜果的严重滞销，深深伤痛了广大果农的心。这之后发生了广大果农毁灭性砍伐猕猴桃果树的事件，教训深刻。

人无远虑，必有近忧。农业产业化的根本出路就在于深加工，提高附加值，猕猴桃产业也不例外。那么，猕猴桃深加工要从哪几个方面入手呢？根据我们的经验，提出以下几个建议。抛砖引玉，供猕猴桃产业相关人员参考。

1　建设一支科研团队

我公司与湖南农业大学、中南林业科技大学、湖南中医药大学、湖南轻工业研究所等大学和科研机构合作，共建产学研利益共同体团队，根据猕猴桃的特性价值进行分类研究和产品开发。猕猴桃产业分类研究和产品开发涉及生物类、医药类、保健类、食品类、酒类、美容润肤类近 200 个高、中、低附加值系列产品的开发，国内外市场潜力大，经济效益和社会效益十分显著。"科学技术是第一生产力""发展才是硬道理"。建设一支创新型科研团队，既是企业发展的第一生产力，也是企业可持续发展的硬道理。实践证明，我公司 14 年的可持续发展正是得益于建设了一支创新型科研团队。

2 产品开发的差异化价值

我公司成立于2002年8月。公司成立后摆在公司前面的是两条发展之路：第一条是走加工生产低技术含量、低附加值、低价格，同质化竞争高的市场大路产品，如果汁、果脯等产品发展之路；第二条是走加工生产技术含量高、附加值高、价值高，差异化竞争优势强的产品发展之路。我们经过国内外市场的广泛调研，并结合消费市场未来需求侧结构性变化和供给侧结构性改革“质量互变”的发展新潮流和新趋势，公司统一思想决定走第二条发展之路。我们克服了无数风险、难题、失败、阻碍、压力，科研团队经历数年的努力，猕猴桃酿酒技术获得了突破性创新。公司首创“二次低温生物发酵”酿酒新技术获得国家发明专利。产品为自主创新产品，具有完全知识产权，在国内果酒研究领域处于领先地位，确保了产品市场竞争的核心力，为产品市场开拓、品牌树立和营销战略的实施提供了有效保证。公司生产的珍酿猕猴桃系列果酒，由于具有科技含量高、价值高、养生、健康等功能。深受国内外市场消费者青睐，市场潜力大，产品供不应求。

中央强调供给侧结构性改革，就是要提供很多创新的供给，差异化供给适应需求侧结构性改革变化的需要，避免再走同质化竞争带来的“产能过剩”，然后又“去产能”“去库存”的不良循环怪圈中，企业最终走向“僵尸企业”。

3 猕猴桃加工产业发展趋势

3.1 发展愿景

目前中国人均猕猴桃消费占有量仅为0.25千克/年（包括进口），如果人均猕猴桃消费量达到2千克/年，中国猕猴桃市场年需求量约为300万吨。依据世界经济发达国家人均年消费猕猴桃鲜果量（约6.5千克/年，美国高达15千克/年），结合新华社2015年6月5日《全国农副产品价格行情系统检测报告》中“水果全国价格上涨30%以上，猕猴桃价格上涨和销售量增势双双领先”，及综合《世界果酒消费发展趋势报告》研究显示，到2020年中国将成为世界猕猴桃第一消费大国，鲜果市场消费高达1 000亿元以上，猕猴桃果酒国内外市场消费高达400亿元以上，猕猴桃上下链其他综合深加工产品市场消费高达600亿元以上。猕猴桃产业化前景潜力大，市场愿景广阔光明。

3.2 做强、做优、做大猕猴桃产业

做强、做优、做大猕猴桃产业是摆在猕猴桃企业、合作社、种植户面前的一道难题。现在这种散（分布散）、小（加工种植规模小）、差（质量差）、乱（市场乱）各自为政的小资产经济发展模式已严重阻碍了猕猴桃产业化的健康可持续发展。在经济转型发展新常态下，如何做强、做优、做大猕猴桃产业，笔者认为，可从以下几个方面入手。

（1）抱团发展。由于目前我国农村采取的是分田分山承包到户的小农经济经营模式，猕猴桃多以散户和小规模种植为主，他们缺技术、缺市场、抗风险能力弱。以一个村或两个村为单位将这些散户组织起来，成立专业合作社，抱团学技术，抱团闯市场，抱团抗风险，抱团享政策。这种专业合作社组织形式很受农民的欢迎，特别是留守老人和妇女的欢迎。这种合作社抱团发展符合中央政策，既有地方基础，又有群众基础，是促进农村集体经济发展，帮助农民脱贫致富的好抓手。

（2）联盟发展。联盟发展就是以当地一家有一定影响力和经济实力，从事猕猴桃产业深加工的农业产业化龙头企业为主体（盟主），结合地方政府配合，牵头组织多家相关企业和种

植合作社以及种植大户组成猕猴桃产业化联盟。组织形式为半松散型组织,加入联盟企业四个不变(独立法人地位不变、资产所有权不变、市场主体地位不变、财务独立核算不变),四个共同分享(科研技术及新产品开发成果分享、市场开拓成果分享、资源信息成果分享、融资成果(包括政府项目资金)分享)。企业联盟发展最大好处,在于资源分享优势互补,取长补短携手分享共进。

(3) 集团发展。由多家企业、合作社和种植大户共同发起组建股份制公司。企业不分地区,不分所有制形式,以资产、资金、土地评估作价入股进行股份制改造,成立混合型经济体集团公司。集团公司内部企业分生产加工型、种植型、科研型、市场型,其企业主体地位不变。对内共同享受资源配置和财富分配,对外共同享受社会荣誉和地位。产业的集团化发展,既符合中央提出的农业供给侧结构性改革的需要,又是社会主义市场经济发展的必然选择。

综上所述,破解猕猴桃精深加工瓶颈,促进猕猴桃产业发展,各地猕猴桃主产区要根据自身地区的实际情况和特点选择适合自身发展要求的组织形式和破解瓶颈的方式及途径。避免猕猴桃产业重蹈自由化恶性竞争之覆辙。

我国中部地区发展猕猴桃产业具有得天独厚优势,自然条件和资源要素配置优良,境内野生猕猴桃种群多样性分布广、生境丰富,是世界野生猕猴桃主要资源库之一,十分适合猕猴桃生长种植。2016 年中央一号文件提出:加快农业供给侧结构性改革,大力发展高效生态农业,建设健康中国和推进农村一二三产业融合发展的指示精神。实践证明,猕猴桃产业既是一个高效生态农业产业;又是一个高效健康产业;还是一个推进农村一二三产业融合发展的高效民生产业。

补齐猕猴桃产业精深加工短板,做强、做优、做大猕猴桃产业,是我们猕猴桃人的愿景和历史责任。

Some Ideas for the Development of Kiwifruit Processing Industry

ZHANG Yi

(Changsha Guoyuan Kiwifruit Com. Ltd. for Science and Technology Changsha 410318)

Abstract Kiwifruit processing industry will be the inevitable course as the fast development of kiwifruit plantation going on recently in China. In the past, few attention was paid for the processing, or low-quality products, small scale with less new technology support, which caused a lot of problems, so new ways need be found for further multiple industries. Kiwifruit will become the main stream industry while our economy has undergone the ‘new normal’ stage and with the supply-side reform for agriculture, a product with high-tech, great value, distinguish characteristics will be welcome in the market.

Key words Kiwifruit Processing Industry development

高效水肥一体化灌溉技术在猕猴桃种植上的应用

陈树群

（上海华维节水灌溉股份有限公司　上海　201505）

摘　要　本文从介绍猕猴桃的生长特性及需水肥特性入手，全面分析了高效水肥一体化灌溉技术及设备，分析了水肥一体化在猕猴桃种植上的运用效果及注意事项，为产业服务。

关键词　一体化灌溉　水肥管理　设备

被誉为“水果之王”的猕猴桃，近年来其销量稳步增加，种植逐渐呈现规模化发展。由于猕猴桃对水肥需求比较高，且不同生长时期对水肥的需求量的差别也较大，加之劳力成本的不断攀升，传统粗放的人工浇水、施肥方式不仅劳动量和劳动强度巨大、人力成本高，已然不适合产业需要。越来越多的猕猴桃种植者采用高效水肥一体化灌溉技术，以达到节省资源、增产增收等多重经济效益。

1　猕猴桃生长特性

猕猴桃，又名羊桃、毛桃等，果可食，风味独特，维生素 C 含量甚丰。猕猴桃大多数种要求温暖湿润的气候，对强光照射比较敏感，属中等喜光性果树。成年结果树光照不足易造成枝条生长不充实、果实发育不良，但过度的强光则常导致果实日灼等。

猕猴桃耐旱性弱，对土壤水分和空气湿度的要求比较严格，水分不足会引起枝梢生长受阻、叶片变小、叶缘枯萎，有时还会引起落叶、落果等；猕猴桃还怕涝，在排水不良或渍水时，常常会出现根系组织腐烂，植株死亡。

猕猴桃喜上层深厚、肥沃疏松、保水排水良好、腐殖质含量高的砂质土壤，对酸碱度要求不严格，但 pH 值 5.5~6.5 的酸性或微酸性土壤最适宜生长；在中性（pH 7.0）或微碱性（pH 7.8）土壤上也能生长，但幼苗期常出现黄化现象，生长相对缓慢。

2　猕猴桃水肥灌溉管理

猕猴桃不同生长期对水分需求差别较为明显，发芽前后到开花期是第一个需水高峰，最适宜土壤湿度为 65 %~85 %。萌芽前后猕猴桃对水分要求较高，水分充足时萌芽整齐，枝叶生长旺盛，花器官发育良好，有利于座果。花期应控制灌水，以免降低温度，影响花的开放。花后，猕猴桃开花座果，需较多水分供应，但不宜过多，以免引起新梢徒长。果实迅速膨大期也是需水高峰期，充足的水分供应可以满足果实膨大对水分的需求，同时促进花芽分化，田间持水量小于 65 %时需灌水，在持续晴天的情况下，每隔一周灌水一次。果实缓慢生长期需水相对较少，根据土壤湿度和天气状况适当灌水。果实成熟期是另一个需水小高峰，适量灌水可促进果个增大，同时促进营养积累、转化，但采收前 15 天必须停止灌水，以免降低品质。冬季休眠期需水量较少，但越冬前灌一次水有利于根系的营养物质合成转化及植株安全越冬。

猕猴桃需大量养分，追肥的次数和时期因气候、树龄、树势、土质等而异。一般高温多雨或砂质土，肥料易流失，追肥宜少量多次；相反追肥次数可适当减少。猕猴桃萌芽开花需消耗大量营养物质，此时需施一次花前肥，以氮肥为主，施肥量约占全年氮肥用量的 10 %~20 %。若供应不足，会影响花的发育和座果质量。落花后幼果生长迅速，新梢和叶片也都在快速生长，此时需施一次花后肥，也以氮肥为主，施肥量约占全年氮肥用量的 10 %。果实膨大肥也称壮果促梢肥，随着新梢的旺盛生长，花芽生理分化同时进行，追肥种类以“氮-磷-钾”配合施用，提高光合效率，增加养分积累，促进果实肥大和花芽分化，施肥量通常分别占全年氮肥、磷肥、钾肥施用量的 20 %。果实生长后期追肥也称优果肥，用有利于营养运输、积累的速效磷、钾肥，促进果实营养品质的提高，大致在果实成熟期前 6~7 周施用，施肥量分别占全年磷肥、钾肥施用量的 20 %。

此外，在疏果结束后猕猴桃还需采取根外施肥（又称叶面喷肥）的方式来补充锰、硼、钼、锌等微量元素养分，可提高光合速率、增强叶片呼吸作用和酶的活性，因而可改善根系营养状况、增加养分积累，促进果实肥大和花芽分化。但微量元素的需要量很小，适宜量与中毒量之间的差距较小，无论是用量还是浓度，一定要精确，过量施用，不仅导致果树当年减产、降低品质，还会污染土壤，害处更大。高效水肥一体化微喷系统便可满足猕猴桃的叶面施肥，精准控制水肥比例用量，避免上述的害处损失。

3 适合猕猴桃的灌溉技术

从上述猕猴桃需水需肥规律中我们得知，猕猴桃对水肥用量比较敏感，但对水肥的需求又较为频繁，且不同阶段对灌水量、肥料种类和用量也不相同。猕猴桃传统灌溉采用大水漫灌、沟灌、穴灌等较落后的方式，灌水施肥分开进行，浪费大量水肥，不及时、不均匀，并且费工、费时、费力，冲刷土壤，造成土壤板结、透气不良，加之易渍水、土壤湿度过大，在高温情况下易发生根腐病、疫霉病（也叫烂根病）等真菌性病害，造成树势衰弱、产量降低、品质变差，严重时会造成整株死亡，对生产、效益影响极大。因此传统灌溉已经不能满足现代日具规模的猕猴桃种植需求，采取高效科学的水肥管理方式尤为重要。

猕猴桃滴灌

猕猴桃微喷

越来越多的猕猴桃种植者采用高效水肥一体化灌溉技术（华维称之为高效灌溉），其主要包括滴灌（彩图 1）、微喷（彩图 2）、喷灌等形式，目前适合猕猴桃灌溉的是滴灌和微喷。喷灌多用于需水量较大、成片密植的作物，肥料用量较大。所以像猕猴桃这类成行种植且间隔较大的果树采用喷灌较少。

3.1 滴灌

滴灌是通过滴灌管(带)、滴箭、滴头等孔口式灌水器将水肥溶液像打点滴一样一滴一滴、均匀而又缓慢地滴入作物根区附近土壤中的灌水形式,是猕猴桃水肥一体化最常用的灌溉方式。其灌溉精准、节省资源,深受猕猴桃种植用户喜爱。猕猴桃滴灌常用的灌溉产品有1600系列滴灌管、1700系列滴灌带、1800系列滴箭、1820系列滴头等。

1600系列滴灌管

1700系列滴灌带

1800系列滴箭

1820系列滴头

猕猴桃滴灌常用的灌溉产品

1600系列滴灌管:采用圆柱式迷宫流道专利技术设计,圆柱式滴头与管内壁一体热熔黏合,具有高强度的整体式结构;滴头的流道制造误差极小,进水口多孔滤窗设计避免土壤中微小颗粒、作物根须等进入滴头,大大提高了滴头的抗堵塞性能。

1700系列滴灌带:外形美观,滴头一次性注塑成型,热熔黏接于管道,压力损失小,水流呈全紊流,具有抗堵塞性强、出水均匀、灌水精度高等特点。

1800系列滴箭:滴灌常见的一种灌水器,具有灌溉精准、出水均匀等优点。有弯箭和直箭,可单箭、双箭、四箭、八箭等随意组合,施工方便。箭头用于插入土壤或栽培基质中固定导流;箭柄部增设精密滤网,大大加强了其抗堵塞性能;全新优质百折胶材质,可反复折反,避免了某些同类产品材质太脆而容易折断在毛管里无法使用的缺点。

1820系列滴头:通常内设迷宫流道,部分可拆卸;可单独安装在PE管上,根据植株距离灵活定位,也可与滴箭、小管出流等配合使用。

3.2 微喷

微喷是利用微型喷头、微喷带等将水肥溶液均匀喷洒到作物枝叶或根部等区域的灌水形式,包括地面微喷和倒挂微喷两种方式。像云南、广西这些以喀斯特地貌为主的地区,因其地下水流失严重,土壤需水量较大,猕猴桃种植多使用地面微喷,在灌水的同时还能调节局部小气候,防止猕猴桃裂果。倒挂微喷多用于猕猴桃施加叶面肥和喷药。温室大棚种植猕猴桃的用户除了使用滴灌外,还会配以倒挂微喷的方式,在炎热夏季以起到加湿降温的作用。猕猴桃微喷常用的灌溉产品有微喷头、果树专用灌水器等。

5428平面雾化微喷头

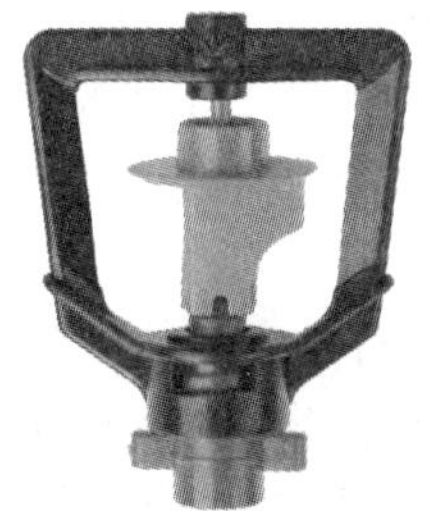

5429旋转微喷头

5410系列果树专用灌水器

猕猴桃微喷常用的灌溉产品

5428 平面雾化微喷头:采用平面撞击雾化原理,喷嘴来水在进入急剧缩小的出水口时形成高速水流,撞击到精密的平面上,经与空气混合,形成细密的水雾。既可以用于有效灌溉,同时具有良好的加湿降温功效。

5429 旋转微喷头:拥有独特流道旋转轮,喷洒范围大,水粒细密均匀;可倒挂安装,用于温室大棚中花卉蔬菜等;也可地插安装,用于果园、苗圃、花园、条带型绿化等场所。

5410 系列果树专用灌水器:根据果树根系发达、盛果期等生育季节水肥需求量大等特点而开发的专用产品。具有灌溉精准、可精确调节灌水量及覆盖范围(也可以完全关闭)、水形(全圆、半圆、伞状、旋流)可依据地形及风力等因素选择,多形态抗风、抗蒸发水雾、抗氧化老化,抗堵塞性能优异、可以结合施肥实现水肥一体化等优点。

4 猕猴桃水肥一体化施肥设备

猕猴桃水肥一体化施肥设备主要有文丘里施肥器、比例式注肥泵、施肥机等。

8000文丘里施肥器(普通型)

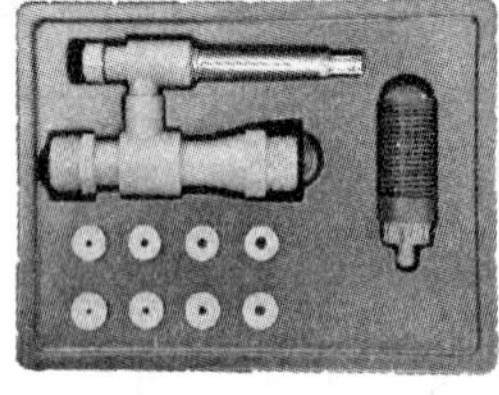
8210文丘里施肥器(高端型)

比例式注肥泵

全自动施肥灌溉机

猕猴桃水肥一体化施肥设备

文丘里施肥器:无须电力、方便实用、经济可靠、性能稳定而广受用户喜爱,适用于小规模的猕猴桃种植户将灌溉系统改造成水肥一体化系统。

比例式注肥泵:施肥比例精准可控,适用于像猕猴桃这种对水肥较为敏感的作物。稳定可靠,但一次性投入较大,适合稍具规模的猕猴桃种植户使用。

全自动施肥灌溉机:是集成化的控制设备,不仅可以对肥料比例等进行精准控制,可以编辑和执行灌溉程序,还可以结合气象站、传感器等实现智能化控制。设备功能强大,但系统成本投入高,一般用于大规模的猕猴桃种植基地。

5 猕猴桃水肥一体化的优点

(1) 节省资源,省工、省肥、省水、省时、省心。滴灌系统配以施肥设备,将肥料溶于灌溉水中实现水肥一体化,直接送达猕猴桃根部,灌水和施肥同步进行,并且可根据猕猴桃的需水需肥量精准控制,省肥至少达 30 %,省水至少达 50 %。系统操作简便,易于管控,不论是全自动智能还是半自动,1~2 人即可轻松实现成百上千亩猕猴桃定时定量的灌溉施肥,特别对于大规模猕猴桃种植用户来说,大大减少劳力成本,省工高达 70 %,减少劳动时间和强度,省心而高效。

(2) 提高效益,增质、增产、增收。科学合理的滴灌系统需及时满足猕猴桃生长的水肥需求,水肥比例用量精准,猕猴桃长势快、挂果多、果实饱满品质高,裂果、落果现象等同比减少 8 %左右,增产 30 %~60 %,可提前 7~10 d 上市,赢得价格先机,综合收益大大提高。

(3) 减少病虫害。滴灌系统能有效地控制土壤温湿度、微喷系统调节局部小气候,防止土壤板结,改善其水、肥、气、热四相结构,调节空气温湿度,大大减少了猕猴桃病虫害的发生。

（4）低碳环保。滴灌系统高效的水肥管理不仅节省了大量资源，而且大大减少了人力、电力，减少了能源消耗，减少碳排放。同时避免了传统灌溉方式将过量的肥料冲入河道，导致水体面源污染等问题的发生。

综上所述，猕猴桃水肥一体化灌溉具有省工、省肥、省水、省时、省心、省电、增质、增产、增收等多重经济效益及低碳、环保等社会效益，是我国今后猕猴桃种植将采用的主要灌溉方式。

6 猕猴桃水肥一体化注意事项

（1）选择适合的肥料。选择溶解度高、溶解速度较快、腐蚀性小、与灌溉水相互作用小的肥料。不同肥料搭配使用时，考虑其相容性，避免相互作用产生沉淀或是拮抗作用。

（2）过滤设备的安装。过滤器是灌溉系统必配的装置，千万不可因为省钱而忽略它，从而导致系统堵塞瘫痪。需结合不同水源中杂质的类型、灌水器类型等综合考虑选择不同类型的过滤设备。

（3）系统清洗。系统使用需每周或者每月进行一次清水冲洗，以防止肥料在管道、灌水器处结垢引起堵塞影响系统使用。

Application of the Integration of Irrigation for High-efficiency Management of Water and Fertilizer on Kiwifruit

CHEN Shuqun

（Shanghai Huawei Water-saving Irrigation Co. Ltd　Shanghai　201505）

Abstract　In this paper, the efficient integration of water and fertilizer irrigation technology and equipment were comprehensively analyzed according to growth characteristics of kiwifruit. In addition, the effect and concerns of fertigation on kiwifruit planting were presented to benefit kiwifruit industry.

Key words　Integration of irrigation　Water and fertilizer management　Equipment

四川省苍溪县猕猴桃产业升级的调查与思考

梁　勇　杨文生

（苍溪县猕猴桃产业局　苍溪　628400）

摘　要　猕猴桃产业是苍溪县百亿特色农产品产业。2015年猕猴桃种植面积33万亩，红心猕猴桃占90％，产量8万吨，综合产值13亿元，红心猕猴桃种植面积及产量高居全国第一位。本文针对苍溪县猕猴桃产业发展现状进行了实地调研，发现品种单一、品种选用选址不科学、销售渠道及产品单一、缺乏社会影响力等问题仍然制约着猕猴桃产业和县域经济的健康发展。为促进苍溪县猕猴桃产业快速升级，合理优化产业结构，特提出了建议：因地制宜、合理优化品种布局、适度规模发展；围绕"产、研、销"，带动科研、加工、旅游的发展；采用"宣传+营销+服务"的三维模式，将苍溪县红心猕猴桃打造成品质上乘、文化底蕴深厚，具有国际影响力和品牌竞争力的知名品牌。

关键词　红心猕猴桃　产业升级　苍溪县

猕猴桃（*Actinidia* ssp.）为猕猴桃科（Actinidiaceae）猕猴桃属（*Actinidia*）藤本植物，全世界猕猴桃属植物共有66个种，中国有62个种[1]。中国是猕猴桃的原产地。苍溪是红心猕猴桃原产地，中国红心猕猴桃之乡。猕猴桃具有很高的营养价值和药用保健价值，维生素C含量高，被誉为"水果之王"，经济价值极高[2-4]。苍溪县猕猴桃栽培始于1980年，从河南买回中华猕猴桃种子1千克进行培育，翌年订购3 400株猕猴桃苗及优良接穗，分发到三溪口林场、东溪英明农场、九龙山农场、复兴林场、运山莫怀林场等11个点定植嫁接，苍溪县是四川省最早种植猕猴桃地区之一[5-6]。2008年，在四川省农业厅发布的《四川省优势特色效益农业发展规划（2008-2012年）》中，猕猴桃产业被列入十大优势特色产业之一而进行重点支持，推动了苍溪县猕猴桃产业的迅猛发展[7]。然而，苍溪县猕猴桃产业迅速发展中，存在的各类问题也日益突出，认真分析苍溪县猕猴桃产业的现状与存在的问题，并提出发展建议，促进苍溪县猕猴桃产业快速升级，合理优化产业结构，真正实现产业富民、产业强县。

1　苍溪县猕猴桃产业发展现状

1.1　栽植区域及面积

目前，苍溪县39个乡镇基本全覆盖种植猕猴桃，种植面积达到33万亩，主要形成以歧坪镇、岳东镇、文昌镇、运山镇、东溪镇为主的万亩产业带，建成天新、柳池等10个现代农业园区，鲜果年产量8万吨，综合产值高达13亿元。

1.2　栽植品种及结构

20世纪80年代初苍溪县开始栽植绿肉品种，主要种植'海沃德'（'Hayward'）、'新观2号''川猕1~4号'等品种，这种状况维持了近15年[8-9]。自1992年以来，苍溪科技人员精心选育的软毛红肉猕猴桃，经过由点到面的栽培试验，命名为"苍溪龙岗红猕猴桃"，开始在全县推广，进行规模化发展。直至今天，苍溪县红阳猕猴桃占到了总面积的90％，'海沃德'大约占2％，'红华'占0.5％，其他品种约占0.5％（包括'红美''新观2号''川猕1~4号''秦美''金魁''哑特'和'磨山4号'等）。

1.3 市场营销及深加工

当前,苍溪县猕猴桃产业发展即将面临巨大市场营销问题,广元市内的昭化区,四川省内的都江堰、蒲江县,周边相邻的陕西省、重庆市等都在大力发展猕猴桃。苍溪县猕猴桃年产量达到8万吨,依靠国内市场鲜销为主,销往成都、重庆,及湖南、浙江的二线城市为主,正积极向北京、上海、广州等一线城市发展,进驻大型超市及水果市场。产品由单一的鲜果销售,开始发展精深加工产品,开发猕猴桃果酱、果汁、果酒、果脯、保健饮品等系列产品。现在正面临着“鲜果经营的多,精深加工的少;跑市场的多,到基地的少;参与收购的多,投入基地少”的“三多三少”现象。

1.4 品牌宣传及影响

苍溪县猕猴桃的核心竞争力就是品质,注册了“苍溪红心猕猴桃”国家地理标志证明商标,建立起“苍溪红心猕猴桃”+企业自主商标为一体的母子商标体系。2003年认证“苍溪猕猴桃原产地域”。积极参加西博会、农博会、广交会等各类节会,举办国际订货会、采摘节、猕猴桃年会等系列活动,大力宣传苍溪红心猕猴桃。苍溪县猕猴桃在全省全国乃至世界,占的份额还很小,形势严峻不容乐观,进驻北京、上海、广州市场少,远销海外市场少,只部分出口东南亚国家。

2 产业发展面临问题

2.1 品种单一,结构不合理

目前,苍溪县主要栽植‘红阳’猕猴桃,占总面积的90%以上。‘红阳’品质口感好、市场价格高,但产量低、抗逆性差、易感病。随着猕猴桃产业迅速发展,种植技术不规范、培育幼苗引进穗条未检疫等问题,导致溃疡病传入,部分园区遭到破坏,无产量、无效益。因此,苍溪县当前的猕猴桃品种结构单一、缺乏综合性状优良的配套品种这一难题已经到了非解决不可的地步。

2.2 盲目发展,缺乏科学规划

近5年,随着猕猴桃产业的崛起,政府部门大力投入资金、人力发展猕猴桃产业,苍溪县猕猴桃种植面积每年以6万亩的规模递增。但苍溪县少数乡镇和政府部门,没有认识到猕猴桃产业布局的长远意义,没有看到猕猴桃生长对环境极高的要求,盲目地发展,没有严格按照总体规划因地制宜,只图局部利益,品种选用、选址等不科学,导致‘红阳’猕猴桃出现早期落叶[10]、季节性干旱、溃疡病严重,直接影响猕猴桃长势、产量和品质。

2.3 植物生长调节剂使用不规范

苍溪县‘红阳’猕猴桃产量低,前几年使用的植物生长调节剂,严重影响猕猴桃品质,出现果实空心、硬化、畸形果、果面粗糙、耐贮性下降等不良现象。四川省农科院曾专门针对膨大剂使用进行了相关规定,但生产上为了追求产量,较多农户与企业生产者都过量地使用膨大剂。根据苍溪县海拔、气候等环境因素,结合实际情况,‘红阳’可溶性固性物增长为7.0%[11]时进行采摘上市,由于市场的紧俏,部分商家为了抢占市场,过早大量采摘,极大地影响果实品质和贮藏。

2.4 科研力量薄弱

从事猕猴桃科研人员少,成立的苍溪县猕猴桃研究所,过多从事于政府性质工作,而没有人力、物力投入科研,在品种培育和研发方面主要依靠中科院武汉植物园、四川省农科院等科研单位,没有建立完善猕猴桃标准化生产技术体系,没有专业猕猴桃技术研发团队,和科研院所、高等院校合作还不够，专业人才紧缺，以致存在溃疡病、保鲜时间短、种植海拔受限等难关还没有攻克。

2.5 市场销售混乱

苍溪县猕猴桃产品在国内、省内有一定知名度，并没有走出国门，仍以原料输出为主，鲜果批发、销售企业较多，与洛川苹果、安岳柠檬等产业相比，精深加工产业链条不成熟，产品附加值不高。目前广元市的昭化区，四川省内的都江堰、蒲江县，周边相邻的陕西省、重庆市等都在大力发展猕猴桃，极大地冲击了苍溪猕猴桃市场[12]。现在苍溪县猕猴桃鲜果销售主要采取果农自销、客商贩运、企业和专业合作社收购等方式，诸多销售方式中，龙头企业和专合社组织统一销售是最好的途径，但在果实成熟之际，大部分果农贪图小利益、意识不强，自行贩卖，使得销售市场混乱，果品质量参差不起。

2.6 品牌效益发挥不好

当前，苍溪县有行业协会1家，从事猕猴桃生产与销售的企业和专业合作组织有30余个，以四川华朴现代农业股份有限公司为首龙头企业7家；但注册商标、品牌太少，在国内外名气很小。目前苍溪县猕猴桃行业协会管理成员单位存在较大障碍，猕猴桃园管理水平参差不齐，果品质量差异较大，要实现标准化管理，提高果品质量，实现产业升级，还需要一个漫长的过程。在品牌宣传上，还缺乏有效措施，没有将知名度做出来。猕猴桃产品大多品质不高，表面有疤、颜色各异，果子大小不一甚至很小，即使分选出来的猕猴桃品质也不是很好，产品的质量面临严峻挑战。

3 发展建议

3.1 优化品种选育，调节产业结构

优化新品种培育和引进，合理利用地理环境条件，选择推广红肉、绿肉、黄肉合理布局。利用秦巴山区、九龙山、三溪口野生猕猴桃种质资源丰富的先天条件，其适应性广、抗逆性强、特异性状多样等资源优势，培育出适应苍溪县猕猴桃快速发展的抗逆性品种，有效调整产业结构。

3.2 坚持科学合理规划，优化产业布局

按照“因地制宜、生产精品、提升效益”的原则[13]，要根据猕猴桃生长特点，以及各乡镇环境、土壤、气候等不同条件，按照“高起点规划，高标准实施，高质量建设，高效益产出”原则，选择猕猴桃适宜种植区。

3.3 加快标准化建园，助推产业升级

大力推行机械式深翻改土、高厢深沟、合理密植间作、整形修剪、测土配方施肥、疏花疏果、授粉套袋、病虫害防治、采收分级、贮藏保鲜等先进实用技术，建立健全的‘红阳’猕猴桃标准化生产规程，合理使用植物生长调节剂，实施产品科学化、规范化、商品化管理，实现猕猴桃产业快速升级。

3.4 加强技术合作，建立产学研联盟

目前，与四川省农科院、武汉植物园、四川农业大学合作成果显著，进一步推进产、学、研交流，利用好科研优势资源投入企业生产种植，在品种选育、病虫害防治、低海拔种植、鲜果保质等领域建立专业科研团队，解决种植企业、业主在栽培、病虫害防治等方面的技术困难，从而提高猕猴桃产业经济效益。

3.5 加强品牌化管理,增强市场竞争力

建立猕猴桃市场监督管理体系,规范产品形象宣传、品牌使用、产品包装,统一使用注册商标、商号等商业标识。根据市场地方特点、人群结构、消费习惯等差异,在广大新媒体和传统媒体进行线上线下立体宣传,召开国际订货会,举办采摘节、猕猴桃年会等大型生产、营销、科研活动,参加西博会、农博会等活动,极力推介猕猴桃产品。

3.6 抓住产业关键,推进猕猴桃产业可持续发展

利用好中央关于经济发展供给侧改革有利时机,抓好产业发展"高标准、严投入、强品牌、重科研"四个关键,优化劳动力、资本、土地、技术、管理等要素配置,激发创新创业活力,引进和培育龙头企业,鼓励龙头企业开拓市场、发展精深加工,发挥企业的联结和辐射带动作用,实现企业、社会、群众共赢,促进猕猴桃产业快速升级。

参考文献 References

[1] 崔致学.中国猕猴桃.济南:山东科学技术出版社,1993:23-26.

[2] 黄贞光.我国猕猴桃品种结构、区域分布及调整意见.果树科学,1998,5(3):193-197.

[3] 姚春潮,王西芳,刘旭峰,等.猕猴桃品种选育研究进展//中国园艺学会.中国园艺学会第六届青年学术讨论会论文集.北京:中国园艺学会,2004:46-50.

[4] 张洁.猕猴桃栽培与利用.北京:金盾出版社,1994:179-180.

[5] 李明章,王林.西部大开发中的四川猕猴桃资源优势.资源开发与市场,2000,16(6):360-361.

[6] 丁建.四川省猕猴桃种质资源研究.雅安:四川农业大学,2006.

[7] 艾应伟,裴娟,刘浩,等.四川盆周山区猕猴桃耕地土壤特性及施肥技术.中国农学通报,2009,25(18):308-310.

[8] 蒲仕华,万成忠.川西海沃德猕猴桃优质栽培技术.果农之友,2004(4):24-25.

[9] 余中树.红阳猕猴桃引种栽培应注意的几个问题.落叶果树,2002,34(2):22-23.

[10] 王明忠.红阳猕猴桃质量体系研究:病虫害及其防治.资源开发与市场,2005,21(5):443-446.

[11] 别智鑫,韩东峰,赵彩霞.采收期可溶性固形物含量与秦美猕猴桃品质的关系.西北林学院学报,2007(2):12-17.

[12] 秦静,李瑾,黄学群.天津农业可持续发展的区域布局及途径研究.2015 年中国农业资源与区划学会学术年会论文集,2015:163-166.

[13] 涂美艳,江国良,陈栋,等.四川省猕猴桃产业发展现状及对策.湖北农业科学,2012(10):29-34.

Study on Upgrading of Kiwifruit Industry in Cangxi

LIANG Yong　YANG Wensheng

(Kiwifruit Industry Bureau, Cangxi County　Cangxi　628400)

Abstract The kiwifruit industry is a special agricultural product industry in Cangxi. 2015 kiwifruit to grow an area of 33 million mu, red kiwi accounted for 90% and yield 8.8 million tons, 1.3 billion yuan output value of comprehensive and red kiwifruit planting area and output ranked first in the country. Based on an investigation of kiwifruit industry in Cangxi Country, it is discovered that the factors like single variety, breed selecting location is not scientific, sales channels and a single product, lack of social influence and other issues still restricts the healthy development of kiwifruit industry and economy. In order to promote the rapid upgrading of Cangxi kiwifruit industry, optimize industrial structure, it is suggested that measures should be adjusting to local conditions, optimizing the distribution of varieties, the development of appropriate scale; around "production, research, sales", promote the development of scientific research, processing, tourism; using a three-dimensional model of "propaganda+marketing+service", Cangxi red kiwifruit to create a superior quality, rich cultural heritage, well-known brands with international influence and competitiveness of brand.

Key words Red kiwifruit　Industrial upgrading　Cangxi County

湘西猕猴桃产业发展的现状、优势及建议

全　华[1,2]　王元顺[1,2]　万志云[2]　吴晓宏[1,2]
孟庆辉[1,2]　罗　翔[1,2]　龙　莉[1,2]
（1 湖南吉兴农业科技开发有限公司　吉首　416000；2 湖南省湘西自治州农科院　吉首　416000）

摘　要　本文介绍了湘西猕猴桃产业发展的现状，总结了湘西猕猴桃发展的优势，以及提出猕猴桃种植建议。

关键词　湘西 猕猴桃　产业发展

1　湘西猕猴桃产业发展现状

猕猴桃又称“羊桃”，湘西土家族苗族自治州（以下简称湘西州或湘西）盛产野生猕猴桃，有中华猕猴桃、毛花猕猴桃和革叶猕猴桃等。湘西种植的猕猴桃品种主要有‘米良一号’和‘古丈 79-4 号’。猕猴桃含有丰富的维生素 C 和有机酸，能调中理气，生津润燥，有“水果之王”之称。湘西猕猴桃资源约占湖南省总面积的三分之一，自 20 世纪 90 年代以来，湘西州委、州政府充分发挥本地优势，依据丰富的地质资源，大力发展猕猴桃生产，建立猕猴桃生产加工基地，为猕猴桃产业化奠定了基础。湘西猕猴桃产业化项目是湘西农副土特产品资源开发工程的重点项目，也是国务院扶贫办、全国光彩事业重点项目。该项目从湘西的实际情况出发，依托湘西得天独厚的条件，利用吉首大学已开发的技术成果，形成“政府+公司+大学+基地+农户”的产加销一条龙、贸工农一体化的经营模式。

20 世纪 90 年代吉首大学生化学院石泽亮教授等科研人员从众多的野生猕猴桃资源中培育出优质高产的新品种‘米良一号’。这种猕猴桃不但含有丰富的维生素 C 和有机酸，能调中理气，生津润燥，而且具有结果丰、果实大、产量高、品质好、味甜美的特点。‘米良一号’在湘西州大面积人工栽培，并取得三年生嫁接苗亩产 500 公斤的高产纪录，到 2000 年底，湘西州猕猴桃面积发展到 0.34 万公顷，其中挂果面积 0.067 万公顷，总产量上万吨。到 2013 年，湘西全州猕猴桃种植总面积 12.5 万亩，其中挂果面积约 10 万亩，产量 11.5 万吨，产值 3 亿元，均价达每公斤 3.5 元。同时，湘西负有盛名的老爹公司先后开发出以果王素为代表的保健食品系列，以猕猴桃果粒果汁为代表的饮料系列，以果脯、果籽饼干为代表的休闲食品系列，以嫩肤果王素为代表的护肤品系列共 4 大类 35 个系列产品，其中 11 个产品已投放市场。猕猴桃果王素、果汁、果脯、果籽饼干、嫩肤果王素已成为老爹公司的主打产品。猕猴桃逐渐成为湘西人民脱贫致富的支柱产业。

近年来，红心猕猴桃在湘西猕猴桃产品市场上占的比重越来越大。红心猕猴桃原产于我国四川苍溪地区，因其特有的品质，后来被全国各地引进，并大规模种植。猕猴桃富含超高的维生素 C 及 P，K，Ca，Mg，Fe，Cu 等多种矿物质和 18 种氨基酸，特别是微量元素钙的含量为果中之首，每百克鲜果肉含维生素 C 100~420 毫克，比柑橘高 5~10 倍，比柠檬高 11~13 倍，比苹果高 20~80 倍，被称为“果中之王”“维 C 之王”。红心猕猴桃果肉细嫩、香气浓郁、口感香甜清爽、酸度极低、营养丰富，有“神奇美味果之称”，看之饱眼福、食之饱口福。

红心猕猴桃是湘西州凤凰县大力发展的扶贫产业，是中石化对口扶贫凤凰的重点项目。湘西凤凰还是国家农业部首推富硒‘米良一号’猕猴桃原产地，据了解，目前全县猕猴桃种植面积达2.32万亩，其中‘米良一号’1.47万亩、红心猕猴桃0.85万亩，挂果面积1.2万亩，2013年鲜果总产量达2.3万吨，产值近1亿元。

2013年11月3日习近平总书记赴湘西州调研时，曾品尝了凤凰红心猕猴桃，对红心猕猴桃的口感尤其对帮助农民增收的高附加值给予了高度评价。

2 湘西发展猕猴桃的优势

2.1 气候优势

湘西气候适宜，有利于猕猴桃的生长，在种植猕猴桃方面具有得天独厚的条件。湘西州位于湖南省西北部，地处湘鄂黔渝四省市交界处。境内气候温和湿润，冬暖夏凉，气候多种多样，降水充沛，光热充足。湘西州北有秦岭山脉为依托，南有武陵山、雪峰山作屏障，冬天由北方而来的寒流难以直接入侵，寒流途征千里，寒势主流锐减，使湘西州冬季少严寒；又因湘西州所处地势较高，盛夏多雨的影响，使夏温偏低，夏无酷暑；再加上光、热、水、基本同季，光能利用率大，很适宜猕猴桃的生长发育，并能获得较高的单位面积产量，并保证优质品质。

2.2 科技优势

湘西发展猕猴桃产业有其科技优势，湘西有创建于1958年9月的吉首大学。吉首大学为湘西猕猴桃的发展提供了坚强的后盾。湘西州依托吉首大学，创建了一支由六十多名教授、专家组成的专职、兼职研发骨干队伍，并与省内外有关高校、科研单位开展了项目合作，组织了包括中科院院士、博士生导师在内的300余名专家，在猕猴桃原种繁育及品种改良，开发猕猴桃绿色高级保健品等高新技术四大领域十二个方面开展科技攻关，攻关课题达三十八个。

2.3 土地资源优势

湘西州土地总面积15 462 km^2，人均占有土地0.67 hm^2，高出全省人均占有量的40 %。耕地142 340 hm^2，人均0.067 hm^2，在山地资源中可待开发的后备土地资源丰富，土壤深厚肥沃，有机质含量高。湘西种植猕猴桃的土地条件好，有利于增产、丰产，形成特色经济。

2.4 品种优势

由于湘西得天独厚的条件，湘西猕猴桃丰富多样，优良品种众多。特别是州内科研工作者经过十多年努力，从众多野生的优良株系中选育出的‘米良一号’，由于结果早、品质好、单产高、抗逆性强，被国家农业部认定为全国推广优良品种和我国南方地区推广栽培的首选品种。1992年，国家农业部授予‘米良一号’“希望奖”。

2.5 旅游优势

湘西有丰富的旅游资源，猕猴桃现已成为神秘湘西旅游购物的标志性果品，带动湘西成为国内猕猴桃第二大主产区。

3 存在的不足

在看到湘西州发展猕猴桃的优势的同时，我们也要看到在发展中存在的不足之处。湘西多山地，湘西州猕猴桃基地大多分布在荒山坡地，达不到标准化果园的基本要求，种植户栽培管理难度加大，抵御极端气候能力弱，影响了猕猴桃的品质提升和稳产丰产。

4 湘西猕猴桃种植的建议

(1) 改革种植模式。培养种植大户，建立规模化、标准化、高水平的猕猴桃种植园。依托湘西丰富的旅游资源，实现种植、观光生态旅游，打造湘西猕猴桃的品牌效应。

（2）合理选择园地。根据区域气象资料、土壤质地、水源、交通等条件合理布局，方便猕猴桃产品的快捷销售。

（3）加快引种。科技人员加快猕猴桃新品种培育、引进。

（4）扩大销量。利用互联网，增加销售新渠道，宣传自己的产品，让更多的人了解湘西猕猴桃，扩大猕猴桃销售的地区和销量。

Situation, Superiority and Suggestions for Kiwifruit Industry in Xiangxi

QUAN Hua[1,2] WANG Yuanshun[1,2] WAN Zhiyun[2] WU Xiaoli[1,2]
MENG Qinghui[1,2] LUO Xiang[1,2] LONG Li[1,2]

(1 Hunan Ji Xing agricultural science and Technology Development Co., Ltd. Jishou 416000;
2 Xiangxi Academy of Agricultural Sciences Jishou 416000)

Abstract We introduced the situation of kiwifruit industry in Xiangxi, and summarized the superiority and provided suggestions for kiwifruit industry.

Key words Xiangxi Kiwifruit Industry development

新形势下农资企业服务于猕猴桃产业的思考与探索*

李恒恒[1,**]　涂美艳[2,***]　王　茜[1]
陈　栋[2]　代相君[1]　刘春阳[2]　李志华[1]

（1 四川省丰收农业发展有限责任公司　成都　610066；
2 四川省农业科学院园艺研究所 农业部西南地区园艺作物生物学与种质创制重点实验室　成都　610066）

摘　要　猕猴桃是我国极具竞争力的特色优势产业，也是从国家到地方各级政府高度重视和支持的山区精准扶贫重要产业之一。近年来，随着大量社会资本和工商资本的涌入，猕猴桃产业迎来了史无前例的发展高峰，各地规模化建园速度不断加快，短时间内造就了无数个万亩示范区。然而在国际竞争日益激烈、国家倡导创新创业和供给侧改革的大背景下，在猕猴桃产业飞速发展带来了诸多新问题，如何科学认识我国猕猴桃产业现状，准确定位产业发展趋势，突破传统制约，发挥优势，抢抓机遇，实现农资农技农户的紧密结合，推动我国猕猴桃产业“提质增效”健康发展，已成为摆在农资企业面前的重大课题。本文立足企业自身实践经验，提出了技物结合的新思路，对规范猕猴桃生产，保障果品安全，促进产区交流和产学研合作具有一定参考价值。

关键词　新形势　农资　猕猴桃产业　思考　探索

猕猴桃原产于中国，其营养丰富，深受广大消费者喜爱。近年来，我国猕猴桃产业发展迅速，栽培面积和产量均居世界第一。猕猴桃产业已成为我国广大贫困地区和偏远山区农民增收、脱贫致富的首选产业。但是，也必须清醒地看到，我国猕猴桃产业仍面临着国际国内两个市场的激烈竞争。同时还面临着资源环境、科学水平、资金投入水平等众多方面的制约，更面临着产业“提质增效”的严峻挑战。在猕猴桃产业快速发展的新形势下，农资企业如何科学清醒地认识我国猕猴桃产业的发展现状，准确把握产业发展的新情况、新趋势，充分发挥我国猕猴桃产业的自身优势，抓住产业发展机遇，突破发展制约，最大化地规避风险，为我国猕猴桃产业健康持续发展提供投入品保障，已成为摆在农资企业面前的重大课题。本文立足我国猕猴桃产业发展新形势，结合四川省丰收农业发展有限责任公司（以下简称丰收农业）近年来通过强化与科研院所合作，专注服务于猕猴桃产业的实践经验，从农资企业角度提出了猕猴桃产业提质增效途径，对我国各猕猴桃产区实现农资、农技、农户的深度结合具有重要参考意义。

1　我国猕猴桃产业发展面临的新形势

我国猕猴桃产业发展面临的总体形势是：规模化栽培历史短，发展速度快，产业影响力大，有待解决的问题多，产业发展前景广阔。

1.1　小水果已初步发展成为大产业

猕猴桃因被誉为水果之王，经济价值高，是山区农民脱贫致富和工商资本投资农业的理想

---

*基金项目：四川省科技支撑计划（2014NZ0031）；成都市猕猴桃产业集群项目（2015-cp03 0031-nc）；四川水果创新团队猕猴桃栽培技术岗位专家经费。

**第一作者，女，四川自贡人，四川省丰收农业发展有限责任公司董事长，主要从事农资销售和配套生产技术服务。

***并列第一作者，男，江西峡江人，副研究员，在读博士，四川水果创新团队猕猴桃栽培技术岗位专家，主要从事果树营养生理与栽培技术研究；E-mail：huahelei@163.com。

选择。因此,我国猕猴桃产业在不到四十年的发展历程中成功谱写了一个小水果快速发展成为大产业的华丽篇章。据农业部种植司统计数据显示,2001 年我国猕猴桃栽培面积仅为 4.8 万公顷,产量 24.16 万吨;2011 年栽培面积已达到 10.68 万公顷,产量为 106.98 万吨。十年间我国猕猴桃栽培面积增长了 1.23 倍,年均增长率为 8.33 %;产量增长了 3.43 倍,年增长率为 16.04%。据不完全统计,2015 年我国猕猴桃栽培面积已突破 15.33 万公顷,产量超过 160 万吨,面积和产量均居世界首位,在全国水果产业中的地位日益凸显。

1.2　国内外产区间交流与合作日趋频繁

我国猕猴桃丰富的野生资源和产业的快速崛起,成功吸引了世界各地的目光,也为我国广泛开展国际合作交流提供了产业筹码,每四年一届的国际猕猴桃研讨会已在我国成功举办两届就是最好的证明。新西兰作为世界上最早开始猕猴桃规模化经济栽培的国家,其凭借优越的自然条件和扎实的科研基础,在猕猴桃产业链的各环节均凸显了较强优势,已成为近年来我国猕猴桃从业人员的首选考察学习交流之处。2014 年 11 月 21 日,国家主席习近平在对新西兰进行国事访问期间与新西兰总理约翰·基共同为"中国-新西兰猕猴桃联合实验室"揭牌,此项合作列入习主席访新成果清单,成功将中新猕猴桃领域合作推向新高潮。此外,我国与意大利、智利、韩国、日本、土耳其、尼泊尔等国在猕猴桃领域的合作也日趋频繁,在当前便捷的交通和发达的互联网助推下,国内产区间的交流更是无数。据不完全统计,我国每年因猕猴桃与世界各国发生的互访、人才交流、项目合作频次在水果中位列前茅。

1.3　农村劳动力资源日益紧缺

随着农村改革的不断深入和农村经济、社会的发展,农村劳动力结构也随之发生巨大变化。大批农村劳动力背井离乡,走向城市务工,留守在农村的大都是老人和儿童,导致农业劳动力严重不足,特别是掌握了一定农业生产知识和技能的劳动力严重紧缺。这是我国农业生产面临的严峻问题,更是猕猴桃产业面临的现实困难。在我国猕猴桃产业快速发展的进程中,过去大规模建园均未充分考虑机械化操作问题,加之猕猴桃现有栽培园区大都位于山区和浅丘区,受地形地貌的制约较难实现机械化作业,这就决定了猕猴桃产业离不开密集的劳动力参与。面对农村劳动力短缺的严峻问题,如何构建一支既掌握专业技术知识与技能,又能高效率、高质量为大型种植户提供全面服务的专业化队伍,是农资企业可以为且大有作为的新机遇。

1.4　果品质量与安全备受各界关注

过去猕猴桃被认为是高端水果和贵族水果,因为量少价高,普通百姓较难享受,属于典型的卖方市场。而如今,随着全国猕猴桃产业飞速发展,产量不断上涨,部分产区销售难问题已逐渐凸显,要保证产业健康持续发展,必须高度重视果实品质和食品安全。但笔者调研发现,生产上果农为提高产量、减少病虫危害,过量施入化肥、高频次喷施农药现象普遍,部分主产区还因不合理使用膨大剂被媒体多次曝光。这其中除了有种植者因素外,还与部分农资企业唯利是图、不负责任的产品推销有关。因此,在食品安全备受社会各界关注的今天,如何从投入品开始,全面规范生产管理过程,在保障产量的同时更加注重果品质量和果品安全是农资企业必须思考和身体力行的大事。

1.5　以溃疡病为核心的重大病虫害时有发生且日趋严重

过去猕猴桃种植面积小,病虫害相对较少。但规模化栽培后,溃疡病、蚧壳虫、根结线虫、根腐病、早期落叶病等病虫害大面积暴发,给生产造成了极大损失。尤其在近年极端天气频繁的大环境下,以溃疡病为代表的重大病虫害更是肆虐全国各主产区,造成的产业损失无法估计。从当前形势看,溃疡病最好的防控方法依然是以化学防控为主,农艺、物理措施为辅的综合防控策略。因此,筛选并推广一批在溃疡病、蚧壳虫等重大病虫害上具有较好防治效果的安全高效药剂是农资企业和科研单位共同面临的棘手工作。

1.6 互联网和物流技术的飞速发展造就的新机遇

互联网和电子商务技术的飞速发展,促成了传统物流业向系统化、社会化和高效化现代物流的成功转型,使其具备了信息化、网络化、智能化等一系列新特点。这一切正在改变世界并影响人们的生活,并在不经意间向农业深度渗透,甚至开始改变农资行业传统的运营、流通和合作模式。站在"互联网+"的风口浪尖,农资行业何去何从?笔者认为,农资渠道商不会消亡,但不会做增值服务将被淘汰。电商的兴起代表了中国经济的崛起,互联网颠覆了传统产业的价值创造规律。电商与农资联姻是必然的社会发展趋势,但是关键点在农资而非电商。猕猴桃是水果种植中技术含量高、生产投入高且经济价值高的树种,也是 21 世纪我国规模化发展较快的果树种类,种植者对农资的关注度高,要求也高,谁能依靠现代物流和互联网技术,通过产学研结合,成功实现农资、农技、农机、农户的深度配合,保障果品产量、质量和安全的同时大大降低生产成本,谁就能主宰农资行业的明天。

2 农资企业服务于猕猴桃产业的几点思考

大农业环境下必将迎来大农资时代。面对猕猴桃产业发展面临的新形势,农资企业如何去适应新形势、发现新情况、解决新问题,更好地为猕猴桃产业的健康发展提供产前、产中、产后服务,笔者认为必须实现以下五个转变。

2.1 在农资产品上:实现由单一农资产品向猕猴桃专用综合配套产品的转变

过去,农户买什么,农资企业就卖什么,做的是你买我卖的生意,赚的是批零价差。单一的农资产品最多只能解决单一的问题。而猕猴桃的质和量,不可能靠单一的农资产品就能得到改善和提高。需要采取综合性措施,提供综合性配套产品。比如,土壤改良,仅靠增施有机肥是不够的,还要补充土壤的微生物和矿物质等。因此,现代农资企业必须在充分掌握猕猴桃生长发育规律、植物学特性、栽培习性的基础上,整合农药、肥料、生长调节剂等优势资源,建立行业联盟、商会,抱团取暖形成综合全套产品方案,彻底改变过去一个(一类)产品独闯天下的局面。

2.2 在农业技术上:实现由技术依赖型向技术合作研发型的转变

与其他大宗水果相比,猕猴桃对栽培技术的要求相对较高,但猕猴桃在我国规模化经济栽培历史不到四十年,基础科研较薄弱。过去,农资企业主要依靠大专院校或科研单位提供的技术和研发成果配合产品进行推广,甚至以农资企业邀请专家到产区开展技术培训作为主要的产品推广方式,对科研单位或高校的依赖性较强。如今,随着国家创新创业大环境的改变,企业自主创新能力显得尤为重要。因此,如何通过与科研院所或高校紧密合作,构建新型战略关系,加强农资企业一线技术骨干培养,提升自主创新研发能力,推动农资农技紧密联合,是新形势下农资企业必须思考并付诸行动的一项重要工作。

2.3 在产品销售上:实现由多级代理销售向直供基地销售的转变

多级代理批发零售是农资行业一贯的产品营销模式,由于其利益链条长,产品到达用户手中的售价高,近年逐步被基地直供模式取代。但基地直供不是产品直接从厂家销售到农户,从而缩短其销售环节、降低产品价格那么简单。基地直供必须同时解决产品与技术配套问题,解决农资供应链的"信息不对称"问题,从而提高农资供应链的信息化程度,减少流通环节浪费,实现便捷的农资交易集成服务和产品精准使用技术服务。

2.4 在技术服务上：实现由公司化服务向社会化、专业化服务的转变

近年，随着工商资本不断涌入农业，由政府引导、企业主导下的猕猴桃规模化建园已成为全国各产区的亮点工程，成功助推了产业的飞速发展。但由于一线管理工人水平参差不齐、农资产品配套跟不上，规模化园区实际管理成效与预期相差甚远。部分种植企业甚至在园区未成型投产之际走销售先行之路，造成园区管理跟不上，植株长势差、投产迟、投资回报期长，逐渐步入恶性循环的怪圈。因此，新形势下，具备产品和技术优势的农资企业必须与新型经营主体合作，构建一支专业化服务队伍，打造多级技术传递体系，改变过去以产品为中心的公司化服务模式，推进产中、产后综合配套社会化服务机制的形成。

2.5 在产业配套上：实现"农资+农技+农机+农户"四农紧密结合

农资企业过去一直喜欢将自己定位在某个点上，可随着时代和科技进步，农资在农业生产中的地位越加凸显，以农资为核心，推动和实现农技、农机、农户的高度结合，是未来发展的必然趋势。农业机械化是农业现代化的重要标志和内容，农机具和农资又是实现农业机械化的同等关键因素。如今，在国家倡导农业供给侧结构性改革的大背景下，要提高农业供给体系质量和效率，使农产品供给数量充足、品种和质量契合消费者需要，真正形成结构合理、保障有力的农产品有效供给，首先要发展适度规模经营，推动农业机械化发展；其次要减少化肥农药不合理使用，实现绿色增产、促进农业可持续发展。因此，水肥药一体化、农资农技农机服务一体化是实现科学用肥、精准施药、减量控害，降低农户生产成本，提高农业效益和竞争力的重要抓手。

3 丰收农业专注于服务猕猴桃产业的实践与探索

丰收农业是一家专注于服务猕猴桃产业的农资企业，通过十余年的产业一线耕耘和产学研用深入合作，总结了一些经验和教训，在此与大家共勉。

3.1 引进培养人才，建立一支高精尖的专业技术服务团队

公司始终把"热爱农业，心系农民，吃苦耐劳，钻研技术"作为引进招聘人才的重要标准，先后从高校招聘果树学、农学、植保等专业人才40余名，采取"田间实践1年+专家授课1月"方式进行培养，不仅提高他们的农业技术基础知识以及基本技能，更重在提高他们深入田间地头解决实际问题的能力。

第一，依托科研院所和高校，聘请行业专家定期进行技术培训和学术研讨，整体提高技术团队成员猕猴桃基础理论知识。

第二，每年举办"猕猴桃产业联盟论坛"，为广大种植户提供技术交流和资源整合平台，建立农户提问、专家释疑解惑、技术员整理，共同分享机制，不定期发布共性问题解决方案。目前，参加论坛的种植户达三百余人，这些人员正逐步成为四川猕猴桃产区重要的一线技术传播者。

第三，组织专业技术人员和种植户代表到新西兰考察学习先进经验和技术知识。同时由公司出资邀请新西兰知名专家到四川考察访问，为联盟成员系统介绍新西兰猕猴桃产业发展经验、管理办法以及全产业链标准化管理技术，并深入成都、广元、绵阳、雅安等产区实地指导，实现了一流专家与农户的面对面交流。

第四，充分利用现代信息技术，建立短信平台、微信群服务热线，每周组织一次线上培训，适时发布技术与作业信息，指导农户根据农时做好田间管理，随时解答种植户遇到的困难和问题。

目前，已初步建立起了以行业优秀专家为支撑，公司技术骨干为主导，"田秀才、土专家"为辅助的专兼职技术服务团队和三级技术传递体系。

3.2 立足产业需求,筛选一批适宜猕猴桃园应用的拳头农资产品

以生产高品质猕猴桃为目标,借鉴新西兰猕猴桃产业发展经验和相关作业标准,结合四川气候、土壤及品种、树龄条件,协助种植户制定改土建园标准、田间管理标准、投入品使用规范、采收及贮藏技术规程等,指导种植户夯实果园基础,筑牢果树根基,从而实现可持续发展。

第一,根据猕猴桃对土壤 pH 值、疏松透气性等的要求,筛选出优质高效的系列土壤调理剂;

第二,根据猕猴桃营养需求规律和生长特点,筛选出了一系列 N,P,K,Ca,Mg,S,Zn,B 等安全有效的水溶性营养补充剂;

第三,根据猕猴桃病虫害发生规律,筛选出了一系列安全、高效、环保的植保药剂;

第四,收集整理猕猴桃全产业链的相关技术信息,为农户提供其他生产作业过程中的配套物资及相关信息服务。

通过一系列配套措施,公司签约的种植户,不仅获得了好收成,还取得了高额经济回报,个别园区已成为当地产业发展的标杆。

3.3 以农户为本,努力提供专业化、全程化、保姆式服务

围绕猕猴桃全产业链需求,探索产前规划设计、产中产品技术服务、产后市场信息提供的全程化服务体系。

一是与种植户签订合作协议,明确双方的权利义务和要做的主要工作,以及实际合作效果、免责条件及应承担的责任。

二是严格服务流程,规范服务行为,严把服务质量。从果园气候、土壤、设施设备等基础条件出发,以专家研判的主要问题为导向,以拳头产品为支撑,制定详细的周年管理方案。

三是按照网格化管理原则,对全部合作对象实行分片包干,责任到人,定期巡视,发现问题及时解答并开具处方单,一般问题随问随答,疑难问题咨询专家后当日解答。

The Thinking and Exploration of Agricultural Enterprises Serving for Kiwifruit Industry under the New Trend

LI Hengheng[1] TU Meiyan[2] WANG Qian[1] CHEN Dong[2]
DAI Xiangjun[1] LIU Chunyang[2] LI Zhuhua[1]

(1 Sichuan Agriculture Harvest Development LLC Chengdu 610066;
2 Key Laboratory of Biology and Genetic Improvement of horticultural Crops(Southwest Region), Ministry of Agriculture Chengdu 610066)

Abstract China own the natural resources in kiwifruit industry to gain competitive advantage comparing to other countries, and the current government strongly supports the kiwi fruit industry because the officials believe the development of Kiwi fruit industry could also eliminate poverty. In recent years, Kiwi fruit industry has seen big cash flows which has made a peak of development, as a result, thousands of orchards have been established in China.

However, opportunities and challenges exist side by side. Many problems arise from the rapid development, and international competition becomes more and more severe. So, the practitioners of the kiwifruit industry have to be realists and try to find a scientific approach to conduct a healthy and sustainable development. This research include outcomes from kiwifruit companies and scientificorganisations, so it could be valuable for the practitioners to standardize production, ensure the safety of fruit, effectively communicate and cooperate with different organizations.

Key words New trend Agricultural material Kiwifruit industry Concerns Exploration

重庆地区猕猴桃产业发展现状及解决对策

兰建彬[1] 寇琳羚[2] 唐建民[1] 陈泽雄[1] 廖钦洪[1] 李会合[1] 刘奕清[1]

（1 重庆文理学院特色植物研究院 重庆 402160；

2 重庆市农业技术推广总站 重庆 401147）

摘 要 为了促进重庆地区猕猴桃产业健康和科学的高效发展，课题组通过近几年深入调研重庆及国内外地区猕猴桃产业发展现状和优势，进一步分析本地区猕猴桃产业发展中存在的不足之处。从科学的规划选址和合理的品种结构搭配，无病毒和病菌的种苗为核心的溃疡病综合防控体系建立等方面提出了重庆地区猕猴桃产业发展的思路和对策，使重庆地区猕猴桃产业持续高效健康的发展。

关键词 重庆地区 猕猴桃产业 发展现状 解决对策

猕猴桃（*Actinidia* spp.）为猕猴桃科（Actinidiaceae）猕猴桃属（*Actinidia*）的藤本植物，中国是世界猕猴桃的原产地，野生猕猴桃资源丰富，全世界猕猴桃属植物共有 66 个种，中国有 62 个种，其中包括很多特有的红肉和黄肉系列主栽品种等（姚春潮 等，2003；黄宏文 等，2000）。猕猴桃的果实具有很高的营养和药用保健价值，且维生素 C 含量高被誉为水果之王，从经济价值和栽培效益来分析，具有广阔的发展空间（崔致学，1993）。

重庆地区是我国猕猴桃分布中心之一，迄今已查明我国有猕猴桃 62 个种、43 个变种和 7 个变型种，其中重庆地区有 34 个种，且野生资源主要分布在渝东南和渝东北地区的山地区域（唐晓华 等，2005）。重庆市猕猴桃栽培始于 20 世纪 80～90 年代，但整体发展缓慢。随着国内外猕猴桃产业快速，特别是近十年来重庆地区依托得天独厚的自然生态条件和消费市场，大力发展特色鲜明和效益明显的猕猴桃产业，初步形成了三大猕猴桃优势产业带（谭永中 等，2013a；张乃华 等，2008）。

但是与国内外猕猴桃产业快速发展的大环境相比，重庆地区猕猴桃产业发展水平相对低，不管从总体的面积产量和单位面积效益还是产业化发展程度等整个发展水平来看，明显落后于国内的陕西、四川及河南等优势产区（涂美艳 等，2012；李晓红，2010），但是与贵州、湖北等产区具有相似之处。为了较可靠地了解重庆地区猕猴桃产业发展的基本状况，本单位猕猴桃课题组在重庆市教委和科委及农委等相关项目和课题的支持下，于 2010～2015 年对重庆地区传统两大猕猴桃优势产区和新兴的中低海拔地区及主城近郊区等地进行了较详细的猕猴桃产业发展现状和野生资源的调查研究，同时结合调查国际和国内优势猕猴桃产业发展地区的情况，认真分析了重庆地区猕猴桃产业的现状和优劣势及发展中存在的主要问题，并据此提出了相应的解决对策，如能切实解决制约猕猴桃产业发展的主栽品种单一，苗木良种繁育滞后，新优品种配套栽培技术水平低和溃疡病的综合防控落后等问题，重庆地区猕猴桃产业有望实现健康持续高效发展。

1 重庆地区猕猴桃产业发展现状

1.1 主要栽培区域和发展规模

在 20 世纪 90 年代中后期重庆市猕猴桃生产曾经出现一段发展高峰期，在武隆仙女山地区，面积达 0.6 万亩以上（简晓英 等，2013）；品种主要是海沃德等传统品种，但是由于发展速度和模式存在问题，导致最终产业发展失败；但从 2006 年以后在黔江、万州、万盛等区域逐步开始主要推广种植红阳为主的红肉猕猴桃（谭永中 等，2013b）。

截至 2015 年底，重庆市猕猴桃栽培面积达到 19.72 万亩，总的种植猕猴桃株数有 1 855.97 万株，其中结果树有 1 232.85 万株，2015 年新种植的仅有 11.08 万株，年产鲜果 5.07 万吨，种植面积和产量均全国处于中等地位。与 2012 年、2013 年相比，2014 年种植面积和当年新栽树呈现明显下降趋势，表明发展较为理性化。但是随着结果树的增加，产量在 2015 年增加较快，达 5.07 万吨，比 2012 年增幅高达 76.04 %（表 1）。

表 1　2012~2015 年重庆地区整体发展情况统计

年份	面积/万亩	总株/万株	结果树/万株	当年新栽树/万株	总产量/万吨
2012	17.08	1 656.89	512.78	305.15	2.88
2013	17.63	1 688.06	533.51	305.61	3.87
2014	19.11	1 844.89	732.81	104.02	3.76
2015	19.72	1 855.97	1 232.85	11.08	5.07

已经形成以黔江为中心的渝东南猕猴桃产业带，包括黔江、秀山、酉阳、武隆、涪陵和彭水等区县；以万州为中心的包括渝东北猕猴桃产业带，包括万州、开县、奉节、巫溪和云阳等区县；以南川为中心的离主城区近郊中低海拔猕猴桃产业带，包括南川、万盛、綦江、江津和永川等区县。近年来，值得注意的是离主城较近的沙坪坝、大足、铜梁、荣昌等低海拔地区也在发展猕猴桃，定位于观光采摘性。

1.2　主栽品种结构与发展模式

重庆地区自 2006 年引入红阳为主的红肉品种，红肉品种栽种经过近 10 年的快速发展，取得了不错的成绩和问题。目前红肉系列品种仍是第一大主栽品种系列；黄肉系列品种主要为黄金果和金艳，而绿肉系列品种包括徐香等。

在这些推广品种中，目前种植应用面积最大的为红肉系列品种，占全市猕猴桃栽培面积的 70 %以上，主要为红阳、红华和晚红，其中红阳占 80 %的份额；红阳为早熟品种，在重庆各产区栽培其成熟期主要集中于 8 月中下旬至 9 月上旬，但是由于平均单果重较小且抗病性较差，盛产期株产只有 8~10 kg，产量为 800~1 000 kg/亩，但其市场价格较高，近年来优质果批发平均价格均在 18 元/kg 以上，产值可达 2 万元/亩以上，其中采摘价格最高可达 30~40 元/kg 以上，且采摘的消费量巨大。红华和晚红这两个品种在抗性方面强于红阳，但是整体发展面积不大（贾谭科 等，2011；王明忠 等，2006）。黄金果由于具有品质优、产量高、长势强等突出优点，仍为重庆中低海拔地区黄肉系列的主栽品种之一，占全市栽培面积的 10 %；黄金果作为为中熟品种，重庆地区成熟期主要在 9 月下旬至 10 月上旬，恰好与中国的中秋和国庆节相遇，平均单果重 125 g，产量 1 500~2 000 kg/亩，按单价 10 元/kg 计算，产值在 1.5 万元/亩以上。而金艳作为黄肉品种，在高海拔地区近年来发展很快，目前栽培面积已经占全市栽培面积的 10 %左右；其余的 15 %为其他品种绿肉品种和当地的野生品种。

自 2006 年以来，重庆先后引进、注册了 20 余个猕猴桃产业化龙头企业，并在黔江区及万州、秀山、彭水、万盛、南川等区县成立了猕猴桃专业合作社 10 多个，这些龙头企业与专业合作组织在标准化栽培管理和生产及市场宣传和销售等环节中发挥出了重要作用。近年来，重庆各级政府及相关业务部门联合猕猴桃产业化龙头企业、专业合作组织、科研院所等团体组织，大力宣传重庆产猕猴桃果品、打造了响水山、小南海、Hongfa、黑山谷、伴园等多个猕猴桃品牌等(马秀云 等,2008)。重庆地区的猕猴桃销售份额中有20%左右的精品果品销往北京、上海、广州、深圳等国内大城市,剩余的80%以市内的沙坪坝、江北区等主城区及万州、黔江等区县等地就近销售为主,且销售呈现供不应求的局面。

产业发展模式主要以公司带动普通农户的模式进行,形成“农业企业+猕猴桃专业合作社+猕猴桃种植农户”的模式(陈现军,2016)。与其他优势产区相比,重庆缺乏一定规模和数量的种植大户;而一定面积规模的种植大户在四川蒲江和都江堰的成功发展模式,值得重庆地区猕猴桃产业发展的借鉴和学习(刘强 等,2014)。

1.3 猕猴桃溃疡病对产业发展的影响现状

经过近几年的调研,发现影响重庆地区猕猴桃产业健康持续高效发展的最大和最难的问题仍然是猕猴桃溃疡病,这与其他国内外产区一样(胡容平 等,2016;Froud et al.,2014;李黎 等,2013)。猕猴桃溃疡病近几年发病蔓延很快,发生面积和发病率逐年扩大,在万州和黔江为代表的传统产区发病情况特别严重。近年来在万盛、綦江、南川、江津等区县的700~800 m海拔均有发生,成为制约猕猴桃产业发展的主要病害之一。近几年重庆地区各区县患病果园发病株率平均33.37%,严重的达到40%~70%,最高80%以上,甚至出现了毁园的现象,严重阻碍了猕猴桃产业的健康发展。

全市猕猴桃溃疡病发生始期为12月下旬至次年1月下旬,4~20 ℃均可发病,3~4月的低温高湿天气下发病最为严重,5月份随气温升高而减轻,伤流期后病情逐渐缓慢。当溃疡病病菌潜伏在树体上,若遇头年冬季冻害严重时,溃疡病随之会在第二年加重暴发,如2015年底的霜冻雨雪天气加2016年早春倒春寒及3~4月低温雨水天气,造成2016年溃疡病的大规模暴发。其他如超量挂果和膨大剂处理等不合理的农事活动过多则诱发溃疡病的发病。近几年来在新建园子,特别是在海拔较高(700~800 m)的园区,定植后2年内就大规模暴发溃疡病,最大的原因就是种苗和接穗携带溃疡病的病菌。

1.4 配套栽培技术及科研现状

猕猴桃配套栽培技术体系,完全借鉴和照搬国内猕猴桃传统产区,如四川苍溪等地。重庆地区猕猴桃产业深受传统产区的影响,从建园选址、种苗选择和来源,以及后面的配套栽培技术完全照搬其发展模式和经验。小规模的农户种植经验影响重庆猕猴桃产业的发展。

重庆地区猕猴桃科研主要集中在重庆文理学院和重庆农科院等少数科研单位。重庆文理学院特色植物研究院,自2009年以来加大对猕猴桃研究的投入力度,从猕猴桃的脱毒种苗入手,已经建立获得无病菌和病毒的猕猴桃母本采穗园,并在巫山和巫溪等区县推广组培苗建园,试种示范效果突出;同时制定重庆市红阳猕猴桃育苗的地方标准和重庆市红阳猕猴桃生产技术规程。西南大学和重庆大学对猕猴桃的研究主要侧重于猕猴桃生理发育果实软化和猕猴桃遗传转化等方面且研究较为深入(杨小兰 等,2013;赵许朋 等,2013)。

整体而言对猕猴桃产业配套栽培方面的研究,虽然做了点工作,但是相比于重庆地区猕猴桃产业快速发展的需求来看,这点研究工作对重庆猕猴桃产业的整体快速健康持续的发展支撑度不够。

2 重庆地区猕猴桃产业发展的优势条件

2.1 野生资源优势

重庆地区是中国猕猴桃原产地之一,其中渝东南和渝东北高山地区有着十分丰富的野生猕猴桃资源，同时他们也是重庆地区猕猴桃的发展传统和优势产区。相关研究结果表明，重庆地区猕猴桃属植物共有 25 种（含变种、变型），分别为中华猕猴桃（*Actinidia chinensis*）、城口猕猴桃（*A. chengkouensis*）、多花猕猴桃（*A. latifolia*）、革叶猕猴桃（*A. rubricaulis*）、毛蕊猕猴桃（*A. trichogyna*）、软枣猕猴桃（*A. arguta*）、黑蕊猕猴桃（*A. melanandra*）、狗枣猕猴桃（*A. kolomikta*）等猕猴桃野生资源主要分布在重庆渝东南和渝东北周边的中低山区的两翼地带，垂直高度在海拔 600～1 500 m，总面积约 3.6×10^5 hm^2（汪建军，2014；黄宏文，2013）。

课题组通过近六年对重庆地区 40 多个县（区）进行资源调查，得出全市的野生猕猴桃资源蕴藏量为 8×10^3 t。

2.2 生态条件和物候期的自然优势

重庆地区地形地势复杂多变，生态条件丰富多样。这样的生态环境为猕猴桃生长发育提供了大量的适宜区域（欧毅 等，2006）。其中又以重庆地区两翼的山区及中低海拔（包括武陵山脉带、秦巴山区带及近郊中低海拔地带等）最适宜猕猴桃的经济高效栽培，该区域优越的自然生态条件为猕猴桃高产优质生产提供了基本保障。

重庆地区具有时序和特殊气候优势。受秦岭-大巴山地形影响（阻挡冷空气），重庆中低海拔地区与我国同纬度地区相比，年平均气温偏高 1～2 ℃，尤其是冬季的平均气温比长江中下游地区高 2～3 ℃，与广东省的北部相当。另外，重庆中低海拔地区还具有春季气温回升快的特点，这使得本地区种植的猕猴桃比江苏、浙江、湖北、安徽等省要早熟 7～10 d（同一品种），而比四川、贵州等省要早熟 3～7 d，明显的时序优势有利于重庆地区猕猴桃提早上市（曹婷，2014），从而抢占市场先机。

重庆山区很多处于静风，风害比较少，使得重庆地区生产的猕猴桃果实外观无花果现象产生。其次，采果前一个月内通常出现一定程度的伏旱天气，在采果前避开雨季，从而能降低果子的含水量和提高干物质含量，这两个不可比拟的优势从外观品质和内在品质共同提高重庆地区猕猴桃的品质（祝义伟 等，2014）。

2.3 初步探索和建立了猕猴桃绿色栽培技术体系

为了保证猕猴桃良种的纯度和无病菌无病毒，为生产优质高档猕猴桃果品奠定基础，重庆文理学院特色植物研究院猕猴桃课题组联合国内外其他科研单位，经多年的探索和研究，已初步建立了猕猴桃绿色栽培技术体系。该体系包括：猕猴桃种植及野生资源的搜集和评价筛选，优良品种的无病毒和病菌组培苗的获得，高质量母本采穗园的建立，以组培苗为核心的控根容器种苗的培育，以及建园定植的配套栽培技术（高标准改土建园，科学的树体和花果管理及提高果实品质的配方施肥，综合的病虫害及溃疡病的绿色防控技术）等一系列新技术（朱学栋等，2012；王大平 等，2008）。

3 重庆地区猕猴桃产业发展的制约因素及其存在的问题

3.1 品种结构和栽培区域缺乏科学合理规划

从国际和国内猕猴桃市场绿肉、黄肉和红肉猕猴桃的发展现状来看，结合生态气候条件和消费市场，重庆地区具有长期竞争优势的猕猴桃品种，仍然为品质优良和抗逆性强的红肉系列。但是以红阳为代表红肉系列的果肉红色性状不稳定，而且易受海拔高度和夏季气温与湿度的影响，当夏季重庆中低海拔地区在 7～8 月，天气干燥平均气温超过 32 ℃时，和其他产区一样存在的问题是果肉红色即完全消失，从而导致商品性下降和栽培区域受到限制（韩明丽等，2014a；何科佳 等，2007）。

因此,重庆地区当前的猕猴桃品种结构单一、缺乏综合性状优良的红肉系列新品种及其在本地区配套的栽培技术,这一难题已经到了非解决不可的地步。

受重庆地区猕猴桃市场效益拉动的影响,近几年重庆市猕猴桃栽培面积每年以 2 万亩的规模递增,这与各级政府对猕猴桃产业的政策倾斜与大力支持密不可分。但猕猴桃生长发育对环境要求相对苛刻,而多数地区只注重发展,不重视科学合理规划,特别是在品种选择(溃疡病抗性不同)、建园选址(海拔高度)、土壤改造等方面缺乏统一的技术指导,造成多数高海拔地区溃疡病暴发和中低海拔地区猕猴桃果园夏季高温和高湿,红阳等品种的猕猴桃叶斑病普遍发生、提早落叶现象突出(吴世权 等,2009;舒祥伦 等,2006),导致后期萌芽,影响第二年的产量;而坡地果园早春和夏季的季节性干旱严重,且海拔 800 m 以上区域栽培的由冻害引发的红阳猕猴桃溃疡病(王明忠,2005)、普遍发生,导致大规模溃疡病园区的毁园产生。部分地区由于土壤质地差,土壤通透性和有机质含量低,还出现了投产迟、植株生长势弱、产量低、品质差等问题的中低猕猴桃产园。

3.2 种源和不科学管理导致的溃疡病暴发

根据课题组调查的数据,重庆地区猕猴桃溃疡病暴发的原因:第一,种苗带病菌(不论是品种嫁接苗还是接穗,不管是从市外的溃疡病高发区还是从本地的溃疡病发病园区采集的穗条);第二,不科学选址,高海拔导致冻害诱发的猕猴桃溃疡病;第三,幼年果园的超量挂果和膨大剂过度使用,导致树体早衰;第四,土壤质地差和不疏松,有机质含量低和氮肥施用过度,导致树体木质化程度低;第五,不重视授粉的花粉质量和来源;第六,其他不合理的农事活动。

最重要的就是缺乏一套从种源和幼年园到后期的成年园的综合的防控措施。

3.3 高技术和高标准建园及产业化配套栽培技术缺乏

课题组在实地调研中发现重庆地区猕猴桃产业发展中,高标准和高技术的建园及标准化产业配套栽培技术缺乏。整个生产技术体系基本上依靠传统红肉猕猴桃产区的生产经验,对重庆地区猕猴桃产业发展没有显著提升。

具体表现如园地选择,海拔高度选择不科学。重庆地区当海拔高于 800 m,感染溃疡病的风险随之提高;海拔低于 500 m,夏季高温和干旱,对红阳的栽培不利。

缺乏针对性的对土壤进行改良工作。通过对猕猴桃产区的走访和调研,发现很多种植户因不了解猕猴桃的生长特性和对环境条件的要求,盲目择低地下水位和黏重的土壤,影响苗木成活率和根系的生长,使后期长势变弱容易老化,形成低产园。相当部分果园采用传统的小穴定植方式,没有对土壤增加有机质改良其透气性从而影响根系的生长,进而影响地面部分的发育(姜正旺 等,2008)。另外,有些土壤有机质含量高和疏松透气且坡地的果园,按照传统产区的单垄栽培和重施有机肥,造成果园后期管理不方便及产量不能提高,且浪费资金的投入。

整形和修剪技术不规范 很多果园没有规范和标准的树形,多为多主蔓的树形,凌乱架面枝条纵横交错,导致架面下的不通风透光,病虫害的管理成本大且效果不佳,从而导致冬季修剪时的修剪标准化程度低和普通工人操作不易掌握;同时也没有根据品种特性和树形进行配套的夏季整形和修剪;幼年园缺乏按照一干二蔓或者单干单蔓标准树形进行科学整形,导致发挥不了优良品种的最佳特性,同样普遍缺乏夏季修剪的意识(王西锐 等,2016)。

3.4 植物生长调节剂使用不规范和提前采收

为了保证果子的商品性,猕猴桃生产上植物生长调节剂的使用非常普遍(朱振国 等,2014)。重庆地区制定的地方标准中曾专门针对膨大剂使用进行了相关规定,但生产上为了追求产量,较多种植户与企业都过量地使用膨大剂,这在红阳猕猴桃上的表现更为突出,但肥水没有跟进，导致产生果实空心或中心柱硬化、果实耐贮性下降等不良后果和对树体营养的过度消耗，极大地影响了重庆地区猕猴桃果实的品质和商品价值及溃疡病的风险。

猕猴桃适宜的采摘时间常以果实可溶性固形物的含量来确定。在新西兰，海沃德品种的出口成熟度指标是可溶性固形物达 6.2 %，内销的成熟指标为可溶性固形物达 6.5 %~7.0 %（钟彩虹 等，2012）。重庆地区根据自身实际情况，提出黄肉品种鲜果成熟度指标为可溶性固性物达 6.2 %、红阳品种可溶性固性物为 7.0 %。不过由于近年来重庆地区猕猴桃果品在鲜销市场上紧俏，生产者为了尽早占有市场，常在黄肉品种可溶性固形物含量为 5.5 %左右、红肉品种可溶性固形物含量为 6.5 %左右就大量采摘上市，极大地降低了果实的耐贮性和果实后熟品质。

4 推进重庆市猕猴桃产业科学健康发展的对策

4.1 坚持科学合理规划，优化产业布局

坚持“因地制宜，适地适栽适种；规模开发，集中成片；高起点规划，高标准实施，高质量建设，高效益产出”原则（陈真波，2015），重点打造提升渝东南和渝东北区（黔江和万州为中心）优势传统产区和南川为中心的中低海拔及离主城较近的两大新兴优生区域。

依据前期对重庆地区猕猴桃溃疡病发病情况进行的分析，以海拔高度结合当地的冻害发生情况和土质等条件，区化出红肉品种的最佳和适宜发展区域。加快对优新品种的引进与筛选工作（韩明丽 等，2014b），对猕猴桃新品种的选育和引进坚持“栽培一代、试验一代、储备一代”的原则。同时充分发挥重庆地区野生猕猴桃种质资源丰富（谭永中 等，2013a）的先天条件，利用其适应性广、抗逆性强及特异性状多样等资源优势，培育出更多适合重庆地区发展的砧木品种和配套的雄株新品种，从而极大地促进特色猕猴桃品种结构调整。

4.2 探索和完善传统优势品种及新品种的高效配套栽培技术

猕猴桃生产要严格参照重庆市红阳猕猴桃生产技术规程等地方标准的相关技术标准及要求执行。首先通过科学建园及保证苗木质量，加强幼年园的管理、配套的综合修剪整形技术、高质量的花果管理和肥水管理，对传统优势品种红阳和黄金果等优势品种的高效配套栽培技术的进一步完善，提高重庆地区传统优势品种的高效高质生产，让猕猴桃种植户真正受益。第二，根据重庆地区的气候特点和消费情况，引种综合性状最佳的红肉和黄肉及软枣新品种（齐秀娟 等，2015），系统地研究重庆地区不同海拔和不同土质条件下的配套栽培技术，为重庆地区未来猕猴桃产业高效发展奠定坚实基础。

4.3 加速标准化示范园建设及推广

首先通过联合重庆地区相关从事猕猴桃的科研单位及大型猕猴桃龙头企业和猕猴桃主产区县，通过大力推行高标准建园、科学定植、合理密植、水平棚架式整形修剪、配方施肥为前提的肥水一体化、科学的疏花疏果、树盘覆盖、果实套袋、以无病毒和病菌种苗为核心的溃疡病的综合防控、其他病虫害的绿色防控、适时采收、分级包装、贮藏保鲜等先进实用的综合配套系列技术，集成创新关键技术，强化生产技术规程，实施商品化、优质化、标准化、规范化管理（刘强等，2015），加速重庆地区四个不同类型的产区在不同海拔及优势品种的标准化示范园建设和推广，从而带动重庆地区猕猴桃产业技术的全面升级。

4.4 以无病毒和病菌种苗为核心的溃疡病综合防控

根据柑橘和葡萄等果树在无病毒和病菌为核心的种苗发展成功的经验思路（杨光 等，2014；李荣华 等，2013）。通过组织培养技术对猕猴桃的溃疡病为主要的脱病菌和病毒，建立猕猴桃的母本采穗园，长势较强的品种（如黄肉品种和软枣品种）可以采用组培苗结合容器育

苗直接定种植建园，而红阳为代表长势弱的品种，结合脱毒的砧木，采用无病毒和病菌的红阳母本采穗园的穗条进行嫁接，确保种源的可靠性。同时结合采用最新的控根容器育苗（颜丽菊 等，2014；韩建秋，2010），育成大苗直接定植建园，缩短幼年园的管护成本和时间，为早结和丰产奠定基础，本课题组在这方面做了相关的研究工作。同时建议在重庆低海拔地区配套建立雄株园，为产业提供可靠和稳定的不带溃疡病等病菌的高质量花粉，从而降低溃疡病的风险。

首先提高认识并做好统防统治是当前控制溃疡病在全国各地继续蔓延的重要举措（涂美艳 等，2014；高小宁 等，2012）。结合猕猴桃幼年园及成年园四季管理内容，制订了溃疡病综合防控技术方案，同时通过结合分子学手段对母本采穗园及猕猴桃园，建立一种早期诊断方法，可以快速准确地从猕猴桃植株上检测出潜伏侵染的溃疡病菌，已经获得初步成功（邵宝林 等，2013）。

4.5 加深企业与科研单位合作及建立科技特派员团队

目前，重庆地区投资猕猴桃产业的龙头企业多数为房地产及其他非农业公司，虽然具有雄厚的资金优势，但都缺乏正确的理念和先进的技术支撑。因此充分整合重庆市外及市内科研单位及相关企业的优势资源、创新多元合作的运作模式、形成“政、产、学、研、销”一体化的协同创新中心已经取得了一定成绩（张健，2013）。其次，建立以科技特派员团队在“三区”人才支持计划科技人员项目和科技特派员进村帮扶政策等项目支持下，整合重庆地区及相关从事猕猴桃产业工作的科技人才，通过科技的力量促进各贫困村的猕猴桃优势特色产业发展，并在猕猴桃新品种及新技术推广应用等方面，大力促进扶贫产业技术创新和商业模式创新，从而最大限度地提高猕猴桃种植的经济效益助推贫困村农户脱贫致富（周华强 等，2015）。

参考文献　References

曹婷，2014.重庆市永川区石笋山生态农业观光旅游发展研究.现代园艺（5）：17-20.

陈现军，2016.万州区红阳猕猴桃产业发展模式研究.黑龙江生态工程职业学院学报（6）：12-15.

陈真波，2015.贵阳市猕猴桃产业化发展模式研究.中国农业资源与区划，1（36）：133-138.

崔致学，1993.中国猕猴桃.济南：山东科学技术出版社：67-69.

高小宁，赵志博，黄其玲，等，2012.猕猴桃细菌性溃疡病研究进展.果树学报，29（2）：262-268.

韩建秋，2010.容器育苗控根技术研究进展.北方园艺（12）：222-224.

韩明丽，张志友，赵根，等，2014a.我国红果肉猕猴桃育种研究现状与展望.北方园艺，1（1）：81-82.

韩明丽，张志友，钱伟红，等，2014b.盛夏高温干旱对猕猴桃的危害及防御对策.现代农业科技（1）：33-36.

何科佳，王中炎，王仁才，等，2007.夏季遮荫对猕猴桃生长发育的影响.湖南农业科学，2（1）：41-43.

胡容平，叶慧丽，夏先全，等，2016.四川猕猴桃溃疡病发生规律及防控对策.四川农业科技（1）：30-35.

黄宏文，2013.中国猕猴桃种质资源.北京：中国林业出版社：68-75.

黄宏文，龚俊杰，王圣梅，等，2000.猕猴桃属（*Actinidia*）植物的遗传多样性.生物多样性，8（1）：1-12.

贾谭科，党宽录，2011.猕猴桃新品种‘晚红’的选育.山西果树（4）：11-13.

简晓英，代利红，桂德莲，等，2013.重庆市黔江区猕猴桃特色产业发展现状问题与建议.南方农业，7（11）：65-69.

姜正旺，钟彩虹，张忠慧，等，2008.‘红阳’猕猴桃低产园成因及改良措施探讨.园艺学进展（8）：56-59.

李黎，钟彩虹，李大卫，等，2013.细菌性溃疡病的研究进展.华中农业大学学报，32（5）：124-133.

李荣华，谢玉明，龙桂友，等，2013.柑橘无病毒容器育苗技术应用现状调查.湖南农业科学（19）：889-892.

李晓红，2010.陕西猕猴桃产业发展现状与对策.西北园艺果树（1）：8-10.

刘强，李晓，2014.四川省猕猴桃产业发展 SWTO 分析及对策.贵州农业科学，42，（4）：224-228.

刘强，刘宗敏，2015.四川猕猴桃产业科技创新现状及对策.四川农业科技，2（3）：48-52.

马秀云，段念波，2008.浅析万州‘金红’红心称猴桃产业优势与发展对策.南方农业，2（9）：15-19.

欧毅,王进,谢永红,等,2006.山地猕猴桃果园早结丰产栽培技术.西南园艺,34(5):48-49.
齐秀娟,徐善坤,林苗苗,等,2015.红肉猕猴桃果实着色机制研究进展.果树学报,32(6):1232-1240.
邵宝林,刘瑶,朱天辉,等,2013.猕猴桃溃疡病菌的分子检测技术研究.植物病理学报,43(5):458-466.
舒祥伦,李红,肖志健,等,2006.猕猴桃溃疡病的发生与防治.西南园艺,34(1):52-55.
谭永中,赵琳,周贤文,等,2013a.重庆市猕猴桃产业发展现状及对策.中国园艺文摘(10):65-69.
谭永中,赵琳,周贤文,等,2013b.红阳猕猴桃在重庆开县引种表现及关键栽培技术.中国园艺文摘(12):30-32.
唐晓华,蔡智勇,李英,等,2005.浅谈加入 WTO 后重庆市猕猴桃产业发展策略.西南园艺,33(1):33-34.
涂美艳,江国良,陈栋,等,2012.四川省猕猴桃产业发展现状及对策,51(10):1946-1949.
涂美艳,庄启国,马凤仙,2014.猕猴桃溃疡病秋冬季综合防控技术.北方园艺,4(1):1-2.
王大平,杨玲,2008.猕猴桃组培苗生根培养的研究.安徽农业科学,36(21):8930-8931.
王明忠,2005.红阳猕猴桃质量体系研究:病虫害及其防治.资源开发与市场,21(5):443-446.
王明忠,唐伟,侯仕宣,等,2006.红肉猕猴桃新品种红华的选育.中国果树(1):10-12.
王西锐,王宝,李亮,2016.猕猴桃整形修剪中存在问题及对策.山西果树,1(3):30-31.
汪建军,2014.武陵山区猕猴桃产业集群发展研究,农业科学研究,2(9):11-13.
吴世权,高群,牛淑英,等,2009.猕猴桃早期落叶病发生原因及防治对策.中国果树(5):55-56.
颜丽菊,朱建军,任海英,等,2014.大苗控根容器育苗基质配方优化研究.果树学报,31(4):667-672.
杨光,金桂花,董俊,等,2014.状元红葡萄的脱毒与快繁技术研究.浙江农业学报,26(1):72-76.
杨小兰,袁娅,郭晓晖,等,2013.超高压处理对不同品种猕猴桃浆多酚含量及其抗氧化活性的影响.食品科学,34(1):73-76.
姚春潮,张林森,刘旭峰,2003.世界猕猴桃产业生产研究现状.西北园艺(2):54-55.
张健,2013.以大学为依托的农业科技推广模式研究:以西北农林科技大学为例.杨凌:西北农林科技大学.
张乃华,万崇东,何才智,等,2008.红阳猕猴桃引种表现及栽培技术要点.中国南方果树,37(1):62-63.
赵许朋,罗克明,汤绍虎,等,2013.'红阳'猕猴桃叶盘高频直接再生体系的建立.生物工程学报,29(11):1599-1606.
钟彩虹,李大卫,龚俊杰,2012.湖北省猕猴桃产业发展调查与研究.湖北农业科学,51(12):2496-2590.
周华强,王敬东,冯文帅,等,2015.三区科技人员专项计划的制度缺陷及优化对策研究.科技进步与对策,17(4):23-26.
朱学栋,刘奕清,赵荣隆,等,2012.红阳猕猴桃快速繁殖体系的建立.湖北农业科学,51(11):2370-2375.
朱振国,李世平,2014.陕西猕猴桃种植户弃用膨大剂意愿影响因素分析.南方农业学报,45(2):323-327.
祝义伟,冯璨,费华熙,等,2014.重庆四区县不同猕猴桃品种营养成分检测与比较.中国食物与营养,20(4):73-75.
FROUD K J, Cogger N, Beresford R M, 2014. Relationships between kiwifruit bacterial canker disease and kiwifruit productivity. New Zealand Plant Protection, 67:34-40.

Situation and Strategy of Kiwifruit Industry in Chongqing

LAN Jianbin[1]　KOU Linling[2]　TANG Jianmin[1]　CHEN Zexiong[1]
LIAO Qinghong[1]　LI Huihe[1]　LIU Yiqing[1]

(1 Institute of specialty plants, Chongqing Academy of Arts and Sciences　Chongqing　402160;
2 Chongqing Agricultural Technology Extension Station　Chongqing　401147)

Abstract　In order to promote the kiwifruit industry of Chongqing region on the health and reasonable development of road, the research group through the survey for the status and advantage of kiwifruit industry about the chongqing region as well as home and abroad in recent years. The defects of kiwifruit industry about the Chongqing region was analyzed by further. Through the scientific planning and site selection and reasonable structure of varieties, no viruses and germs of seedlings as the core to establish comprehensive prevention and control system for PSA, the optimization of traditional and new varieties of form a complete set of cultivation techniques, we put forward thoughts and countermeasures of the kiwifruit industry of Chongqing region.

Key words　Chongqing region　Kiwifruit industry　Status　Solutions

以猕猴桃产业发展助推我国乡村脱贫致富：以花垣县十八洞村苗汉子猕猴桃高效产业示范园为例

张　鹏[1,*]　满小刚[2]　陈美艳[1]　李大卫[1]　钟彩虹[1,**]

(1 中国科学院武汉植物园　武汉　430074；2 湖南省麻阳县农业局植保站　麻阳　419400)

摘　要　猕猴桃是一种木质藤本果树，具有营养价值高、种植收益高、生态效益高等特点，近年来在我国发展势头迅猛。本文介绍了中国科学院武汉植物园在"精准扶贫"首次提出的地点——湖南省湘西州花垣县十八洞村，通过提供优质猕猴桃新品种和全方位技术支撑的方式，协助当地政府和企业在精准扶贫的指导思想下，按照最新的科学技术，建设现代化高标准的猕猴桃高效产业示范园的详细过程与操作模式，并对相关工作进行了总结与思考。

关键词　武汉植物园　专利品种　科技支撑　技术培训

猕猴桃属于猕猴桃科、猕猴桃属，是原产于中国的新兴保健水果，自 1904 年新西兰从湖北宜昌引入驯化成功以来，至今仅经历 110 余年发展，全球猕猴桃产业已达 24.5 万公顷的栽培面积和 310 余万吨的总产量。中国的种植面积达 14.5 万公顷，产量约 165 万吨，产量和面积均为世界第一[1]。猕猴桃果实富含营养，果实软熟后不仅风味酸甜适宜、香气浓郁，且富含糖、维生素、矿物质、蛋白质、氨基酸等多种营养成分，因其果实富含维生素 C 被称为"水果之王"[2]。近年来，随着新品种的不断出现、种植技术和品控水平的不断改善，市场上猕猴桃的口感和品质也在稳步提高，其消费也呈现较高的增长。种植猕猴桃的亩产可达 1.5～2.0 吨，田间收购价可达 6～20 元/千克。目前种植苹果、柑橘等果树，每亩年收入大约 2 000～3 000 元，而种植猕猴桃一般可达 5 000～6 000 元，采用高标准建园并种植优良品种的可达 1 万元以上。此外，猕猴桃是一种多年生藤本果树，其发达的根系可固结土壤，茂盛的叶幕层可减少大雨对土壤直接冲刷，能减少水土流失、增加植被，具有极高的生态效益。

2013 年 11 月，习近平主席到湖南省湘西州花垣县十八洞村考察时首次作出了"实事求是、因地制宜、分类指导、精准扶贫"的重要指示，之后该指示成为国家"精准扶贫"工作的指导方针。花垣县政府经过充分调研，了解到种植猕猴桃的附加值比当地种植的其他水果高，结合当地已有种植户多年种植猕猴桃、生态环境适宜猕猴桃生长的现状，经过多方考察和探讨，最终决定将猕猴桃作为当地精准扶贫的重点农业产业之一，并成立了股份制企业。随后政府与企业在全国多个产区和众多科研单位调研，最后看中中国科学院武汉植物园国家猕猴桃种质资源圃的综合科技优势，建立联系。中科院武汉植物园经过多次现场考察，同时带领花垣县相关部门和企业、十八洞村民到国内猕猴桃产业发展较好的四川成都地区多次调研，最终决定通过建设猕猴桃高效产业示范园来带动猕猴桃产业在全县发展，并探索由地方政府牵线协调、科研单位科技支撑、地方企业落地实施、贫困户通过股权红利和务工收入获益的产业助推"精准

* 第一作者，男，湖北武汉人，硕士，园林工程师，主要从事园林景观规划和科技推广。

** 通讯作者，女，湖南浏阳人，研究员，国家猕猴桃种质资源圃负责人，中国园艺学会猕猴桃分会理事长，长期从事猕猴桃等果树育种及栽培研究；E-mail：zhongch@ wbgcas.cn。

扶贫”新模式。

1 创新产业发展模式

与传统的个人或企业投资生产并最终受益的产业模式不同,产业助推“精准扶贫”更加注重的是整合资源、利用各方力量帮助产业园建设,盘活地方经济,调整产业结构,带动地方发展,并使参与的十八洞村贫困村民和企业通过产业园的做大做强同时受益。因此在省、州、县党委、政府的关心支持和协调下,2014 年春,由当地现有的农业产业化龙头企业——“苗汉子野生蔬菜合作社”与十八洞村集体和村民共同出资,创建了“花垣县十八洞村苗汉子果业有限责任公司”。公司注册资金 600 万元,由苗汉子合作社出资 306 万元,占 51 %股权;国家财政扶贫资金投入 234 万元,以股份合作形式帮扶十八洞村 225 户 938 人,占 39 %股权;国家财政扶贫资金投入 60 万元,以培植村级集体经济形式给十八洞村民委员会,占 10 %股权。

新公司成立后,以独立法人的身份全面负责猕猴桃的种植和管理,原公司的成功经验可以通过管理层人员在新公司复制与升华,并引导新公司在成立初期走上正轨。而十八洞村的村民除了享有股权收益外,还选出村民代表进入公司管理层参与公司重大决策,学习管理与运营;并选派有文化技术基础的贫困村民进入技术团队作为储备技术人员,通过实际操作学习经验;同时,有劳动能力的村民还可以到产业园务工,成为基地的操作工人。公司的财务由县政府指定扶贫办全程监管,公司每月上报财务报告。这样一来,十八洞村民除了股权收益外,还有务工收入。政府全程监督,村民全程参与公司的运营,形成可持续的脱贫致富效果。

2 选址和规划

鉴于十八洞村耕地面积少,人均耕地只有 0.83 亩,且均为陡峭山地、耕作条件差,不适宜在村所在地种植猕猴桃。经过公司与政府协调,并由武汉植物园派出专家团队实地采样调研,最终选定在湘西农业科技园花垣核心区内由公司出资流转土地,集中种植猕猴桃。其中一期实施面积为 1 000 亩,2014 年秋季开始建设;二期实施面积为 2 200 亩,2015 年秋季开始建设。通过 3 200 亩核心基地的建设和示范,计划在全县带动发展 1.0 万~1.5 万亩,形成全县的一个新兴农业产业,涉及全县多个山区村镇的贫困村民,为该地区农民脱贫致富提供保障。

2014 年 7 月,武汉植物园派出技术团队抵达实施地点,充分调研基地情况并与公司管理人员积极沟通后,首先根据地形走势和现状道路,规划了园区道路和分区,根据功能将园区分为品种展示区、观光采摘区和生产园区三个部分,分别进行品种配置和种植规划。在此基础上,结合实际情况做出了给排水和防风林规划。在品种选择方面,武汉植物园将最新培育的猕猴桃新品种‘金梅’‘满天红’授权给公司作为主栽品种发展,同时提供优质红肉品种‘东红’、黄肉品种‘金艳’‘金桃’以完善其产业结构。根据不同的地形地势,采用大棚架和 T 形架两种架式,并根据品种特性确定了株距和行距。最终形成了一整套规划实施方案交予公司开始建设。

3 高标准建园

(1) 平整土地。对园区凹凸不平的地块进行平整,按照规划留出道路位置、挖出主排水沟渠。

(2) 改土。因猕猴桃是多年生藤本果树,根系深,且为肉质根,对土壤要求肥沃疏松。棚架建设后，很难再对土壤进行大范围高强度的改造，因此建园时须投入足够的有机料和长效肥，利用挖机和大量人工，充分将肥土拌匀、翻入深层，这是猕猴桃建园过程中投入较大，且后期才能见效却十分重要的环节。改土的方式根据地形及土壤特点，采取抽槽改土与全园深翻，梯田区域或砂性重的土壤采取抽槽改土，需要大量人工放粗有机料和腐熟肥料，施工进度较慢，大规模建园时成本反而高于全园深翻。对于平缓区域或其他类型的土壤，采取先地表撒施粉碎的粗有机料和腐熟肥料，后挖机全园深翻改土，适合大面积机械化快速作业。

(3) 起垄。根据规划方案确定的行距在田间进行放线，机械在深翻改土的同时根据放线将垄起好，以定植带为中心，垄宽 1.5~2.5 m，后期对垄带进行修整，垄面与厢沟底垂直高度 50~80 cm，排水好的区域垄面与沟底距离短。

(4) 定植穴准备。在垄带上，按株距确定定植点，以定植点为中心，挖深宽各 50 cm 的定植穴，每穴放入 10 kg 草炭土，并与土壤充分拌匀，然后挖成深宽 30 cm 的穴。

(5) 苗木准备。选择生长健壮、根系发达、不带病虫害的优良美味猕猴桃砧木苗，栽前保留 3~4 个饱满芽短剪。用生根粉和杀菌剂配成泥水，苗木栽之前在药水中浸泡几分钟备用。

(6) 栽苗。将浸好药水的苗木根系向四周捋直，边填土边向上提苗，使根系直立。苗木深度以略高于根颈即可，不可栽植过深。栽完后必须浇透一次定植水，树盘或树行用黑色地膜覆盖。

(7) 立支柱。栽后至春季萌发前，每株旁边立一竹竿作支柱，便于萌芽后引新梢作主干培养。

(8) 栽桩搭架。按照规划方案，采取大棚架。立柱采取水泥柱，中间立柱用的是 10 cm×10 cm×2.5 m，边柱用的是 12 cm×12 cm×3 m，斜拉；横梁采用 7 股钢缆，网线用 2.5 mm 粗热镀锌钢丝。由专业搭架人员在技术人员的指导下开展此项工作。

在建园的过程中，武汉植物园技术团队在各个阶段的关键时期均有人员现场指导，公司的管理和技术人员此前从未接触过果园建设，一边学习，一边实施，遇到问题共同商讨解决方案，在实践中成长，并逐步掌握了猕猴桃建园的各项技术要点，并培养了相应的团队和熟练工，为全县的产业下一步发展储备了技术和人才。

4　幼年园管理

苗木定植后加强幼年园管理，每月制订管理方案交公司技术人员实施。为保证园区各项管理到位，公司采取反包给农民管理的模式，吸纳十八洞村和产业园所在区域的贫困村民参与园区管理，按亩承包给这些农民。公司根据科技单位制定的技术方案分解到每个片区，教会管理农户，至当年冬季，全部砧木苗达到嫁接粗度。引进专利品种‘金梅’‘满天红’等多个品种的接穗，一期苗木全部嫁接完成。虽经 2015 年冬季异常低温和 2016 年春季升温后突然下雪、降温，嫁接成活率仍然达 60 %~70 %，至 6 月大部分上架。

幼年园主要加强施肥、除草、整形修剪、病虫害防治等的管理，每个环节均有详细的技术方案和现场指导，确保每项措施到位。

5　注重技术培训

在项目实施过程中，武汉植物园除派出团队指导实施外，还非常重视对当地人才的培训和指导。培训形式主要有三种：第一种是座谈会，由技术专家与县相关部门领导、工作人员和公司管理层举行座谈,进行产业模式的探讨与战略层面思考,做到从领导层开始,科学把控、合理发展;第二种是集中培训课程,技术专家通过多媒体设备,以图文并茂的课件和通俗易懂的语言,向参加培训的技术人员和种植户,系统地讲授猕猴桃基础知识和建园、栽苗及幼年园管理的关键技术要点,使技术人员和种植户将更加清楚每一步工作的内容、意义以及具体操作方式,系列培训完成后将可以融会贯通地掌握猕猴桃周年管理技术;第三种是田间实地示范指导,通过技术人员在田间发现问题,并实际操作解决问题,让受培训者更直观的学习,利于理解学习到的理论知识,并做到举一反三。

在建园期间,武汉植物园在花垣县进行了近 10 次座谈,举办了 2 期大型技术培训,每期培训人员 150~200 人,并开展了十几次小型的技术培训。还对公司的核心技术管理人员进行了专门的指导与培训。除集中培训之外,武汉植物园每月都会派技术人员到基地进行实地指导。截至 2016 年 4 月,实地培训技术人员约 300~400 人次,指导田间操作工人超过 500 人次;日常通过 QQ 群和电话、邮件等设备保持网络上的沟通与联系,确保该项目的顺利开展。目前,通过此项目,为企业培养核心技术骨干 5 人,熟练技术工人数十人,有技术基础和实际操作经验的劳动力两百余人,这些人员,将成为全县下一步发展猕猴桃产业的中坚技术力量。

6 发展前景

至 2016 年春季,基地已有 1 000 亩猕猴桃完成苗木栽植和栽桩搭架工作,2018 年即可投产。第二期 2 200 亩基地已完成砧木苗木定植,2017 年春季可嫁接,预计 2019 年秋季投产。同样采取的是公司与村合作社合作开发的模式,通过公司这 3 200 亩核心基地的建设和示范,计划在全县带动发展到 1.0 万~1.5 万亩,形成全县的一个新兴农业产业,促进当地产业结构调整,带动县域经济的发展,为该地区农民增收提供保障。

该县发展的主栽品种‘金梅’是中国科学院武汉植物园在多年育种基础上培育出的最新一代大果型耐贮黄肉猕猴桃品种,结合高标准的建园和科学的管理技术,进入盛果期后,预期亩产能达到 2 000 千克。参照另一个优良黄肉猕猴桃品种‘金艳’,其出园价应能达到 8~10 元/千克,即亩收益可达 20 000 元左右,刨除每年 5 000 元左右的管理成本,净利润可达到 15 000 元/亩。猕猴桃产业的发展,必将对十八洞村乃至花垣县人民的经济收入带来巨大的提高,为产业助推“精准扶贫”的工作树立良好的典型事例。

7 总结

该项目从筹备到 3 200 亩示范基地建成进入生长期,历时 3 年,项目创新性采用“地方政府协调引领,科研单位技术支撑,龙头企业管理带动,扶贫资金集中入股,帮扶对象每年收益,当地群众学习参与,共同建设高标准示范基地以带动当地产业发展”的模式,也是一种非常适宜在全国各地各产业精准扶贫工作中采用或参考的模式,值得借鉴与推广。

参考文献 References

[1] Belrose, Inc. World Kiwifruit Review. Pullman:Belrose, Inc., 2014:13-15.

[2] 黄宏文. 中国猕猴桃种质资源. 北京:中国林业出版社,2013:17-19.

Development of Kiwifruit Industry Boost Rural Poverty in China: a Case of High Efficiency Garden of in Huayuan County

ZHANG Peng[1] MAN Xiaogang[2] CHEN Meiyan[1] LI Dawei[1] ZHONG Caihong[1]

(1 Key Laboratory of Plant Germplasm Enhancement and Specialty Agriculture,
Wuhan Botanic Garden, Chinese Academy of Sciences Wuhan 430074;
2 Plant Protection Station Mayang 419400)

Abstract Kiwifruit has high nutritional value, high yield and high ecological benefits. In recent years, kiwifruit industry developed rapidly. This paper introduced Wuhan botanical garden provided high quality kiwifruit cultivars and a full range of technical supports in eighteen Dong village, Huayuan County, Hunan Province. Scientists from Wuhan Botanical Garden provided the latest science and technology, and work with the local government and enterprises to construct high standard and modernized kiwifruit industry demonstration garden.

Key words Wuhan Botanical Garden Patent cultivar Technology support Technology training.

我国猕猴桃产业历史现状及可持续性发展分析

姜正旺　张　鹏　韩　飞　刘小莉

（中科院武汉植物园　武汉　430074）

摘　要　通过对国内外猕猴桃产业发展现状和趋势的解读与分析，结合我国近年来以科技带动产业发展的新形势，探讨了近些年我们利用猕猴桃科技成果支持对产业发展，提高产品质量与产量。针对目前产业中存在的出口和果品质量低下，生产管理中存在的技术不配套、盲目跟风发展、靠形象工程发展等问题，作者试图从增强科技支撑对产业的贡献率，从供给侧改革、专业人才培养、根据各地情况发展特色果品的思路，抓住科技成果推广的先机，突破一些产业技术应用瓶颈，增强果品质量意识，针对不同市场与季节的需要、不同消费群体以及大数据支撑，种植者提供不同产品等方面，阐述对猕猴桃产业重新认识的发展思路和新形势下的市场管理机制，提出一些有利于产业可持续发展的建设性建议，供猕猴桃产业相关的科技人员和果农参考。

关键词　产业现状　品质意识　市场策略　大数据支撑

1　我国猕猴桃产业发展历史与现状

据最近统计，到2014年，全球猕猴桃栽培面积接近17万公顷，其中我国7.8万公顷，占世界的45.9％（Belrose，2014）。截至2014年世界猕猴桃产量总产超过240万吨，我国产量为180万吨，超过世界总产的50％，名副其实为猕猴桃生产第一大国（Ferguson，2015；Belrose，2015）。

纵观我国近四十年的猕猴桃发展历史，自20世纪70年代中后期，河南西峡县、广西和湖北等地开始野生猕猴桃资源的调查、大果型植株的筛选及苗木繁育和栽培引种试验。到1978年全国成立了猕猴桃科研协作组，我国猕猴桃商业栽培才真正开始，但当时栽培面积不足1公顷。

猕猴桃早期的发展很多地方是在野生资源上直接高接改造成为果园，管理松散，果品也是就地销售。科研方面则以野生资源调查为主，摸清家底，并试图从中选育和开发出能取代新西兰进口品种'海沃德'的战略目标（黄宏文，2013）。当时的资源调查也取得重要成果，除新疆、青海和宁夏外，全国27个省份从野生中华猕猴桃、美味猕猴桃和软枣猕猴桃中筛选出1 450个优良株系，再从这些优株中选育了一批主栽的商业品种，如'金桃''武植3号''秦美''翠玉''庐山香''魁蜜''华特'等，以及利用采集野生种子播种实生选育的'金魁''徐香''华优'等品种，为推进我国猕猴桃产业化发挥了重要作用。

我国猕猴桃第一次快速发展是20世纪80年代中后期，得益于农村的土地联产承包责任制，农民有选择自由种植的权利，加上宣传和电视的逐步普及，人们渐渐接触和了解猕猴桃的营养价值，而且当时市场上很紧俏，很多地方的农民于是上山采集进行销售，或卖给加工厂制作猕猴桃雪糕、猕猴桃饮料等。由于野生果实质量的不一致，对于鲜食目的销售的，品质好的果品会给销售者带来新奇和愉悦，而更多的是品质一般或早采的果实到市场销售，也给最早尝鲜的消费者带来负面影响。更为严重的是，这种野外采集对自然资源的破坏影响很大。各地选育的新品种包括中华猕猴桃46个，美味猕猴桃品种11个，到1990年，发展面积达到4 000公顷。之后，尽管新西兰等其他猕猴桃主产国遭遇了1992年世界市场的销售危机打击而出现栽培面积萎缩局面，但我国猕猴桃仍高速发展（图 1），到 1996 年猛增到 40000 公顷（黄宏文，2013）。

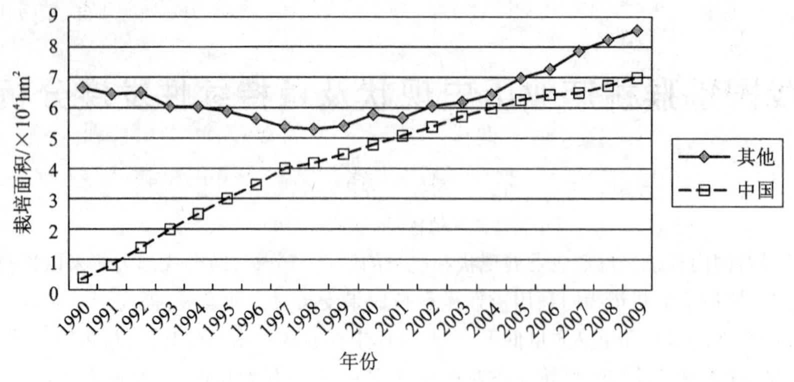

图 1　1990~2009 年猕猴桃结果面积变化

进入 21 世纪后，我国猕猴桃仍处于非常规发展，扩展面积迅速，从 2001 年的 4.8 万公顷，发展到 2011 年的 7 万公顷，增加 45.8 %；而同期世界上其他国家的栽培总面积从 6.7 万公顷发展到 8.8 万公顷，增幅为 31.3 %（图 2）。猕猴桃产量我国从 21 世纪初的 15.2 万吨，增加到 2011 年的 49.2 万吨，而到 2014 年由于大量新建果园的投产，产量更是达到 120 万吨；世界总产从 120 万吨左右，到 2011 已突破 200 万吨大关。

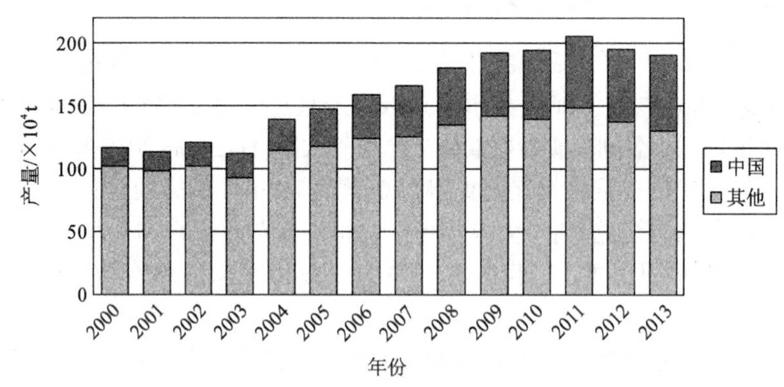

图 2　21 世纪初以来世界猕猴桃产量变化（Belrose，2014）

猕猴桃的几次飞速发展，都与种植猕猴桃的利益相关。在 20 世纪 80 年代中后期栽培的猕猴桃，物以稀为贵，以武汉市场为例，当时每斤（500 g）价格甚至卖到 20~30 元（当时一般员工的月工资在 100 元左右）。种植效益可观，科研单位也逐渐走出院墙，带头组织技术培训，这些早期培训的技术人员为今后的苗木繁殖、技术推广、品种选优等方面发挥了重要作用。到 1990 年，发展面积达到 4 万公顷，栽培品种除引进的‘海沃德’之外，其他主要为我国自己选育的品种。各地栽培条件和小气候环境差异，只种不管和照搬别人经验的情况比较多，更谈不上产品的销售或贮藏技术，缺乏市场意识和不注重质量关，就地销售和后来出现的地摊贱卖现象。猕猴桃这个阶段的发展各地均以自己选育的品种为推广重点，也可能是科技成果评价体系的需要，重视发展面积和预测带来的经济效益，按区域规划和协调发展很难做到。第二次飞速发展时期是 20 世纪末和 21 世纪初。由于新西兰成功推广选育的黄肉猕猴桃品种‘Hort16A’（‘早金’，Zespri Gold），世界市场出现新的亮点，栽培面积也逐步扩大。国内相应的也推出了颜值高的红肉猕猴桃品种‘红阳’，不仅果心放射状的红色果肉吸引眼球，更重要的是更适合国人的口味，价格也高出常规品种一大截，给果农带来高额回报，特别是四川苍溪'红阳'猕猴桃的原产地更是出了不少"大师"级技术人员，逐步带动周边省(市)的发展。

近十年由于中科院武汉植物园'金桃'猕猴桃走出国门、'金艳'品种的公司化发展模式的带动，再次给猕猴桃产业注入强心剂。到2014年前后，我国猕猴桃栽培面积还在不断扩大，仅陕西一个省的猕猴桃面积就超过了猕猴桃主产国之一的新西兰；全国猕猴桃总产量也因前些年建成果园的投产，由2011年的近50万吨，猛增到120万吨，占世界总产的一半。尽管这些数据中存在一些不确定因素，但我国已成为栽培面积和总产的世界第一，是喜是忧更是需要广大猕猴桃从业者和产区政府部门理性对待。

2 我国猕猴桃品种构成与国外的差异

我国猕猴桃2013年总产为123.6万吨，主要集中在陕西(60.0万吨)、四川(17.3万吨)、湖南(11.4万吨)、浙江(8.1万吨)、江西(7.6万吨)、河南(6.9万吨)、贵州(3.9万吨)、湖北(2.0万吨)和广东(2.8万吨)，这9个省份共计占全国总产的97.1%(Ferguson，2015)。

如果按照栽培猕猴桃果肉颜色进行分类统计，我国栽培主要品种仍是绿肉的占多数，包括'海沃德'(占全国总产33.1%，下同)、'秦美'(12.2%)、'徐香'(12.1%)、'米良1号'(7.3%)、'金魁'(4.7%)、'贵长'(1.6%)、'哑特'(1.5%)、'布鲁诺'(1.2%)、'武植3号'(0.9%)、'翠玉'(0.7%)、'翠香'(0.4%)。这些绿肉品种除'武植3号'和'翠玉'为中华猕猴桃品种外，其余均系美味猕猴桃品种，且前5个绿肉品种占到栽培面积的2/3和产量的70%，相比之下，中国之外其他国家绿肉品种比例达到96%(图3)，而且主要是'海沃德'。我国栽培的黄肉猕猴桃品种包括'华优'(3.6%)、'金艳'(3.2%)，以及'金丰(赣猕3号)'(0.9%)和'金桃'；红肉则以'红阳'为主(8.1%)。其他品种共计占到全国总产的8.6%。

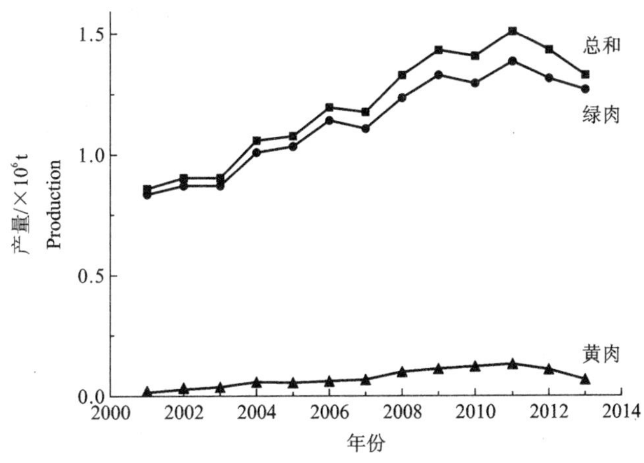

图3 世界猕猴桃产量(按果肉颜色分类，数据来源IKO，国际猕猴桃组织)

'海沃德'成为国内外主栽品种的真正原因是其独特的果实耐贮藏性能，这也是新西兰猕猴桃产业不断从国内走向世界的根基。我国早期的猕猴桃选育目标中很少考虑耐贮藏性能的指标，注重产量和树势，如'秦美'是一个典型例子，其品质一般，加之后来膨大剂(大果灵，或CPPU)的滥用，更是降低品质和耐贮性，价格不断走低农民仍能获利是依靠该品种产量高和比较粗放的管理。在果实成熟的季节，由于市场信息的不灵通和交通运输问题，出现地摊贱卖的现象很普遍。'海沃德'尽管产量没有'秦美'等品种高，但仍有少数商人利用其优良的贮藏性能和参照新西兰等国家的采收标准,挑选优质果出口亚洲甚至欧洲少数国家和地区,赚取外汇促进后期发展。

猕猴桃出口也是一个认识问题,以为在国内能销售就没必要去做出口市场,所以从一开始就降低了管理要求和产品标准。如果企业以出口果品为目标,加强从园地规划、建园标准、种植规范、采收冷藏等环节下功夫,优质果品率肯定会大幅提高,更大比例果品达到出口要求,企业的效益和品牌会得以进一步的提升。

3 增强科技对产业的贡献率,提高产品质量

针对我国产量不断提高,但质量上不去的问题,归纳起来主要有适宜品种选择、优质苗木繁育、建园标准、管理规范化、授粉技术、采摘标准与采后管理、产业化体系建设与人才培训等方面。

公司化管理或单独个体种植者加入合作社等组织,选择适宜本地区发展的品种,不盲目跟风。苗木繁殖除传统的嫁接繁殖外,有实力的企业应采用组培技术繁殖苗木。公司发展猕猴桃产业要考虑品种搭配,选择风味好、耐贮性好等优良品种,抓好"早中晚"熟、"红黄绿"果肉颜色的优良品种搭配,根据区域气候和土壤特性,适宜多发展口味更适合国人的黄肉猕猴桃品种和红肉猕猴桃品种。个体种植者,更需要看准市场,选择抗性好(特别是抗溃疡病等)、易栽培管理如不用人工疏果、不必套袋等消耗人工的品种,果实品质中上等而耐贮藏的品种,以适应今后劳动力缺乏、网络营销或外销出口的需要。

在树体管理方面,要求单主干上架、易于行带整齐和今后的小型机械化操作。在地面管理方面,测土配方施肥可较好控制施肥量,并保证每年果园在果实采收后及时补充果实带走的营养,以保证果实不会出现因某种营养的缺失而造成的品质降低或贮藏性能下降的问题。

根据树体和土壤营养状况,对全园的结果总量实行科学化布局。国外是在冬季修剪时,估计每平方米留 20 个左右的芽,对每株进行定量挂果,以保证果实的营养充足和适当大小。在花期,进行蜜蜂授粉或机械辅助授粉也是实现理想果实的重要措施之一。

健康和安全的农产品是今后消费者追求的主要目标,利用生物防治或果实套袋等方式,可减少果园农药的使用。有条件的企业和个体,通过严格控制猕猴桃整个生产过程的环节,建立生态果园和科学化管理,生产真正的有机猕猴桃和无公害猕猴桃,更有利于产品质量提高和进军国际市场。

适度规模化集中发展也是实现猕猴桃产业化提高的一个前提。目前很多地方的一家一户分散种植不利于整体质量的提高。应实行大户承包、合作社经营、企业介入等大规模的经营机制,建立健全猕猴桃果园承包经营权流转管理服务体系,提高猕猴桃种植效益和种植标准化水平。规模化经营可以克服个体种植和经营者存在的品种选择盲目、管理不规范、只顾眼前利益缺乏长远规划、销售市场不确定等弊端,实行统一管理、统一质量、统一品牌、统一包装、统一销售的标准化生产模式。

产业的做大做强,需要多方配合,要进行猕猴桃产业链条的不断拓展。企业带头,推进新科技的应用范围和培养多方面的人才,从种植到最后果品到达消费者口中,整个环节涉及多个不同性质、不同行业的部门,而每个环节都可能影响到最终果实的品质。公司化发展不仅需要科技的力量,创造相应的猕猴桃企业文化,加强对员工品牌意识认识的提高等方面也会给公司的产品质量提高起到一定的作用,并且能让自己的产品走得更远和品牌保持得更长。

4 注重标准化发展和专业化服务

规范化、标准化是现代农业产业发展的趋势，对节省资源、保证产品质量作用明显。标准化既是对生产环节质量的要求，也是对生产流程系统性的要求。

我国适宜猕猴桃种植的区域不同，不同品种在不同区域，或同区域不同品种的栽培，都应有相应的栽培技术规范，即实行标准化种植和管理，才能实现果实品质的整齐度。在我国山区发展猕猴桃，很多是土壤比较贫瘠或板结的山地，推行机械化深翻改土，重视基肥的施用，尽管早期成本比较高，但对今后一段时期猕猴桃树体生长、高产稳产和提高优质果比例有很大帮助，是猕猴桃高标准建园的基础。

高标准严要求才有可能出好产品，应瞄准国内外高端市场，加强品牌化管理，增强市场竞争力。在猕猴桃产区建立猕猴桃市场监督管理体系，规范产品的形象宣传、品牌使用、产品包装的标准化。根据市场地方特点、人群结构、消费习惯等不同，利用现代多种途径的传播方式立体宣传猕猴桃的营养价值、科学化管理的主要技术环节，进行广泛的科普宣传，提高对猕猴桃不同技术应用的认识，也是实现标准化种植的途径之一。

利用好中央关于经济发展供给侧改革有利时机，抓好猕猴桃产业发展的大好机遇，充分认识到科学技术在猕猴桃产业发展中的重要性，针对不同区域的土壤气候环境的特点，尽快制定适合本地主栽品种的配套标准技术，即从建园、苗木、栽培、采收以及销售的系列化、易于操作的技术标准。关注国内外新技术的发展，及时引进和推广相应的技术，不断完善本地的猕猴桃产业发展技术流程，对打造地方品牌和扩大市场影响有重要引领作用。

对一些重点、难点问题的研究，如猕猴桃溃疡病等重要病害，要积极配合多方合作，加强与科研院所的合作和寻求政府、企业的资助，应积极补充或培养人才队伍，调整人才结构，着力建设一支高素质、多层次的技术团队，尽快探寻各地的发病原因、发病规律，总结防治技术，寻求综合防治途径，这是实现标准化种植和产品走向国际市场的必要前提。

猕猴桃从小规模种植不断向大面积的产业化发展，需要从供给侧考虑提供多种社会化、专业化的服务。目前出现的有如农业管理公司、技术培训公司、植保服务公司、花粉公司、专业肥料公司、贮运与营销公司，会从不同角度为猕猴桃产业提供服务，不断提升我国猕猴桃种植水平和产业发展水平。

5 加强科技研发，做好产业升级，促进可持续性发展

针对产业中存在的系列问题，应加强科技研发和技术推广，做好产业的升级提质。

首先，在品种培育上，应充分利用我国种质资源丰富的优势，加强种质资源的全面系统鉴定，并在此基础上，开展抗逆品种（如抗溃疡病、抗旱耐涝）选育、特色品种（方便食用、红皮红肉、红花等）选育。同时对国内各科研单位选育的120多个品种或品系开展系统鉴定，实现多样化开发利用，区域化栽培，从种业源头上把好产业持续发展的关。

其次，在配套产业技术上，应针对不同区域的生态环境特点开展栽培技术的集成研究，针对不同品种特性开展采收标准及采后保鲜技术研究，针对不同产品的特点寻找不同消费市场等等，这些新技术和市场前景都是有利于产业升级提质的，需要大量的基础研究和科学试验才可能实现。

最后，利用互联网的方便，从业人员可以进行方便的信息交流和技术探讨，及时寻求到相关的技术帮助，提高管理效率和技术推广应用的效果，改善果实品质。

通过大数据分析，也可以结合不同消费群体、不同时节的市场需求，来定制相应的猕猴桃产品。有的放矢的“订单农业”，更能实现精准服务，提高种植效益。通过对田间管理的相关数据、气候、土壤条件数据，综合分析预判果实品质、成熟期等，为产业的规划、市场开拓提供前提。

在国际市场的开拓方面，也可利用大数据及“互联网+”的优势，了解国际猕猴桃种植行情和市场需求，结合本地实际，坚持技术创新和商业模式创新。实现新形势下的产业转型和产品优质创新，提升我国猕猴桃的国际声誉和促进出口，才可以逐步改变我们这个生产大国、出口小国的尴尬局面。同时，猕猴桃整体质量的提高也给国人带来风味好、安全健康的果品，在高端市场能与进口的猕猴桃争夺更多市场份额，让猕猴桃这个小宗水果变为人们习惯消费的主流水果。

参考文献 References

黄宏文.2013.猕猴桃属：分类，资源，驯化，栽培.北京：科学出版社.

Belrose Inc.,2014. World Kiwifruit Review. WA, USA. Pullman:Belrose, Inc.

Belrose Inc.,2015. World Kiwifruit Review. WA, USA. Pullman:Belrose, Inc.

FERGUSONR,2015. Kiwifruit in the world. Acta hort,1096:33-46.

Some Rough Ideas about the Supply-Side Reform and Future Strategy for the Kiwifruit Industry Sustainable Development in China

JIANG Zhengwang ZHANG Peng HAN Fei LIU Xiaoli

(Wuhan Botanical Garden, Chinese Academy of Sciences Wuhan 430074)

Abstract The paper analyzed the kiwifruit industry situation and future development trends according to the related data from both in China and oversea marketing, and the authors try to study the main problems in kiwifruit cultivation, technology application, and 'political' development and so on by focusing on the recent years fast growth and became the biggest kiwifruit production nation, but the poor situation on the international market seems needing some reforms especially the supply-side for improving the kiwifruit quality. Kiwifruit is well-known for its nutritive value for our health and we have green-fleshed, yellow-fleshed and red-fleshed kiwifruit available on the market, which have their owns advantages and disadvantages from growth to the market, and why the market prefers imported kiwifruit? Exporting kiwifruit is a quality enhancement strategy and it's not about the over production in China, and in the future we should put more efforts on the supply-side reform, new technology application, practical techniques popularization, quality-control idea, reasonable development kiwifruit according to different cultivars, environments, regional markets, seasons and consumers, and then our kiwifruit industry could reach another stage for international reputation.

Key words Industry situation Quality consciousness Marketing strategy Big data support

（二）种质资源与遗传育种

‘红阳’猕猴桃在四川西昌的引种表现*

李　培[1,**]　张　平[1]　杨建平[1]　陈艳琼[1,***]　吴　艳[1]　余义成[2]

（1 四川省凉山州亚热带作物研究所　西昌　615000；2 西昌市仙沿猕猴桃种植专业合作社　西昌　615000）

摘　要　将‘红阳’猕猴桃引入与原产地气候条件差异较大的四川攀西干热河谷区西昌试种栽培，观测其在西昌的植物学特征、生长结果习性、果实形状等引种表现。结果表明：‘红阳’猕猴桃在西昌能正常萌芽开花结果，果实品质优良，可溶性固形物达 19.44 %~20.20 %；成熟期早，比四川其他产区早 20~30 d，表现出较好的适应性。但存在因光照过强，叶片和果实发生较重日灼、春夏干旱造成果实生长发育受影响、因冬春风力较大造成叶片破损等不良现象。但在采取旱季设施喷雾增湿、建防风林减轻风力等措施后可获得良好的栽培效益，可适度规模推广种植。

关键词　‘红阳’　猕猴桃　西昌　引种表现

猕猴桃是猕猴桃科（Actinidiaceae）猕猴桃属（*Actinidia*）的藤本植物，也称藤梨、羊桃、木子、毛木果、麻藤果、杨汤梨等，它含有人体必需的多种氨基酸，维生素 C、维生素 B、维生素 E 以及钾、钙、磷、铁等矿物质，具有很高的营养、医疗、保健、观赏等开发利用价值，被人们誉为水果之王。‘红阳’猕猴桃是由四川省自然资源研究院和苍溪县农业局从中华猕猴桃（*Actinidia chinensis*）的红肉变种红肉猕猴桃（*A. chinensis* var. *rufopulpa*）通过实生育种选育出，1997 年通过了四川省农作物委员会的审定，并正式命名，是世界上第一个红肉猕猴桃品种。该品种适宜温带或亚热带温暖湿润气候，早果丰产、果形整齐、果肉黄绿色，果实横剖面中心呈放射状红色条纹，在适宜的环境条件下表现稳定，与传统绿肉、黄肉猕猴桃相比，可溶性固形物含量高，市场前景广阔[1]。

1　引种基本情况

1.1　试种地基本情况

试种地位于西昌市西溪乡牛郎村，属亚热带高原季风气候，气候特征是干湿二季明显。试验地点海拔 1 600 m 左右；北纬 27°47′22″，东经 102°15′2″；年均气温 17 ℃，≥10 ℃的年活动积温 5 330 ℃，平均无霜期 321 d；年降水量 1 013 mm，雨季集中在 5 月下旬~10 月，降水量占全年的 88 %，11 月至翌年 5 月中旬是旱季，降水量占全年的 12 %，年平均蒸发量 1 945 mm，最大相对湿度（7~9 月）为 75 %，最小相对湿度（3 月）为 41 %；年平均日照 2 431 h，冬春季风大（表 1）。地形为缓坡地，土壤为红壤土，pH=5.8~6.8，土层较深厚，土壤肥力中等。

* 基金项目：四川省凉山州产学研合作计划（编号：14CXY0012）。

** 第一作者，女，1989 年出生，四川省西昌人，助理农艺师，主要从事园艺作物研究。

*** 通讯作者，女，1973 年出生，四川省西昌人，高级农艺师，主要从事特色果树引育种与栽培技术研究；E-mail：825623228@qq.com。

表 1　西昌市气候情况

月份	1	2	3	4	5	6	7	8	9	10	11	12	全年
平均气温/℃	9.5	11.8	16.4	19.5	21.2	21.1	22.6	22.2	19.9	16.6	12.9	10.0	17.0
平均最高气温/℃	16.5	18.9	23.9	27.0	27.7	26.3	27.7	27.7	25.1	21.9	19.1	16.7	23.2
平均最低气温/℃	3.6	5.7	9.8	12.9	16.0	17.3	18.9	18.2	16.3	13.1	8.4	4.7	12.1
降水量/mm	4.8	6.4	9.1	26.1	88.9	203.4	215.5	178.1	170.3	84.8	19.9	5.8	1 013.1
蒸发量/mm	124	157	248	263	240	152	164	164	130	105	100	99	1 946
相对湿度/%	51	46	41	45	56	73	75	75	75	74	66	59	61
日照时间/h	234	220	263	253	218	140	178	198	150	157	196	219	2 426

1.2　引种情况

观测的结果树分三次引入。第一次于 1999 年 12 月中旬从苍溪猕猴桃研究所引入野生猕猴桃实生苗(砧木)600 株,按行距 4 m,株距 2 m 定植,定植后采用常规管理,于 2001 年 2 月中旬从苍溪猕猴桃研究所引入‘红阳’猕猴桃接穗嫁接,嫁接后采用常规管理。第二次于 2009 年 2 月下旬从苍溪猕猴桃研究所引入‘红阳’猕猴桃嫁接苗 1 500 株,按行距 3 m,株距 1.5 m 定植,定植地为台地,定植后采用常规管理。第三次于 2011 年 12 月中旬从苍溪猕猴桃研究所引入野生猕猴桃实生苗(砧木)1 400 株,按行距 3 m,株距 1.5 m 定植,定植后采用常规管理,于 2012 年 2 月中旬嫁接,接穗从第一、第二次引种定植的果园中采取。

1.3　田间管理

定植后采取常规管理,冬春季果园内种植苕子覆盖地面,架式采用水平大棚架,投产后采取人工授粉和适当的膨果处理,考虑到试种地早春和初夏气候干燥,于 2015 年 1 月安装喷雾增湿系统(吊喷灌),于萌芽至雨季之前每 4~5 d 喷灌一次,喷水量以 10 cm 内土层湿润为度。

2　引种表现

试验观测记录猕猴桃物候期、果期生长量的观测、产量、生长结果习性;并于果实成熟期随机抽取 10 个果实、观察果实大小、形状、色泽、肉质、汁液、风味、品质、可溶性固形物含量、耐贮性等。产量为单株供试树平均值。

2.1　物候期

每块田在东、西、南、北方向上各选 1 株具有代表性,品种正确,生长健壮的植株挂牌编号,定点观察记载。前期 2 d 观测 1 次,后期 7 d 观测 1 次,10 d 观测一次(表 2)。通过对引进的‘红阳’猕猴桃物候期观察表明:不同生长年限的‘红阳’猕猴桃物候期相差不大,‘红阳’猕猴桃在西昌伤流不明显,出现伤流的植株不足 1 %,伤流期一般为 2 月中旬至 3 月中旬,萌芽期为 2 月中旬,现蕾期为 2 月下旬,展叶期为 2 月下旬,初花期为 3 月上旬,盛花期为 3 月中旬,花期 15 d 左右,座果期为 3 月中旬,果实膨大期为 3 月中旬至 6 月下旬,7 月下旬果肉开始变红,种子变为黑褐色,果实于 7 月下旬开始成熟,8 月中下旬开始至 9 月上旬采收,从谢花到果实成熟约 135~150 d。落叶期为 11 月中旬到 12 月中旬,全年植株生长期约 10 个月[2]。

表 2　‘红阳’猕猴桃的物候期　(月/日)

伤流期	萌芽期	现蕾期	展叶期	初花期	盛花期	末花期	座果期	果实膨大期	果实成熟期	落叶期
2/19~3/20	2/14	2/22	2/25	3/5	3/14	3/20	3/18	3/18~6/25	7/30~8/20	11/20~12/12

注:果实成熟期为随机取 10 个果实可溶性固形物含量为 7.5 %。

2.2 主要植物学特征

‘红阳’猕猴桃芽裸露凹陷,密被棕色茸毛,枝条剪口部位的芽先萌动,依次从顶端向下陆续萌动,待展叶时的萌动芽呈灰绿色,嫩枝青绿色,被有灰白色茸毛,老蔓黑褐色,无毛,1~2年生枝黄褐色,无毛。待快要展叶时就开始现蕾。老枝萌动早于嫩枝,2015年冬剪培养的结果果枝普遍萌动要晚一些。枝干皮孔灰白色,呈长条状、点状。成熟叶片心脏形,背面密被灰白色短茸毛,正面深绿色有光泽,叶尖微尖,叶缘锯齿不明显,叶柄中长,青绿色(表3)。在西昌‘红阳’猕猴桃结果母枝顶端先萌发的芽先开花,依次从结果母枝顶端向下陆续开放,单枝花开放时间间隔在2~4 d,单株始花至末花期时间为12~15 d。花呈淡黄色或乳白色,花瓣5~8瓣,萼片6~8片,花药数为50~61枚[3](表4)。

表3 ‘红阳’猕猴桃主要植物学特征

老蔓	1~2年生枝	皮孔	叶形	叶色	叶毛	叶缘	叶柄长/cm	叶大小/cm
黑褐色,无毛	黄褐色无毛	长条形或点状,灰白色	心形,老叶多皱褶	新叶翠绿色,老叶深绿色	位于叶背面,灰白色	锯齿,不明显	7~10	横径 15~17 纵径 11~12

表4 ‘红阳’猕猴桃的花器主要特征

每花序花数	花瓣颜色	每花花瓣数	花药颜色	每花花药数	花萼萼片数	花直径/cm	花柄长/cm	单株始花至末花期时间/d
1~3	乳白色、淡黄色	5~8	橙黄色、淡黄色	50~61	6~8	2.3~2.57	1.57~1.84	12~15

2.3 生长结果习性

观察的‘红阳’猕猴桃生长势中等,为4年生植株。从2~20节都可能抽生结果枝,通常集中在3~15节,大于17节抽发结果枝的均为上一年的徒长性营养枝形成的结果母枝,每结果枝可接1~8个果实。萌芽率低(42.3 %),一年可抽三次梢,以春梢为主,占88 %以上。夏梢、秋梢很少,但是在猕猴桃萌芽、开花、果实生长的前期,由于西昌干旱少雨,风大,蒸发量大等自然气候特点,导致猕猴桃枝梢生长量小,成枝力率低(20.2 %),春梢量相对较少,而春梢是来年良好的结果母枝,没有足够的春梢更新,直接影响来年产量。结果枝主要以中短果枝、短缩果枝结果为主。座果率高(95 %),无生理落果现象(表5)[4]。

表5 4年生‘红阳’猕猴桃的生长结果习性

长势	结果枝的抽生节位	结果枝的果实数/(个/枝)	结果枝类型	萌芽率/%	成枝率/%	结果枝率/%	座果率/%
中庸	2~20	1~8	中、短果枝、短缩果枝	42.3	20.2	60.2	95

2.4 果实生长发育动态

研究结果表明,‘红阳’猕猴桃果实纵、横径在观测期120 d内经历了“快→慢→快→慢”的变化规律,呈现S形生长曲线。果实膨大期为4月初至7月,4月上旬至5月上旬为果实第一次生长高峰,横径的生长快于纵径,5月上旬至6月中旬为果实第二次生长高峰,之后生长趋于缓慢,7月到8月果实生长趋于稳定,主要是有机物的积累(图1)[5-7]。

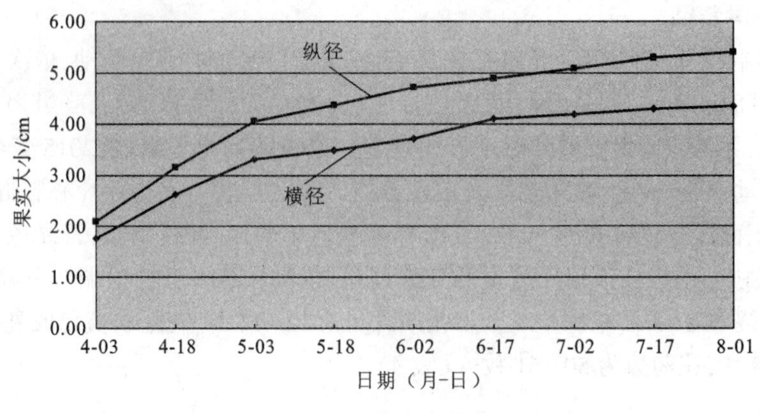

图 1　果实大小变化曲线图

2.5　果实经济性状

在西昌第一年定植实生苗，第二年嫁接'红阳'并上架，第三年开花试果，第四年单株产量达 7.5 kg。果形呈近长圆柱形兼倒卵形，平均果重 71.4 g，果顶、果基凹，果皮绿色或绿褐色，绒毛柔软，易脱落，皮薄，果肉黄色、绿色或黄绿色，果心白色，果心心形或不规则形，子房鲜红色，红心面积大，颜色艳丽，沿果心呈放射状红色条纹，果实横切面呈黄绿、红、白相间的色泽。果实软熟时可溶性固形物 19.4 %~20.2 %、总糖 13.2 %、总酸 0.78 %、每 100 g 果肉鲜重维生素 C 含量为 104 mg，肉质细嫩，汁多，味纯甜，香味浓郁，品质佳，果实耐贮藏，常温贮藏 13 ~ 28 d（表 6）。'红阳'猕猴桃本身皮薄，西昌风大，易遭日灼和擦伤，导致后期果实商品性差[8-9]。

表 6　'红阳'猕猴桃果实经济性状表现

果形	果皮颜色	果肉颜色	果心	子房	汁液	果肉质地	皮厚/mm	可食率/%	耐贮性/d
长圆柱形，倒卵形	绿色，绿褐色	黄色、绿色、黄绿色	白色，心形或不规则形	鲜红色	多	细腻	0.8	90.13	13 ~ 28
平均单果重/g	纵径/cm	横径/cm	侧径/cm	可溶性固形物含量/%	总糖/%	总酸/%	维生素 C /(mg/100 g)	4 年生平均株产/kg	风味
71.4	6.1	4.6	4.2	19.4 ~ 20.2	13.2	0.78	104	7.5	香甜

西昌'红阳'猕猴桃在 7 月底至 8 月初，可溶性固形物为 7 %左右，达到生理成熟期，有红色素积累，种子颜色已经变为黑褐色。8 月 24 日采果时，可固达 9.7 %。在常温环境下贮藏软熟后(9 月上旬)，淀粉不断水解，可溶性固形物达峰值 20 %左右。随着后熟时间的推移，有过熟现象，可溶性固形物含量缓慢下降(图 2)。有研究表明：'红阳'最佳采收期其可溶性固形物含量在 7.5 %~8.0 %，建议西昌'红阳'猕猴桃采收期在 7 月底到 8 月初，比四川其他产区早 20 ~ 30 d。

2.6　抗逆性

西昌由于在猕猴桃生长季节的 2 ~ 5 月，干旱、风大、日照强烈、蒸发量大，'红阳'猕猴桃露地栽培春梢萌发量小、成枝率弱，抗风、抗旱、抗强光能力弱，抗病虫害能力强，在栽培中未发现成灾的病虫害。

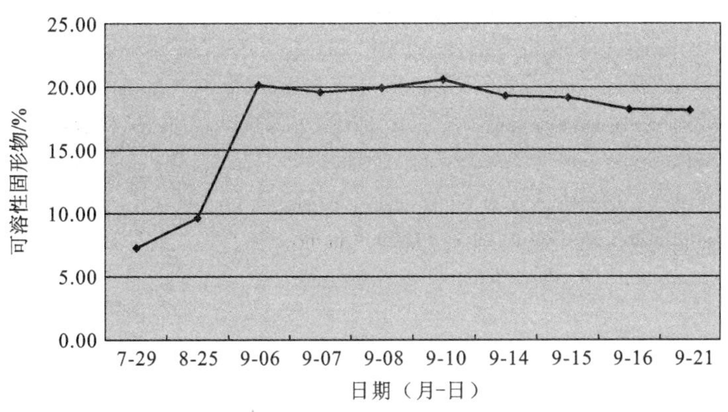

图 2　可溶性固形物含量变化图

3　小结与讨论

‘红阳’猕猴桃在西昌栽植，能正常地开花座果，其需冷量能得到满足。在西昌，‘红阳’猕猴桃 2 月中旬萌芽，3 月上旬开花，7 月下旬到 8 月上旬果实成熟，果实发育期约 135～150 d，全年植株生长期约 10 个月，比四川其他产地提前 20～30 d 成熟。‘红阳’猕猴桃果实品质佳，可溶性固形物达 19.4 %～20.2 %，总糖、维生素含量高，肉质细腻，汁多，香味浓郁，座果率高，抗病虫能力强，未发现感染溃疡病。

西昌 11 月～次年 5 月，干旱、风大、日照强烈、蒸发量大，‘红阳’猕猴桃露地栽培萌芽率、成枝率低，果实易遭日灼和擦伤，导致后期果实商品性差。‘红阳’猕猴桃在西昌可适度规模推广种植，但宜实施防风、遮阳、喷灌等设施栽培；同时，应注意加强水肥管理，预防溃疡病等的发生。

参考文献　References

[1] 黄宏文.猕猴桃种质资源.北京：中国林业出版社，2013：107-109.

[2] 谭永中，赵琳，周贤文，等.‘红阳’猕猴桃在重庆开县引种表现及关键栽培技术.中国园艺文摘，2013(12)：30-31.

[3] 刘晓燕.猕猴桃花芽形态分化时期的研究.贵州农业科学，1997，25(3)：50-51.

[4] 李洁维，权莫辉，蒋桥生，等.猕猴桃品种‘红阳’在广西桂北的引种试验.中国果树，2009(4)：35-37.

[5] 金方伦，周光萍，黎明，等.中华猕猴桃新蔓生长与果实生长发育动态分析.北方园艺，2013(21)：12-17.

[6] 陈木兰.3 个红肉猕猴桃品种的引种表现及评价.东南园艺，2015(4)：20-23.

[7] 万明长，罗克明，石乐娟，等.‘红阳’猕猴桃引种试验示范.贵州农业科学，2008，36(1)：63-64.

[8] 叶丽君，于成，刘泽全，等.都江堰市‘红阳’猕猴桃种植的气候适应性探讨.贵州农业科学，2010(3)：66-69.

[9] 肖涛，彭家清，肖丽丽，等.‘红阳’猕猴桃在湖北十堰的引种表现及栽培技术.中国果树，2015(6)：73-75.

Introduction Performance of ‘Hongyang’ Kiwifruit in Xichang of Sichuan

LI Pei[1]　ZHANG Ping[1]　YANG Jianping[1]　CHEN Yanqiong[1]　WU Yan[1]　YU Yicheng[2]

(1 Institute of Subtropical Crops of Liangshan Prefecture of Sichuan Province　Xichang　615000;

2 Xianyan Kiwifruit Grower Cooperatives　Xichang　615000)

Abstract　‘Hongyang’ was introduced to Panxi area, Xichang of Sichuan, a dry and hot valley with much climatic difference to its origin place. The characteristics of ' Hongyang' , including botanical characteristics, growth habit, fruit shape, etc. were observed in Xichang. The results showed that the bud-break, blossom and fruit bearing of ' Hongyang' in Xichang were normal, and it has good fruit quality, and 19.44 % —20.20 % soluble solid content. The fruit is early matured (20 to 30 days earlier than other areas of Sichuan). The occurrence of severe sunburn on leaves and fruits dued to the strong sunlight. In addition, spring and summer drought affected the growth and development of fruit, and winter and spring strong wind caused leaf damage and other problems. Utilizations of facilities to enhance humidity in the dry season, constructing wind shelter and other measures to reduce the fruit and leaf damage could facilitate the cultivation and promote further development of kiwifruit in this area.

Key words ' Hongyang' Kiwifruit Xichang Introduction performance

安康市黄金果‘Hort-16A’引种栽培试验报告

严平生[1,2]　严英子[3]　尚　磊[4]　慧波年[4]　程厚秀[4]

（1 陕西省农业科技专家大院　宝鸡　721000；2 陕西省猕猴桃工程技术中心　周至县　710400；

3 西北农林科技大学　咸阳　712100；4 安康市林业产业发展中心　安康　725000）

摘　要　陕西省猕猴桃栽培区域已经开始“东进南移”。本研究针对安康市引进的黄金果‘Hort-16A’猕猴桃品种，在海拔 200～1 000 m 的不同地形、地质环境下开展了栽培研究，认为其能够适应安康市环境和气候，最佳海拔高度是 400～800 m；但是，我们栽培过程需要注意溃疡病和枝腐病的防治。

关键词　安康市　黄金果‘Hort-16A’　引种　试验

陕西省为全国最大的猕猴桃基地省份。长期以来，安康市猕猴桃产业发展滞后，究其原因，主要是在猕猴桃良种选育，以及猕猴桃丰产栽培技术上缺乏技术支持。笔者 2014 年承担了安康市科技攻关项目，现就猕猴桃黄金果在安康市的试验研究成果整理如下。

1　品种来源

黄金果，又名‘Hort-16A’‘早金’（Earligold），源自于20世纪70年代新西兰的科学和工业部（后为 Hort Research）开始的猕猴桃选育计划的引种原始种质资源。1987 年 10 月，Mark McNeilage 在新西兰的 Kumeu 果园进行杂交试验，亲本为中华猕猴桃‘CK-01’（Don Mckenzie 于 1997 年从北京植物园引入的实生后代）和中华猕猴桃‘CK-15’（Ron Davison 和 Michaellay Yee 于 1981 年从中国广西（桂林）植物所引入的实生后代）。1988 年，在 Hort Research 所属 Te Puke研究中心种植了 600 株这个杂交组合 F_1代群体。1991 年，Russel Lowe 和 Hinga Marsh 从中筛选出‘Hort 16A’优株，并在 1995 年前进行了小规模的试验种植。在初期试验中，该品系的产量、果实大小和感官特征均表现出优越的性状。1995 年，Hort Research 以‘Earligold’的名称申请品种权，并获得批准号（批准号“1056”），这个品种名后又被改为‘Hort-16A’。陕西省农业厅和陕西省果树良种苗木繁育中心于 2004 年自新西兰引进，经过组培扩繁，2006 年开始在眉县、周至县试栽。安康市于 2013 年引进，并在汉滨区恒口镇肖子坡试栽，栽培面积 300 亩。

2　引种试栽的表现

2.1　物候期

黄金果‘Hort-16A’在安康市的萌芽期 3 月 10～20 日，展叶期 3 月 20～30 日，现蕾期 4 月 12～18 日，开花期 4 月 20～26 日；第一次幼果膨大期 4 月 29 日～5 月 30 日，第二次果实膨大期 8 月 10 日～9 月 10 日，采收期 9 月 20～30 日；落叶期 11 月 10～20 日，冬眠期 11 月 20 日～翌年 2 月 10 日，伤流期 2 月 10 日～4 月 20 日。年度间物候期相差 5～7 d（天）。

2.2　植物学特征

该品种树势旺，春稍（初生枝）和秋稍（二次枝）生长势都很旺盛，一年生枝条萌芽率高达

91.6 %,成枝率 100 %,果枝率 95 %~100 %,极易形成花芽,结果母蔓上自基部第 2~22 节均能形成结果枝。花器为聚伞状花序,以短果枝(5~25 cm)结果为主,并具较强的连续结果能力。座果率可达 90 %以上,果实生产率高。

黄金果猕猴桃分为圆叶型和条叶型:圆叶型叶片呈圆形,较小,叶缘锯齿钝,有尖锐小齿,叶片表面光滑,呈浅绿色,叶柄乳白色,叶柄长 10~15 cm,叶柄芽眼外露,抗冻性较差,果较小,鸭嘴(果蒂)较短,树势中庸。条叶型叶片大,叶片形状古扇形,叶片顶端稍凹,表面凹凸不平,深绿色,长势强,抗冻性好,果个大,果长,鸭嘴(果蒂)较长,叶柄黄白色,叶柄长 15~20 cm,芽眼外露。

该品种二次萌发能力较强,春芽萌发率高于 30 %,生长势较旺,树冠易于密闭,枝条越冬抗寒耐冻能力较弱。一年生枝条呈深绿色,呼吸孔长圆形,凸出,呼吸孔芽眼下部较密集,表面密被白色绒毛,绒毛长≤0.1 cm;多年生枝条呈灰褐色。每个叶腋处有 1~3 个芽,正中的主芽为叶芽或混合芽,副芽多为潜伏芽。枝蔓有髓心。叶圆形,大而厚,长 5~20 cm、宽 6~18 cm,轮生。嫩叶深绿色或黄绿色,茎尖叶片呈浅红色,老叶暗绿色,背面淡绿色,密生白色或灰棕色星状茸毛,叶脉羽状。同一枝条上,叶的大小依着生节位的不同而不同,枝条基部和顶部的叶较小,中部叶最大。基部叶子的先端多圆形,顶部叶子先端多突尖或渐尖。

雌花花器为单性花,雄蕊败育,需要异花授粉。花絮在安康市多为伞状花絮,主花开放早,耳花开放迟,初开放时白色,后渐变为淡黄色至橙黄色,开花时具有浓郁的芳香味。雌花冠径 3.5~7.0 cm,多为伞状花序,多为 2~3 朵;雌蕊 8~12 枚,花瓣 5~11 枚,多为 6 枚,萼片 5~9 枚,花梗长 4 cm 左右。雌花大多从结果枝基部叶腋开始着生,第 2~6 叶腋间居多;花蕾大,呈倒卵圆形;子房发达而大,扁球或圆球形,密被白色茸毛;花柱基部联合,柱头白色,分枝多(21~41个)呈放射状,胚珠多且发育正常;雄蕊萎缩,花丝白色,短于子房,向下弯曲,花药微黄,花粉粒小。

2.3 果实经济性状

黄金果(‘Hort 16A’)为二倍体,果实为长卵圆形,果顶具喙,果啄端尖。果实中等大小,单果重 80~105 g,若进行疏花疏果,大果比例有所增加。软熟果肉黄色至金黄色,味甜具芳香,肉质细嫩,风味浓郁,可溶性固形物含量 15 %~19 %,干物质含量 17 %~20 %,果实硬度 1.2~1.4 kg/cm^2。果实贮藏性中等,冷藏(0 ± 1) ℃条件下可贮藏 12~16 周,在 20 ℃时,果实货架寿命约 3~10 d。果实食用硬度在 1.0~1.5 kg/cm^2,风味明显有别于‘海沃德’。最佳的贮藏温度应在(1.5 ± 0.5) ℃,以减少冷藏损伤及腐烂。

2.4 生长结果习性

1 年生苗生长较慢,主蔓一般不分枝;2 年生苗生长迅速并开始在主蔓下部分枝;3 年生以后年生长量增大,萌芽力和成枝力均强。

结果枝由 1 年生枝中、下部饱满芽萌发而成。结果枝多着生于结果母枝中、下部,结果母枝从基部 3~7 节开始抽生结果枝,结果枝于茎部 2~3 节开始开花结果,1 个结果枝一般着生 3~5个果实。

幼树以中、长果枝结果为主,成龄树以短果枝结果为主。各类果枝的座果均高,生理落果少。黄金果二次萌发能力较强,春芽萌发率高于 30 %,生长势较旺,树冠易于密闭,枝条越冬抗寒耐冻能力较弱。

黄金果猕猴桃早实，丰产，稳产。嫁接苗栽后第二年开始结果，4～5 a(年)进入盛果期。株产 30～50 kg，667 m^2(亩)产 3 000～5 000 kg，且产量稳定，经济效益长达 30 a。

2.5 试验分布区域

黄金果猕猴桃的高产栽植试验地水平分布在北纬 31°05′至 33°48′，东经 107°10′至 111°46′；垂直分布在海拔高度 200～1 000 m，以海拔 400～800 m 生长发育为最佳。

2.6 栽培土壤类型

安康市栽培试验地点为山地草甸土、红壤土、砂质土壤、黄棕壤、由于栽植的地势不同，黄金果猕猴桃对栽培地的气候，尤其是小气候环境要求一般不十分严格，喜光、耐阴，喜温暖、湿润、不积水，要求通风好，无强风袭击，土壤以麻片岩砂质壤土为宜，在 pH 值为 6.5～7.5 的中性或偏酸性土壤上栽培均能成功。积水或排水不良的黏性土壤生长不良的地块栽培最好实施高垄栽培。

2.7 抗逆性及适应性

该品种在安康市栽培适应性较陕西省关中的眉县、周至县强，可以适应安康市海拔 200 m 以上的不同土壤类型。

该品种易发生二次枝，生长势较强，栽培过程易出现果园密闭，植株枝条成熟度差现象。导致出现耐寒性差，抗冻能力不强，在安康栽培未出现冻死植株和地上茎现象。

该品种抗溃疡病、枝腐病能力不强，较易感染这两种病害，栽培过程要注意防治，防治方法采用综合防治技术。

3 引种试验结论

通过 2013～2015 年，黄金果在安康市汉滨区等地试验栽培，该品种在安康市栽培具有陕西省内其他区域栽培不可多得的生物学优势，可以在安康市海拔 200～600 m，山地草甸土、红壤土、砂质土壤、黄棕壤等土壤类型栽培。栽培过程应当注意疏花疏果，控制植株负载量，防治结果过多出现商品果率低。

4 栽培技术总结

4.1 建园地点及架型选择

安康市猕猴桃建园原则为进山、入滩，不予农田相争。宜选择海拔 200～600 m、盛产野生猕猴桃的区域，在交通相对便利，气候温暖湿润，土层深厚，土质疏松、肥沃，土壤 pH 值 6.5～7.5（呈微酸性、中性），且有稳定水源的地块建园。

建园前先将坡地或者山地按照等高线放线整理成宽 3～6 m 的梯田；再将土壤深翻后，视地形情况，按照 3 m×(2～3) m 的株行距打直径 1 m、深 60～80 cm 的大窝，或按照 3 m 行距扒槽（宽、深各 60～80 cm），根据土壤肥力状况，亩施 2 000～3 000 kg 畜禽粪肥、堆沤厩肥、沼气池渣、作物秸秆、树叶杂草等有机肥，75～100 kg 三元复合肥，1～2 kg 生物钾肥；回填熟土后起垄栽培，亩栽苗 70～75 株，雌雄株比例为(6～8)∶1；栽后覆盖地膜保温保墒，促进苗木快速生长。山区丘陵地建园，注意修建果园集雨窖或池，集雨窖或池必须加盖盖板，确保生产安全。只有坚持高标准建园，才能保证果实优质、高产。

最好采用平形棚架栽培，如果不能搭设棚架，也可采用 T 形架。林下栽培可选用篱壁架或者活支架的架型。无论采取何种架形，均以双主干或多主干上架为好。这样做的目的：一是可以防止因溃疡病造成的植株死亡;二是有利于猕猴桃树快速成形,取得早实、早产、丰产。

4.2 整形与管理

4.2.1 幼树整形

一年生黄金果猕猴桃长势较强,多分枝,整形是根据植株的枝条粗度,选留 0.8~2.0 cm 的健壮无病斑枝条 2~3 根作为主干,主干定杆高度为 100~130 cm;分别用竹竿固定牵引上架。

冬季修剪:在两个主蔓上各留 9~10 个结果母枝,使之与主蔓垂直,且均匀分布在架面上,每条结果母枝上留芽 7~9 个芽眼。

生长期的修剪:幼树在第二年生长期对新生枝条要及时进行绑缚和牵引,防止枝条下垂停止生长和诱发二次枝萌发。新生枝条出现顶端优势变弱,要及时掐尖、摘心,促进枝条成熟,以利枝条越冬,抵御严寒。

4.2.2 成龄树整形修剪

冬季修剪:四年以上的成龄黄金果猕猴桃树冬季修剪主要以疏剪技术手段为主,疏除干枯枝、病害枝、当年结果的 50 cm 以内短枝。针对 111 株/666 m^2 黄金果猕猴桃果园,每平方米选留 0.8~1.5 cm 的健壮春稍或者夏稍 2~4 根,每根枝条留芽眼 7~9 个芽眼。单株留枝条不超过 18 根,每亩地留枝量不超过 2 000 根。

4.2.3 疏花疏蕾

在安康市,黄金果猕猴桃花芽分化彻底,雌花多为聚伞状花序,花序分主花和耳花。因此,丰产的第一步必须进行舒蕾,必须疏除所有的耳花,只留下主花蕾。

黄金果猕猴桃进入花期后,根据雌花胚胎主轴的完整性,再进行一次疏花。疏花时,疏除虫口花、双胚胎花、畸形花,每个结果枝保留花朵 3~5 个。

4.2.4 定果

每个长果枝留果 3~5 个,中果枝留果 2~3 个,短果枝留果 1 个,根据树龄、树势确定合理的定果数量,以使树体持续稳产高产。

4.2.5 掐尖摘心

一般分三次打尖摘心留枝条。

第一次主要针对结果枝进行零叶片修剪或者留 5 叶片修剪。零叶片修剪:除预备枝条、营养枝、翌年的结果母枝外的所有结果枝进行零叶修剪。即在结果枝最顶端果子着生部位上 1~3 cm 剪除枝条顶端,保留每个果子的叶片。留 5 叶片修剪:对预备枝、营养枝留 4~5 片叶后全部打尖。

第二次留足预备枝,留好顺向枝,然后将其余枝条全部疏除。

第三次根据枝条生长情况,将抽出的三次枝留 3 片叶打尖,同时将伸到铁丝外的枝条打尖。

4.2.6 土肥水管理

增施肥料,加强管理。种植黄金果猕猴桃,要在常规施肥基础上,特别注意果实膨大期施肥。一般在 5 月上旬、7 月中旬、9 月中旬前后各施肥一次,肥料以有机肥、EM 生物菌肥、硫酸钾为主,确保养分供应充足,果实充分生长,以提高单果重。

4.2.7 适时采收

黄金果猕猴桃在安康市成熟期为 9 月 20 日~10 月 10 日;采收时主要依据为果实可溶性

固形物含量，以折光仪测量计算，达到6.5 %~7.0 %便可以采收。同时，采收时果肉硬度不低于4~5 kg/cm^2。

4.3 病虫害防治

在安康市黄金果猕猴桃的主要病害为溃疡病、枝腐病、褐斑病，虫害为蚧壳虫、金龟子、小新甲、红蜘蛛。

4.3.1 溃疡病

安康市溃疡病发生规律是3~5月，气温8~27 ℃发病率较高；猕猴桃溃疡病是由丁香假单孢杆菌猕猴桃致病变种（*Pseudomonas syringae* pv.*actinidiae*，PSA）感染引起的一种细菌性病害。溃疡病病菌主要在病枝蔓上越冬，也可随病残体在土壤中越冬。早春病原细菌从病部溢出，借风雨、昆虫或农事操作工具传播。由植株的叶痕、气孔、水孔、皮孔、伤口等侵入皮层发病，后期病斑可侵染木质部。侵染后3~5 d引起发病。3月中旬~4月中旬为病菌危害盛期，病斑扩大，病斑皮孔中流出大量黄褐色液体，阴雨天气菌液大量溢出，造成重复侵染。溃疡病菌是一种低温性病菌，其侵染与低温有密切的相关性。可侵染叶片、花蕾、果实，主要危害枝蔓，根部不发病。一般以春季发病为主，但安康市发现，早至上年10月，迟至夏季6月都有病斑出现。秋冬及早春以枝蔓病害为主，晚春及秋季以叶部病害为主，枝蔓春季发病时病症不明显，至5月份气温升高病蔓上部新梢突然青干。果实、花朵也有染病。

防治方法：加强水肥，合理负载；秋季全园喷布噻霉酮、扑海因、腐霉利、链霉素等杀菌剂；冬季、春季用臭氧油涂抹枝干。

4.3.2 枝腐病

安康市枝腐病一般发病时间为12月~次年4月初，气温在1~23 ℃，温度高时该病发生受到抑制。该病原菌为一种假单胞杆菌（*Pseudomonas* sp.），菌体短杆状，大小为（1.0~3.0）μm×（0.5~1.0）μm，极生单鞭毛[1]。电镜观察发现，该病原细菌主要分布在枝干皮层细胞间隙，并且在发病后期的组织中易观察到由5~15个菌体集结成团的现象[1]。

防治方法：该病初步研究为溃疡病病菌PSA变种所致，防治方法可借鉴溃疡病防治。药剂喷雾预防：枝干病害发生严重程度与树体强弱有密切关系，应采取综合防治措施，即药剂防治、科学修剪、合理施肥、改善土壤酸碱度、喷施叶面肥等于一体。经实践证明：生长期全株喷施靓果安3~4次（重点喷施时间：秋季清园、萌芽期、花期、雨季来临前），叶面肥沃丰素、多达素喷施2~3遍（重点喷施时间：萌芽期、幼果期及果实膨大期），能有效预防枝干病害和叶部病害，同时具有复壮树体的作用。

4.3.3 褐斑病

病原为交链孢霉属的*Alternaria* sp.，为半知菌亚门的真菌。此病在高温条件下发生较重，一般在5~6月份开始发病，7~8月份进入发病期，9月份如果雨多湿度大，发病较严重。病初期，多在叶片边缘产生近圆形暗绿色水渍状斑。在多雨高湿的条件下，病斑迅速扩展，形成大型近圆形或不规则形斑。后期病斑中央为褐色，周围呈灰褐色或灰褐相间，边缘深褐色，其上产生许多黑色小点。受害叶片卷曲破裂，干枯易脱落。

防治方法：加强果园管理，清沟排水，增施有机肥，适时修剪，清除病残体。发病初期，使用75 %百菌清500倍液，25 %嘧菌酯1 500倍，68 %精甲霜锰锌400倍液，隔5~7 d喷1次，连喷2~3次。发病中期使用30 %苯甲丙环唑2 000倍，32.5 %苯甲嘧菌酯1 500倍，在采果前30 d，用 56 %嘧菌百菌清 1 000 倍液喷 1~2 次,可延长叶片寿命,提高果实品质。

参考文献 References

[1] 高小宁,樊民周,李春游,等. 陕西省猕猴桃枝腐病研究初报. 西北农业学报,2003,12(3):89-92.

Report on Introduction and Cultivation of Golden Fruit 'Hort-16A' in Ankang City

YAN Pingsheng[1,2] YAN Yingzi[3] SHANG Lei[4] HUI Bonian[4] CHENG Houxiu[4]

(1 Agricultural Science and Technology Expert Courtyard in Shaanxi Baoji 721000;

2 The Kiwi Engineering Technology Center in Shaanxi Zhouzhi 710400;

3 Northwest Agriculture & Forestry University Xianyang 712100;

4 Ankang Forestry Industry Development Center Ankang 725000)

Abstract Shaanxi kiwifruit cultivation area has begun to move to South and East. Based on the introduction of golden fruit "Hort-16A" variety, the cultivation research was carried out in different topographic and geological environment at 200-1000 m. It was proved that it can adapt to the environment and climate with the best altitude of 400-800 m. However, we need to pay attention to preven peptic ulcer and branch rot in cultivation process.

Key words Ankang City Golden fruit 'Hort-16A' Introduction Test

成都地区‘翠玉’猕猴桃引种表现与标准化栽培技术

岁立云[1,*]　刘晓敏[2]　蒋　斌[2]　曾　华[2]
王　铤[1]　刘　磊[1]　吴永枚[1]

（1 成都市农林科学院　成都　611130；
2 成都中际投资有限公司，龙门山猕猴桃基因库　成都　610021）

摘　要　2006 年，成都市开始引种栽培‘翠玉’猕猴桃，目前栽培面积约 2 000 亩，主要分布在彭州市，周边的蒲江、都江堰和邛崃等县市也有栽培。我们从 2008 年开始引种栽培并研究‘翠玉’猕猴桃在成都的物候期、适应性、抗逆性（尤其是溃疡病抗性）及果实性状等方面的表现情况。结果表明，与其他品种相比，‘翠玉’在成都中高海拔地区栽培（800～1 300 m）表现出丰产性好，果实品质优良，适应能力强，综合性状优良等特点。总结并形成‘翠玉’猕猴桃标准化栽培技术，为该品种在成都及周边相似生态条件地区大面积种植和推广提供依据。

关键词　‘翠玉’猕猴桃　引种表现　栽培技术　推广

‘翠玉’猕猴桃为湖南省园艺研究所于 2002 年通过湖南省审定的中华猕猴桃品种，该品种为一个综合性状优良的中熟品种，在原产地种植果形较大、风味浓郁可口、果实极耐贮藏、丰产稳产[1]。成都市猕猴桃产业发展很快，从 2008 年的 15 万亩左右[2]发展到 2015 年的约 28 万亩；但成都猕猴桃产业发展过程中也存在一些突出问题，猕猴桃溃疡病就是其中之一。目前成都地区乃至四川省猕猴桃溃疡病发病越来越严重（主要为‘红阳’‘金果’和‘海沃德’等），导致部分果园损失很大，甚至造成成片果园毁园现象[3-6]，因此急需寻找高抗溃疡病的猕猴桃替代品种。从 2008 年开始，我们在成都龙门山脉一带（彭州市小鱼洞镇）建设猕猴桃种质资源圃，从国家猕猴桃种质资源圃（中科院武汉植物园）及国内其他地区引进大量品种或品系，经过系统生物学特性鉴定，筛选适合成都地区种植的猕猴桃优良品种或品系，通过多年观察和研究，发现‘翠玉’猕猴桃综合生长特性和果实品质均较优。因此，对‘翠玉’猕猴桃在成都中高海拔生境条件下（800～1 300 m）的生长情况、生态适应性、抗病性（尤其是溃疡病抗性）和经济性状等引种表现进行了详细研究，并总结形成了‘翠玉’猕猴桃标准化栽培技术，为其在成都地区乃至四川省其他相似生态条件地区大面积生产栽培提供依据。

1　材料与方法

1.1　试验地点

试验地点设在四川省彭州市小鱼洞镇草坝村，海拔 850～1 000 m，年均气温 13 ℃，年降水量 1 100 mm，无霜期 248 d，年日照时数约 1 200 h。试验果园于 2008 年开始建园，2010 年从武汉国家猕猴桃种质资源圃和湖南等地引入接穗，嫁接于野生美味猕猴桃砧木上，栽植株行距为 2.5 m×3.0 m，T 形架。果园土壤为砂质壤土，肥力中等，土壤 pH 值为 6.5。

* 第一作者，男，1983 年出生，博士，主要从事猕猴桃育种及栽培研究等方面的工作；E-mail：sui0328@163.com。

1.2 供试材料

供试品种为‘翠玉’,对照品种为‘海沃德’‘布鲁诺’‘金魁’‘米良1号’和‘徐香’等,每个品种30株左右。

1.3 试验方法

试验果园于2011年试挂果,2013年产量基本稳定。2013~2015年连续三年观测各供试品种的物候期、生长结果习性以及抗病性。花后2周,选择20个有代表性的幼果挂牌,每周测定果实的纵径、横径和侧径,直至果实成熟。果实成熟期,称量单果重,测定果实可溶性固形物、总糖、总酸及维生素C含量。可溶性固形物含量用手持折光仪测定,糖含量用斐林氏法测定,总酸含量用氢氧化钠滴定法测定,维生素C含量用碘滴定法测定。

2 结果与分析

2.1 植物学特性

‘翠玉’属中华猕猴桃,四倍体。在成都地区栽培,植株长势较强,萌芽率80 %,春梢抽枝率在80 %以上,成枝率中等。多年生枝深褐色或黑色,一年生枝棕褐色,皮光滑无毛,皮孔纵裂有纵沟。叶片厚,深绿色。花为单花或聚伞花序。以春梢结果母枝为主,座果率95 %,以中、短果枝结果为主,果实多着生于果枝基部2~7节,每个果枝座果数1~6个,平均3.5个。较丰产,嫁接第二年开始结果,第四年及以后平均株产可达25~35 kg。

2.2 物候期

‘翠玉’猕猴桃在试验地栽培于2月底开始萌芽,3月初展叶,花期为4月下旬,花期持续7 d左右,5月初座果,10月上旬果实成熟,果实发育期160 d左右,11月下旬开始落叶,整个生长周期为286 d。该品种与原产地栽培相比,萌芽、开花和座果期提前10~15 d,果实成熟期基本一致,落叶期提前20 d[1]。与其他对照品种相比,‘翠玉’开花期早2~10 d,花期持续时间也要长1~3 d,果实成熟期和落叶期也要早10~20 d(表1)。

表1 ‘翠玉’猕猴桃与对照品种物候期比较 (月日)

品种	萌芽期	展叶期	现蕾期	开花期	谢花期	果实成熟期	落叶期	生长周期/天
翠玉	0227	0307	0418	0420	0426	10月上旬	11月下旬	286
徐香	0220	0304	0420	0422	0428	10月上旬	11月下旬	285
金魁	0301	0314	0423	0427	0501	10月中旬	12月上旬	287
米良1号	0220	0305	0418	0422	0428	10月中旬	12月上旬	303
海沃德	0227	0306	0427	0429	0504	10月下旬	11月下旬	288
布鲁诺	0225	0305	0427	0429	0504	10月下旬	11月下旬	294

2.3 果实性状

‘翠玉’猕猴桃在试验地栽培表现为果实近扁倒卵形或圆锥形,果肩方,果顶圆,果喙端深钝凸,明显。果皮被大量浅黄褐色果点,有较多黄褐色极短茸毛。果肉绿色,果心白色,大,不规则。果实味道酸甜适中,风味浓,果汁多。果实平均纵径为5.3 cm,横径为4.9 cm,侧径为4.3 cm。单果重平均为90.4 g,最大为150 g,可溶性固形物含量18.1 %,总糖含量11.0 %,总酸含量1.61 %,维生素C含量225.88 mg/100 g。与对照品种相比,‘翠玉’猕猴桃果实大小中等,肉质细腻,口感极佳,有香气,除果实形状不太美观外,其他经济性状要远远优于‘海沃德’‘米良1号’等品种(表2)。

表 2 ‘翠玉’猕猴桃与对照品种主要果实性状比较

品种	果实形状	平均果重/g	总糖/ %	总酸/ %	糖酸比	可溶性固形物/ %	维生素 C 含量/(mg/100 g)	风味
翠玉	扁倒卵形	90.4	11.0	1.61	6.8	18.1	225.88	酸甜适中、口感佳
徐香	短圆柱形	73.4	10.5	1.57	6.7	17.4	140.72	甜、味浓
金魁	圆柱形	95.0	10.3	1.55	6.6	18.0	145.00	酸甜、味浓
米良 1 号	长圆柱形	123.5	8.2	1.62	5.1	14.1	163.00	偏酸、味淡
海沃德	椭圆形	100.5	7.5	1.57	4.8	12.9	94.35	酸甜、味淡
布鲁诺	长椭圆形	83.3	8.1	1.55	4.9	14.3	168.70	酸、味淡

2.4 适应性及抗逆性

经过多年观察和研究，‘翠玉’猕猴桃表现出较强的适应性和抗病、抗逆性。成都及周边区域中高海拔地区(800~1 300 m)的气温、降水量、光照等气候条件完全能满足该品种生长发育及开花结果的需要，且表现出连年稳产高产。同时，与对照品种相比，‘翠玉’猕猴桃具有极强的猕猴桃溃疡病抗性，即使是在已经感染溃疡病的‘红阳’果园高接换种该品种，次年及以后年份能够正常生长和结果的植株也在 95 %以上，而且后期几乎不存在因溃疡病而产生死树的现象。因此，对于成都市乃至四川省相似生态区域的猕猴桃种植者来说，若存在由于猕猴桃溃疡病而产生毁园和经济损失等问题，可适当考虑引进该品种，对‘红阳’‘金果’和‘海沃德’等易感病品种进行替换。

3 栽培技术要点

3.1 选址和建园

‘翠玉’猕猴桃果园应选择背风向阳、灌溉方便、排水良好、土层深厚、腐殖质丰富的弱酸性土壤进行建园。栽植株行距 2.5 m×3.0 m，雌雄株配置比例 10∶1，为了方便人工采花授粉，雄株可集中栽植。为避免大风造成破坏性危害，应尽量保护好园区周围的大型树木，有条件的园区可以建设防风林带。建议选择地径 0.6 cm 以上、根系发达、无病虫害的健壮苗木(实生苗或嫁接苗)于当年 12 月至翌年 4 月之前完成栽植。

3.2 整形修剪

1 年生树体管理：在苗木萌芽后及时抹芽，嫁接苗留 2~3 个健壮芽，其他芽及砧木萌蘖尽早抹除；新梢超过 15 cm 时选留 1 个健壮新梢，其余抹除。新梢选定后，在距离植株 10 cm 处插竹竿，牵引新梢向上生长，等植株长到超过架面以上 20~30 cm，且粗度达到 0.5 cm 以上时，在架面下 15~20 cm 处进行打顶，促生 2 个新梢，新梢沿棚架线相反方向引缚培养成主蔓。当主蔓延伸生长到 2 株中间时固定并进行短截，促进主蔓长出更多的新梢。但对主蔓上靠近主干分叉处左右各 40 cm 以内的粗壮枝条进行重短截，以促使营养往末端枝梢流动，以确保主蔓粗细一致，上架树形良好。

2 年生及成龄树体管理：在 12 月至翌年 1 月完成冬季修剪，疏除细弱枝、枯死枝、病虫枝、交叉枝、徒长枝，并对结果母枝进行选留和更新，成龄树单株保留 14~16 个结果母枝，对长结母果枝剪留 8~12 个芽。一般在健壮枝基部有潜伏芽处短截，翌年选一个充实的新梢作为下一年的结果母枝，这样就可以避免结果部位外移和大小年现象发生。夏季修剪主要集中在 5~8 月进行。在主干、主蔓和侧蔓上萌发的位置过密或重叠的芽要及时抹除，在靠近主干附近没有挂果的多余的徒长枝要及时疏除掉。

3.3 肥水管理

'翠玉'猕猴桃幼树期全年以施氮肥尿素为主,配施一定量的钾肥。成年树全年施肥 7~8 次,萌芽前每株施尿素 0.15~0.20 kg;开花前每株施 15:15:15 均衡性复合肥 0.15~0.20 kg,并喷施补充 0.2 %的硼砂以促进花粉管的伸长;膨果肥每株施 17:17:17 均衡全水溶性复合肥 0.1~0.2 kg,间隔 20 d 再施一次;壮果肥每株施 15:5:20 高钾复合肥 0.15~0.25 kg,间隔 20 天再施一次;采果后每株施 15:15:15 均衡性复合肥 0.15~0.25 kg。冬季施基肥,采用条状沟施,每株施用 25 kg 腐熟农家肥、0.20 kg 复合肥和 1 kg 过磷酸钙。

'翠玉'不耐涝也不耐旱,所以夏季防高温干旱是栽培中非常重要的一环,如遇高温干旱要及时灌水,在树盘周围覆盖稻草、麦壳等;雨季要及时排水。由于'翠玉'猕猴桃果实几乎光滑无毛,怕强光直射,如果强光伴随着高温干旱,可引起果实日灼损害,轻则受伤变褐,降低商品价值,重则使果、枝、叶枯萎凋落,可以通过部分覆盖遮阳网和设滴灌或喷灌系统来减轻危害。

3.4 花果管理

'翠玉'猕猴桃萌芽率高、花量大,进行人工授粉后,座果率高,必须进行疏花疏果。先疏除侧花和过密花,授粉后 10~20 d 疏除侧果、过密果和畸形果。一般短果枝留 1~2 个果,中长果枝留 3~4 个果,尽量使保留的果实均匀分布在棚架上,叶果比保持在 8:1左右。为改善外观提高果实品质,可在谢花后 20~40 d 对果实进行浸果和套袋,在套袋前喷 1 次杀虫剂和杀菌剂,待药液干后及时套袋。'翠玉'猕猴桃最佳采收期是可溶性固形物含量在 8.0 %~8.5 %,四川中高海拔地区采收期一般为 10 月上中旬。采收过早,食用品质差,降低商品价值;采收过晚,果实不耐贮藏,降低经济价值。

3.5 病虫害管理

'翠玉'猕猴桃在中高海拔地区种植的适应性和抗病性较强。目前危害该品种的主要害虫为蛾类、金龟子类、介壳虫类,主要病害为根腐病、花腐病、灰霉病、叶斑病、炭疽病等,以及缺素引起的多种症状。对于一般的病虫害应以预防为主,可结合冬季修剪,剪口处涂上杀菌剂,剪除病虫枝、枯枝,彻底清扫果园,集中烧毁,冬季树干涂白,全园喷布 3~5 波美度石硫合剂,铲除越冬菌源及虫源。在生长季节,可交替喷施 70 %吡虫啉水分散粒剂 10 000 倍液、2.5 %高效氯氟氰菊酯微乳剂 750 倍液和 5 %甲氨基阿维菌素苯甲酸盐微乳剂 3 000 倍液,6 %春雷霉素可湿性粉剂 1 500 倍液、10 %苯醚甲环唑水分散粒剂 1 500 倍液、43 %代森锰锌悬浮剂 600 倍液或 45 %咪鲜胺水乳剂 750 倍液等进行防治。

参考文献 References

[1] 钟彩虹,王中炎,卜范文,等. 优质耐贮中华猕猴桃新品种翠玉.中国果树,2002(5):2-5.

[2] 钟彩虹,梁岩,姜正旺,等. 成都市猕猴桃产业化发展现状及对策//黄宏文.猕猴桃研究进展(V).北京:科学出版社,2010:37-42.

[3] 涂美艳,江国良. 四川猕猴桃生产现状、存在问题及建议//黄宏文.猕猴桃研究进展(VI).北京:科学出版社,2011:400-404.

[4] 王明忠. 四川省猕猴桃产业发展的微观思考//黄宏文.猕猴桃研究进展(VII).北京:科学出版社,2014:14-21.

[5] 刘瑶,朱天辉. 四川猕猴桃溃疡病的发生与病原研究.湖北农业科学,2013,52(20):4937-4941.

[6] 胡容平,叶慧丽,夏先全,等. 四川猕猴桃溃疡病发生规律及防控对策.四川农业科技,2016(1):30-31.

The Performances and Cultivation Techniques of 'Cuiyu' Kiwifruit in Chengdu Area

SUI Liyun[1] LIU Xiaomin[2] JIANG Bin[2] ZENG Hua[2]
WANG Ting[1] LIU Lei[1] WU Yongmei[1]

(1 Chengdu Academy of Agriculture and Forestry Sciences Chengdu 611130;
2 Longmenshan Germplasm Repository for Kiwifruit, Chengdu Zhongji Investment Co., Ltd Chengdu 610021)

Abstract In recent years, the kiwifruit cultivar 'Cuiyu' has been introduced into Chengdu areas, Sichuan province. More than 133 hectares were planted in Pengzhou, Pujiang, Dujiangyan, Qionglai, etc. The performances of 'Cuiyu' kiwifruit, including phenological period, adaptability to new environmental condition, resistance to disease (especially the kiwifruit bacterial canker resistance), and the fruit characteristics, have been studied since 2008. Compared to other cultivars, 'Cuiyu' was characterized by high and stable yields with high fruit quality, highly adaptable when planting at mid-and high-elevations (800 to 1300 m) in Chengdu areas. The integrated cultivation techniques for 'Cuiyu' were also concluded and summarized, to provide a basis for its extensive cultivation in Chengdu and other ecologically similar areas.

Key words 'Cuiyu' kiwifruit Performances Cultivation techniques Cultivation

广东猕猴桃种质资源遗传多样性分析

叶婵娟　梁　红

（仲恺农业工程学院生命科学学院　广东　510225）

摘　要　本试验收集了56份栽培于广东省内的猕猴桃品种资源和已驯化的本土野生猕猴桃种质资源，针对其11个数量性状和24个质量性状，用SPSS 19.0软件进行主成分分析和聚类分析，同时对数量性状进行ANOVA分析，并对质量性状进行变异系数分析；此外，利用16个ISSR分子标记对上述种质资源进行遗传多样性分析。结果表明：猕猴桃形态数量性状的AVOVA分析表明猕猴桃形态性状具有较大的差异性，且野生猕猴桃与栽培猕猴桃之间的差异大于猕猴桃雌雄植株之间的差异。质量性状变异系数分析表明猕猴桃果实性状存在较大差异。基于形态数据的主成分分析结果表明：野生猕猴桃的主成分变化范围大于栽培猕猴桃，且存在分化现象，与基于ISSR分子标记的主成分分析结果一致；16个ISSR分子标记共扩增出211个位点，其中多态性位点数为152个，多态性位点百分率（P_{PB}）为72.04 %。观测等位基因数（N_a）为1.71、有效等位基因数（N_e）为1.37、Nei's基因多样性指数（H）为0.22、Shannon's信息指数（I）为0.34、PIC值为0.87，说明广东省猕猴桃种质资源具有较丰富的遗传多样性，有进一步开发利用的前景。

关键词　广东猕猴桃　ISSR分子标记　形态性状　遗传多样性

广东省境内分布着丰富的野生猕猴桃资源，调查显示省内分布19种以上的野生猕猴桃，仅在南岭国家级自然保护区就有15个野生种分布（邢福武，2011）。这些野生猕猴桃种质，是华南地区猕猴桃新品种选育的重要资源保障。和平县是广东省猕猴桃主产区和最大的生产基地（杨曼倩 等，2003）。虽然广东省的猕猴桃产量位居全国第九，只占全国总产量的2.3 %（Ferguson，2014），但由于广东独特的农业生态条件，同品种猕猴桃比内地早成熟一个月左右，加上毗邻港澳和珠三角的区位优势，粤产猕猴桃具有较强的市场竞争力。在仲恺农业工程学院与和平县水果研究所合作建设的猕猴桃种质资源圃中，栽植的猕猴桃种质资源是经过两代人花费数十年收集的，已成为我国南方猕猴桃产业的特色育种材料。近三十多年来，林太宏、梁红和刘忠平等人为了扩大猕猴桃资源库，对全国的主要猕猴桃分布区和产区进行了资源调查和收集，先后从国内外引进一百多份猕猴桃种质资源进行南方高温驯化，淘汰掉了一大部分的不适应南方气候条件的材料，留存下五十多份能够适应南方气候，并能正常开花结果的种质资源（梁红，2002；林太宏，1989）。南方的高温条件一直是影响广东省猕猴桃开花结果和商业推广的瓶颈，目前留存的种质材料均适应了广东产区高湿高热环境，并已经育成了一批商业化栽培的品种。这些种质材料能为选育适应华南地区的猕猴桃新品种提供丰富的原始材料。

形态特征是研究表型多样性最早且最直接使用的方法，由于可用的形态标记有限，单一的形态标记已经逐渐被分子标记与形态标记相结合的标记方法取代（邹游 等，2008），其发展和应用也为猕猴桃研究提供了一条更为有效的途径。分子标记常常被用于猕猴桃系谱分析与品种，品系鉴定、性别鉴定、染色体起源分析、胞-质遗传与系统发育研究、遗传多样性研究和分子遗传图谱构建等（Gu et al.，2014）。陈延惠等（2003）应用RAPD分子标记的方法、杨妙贤等（2008）应用SSR分子标记对猕猴桃分子遗传多样性进行分析，表明猕猴桃具体高度的多态性。贾兵等（2005）用RAPD猕猴桃种质资源进行了分析，刘亚令等（2006）分析了猕猴桃自然居群中 SSR 遗传变异的空间自相关分析,刘亚令等(2008)还用 RAPD 技术分析了彩色猕猴桃与美味猕猴桃的遗传差异,结果表明彩色猕猴桃和美味猕猴桃有复杂的遗传关系。邹游等(2008)用 ISSR 标记对 14 种猕猴桃进行了分析,结果表明 ISSR 分子标记能够用于猕猴桃种质资源的分类、鉴定以及良种选育。随着猕猴桃全基因组测序的完成(Huang et al.,2013),应用于猕猴桃遗传多样性和种间(或种内)关系分析的分子标记将会越来越多。

广东省猕猴桃种质资源形态特征和遗传多样性的研究,对资源深度开发和地方特色品种选育有重要的指导意义,也是必要的基础条件。为了有效地保护和开发广东猕猴桃种质资源,需要系统地整理和分析其遗传背景、遗传多样性和亲缘关系。通过对广东省现有的猕猴桃种(品种)的表型性状进行观察记录并进行聚类分析,并与 ISSR 分子标记及聚类相结合,研究广东省的猕猴桃资源的遗传多态性,对于猕猴桃种质资源的鉴别、评价和有效保育,对于提高猕猴桃选育种效率、缩短育种年限和资源深度开发均具有重要的意义,也是广东猕猴桃产业优化升级的资源保障。

1 材料与方法

1.1 实验材料

本研究的试验材料均来源于广东省河源市和平县猕猴桃种质资源圃,包括野生中华猕猴桃、金花猕猴桃和‘雷公山’美味猕猴桃,广东选育的‘和平 1 号’美味猕猴桃、‘和平红阳’中华猕猴桃、‘和雄 1 号’中华猕猴桃和‘新 1 号’中华猕猴桃,以及从国内外引进的栽培品种。它们经过多年驯化栽培,均适应了当地的气候环境,且能够正常开花结果。材料编号见表 1。

表 1 实验材料名称及编号

Table 1 Origin and serial number of plant materials

编号(No.)	种名(species)	学名(scientific name)	来源 (origin)
1	徐香♀	*A. deliciosa* ‘Xuxiang’, F	徐州 (Xuzhou)
2	红阳♀	*A. chinensis* ‘Hongyang’, F	苍溪 (Changxi)
3	和平红阳♀	*A. chinensis* ‘Heping Hongyang’, F	和平 (Heping)
4	和雄 1 号♂	*A. chinensis* ‘Hexiong’, M	和平 (Heping)
5	H16A♂	*A. chinensis* ‘Hort16A seedling’, M	实生苗 (Seedling)
6	H16A♀	*A. chinensis* ‘Hort16A seedling’, F	实生苗 (Seedling)
7	金丰♀	*A. chinensis* ‘Jinfeng’, F	神农架 (Shennongjia)
8	海艳♂	*A. deliciosa* ‘Haiyan’, M	海门 (Haimen)
9	海艳♀	*A. deliciosa* ‘Haiyan’, F	海门 (Haimen)
10	武植 6 号♀	*A. chinensis*‘Wuzhi No.6’, F	武汉 (Wuhan)
11	武植 3 号♀	*A. chinensis* ‘Wuzhi No.3’, F	武汉 (Wuhan)
12	武植 5 号♀	*A. chinensis*‘Wuzhi No.5’, F	武汉 (Wuhan)
13	合水黄肉♀	*A. chinensis* ‘Heshui’, F	和平 (Heping)
14	金艳♀	*A. chinensis*‘Jingyan’, F	武汉 (Wuhan)
15	金艳♂	*A. chinensis* ‘Jingyan’, M	武汉 (Wuhan)
16	奉雄♂	*A. chinensis* ‘Fengxiong’, M	奉新 (Fengxin)
17	米良 1 号♀	*A. deliciosa* ‘Miliang No.1’, F	湘西 (Xiangxi)
18	金花 1♀	*A. chrysantha* a, F	南岭 (Nanling)

续表

编号(No.)	种名(species)	学名(scientific name)	来源(origin)
19	金花 2♀	*A. chrysantha* b, F	南岭(Nanling)
20	金花 3♀	*A. chrysantha* c, F	南岭(Nanling)
21	金花 4♀	*A. chrysantha* d, F	南岭(Nanling)
22	和平 1 号♀	*A. deliciosa* 'Heping No.1', F	和平(Heping)
23	早鲜♀	*A. chinensis* 'Zaoxian', F	南昌(Nanchang)
24	红阳♂	*A. chinensis* 'Hongyang', M	苍溪(Changxi)
25	金花 B♂	*A. chrysantha* B, M	南岭(Nanling)
26	黄肉早鲜♀	*A. chinensis* 'Zaoxian (Yellow)', F	和平(Heping)
27	新 1 号♀	*A. chinensis* 'New No.1', F	和平(Heping)
28	H16A 大果♀	*A. chinensis* 'Hort16A seedling', F	实生苗(Seedling)
29	新 1 号选♀	*A. chinensis* 'New No.1', F	和平(Heping)
30	帮增♂	*A. chinensis* 'Bangzeng', M	和平(Heping)
31	金花♂	*A. chrysantha*, M	南岭(Nanling)
32	金花 5♀	*A. chrysantha* e, F	南岭(Nanling
33	和平 1 号 25GY♀	*A. deliciosa* 'Heping No.1 (25GY)', F	和平(Heping)
34	武植 3 号 25GY♀	*A. chinensis* 'Wuzhi No.3 (25GY)', F	武汉(Wuhan
35	红阳 25GY♀	*A. chinensis* 'Hongyang (25GY)', F	苍溪(Changxi)
36	红阳 50GY♀	*A. chinensis* 'Hongyang (50GY)', F	苍溪(Changxi)
37	雷公山♀	*A. deliciosa* 'Leigongshan', F	贵州(Guizhou)
38	楚红♀	*A. chinensis* 'Chuhong', F	武汉(Wuhan)
39	13 号♂	*A. chinensis* 'No.13', M	和平(Heping)
40	翠玉♀	*A. chinensis* 'Cuiyu', F	隆回(Longhui)
41	朝霞♂	*A. chinensis* 'Zhaoxia', M	和平(Heping)
42	武雄♂	*A. chinensis* 'Wuxiong', M	武汉(Wuhan)
43	中华 a♂	*A. chinensis* Planch. a, M	南岭(Nanling)
44	中华 b♀	*A. chinensis* Planch. b, F	南岭(Nanling)
45	中华 c♀	*A. chinensis* Planch. c, F	南岭(Nanling)
46	中华 d♂	*A. chinensis* Planch. d, M	南岭(Nanling)
47	中华 e♀	*A. chinensis* Planch. e, F	南岭(Nanling)
48	中华 f♀	*A. chinensis* Planch. f, F	南岭(Nanling)
49	中华 g♂	*A. chinensis* Planch. g, M	南岭(Nanling)
50	中华 h♀	*A. chinensis* Planch. h, F	南岭(Nanling)
51	中华 i♂	*A. chinensis* Planch. i, M	南岭(Nanling)
52	中华 j♂	*A. chinensis* Planch. j, M	南岭(Nanling)
53	中华 k♀	*A. chinensis* Planch. k, F	南岭(Nanling)
54	中华 l♂	*A. chinensis* Planch. l, M	南岭(Nanling)
55	中华 m♀	*A. chinensis* Planch. m, F	南岭(Nanling)
56	中华 n♂	*A. chinensis* Planch. n, M	南岭(Nanling

注:F 代表 female;M 代表 male。

Note:F means female;M means male.

1.2 形态性状观察

观测的质量性状及赋值见表 2,测量的数量性状见表 3。

表 2 猕猴桃种质资源质量性状赋值

Table 2 Code designed for qualitative traits in *Actinidia*

质量性状(qualitative traits)	形状赋值(shape code)
叶片形状	披针形 1;心形兼阔卵形 2
叶柄颜色	黄绿色 1;红棕色 2
叶柄毛状体	无毛 1;密短绒毛 2
叶腹面颜色	墨绿色 1
叶腹面毛状体	无毛 1;有毛 2
叶背面颜色	黄绿色 1;青绿色 2
叶背面毛状体	无毛 1;密短绒毛 2
叶顶端	锐尖 1;锐尖、钝尖或凹陷 2
叶质	革质 1;半革质 2;纸质 3
叶脉毛状体	无毛 1;有毛 2
茎髓片层颜色	白色 1
髓心	实心 1
一年生枝条毛状体	无毛 1;有毛 2
一年生枝条毛状体颜色	黄色 1;锈色 2;棕色 3
一年生枝条皮孔密集度	密集 1;较稀疏 2;稀疏 3
一年生枝条皮孔形态	条形 1;长椭圆形 2;椭圆形 3;条形兼椭圆 4;长椭圆兼椭圆 5;椭圆兼圆形 6
生茎颜色	青棕色 1;棕色 2;棕黄色 3;红棕色 4;青褐色 5;绿褐色 6;灰褐色 7
二年生茎颜色	深棕色 1;褐色 2;深褐色 3
果实形状	圆锥形 1;长圆锥形 2;椭圆形 3;长椭圆形 4;长椭圆或扁椭圆 5;短圆柱形 6;圆柱形 7;长圆柱形 8;倒卵形 9;卵圆形 10
果皮颜色	绿至褐绿 1;绿褐色 2;棕褐色 3;深棕色 4;深褐色 5
果肉颜色	绿色 1;黄绿色 2;果心红色 3;黄色 4;黄至金黄 5
果实顶部	突起 1;平 2;凹陷 3
果蒂	微凸 1;平 2;微凹 3
果皮表皮毛	无毛 1;短绒毛 2;长硬毛 3

表 3 数量性状

Table 3 The quantitative characterizations

数量性状(quantitative traits)		单位(unit)
叶片(leaf)	叶柄长度	cm
	叶子长	cm
	叶子宽	cm
	叶柄直径	mm
茎(stem)	茎节长	cm

续表

数量性状(quantitative traits)		单位(unit)
果实(fruit)	果实长	mm
	果实宽	mm
	果实高	mm
	果柄直径	mm
	果柄长度	mm
	果实重量	g

1.3 ISSR 分子标记

1.3.1 基因组 DNA 提取

将带幼叶的嫩枝条剪下后放入冰袋中,当天运回广州实验室-70 ℃超低温冰箱中储存备用。总 DNA 提取以幼叶为材料,参照叶婵娟等(2013)介绍的 SDS 改良方法进行。

1.3.2 ISSR PCR 扩增

用 16 个 ISSR 引物(表 4)分别对 DNA 样品进行 PCR 扩增,采用 25μl 反应体系(表 5),扩增反应程序按表 6 进行。

表 4 引物序列及退火温度

Table 4 Sequences and annealing temperature of primers

引物名称(primer names)	序列(5′to3′)(primer sequences)	碱基数(No. of base)
UBC807	AGAGAGAGAGAGAGAGT	17
UBC810	GAGAGAGAGAGAGAGAT	17
UBC811	GAGAGAGAGAGAGAGAC	17
UBC812	GAGAGAGAGAGAGAGAA	17
UBC817	CACACACACACACACAA	17
UBC818	CACACACACACACACAG	17
UBC835	AGAGAGAGAGAGAGAGCC	18
UBC842	GAGAGAGAGAGAGAGACG	18
UBC847	CACACACACACACACAAC	18
UBC825	ACACACACACACACACT	17
UBC826	ACACACACACACACACC	17
UBC840	GAGAGAGAGAGAGAGAYT	18
UBC844	CTCTCTCTCTCTCTCTRC	18
UBC855	ACACACACACACACACYT	18
UBC880	GGAGAGGAGAGGAGA	15
UBC881	GGGTGGGGTGGGGTG	15

表 5 PCR 反应体系

Table 5 The reagents of PCR reaction

试剂名称(reagent)	试剂量/μl(reagents volume)	试剂名称(reagent)	试剂量/μl(reagents volume)
10× Taq Buffer	2.5	引物	0.5
$MgCl_2$(25 mm)	1.5	模板 DNA	0.5
dNTPs (10 mm)	1.0	dd H_2O	18.5
Taq polymerase	0.5	总体积(total)	25.0

表 6　PCR 反应程序

Table 6　The program of PCR

程序步骤(the procedures of program)	温度/℃(temperature)	时间(time)
步骤 1:初始变性	94	5 min
步骤 2:变性	94	45 s
步骤 3:退火	50	30 s
步骤 4:延伸	72	50 s
步骤 5:循环	返回步骤 2,35 循环	
步骤 6:最后延伸	72	10 min

1.4　数据处理及聚类分析

以来自广东省和平县的猕猴桃种质资源为材料,对猕猴桃植株主要的形态特征进行观察和测量。用 SPSS 19.0 软件对获得的数据进行主成分分析和聚类分析,对数量性状进行 ANOVA 分析,用 Excel 对质量性状进行变异系数(CV)分析;通过以上分析,研究广东猕猴桃种质资源表型的遗传多样性。

根据 ISSR 扩增产物电泳图谱的带型分布,在重复扩增中选择清晰、重复性好、分辨率高的条带用于分析。将每一引物在所有样品扩增出的每一条多态性 DNA 谱带位置作为一个位点,有带者记为 1,无带或不清晰不稳定者则记为 0,构建数据矩阵。并根据此矩阵图计算多态位点百分数和多态信息含量;用 POPGENE 软件计算等位基因数(number of alleles, $N_a = \sum_{i=1}^{n} \frac{p_i}{n}$,式中:$p_i$ 表示第 i 个位点上和等位基因数;n 表示所测定的位点总数)、有效等位基因数(number of effective alleles,$N_e = \sum_{i=1}^{n} \frac{1}{\sum_{j=1}^{m} p_{ij}^2}$,式中:$p_{ij}$ 表示第 i 个位点上第 j 个等位变异的频率;n 表示所测定的位点的总数;m 表示第 i 个位点变异总数)、Nei's 基因多样性指数(Nei's genetic diversity index,$H = \sum_{i=1}^{n} \frac{H_i}{n} = \frac{\left(1 - \sum_{j=1}^{m_i} q_{ij}^2\right)}{n}$,式中:$H_i$ 表示第 i 个位点的预期杂合度;n 表示所测定位点的总数;q_{ij} 表示第 i 个位点上第 j 个等位基因纯合基因型频率;m_i 表示第 i 个位点上所测定的等位基因总数)、Shannon's 指数(Shannon's information index,$I = -\sum_{i=1}^{n} p_i \log_2 p_i$,式中:$p_i$ 表示第 i 个等位变异存在的频率,n 表示等位变异总数)。多态性位点百分率 $P_{PB} = N_e / N_a$。利用 Picalc 软件计算位点的多态信息含量(polymorphism information content, PIC 值 $= 1 - \sum_{i=1}^{n} p_i^2 - \sum_{j=1}^{n} 2p_i^2 p_j^2$,式中:$p_i$ 是第 i 个等位基因的频率;p_j 是第 j 个等位基因的频率;n 是等位基因数);用 SPSS 19.0 软件进行主成分分析;用 NTSYS 2.10 软件根据居群内 Nei's 遗传一致度进行聚类分析。

2　结果与分析

2.1　形态性状多样性分析

2.1.1　数量性状分析

将上述猕猴桃种质资源分成栽培品种和野生种两个组别进行 ANOVA 分析,结果见表 7。

除了叶柄直径外，其他数量性状差异均为显著($p \leqslant 0.05$)；叶长、叶宽、叶柄长度、果实长、果实重量等 8 个数量性状差异均为极显著($p \leqslant 0.01$)。表明栽培品种猕猴桃和野生种猕猴桃之间叶片形状及大小、果实形状及大小和茎节长度等数量性状上有明显的差异。

表 7 广东栽培猕猴桃和野生猕猴桃之间 ANOVA 分析

Table 7 The ANOVA analysis between cultivated and wild germplasm resources of *Actinidia* in Guangdong

数量性状 (quantitative traits)		平方和 (sum of squares)	df	均方 (mean square)	*F* 值 (*F* value)	显著性 (significance)
叶片长/cm	组间	24.81	1	24.81	7.25	0.01
	组内	184.78	54	3.42	—	—
	总数	209.59	55	—	—	—
叶片宽/cm	组间	113.90	1	113.90	19.76	0.00
	组内	311.24	54	5.76	—	—
	总数	425.13	55	—	—	—
叶柄直径/mm	组间	2.08	1	2.08	2.78	0.10
	组内	40.31	54	0.75	—	—
	总数	42.39	55	—	—	—
叶柄长度/cm	组间	46.68	1	46.68	10.10	0.00
	组内	249.69	54	4.62	—	—
	总数	296.37	55	—	—	—
茎节长/cm	组间	13.46	1	13.46	6.86	0.01
	组内	105.91	54	1.96	—	—
	总数	119.37	55	—	—	—
果实长/mm	组间	6 013.27	1	6 013.27	8.99	0.00
	组内	36 119.35	54	668.88	—	—
	总数	42 132.62	55	—	—	—
果实宽/mm	组间	2 859.21	1	2 859.21	6.81	0.01
	组内	22 668.42	54	419.79	—	—
	总数	25 527.63	55	—	—	—
果实高/mm	组间	2 532.59	1	2 532.59	6.45	0.01
	组内	21 218.93	54	392.94	—	—
	总数	23 751.53	55	—	—	—
果实重量/g	组间	21 360.79	1	21 360.80	17.11	0.00
	组内	67 411.40	54	1 248.36	—	—
	总数	88 772.19	55	—	—	—
果柄直径/mm	组间	11.01	1	11.01	5.64	0.02
	组内	105.37	54	1.95	—	—
	总数	116.38	55	—	—	—
果柄长度/mm	组间	1 387.22	1	1 387.22	6.06	0.02
	组内	12 363.40	54	228.95	—	—
	总数	13 750.62	55	—	—	—

将上述猕猴桃种质资源分成野生猕猴桃雌株、野生猕猴桃雄株、栽培品种猕猴桃雌株、栽培品种猕猴桃雄株四个组别进行 ANOVA 分析,结果如表 8 所示。由于雄株猕猴桃没有果实,其果实相关的数量性状分析结果均为 0,而其他数量性状差异均为显著($p \leqslant 0.05$),叶宽和叶柄长度是极显著($p \leqslant 0.01$),说明猕猴桃雌株与猕猴桃雄株之间也存在较大的差异。与叶片相关的性状当中,野生猕猴桃与栽培品种猕猴桃的 ANOVA 结果中有 4 个性状是极显著($P \leqslant 0.01$),按照雌雄株分组的分析结果中,只有 2 个性状极显著,说明野生猕猴桃与栽培品种猕猴桃的差异比雌雄株猕猴桃之间的差异大。

表 8　广东野生猕猴桃雌株、野生猕猴桃雄株、栽培猕猴桃雌株、栽培猕猴桃雄株之间的 ANOVA 分析

Table 8　The ANOVA analysis among wild female, wild male, cultivated female and cultivated male of *Actinidia* in Guangdong

数量性状 (quantitative traits)		平方和 (sum of squares)	df	均方 (mean square)	*F* 值 (*F* value)	显著性 (significance)
叶片长/cm	组间	31.96	3	10.65	3.12	0.03
	组内	177.63	52	3.42	—	—
	总数	209.59	55	—	—	—
叶子宽/cm	组间	121.25	3	40.42	6.92	0.00
	组内	303.88	52	5.84	—	—
	总数	425.13	55	—	—	—
叶柄直径/mm	组间	6.23	3	2.08	2.99	0.04
	组内	36.17	52	0.70	—	—
	总数	42.39	55	—	—	—
叶柄长度/cm	组间	55.39	3	18.46	3.98	0.01
	组内	240.98	52	4.63	—	—
	总数	296.37	55	—	—	—
茎节长/cm	组间	19.73	3	6.58	3.43	0.02
	组内	99.64	52	1.92	—	—
	总数	119.37	55	—	—	—
果实长/mm	组间	37 246.96	3	12 415.65	132.15	0.00
	组内	4 885.66	52	93.96	—	—
	总数	42 132.62	55	—	—	—
果实宽/mm	组间	22 925.34	3	7 641.78	152.70	0.00
	组内	2 602.30	52	50.04	—	—
	总数	25 527.63	55	—	—	—
果实高/mm	组间	21 287.94	3	7 095.98	149.78	0.00
	组内	2 463.59	52	47.38	—	—
	总数	23 751.53	55	—	—	—
果实重量/g	组间	65 717.35	3	21 905.78	49.41	0.00
	组内	23 054.84	52	443.36	—	—
	总数	88 772.19	55	—	—	—

续表

数量性状 (quantitative traits)		平方和 (sum of squares)	df	均方 (mean square)	F 值 (F value)	显著性 (significance)
果柄直径/mm	组间	78.34	3	26.11	35.69	0.00
	组内	38.04	52	0.73	—	—
	总数	116.38	55	—	—	—
果柄长度/mm	组间	10 006.31	3	3 335.44	46.32	0.00
	组内	3 744.31	52	72.01	—	—
	总数	13 750.62	55	—	—	—

2.1.2 质量性状分析

广东猕猴桃种质之间若干质量性状的变异系数分析的结果见表 9。其中髓心、茎髓片层颜色及叶片的腹面颜色的变异系数为 0,说明没有差异;变异系数最大的是果实相关的质量性状,说明广东猕猴桃种质资源之间果实的差异较大,而叶片相关的质量性状的变异系数相对较小,则说明不同种质之间叶片的差异较小。

表 9 广东猕猴桃种质资源质量性状的变异系数

Table 9 The coefficient of variance of qualitative traits of germplasm resources of *Actinidia* in Guangdong

质量性状(qualitative traits)	变异系数/%(CV)	质量性状(qualitative traits)	变异系数/%(CV)
叶片形状	0.18	一年生枝条毛状体	0.20
叶柄颜色	0.33	一年生枝条毛状体颜色	0.66
叶柄毛状体	0.18	一年生枝条皮孔密集程度	0.26
腹面颜色	0.00	一年生枝条皮孔形态	0.38
腹面毛状体	0.18	一年生茎颜色	0.55
叶背面颜色	0.30	二年生茎颜色	0.37
叶背面毛状体	0.18	果实形状	0.91
叶顶端	0.18	果皮颜色	1.01
叶质	0.50	果肉颜色	1.12
叶脉毛状体	0.18	果实顶部	0.93
茎髓片层颜色	0.00	果蒂	0.85
髓心	0.00	果皮表皮毛	0.87

2.1.3 形态性状主成分分析

广东猕猴桃种质资源主成分分析如图 1 和图 2 所示,主成分分析将所有的广东猕猴桃种质资源分成了雌株和雄株两个类别,猕猴桃雌株的主成分结果显示野生种雌株猕猴桃和栽培品种的雌株猕猴桃出现分化,野生雌株的主成分变化范围远远大于栽培品种雌株;猕猴桃雄株的主成分结果也表明野生雄株的主成分变化范围比栽培品种高,变异范围较广。总的来说,野生猕猴桃的主成分变化范围大于栽培品种猕猴桃,且存在分化现象。

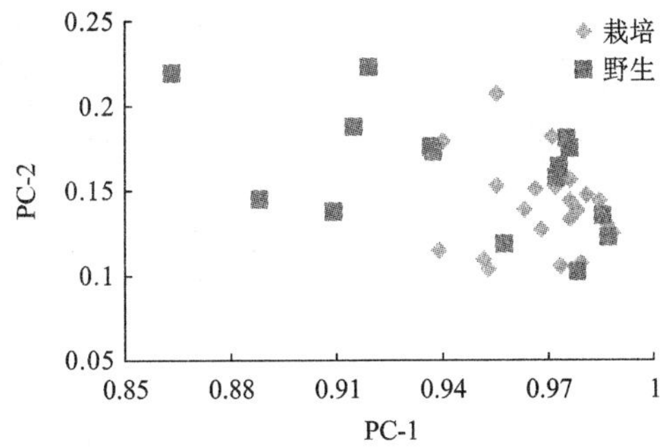

图 1 广东猕猴桃种质资源雌株的主成分分布图

Fig. 1 Principal component plots for the female germplasm resources of *Actinidia* in Guangdong

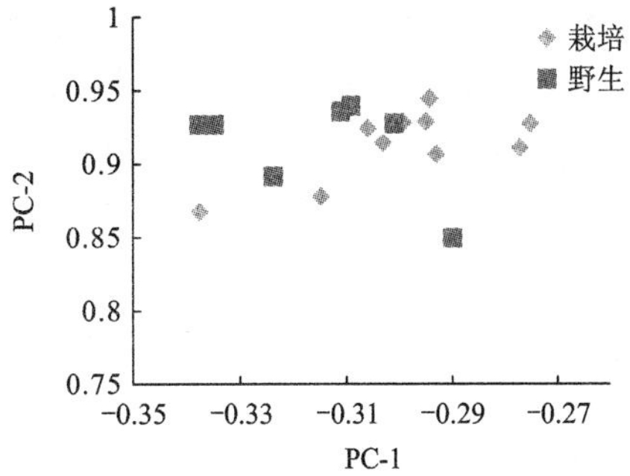

图 2 广东猕猴桃种质资源雄株的主成分分布图

Fig. 2 Principal component plots for the male germplasm resources of *Actinidia* in Guangdong

2.1.4 形态性状聚类分析

广东猕猴桃种质资源雄株基于形态性状的聚类分析结果如图 3 所示，主要聚为两大类。野生金花猕猴桃聚为一类，两个聚为一类的野生金花猕猴桃之间存在一定的遗传距离，约在 3 左右。其他的猕猴桃聚为另一类，这一类猕猴桃与金花猕猴桃的遗传距离为 25，说明金花猕猴桃与中华猕猴桃的遗传距离较大。中华猕猴桃并未能完全地分成野生中华猕猴桃与中华栽培猕猴桃，中华栽培猕猴桃与美味栽培猕猴桃可聚为一类，说明它们之间存在基因渗透现象。

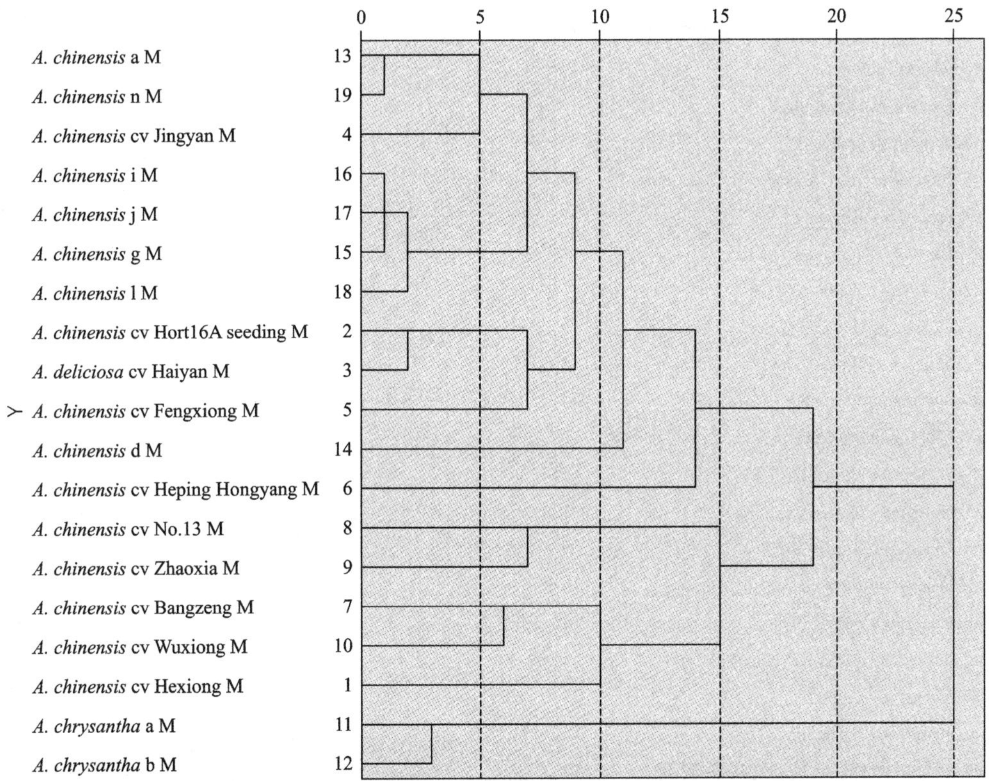

图 3 基于形态性状数据的广东猕猴桃种质资源雄株聚类图

Fig. 3 UPGMA dendrogram of the male germplasm resources of *Actinidia* in Guangdong based on morphological traits data

注：左边第一列为猕猴桃样品拉丁学名，第二列为猕猴桃样品编号，下同。

Note: The first column on the left as the Latin name of the sample, the second column as the number of the sample, the same as follow.

广东猕猴桃种质资源雌株基于形态性状的聚类分析结果如图 4 所示，主要分为四大类。一类是野生金花猕猴桃为主，包括一个野生美味猕猴桃种质雷公山；另外三类均以中华栽培品种猕猴桃为主。所有的野生中华猕猴桃没有聚为一类，而是分布到另外三个类群里，说明中华

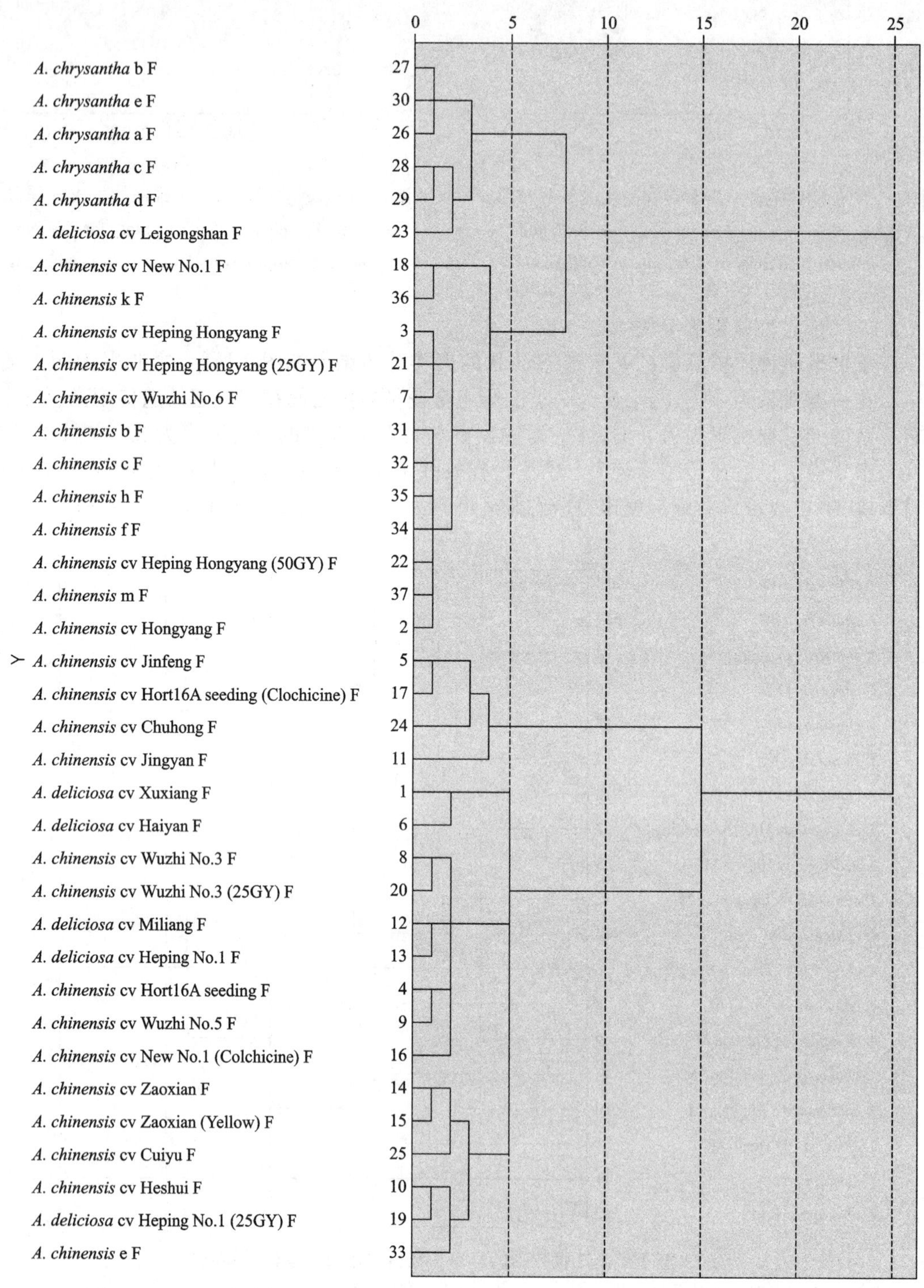

图 4　基于形态性状数据的广东猕猴桃雌株种质资源聚类图

Fig. 4　UPGMA dendrogram of the female germplasm resources of *Actinidia* in Guangdong based on morphological traits data

猕猴桃栽培品种与野生中华猕猴桃亲缘关系较为接近。其他的几个美味栽培品种猕猴桃也没有聚为一类,而是与其他的中华栽培品种猕猴桃聚为一类,说明美味猕猴桃栽培品种与中华猕猴桃栽培品种之间的差异较小。

广东猕猴桃种质资源基于形态性状的聚类分析结果如图 5 所示,遗传距离均较小,主要聚成两大类:一类是猕猴桃雄株;一类是猕猴桃雌株。猕猴桃雌株中又大致分成了野生猕猴桃和栽培品种猕猴桃两大类,其中野生金花猕猴桃聚为一小类,野生中华猕猴桃没有完全聚为一小类,其间还包括有中华猕猴桃栽培品种,说明中华猕猴桃栽培品种与野生中华猕猴桃的遗传距离更为接近。

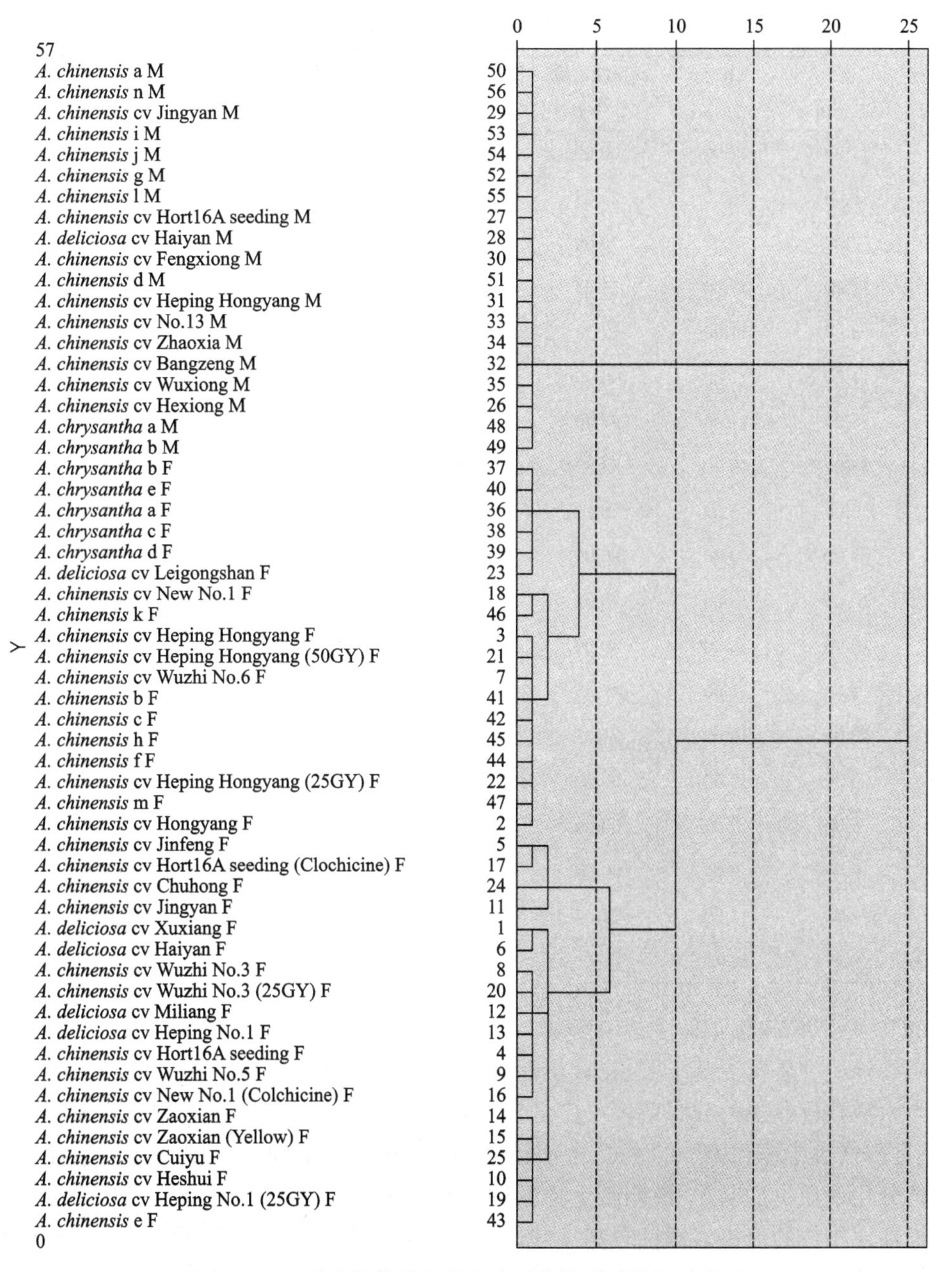

图 5　基于形态性状数据的广东猕猴桃种质资源聚类图

Fig. 5　UPGMA dendrogram of the germplasm resources of *Actinidia* in Guangdong based on morphological traits data

2.2 广东猕猴桃ISSR分子标记遗传多样性分析

2.2.1 ISSR分子标记多样性指数分析

利用筛选出的16条ISSR引物对56份猕猴桃种质材料进行PCR扩增和遗传多样性分析,实验结果见表10。这16条引物共扩增出211个位点(DNA带),其中多态性位点数为152个,多态性位点百分率(P_{PB})为72.04 %。根据上述数据计算出观测的等位基因数(N_a)为1.71、有效等位基因数(N_e)为1.37、Nei's基因多样性指数(H)为0.22、Shannon's信息指数(I)为0.34,PIC值为0.87。这些结果说明,广东猕猴桃种质资源具有较为丰富的遗传多样性。

表10 广东猕猴桃种质资源遗传多样性分析

Table 10 The genetic diversity analysis of different germplasm resources of *Actinidia* in Guangdong

引物(primers)	多态性位点(PI)	总位点(total loci)	多态性位点百分率P_{PB}	观测等位基因数N_a	有效等位基因数N_e	Nei's遗传多样性指数H	Shannon's指数I	多态性信息量(PIC)
UBC807	17.00	17.00	100.00	2.00	1.57	0.35	0.53	0.92
UBC810	3.00	13.00	23.08	1.23	1.12	0.07	0.11	0.91
UBC811	7.00	10.00	70.00	1.70	1.29	0.18	0.28	0.83
UBC812	11.00	15.00	73.33	1.73	1.32	0.21	0.33	0.89
UBC817	8.00	11.00	72.73	1.73	1.36	0.23	0.35	0.87
UBC818	11.00	11.00	100.00	2.00	1.47	0.29	0.45	0.82
UBC835	8.00	11.00	72.73	1.73	1.36	0.24	0.37	0.87
UBC842	15.00	18.00	83.33	1.83	1.49	0.28	0.42	0.92
UBC847	6.00	13.00	46.15	1.46	1.37	0.20	0.29	0.91
UBC825	8.00	10.00	80.00	1.80	1.38	0.24	0.36	0.84
UBC826	10.00	13.00	76.92	1.77	1.35	0.22	0.35	0.87
UBC840	12.00	15.00	80.00	1.80	1.55	0.31	0.46	0.92
UBC844	5.00	11.00	45.45	1.45	1.22	0.12	0.19	0.88
UBC855	10.00	14.00	71.43	1.71	1.31	0.19	0.29	0.85
UBC880	6.00	10.00	60.00	1.60	1.32	0.18	0.28	0.85
UBC881	6.00	10.00	60.00	1.60	1.18	0.11	0.19	0.83
UBC889	9.00	9.00	100.00	2.00	1.64	0.35	0.52	0.85
平均(mean)	152.00	211.00	72.04	29.15	23.31	3.79	5.77	14.83
标准差(SD)	8.94	12.41	—	1.71	1.37	0.22	0.34	0.87

2.2.2 基于ISSR标记的主成分分析

广东猕猴桃种质资源基于ISSR分子标记的主成分分析结果如图6所示。主成分分析结果显示野生猕猴桃雌株的分布范围最广,野生猕猴桃雄株次之,栽培品种猕猴桃雄株的分布范围最小,且猕猴桃雄株和雌株的主成分分析均出现分化。野生种猕猴桃与栽培品种猕猴桃雌株之间的分化现象更加明显,说明野生猕猴桃具有更丰富的遗传多样性,且野生猕猴桃雌株的遗传多样性比雄株的遗传多样性较高。栽培品种猕猴桃的遗传多样性较小,其中栽培品种猕猴桃雄株的遗传多样性最小。野生猕猴桃与栽培品种猕猴桃之间的差异要高于其同一组内的雌雄间差异,而猕猴桃雄株和猕猴桃雌株的遗传多样性表现出较大的差异。

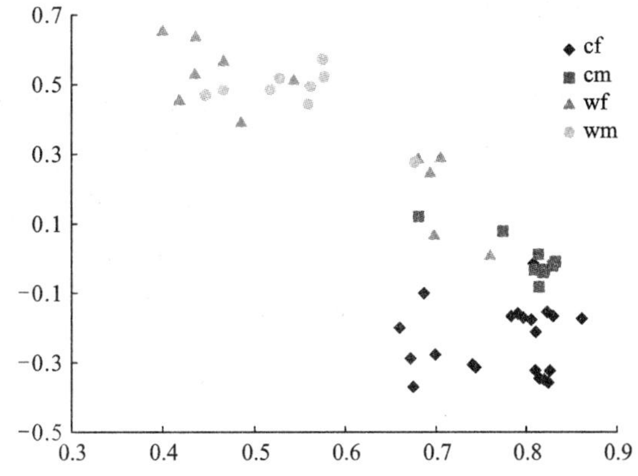

图 6　广东猕猴桃种质资源基于 ISSR 的主坐标分布图

Fig. 6　Principal component plots for the a germplasm resources of *Actinidia* in Guangdong based on ISSR molecular markers

注:cf 为栽培品种雌株;cm 为栽培品种雄株;wf 为野生雌株;wm 为野生雄株。

Note:cf means cultivated female, cm means cultivated male, wf means wild female, wm means wild male.

2.2.3　基于 ISSR 分子标记的聚类分析

广东猕猴桃种质资源基于 ISSR 分子标记的聚类分析结果如图 7 所示。主要将 56 份种质资源聚成四大类:所有野生金花猕猴桃雌株聚为一类;野生中华猕猴桃雄株聚为一类;栽培品种猕猴桃雄株、野生中华猕猴桃雌株及个别雌株栽培品种猕猴桃聚为一类;大多数的栽培品种猕猴桃雌株聚为一类。野生金花猕猴桃与野生中华猕猴桃之间具有较大的遗传距离,说明这两种野生猕猴桃具有较高的遗传多样性;另外,聚类结果并没有完全将中华栽培品种猕猴桃与美味栽培品种猕猴桃分成两大类,所有的金花猕猴桃与中华猕猴桃也没有各自聚为一类,说明猕猴桃不同种之间可能存在一定的基因渗透。

3　讨论

关于中华猕猴桃和美味猕猴桃间亲缘关系的研究,熊治廷(1991)基于把毛花猕猴桃作为外类群对中华猕猴桃与美味猕猴桃的形态特征和染色体数目进行分支分析的结果,认为它们属于同一物种复合体的两个近缘物种;李瑞高等人 1996 年研究了绿果猕猴桃的形态特征和地理分布,认为绿果猕猴桃很有可能是中华猕猴桃和美味猕猴桃自然杂交的后代,并且还在不断地分化中(何子灿 等,2000)。由此表明,中华猕猴桃与美味猕猴桃有着非常近的亲缘关系,所以本研究中中华猕猴桃栽培品种和美味猕猴桃栽培品种的聚类分析中聚到了一类。在聚类分析中,栽培品种猕猴桃多与野生中华猕猴桃聚为一类,说明大部分的栽培品种猕猴桃是由野生中华猕猴桃选育驯化而来的。聚类分析和主成分分析皆表明了野生种猕猴桃与栽培品种之间差异较大,这与陈晓玲等(2008)的研究结果一致。在数量性状和质量性状分析的结果表明猕猴桃的叶片形态和果实形态都存在着较高的多态性,这也与陈晓玲等(2008)、黄宏文等(2000)的相关报道一致。

猕猴桃属植物普遍存在自发的种间杂交和种内多倍化现象,因此杂交种往往会具备一系列过渡的形态,这大大地丰富了猕猴桃属植物的形态特征;但某些必要的形态特征描述的缺失,使得形态特征被用于该属植物种的界定、组的划分及系统发育关系具备非常大的争议(何子灿 等,2000)。尽管如此,形态性状的观测能够直观地反映猕猴桃的特点,仍然是传统分类

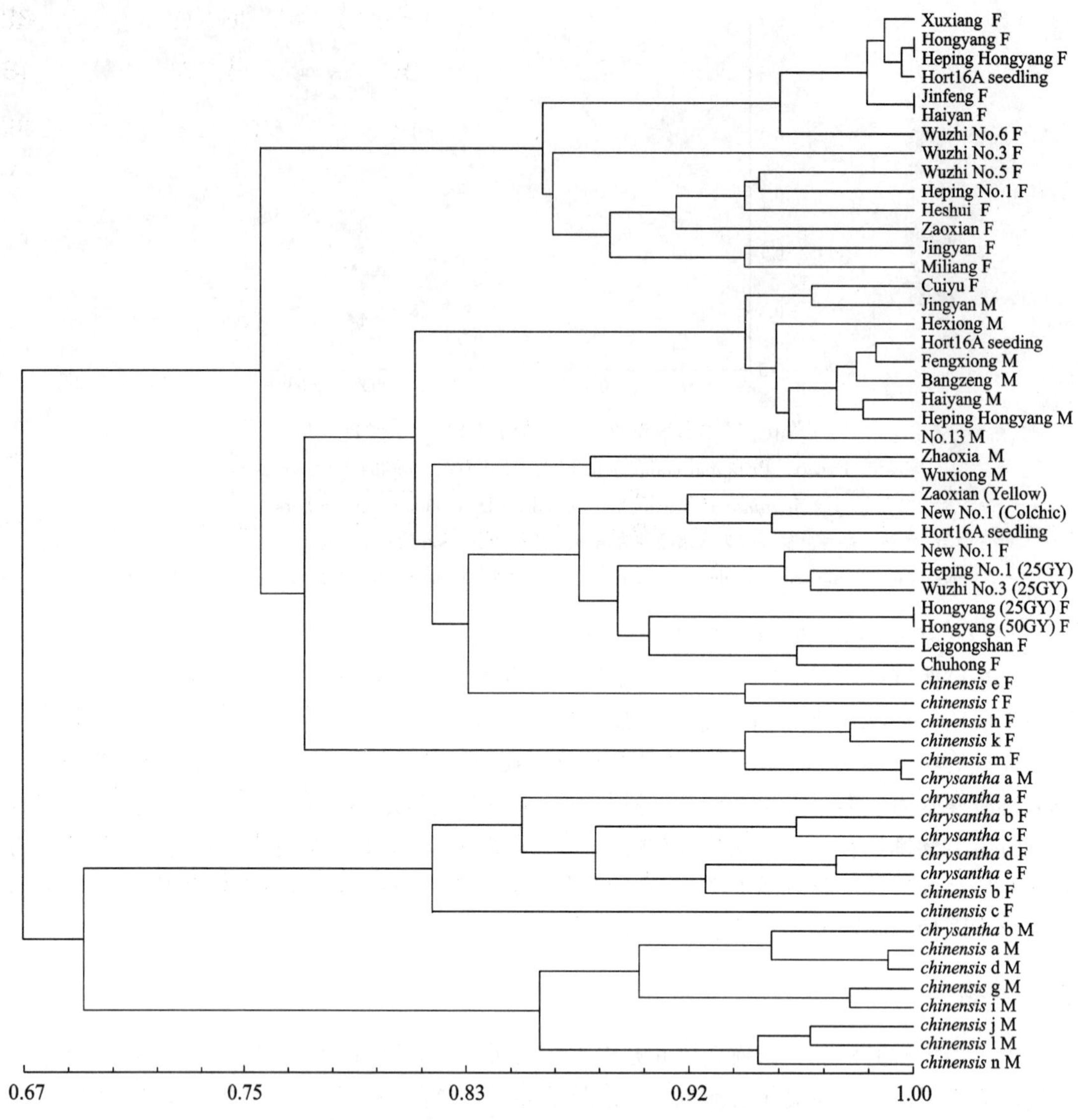

图 7　广东猕猴桃种质资源基于 ISSR 分子标记的聚类分析

Fig. 7　UPGMA dendrogram of the female germplasm resources of *Actinidia* in Guangdong based on ISSR molecular marker

学的基础,也是植物种质资源分类、鉴定、评价、育种和多样性研究等重要的指标。而栽培品种具有较丰富的形态多样性,更多地收集猕猴桃的形态特征数据,对猕猴桃的系统分类和演化的研究具有战略性意义。但数量性状数据的收集又是一件非常困难的事情,需要耗费大量的人力物力,且受到时间及空间的限制(王建成 等,2008)。因此,收集和整理广东猕猴桃种质资源的形态性状,对于猕猴桃生产实践中的品种辨认和选育新品种,具有一定的指导意义。

DNA 分子标记广泛应用于生态学、分类学、遗传学等学科的研究(黄映萍,2010),如用于系统发生研究、进化研究等。SSR 分子标记在作物遗传育种中起着重要的作用,常常被应用于研究作物遗传多样性;对基因进行定位;进行分子辅助标记;构建遗传图谱;进行品种鉴定和纯度鉴定等(罗冉 等,2010)。分子标记在猕猴桃的研究中也起着非常重要的作用,为猕猴桃的种群之间的遗传关系分析、物种亲缘关系和单元型分布研究、叶绿体父系遗传和线粒体母系遗传研究等提供了重要的分子生物学证据(陈义挺 等,2012)。Zhang Qiong 等(2015)还成功应用 SSR 分子标记鉴别了猕猴桃的性别,可见分子标记在猕猴桃遗传研究中应用的广泛性。ISSR 分子标记在不知道本身 DNA 序列的情况下即可以进行 PCR 扩增,引物设计简单、重复性好、稳定性高、多态性高等特点,使其应用越来越广泛(邹游 等,2008)。

刘延吉等(2010)用 RAPD 分子标记对辽宁地区五种野生软枣猕猴桃的遗传多样性进行分析,这 5 种软枣猕猴桃都表现出不一样的多态性 RAPD 标记。邹游等(2008)用 ISSR 对 14 种猕猴桃的遗传多样性进行了分析,刘娟等(2015)利用 ISSR 分子标记对 16 个雄性猕猴桃材料进行了遗传性分析,结果均表明猕猴桃的多样性较高。这与本试验的结果一致,说明 ISSR 对于猕猴桃的遗传多态性检测是一种非常有效的工具。主成分分析的结果非常直观地显示出野生猕猴桃的遗传多样性明显高于栽培品种猕猴桃,雄株猕猴桃的遗传多样性高于雌株猕猴桃,这野生猕猴桃与栽培品种的猕猴桃的形态性状存在较大的差异,雄株猕猴桃和雌株猕猴桃之间的性状也存在一定的差异的结果一致,也与预期的结果相符,因为栽培品种猕猴桃是由野生猕猴桃驯化、育种而来,是人工选择性的结果,忽略掉了很多野生猕猴桃的遗传特性。所以,通过保护野生猕猴桃种质资源来保护猕猴桃遗传多样性是非常有必要的。ISSR 分子标记是常用于遗传多样性分析的手段,结合形态特征,能够更好地给猕猴桃种质资源的保护、开发、应用提供理论依据。

主成分分析是霍特林(Hotelling)在 1933 年提出来的,又叫主分量分析(林海明 等,2013),是进行多指标综合评价时能够最大限度减少信息损失的多元统计方法(林海明 等,2013;何亮,2007)。主成分分析是在降维的思想基础上发展起来的,所以能够将复杂的问题简单化和直观化(张鹏,2004),主成分分析具有工作量少、保证客观性、较高的综合评价区分效度等,所以主成分分析结果能够较好地保证评价的客观性,能够较真实地反映实际情况(林海明 等,2013;何亮,2007;张鹏,2004)。在本试验中,通过主成分分析很直观地将野生猕猴桃和栽培品种猕猴桃雌株及雄株之间的差异表现出来,能够更客观地体现猕猴桃遗传多样性。

参考文献 References

陈晓玲, 梁红, 谢振文,等,2008. 11 种猕猴桃果实和叶片性状的聚类分析. 安徽农业科学, 36(35):15408-15410.

陈延惠, 李洪涛, 朱道圩,等,2003. RAPD 分子标记在猕猴桃种质资源鉴定上的应用. 河南农业大学学报,37(4):360-364.

陈义挺,王卫,陈婷,等,2012. 猕猴桃分子生物学研究进展. 亚热带农业研究, 8(2):131-136.

何亮,2007. 主成分分析在 SPSS 中的应用. 山西农业大学学报, 6(5):20-21.

何子灿,钟扬,刘洪涛,等,2000. 中国猕猴桃属植物叶表皮毛微形态特征及数量分类分析. 植物分类学报,38(2):121-136.

黄宏文,龚俊杰,王圣梅,等,2000. 猕猴桃属(*Actinidia*)植物的遗传多样性. 生物多样性,8(1):1-12.

黄映萍,2010. DNA 分子标记研究进展. 中山大学研究生学刊(2):27-36.

贾兵, 朱立武, 余兴,等,2005. 猕猴桃种质资源 RAPD 分析. 安徽农业大学学报, 32(3):381-384.

梁红,2002. 和平县猕猴桃产业化发展研究. 农业与技术, 22(6):45-48.

林海明, 杜子芳,2013. 主成分分析综合评价应该注意的问题. 统计研究, 30(8):25-31.

林太宏, 潘学文, 张孝拱,等,1989. 广东和平县中华猕猴桃引种试验初报. 广东农业科学(3):9,15-18.

刘娟, 廖康, 那斯尔,等,2015. 利用 ISSR 分子标记构建南疆杏种质资源核心种质. 果树学报, 32(3):374-384.

刘亚令, 李作洲, 姜正旺,等,2006. 猕猴桃自然居群 SSR 遗传变异的空间自相关分析. 生物多样性, 14(5):421-434.

刘亚令,李作洲,姜正旺,等,2008. 中华猕猴桃和美味猕猴桃自然居群遗传结构及其种间杂交渐渗. 植物生态学报,32(3):704-718.

刘延吉, 耿书, 田晓艳,2010. 辽宁地区五种野生软枣猕猴桃 RAPD 遗传多样性分析. 北方园艺(18):130-132.

罗冉,吴委林,张旸,等,2010. SSR 分子标记在作物遗传育种中的应用. 基因组学与应用生物学(1):137-143.

王建成, 胡晋, 黄歆贤,等,2008. 植物核心种质构建数据和代表性评价参数的研究进展. 种子, 127(8):52-55.

邢福武,2011. 南岭植物物种多样性编目. 武汉:华中科技大学出版社:48-53.
熊治廷,1991. 用分支分析方法研究中华猕猴桃与美味猕猴桃的亲缘关系. 广西植物, 11(1):36-39.
杨曼倩, 黄艳芳, 黎结池,等,2003. 和平县野生猕猴桃资源调查. 农业与技术, 23(3):80-84.
杨妙贤, 梁红,2008. SSR标记在猕猴桃遗传多样性研究中的应用. 安徽农业科学, 36(32):14001-14002.
叶婵娟, 刘明锋, 刘文,等,2013. 广东省猕猴桃种质资源 rbcL 基因的多样性分析. 仲恺农业工程学院学报, 26(4):1-6.
张鹏,2004. 基于主成分分析的综合评价研究. 南京:南京理工大学.
邹游, 黄敏, 侯若彤,等,2008. ISSR标记技术在猕猴桃遗传研究中的运用. 西南师范大学学报, 33(1):111-115.
FERGUSON R. Kiwifruit in the world, 2014. Chengdu: horticultural Society of Kiwifruit branch of China and Chengdu municipal people's Government, 2014.
GUJungang, SUN Yuping, LIU Yu, et al.,2014. Sex identification and genetic variation of Saccharina (Phaeophyta) gametophytes as revealed by inter-simple sequence repeat (ISSR) markers. J Appl Phycol,26:635-646.
HUANG S, DING J, DENG D, et al.,2013. Draft genome of the kiwifruit *Actinidia chinensis*. Nature communications,4:2640.
ZHANG Qiong, LIU Chunyan, LIU Yifei, et al.,2015. High-density interspecific genetic maps of kiwifruit and the identification of sex-specific markers. DNA Research, 22(5):367-375.

Genetic Diversity of the Germplasm Resources of *Actinidia* in Guangdong

YE Chanjuan LIANG Hong

(College of Life Sciences, Zhongkai University of Agriculture and Engineering Guangzhou 510225)

Abstract The morphological traits and ISSR markers were used to analyze the genetic diversity of 56 *Actinidia* germplasm resources grown in the kiwifruit germplasm nursery in Heping county, Guangdong province. ANOVA analysis showed a higher diversity in quantitative traits of the kiwifruit plants. The diversity between the wild *Actinidia* and the kiwifruit cultivars was larger than that between the female and the male *Actinidia* in the same variety. The variance coefficient (VC) showed obvious diversity in fruit qualities traits. In total, 211 loci was detected through PCR amplification of the 16 ISSR markers, of which 152 showed polymorphic with the percentage of polymorphic bands (P_{PB}) 72.04 %. The number of allelic (N_a) each marker was 1.71 and the effective number of alleles (N_e) was 1.37. The Nei's genetic diversity (H) was 0.22. The Shannon's information index (I) was 0.34 and the PIC was 0.87. The principle component analysis based on the ISSR molecular marker suggested that the variation range of the wild *Actinidia* was larger than that of the kiwifruit cultivars, which did not contradict the result from the morphological traits.

Key words *Actinidia* in Guangdong ISSR molecular markers Morphological traits Genetic diversity

广西的猕猴桃野生资源与产业发展

李洁维* 莫权辉 叶开玉 蒋桥生 龚弘娟 刘平平 王发明

（广西壮族自治区中国科学院广西植物研究所 桂林 541006）

摘 要 本文介绍了广西野生资源种类、地理分布及猕猴桃产业发展优势、现状、存在问题及发展策略等。广西位于中国的南部，地处北纬 20°54′~26°24′，是猕猴桃野生资源最丰富的省份之一，自然条件适合猕猴桃的生长发育，67 个县（区、市）有猕猴桃分布。广西共分布有 49 个种（变种、变型），占全国所有猕猴桃种类的 1/2 以上，其中 27 个种类为广西特有；其地理分布范围在北纬 21°32′~26°21′，东经 104°29′~112°04′；垂直分布海拔 80~4 800 m，300~1 000 m 范围分布较多。广西野生猕猴桃蕴藏量约 5 000 t，其中以阔叶猕猴桃、中华猕猴桃、美味猕猴桃、金花猕猴桃、毛花猕猴桃、中越猕猴桃等蕴藏量最大。广西的猕猴桃产业起步于 20 世纪 80 年代，但迅速发展期始于 2010 年，到目前栽培面积约4 万亩，市场价格好，经济效益显著。在广西栽培的猕猴桃表现早熟，自 7 月下旬~10 月中旬均有不同成熟期的猕猴桃采收。广西进行猕猴桃科学研究的基础较好，为猕猴桃的产业开发提供了技术保证；同时，广西毗邻广东、香港以及东盟各国，交通方便，产品出海出口运输快捷便利。

关键词 广西 猕猴桃 野生资源 产业

猕猴桃属植物全世界有 66 个种，118 个种下分类单位（变种、变型），中国有 62 个种。2003 年广西植物研究所李瑞高等发表了 9 个新种、3 个新变种[1-3]。广西位于中国的南部，地质多样，生态环境复杂，猕猴桃属植物资源丰富，分布在广西的猕猴桃种类有 49 个种、变种、变型，占全国所有猕猴桃种类的 1/2 以上，其中 27 个种类为广西特有。由于广西的生态环境很适合猕猴桃生长，早熟优势明显，而且具有毗邻广东、香港以及东盟各国的区位和交通优势，近年来猕猴桃产业发展迅速，成为众多猕猴桃开发企业投资的热土。

1 广西的野生猕猴桃资源

1.1 猕猴桃在广西的地理分布

广西是猕猴桃主要产区之一，境内有大量的野生猕猴桃分布。据调查，广西 67 个县（区、市）有猕猴桃分布，可以说从桂北到桂南，从桂东到桂西的广阔低中山区及丘陵地带都有猕猴桃植物分布，其地理分布范围在北纬 21°32′~26°21′，东经 104°29′~112°04′。

广西猕猴桃资源在各地的分布情况、猕猴桃不同种类的主要分布区域及垂直分布均不同。从各地的分布种类数量而言，以桂北（含桂东北）的猕猴桃种类最多，资源最丰富，如龙胜、资源、三江、融水等县猕猴桃种类达 10 种以上，而且相对集中了经济价值较大的种类，如利用价值大的中华猕猴桃、美味猕猴桃、绿果猕猴桃和金花猕猴桃均集中分布于这一地区。其次为桂西北，再者为桂南和桂东南。其他地区猕猴桃种类较少，产量也较少。

从猕猴桃种类的地理分布而言，阔叶猕猴桃分布范围最广泛，目前所知有 52 个县（区、市）有分布，遍布广西境内各地，其地理分布范围可包括了广西所有猕猴桃种类的分布范围。华南猕猴桃、绵毛猕猴桃、京梨猕猴桃等种类的分布也较广泛，达 16~52 个县（区、市）。经济价值较大的

* 通讯作者，E-mail：lijw@gxib.cn。

种类,如中华猕猴桃、美味猕猴桃、绿果猕猴桃集中分布在桂北和桂东北,以全州的庙头乡、永岁乡至灌阳的都庞岭连成一线作为东线,西抵融水县安太乡、大年乡;南起临桂的宛田乡,北至资源县的梅溪乡,龙胜的平等乡,三江的林溪乡,其地理分布范围占北纬 25°33′~26°16′,东经 190°02′~111°00′。金花猕猴桃分布于临桂、龙胜、兴安、资源以及桂东南的贺州市等县市,地理分布范围位于北纬 25°33′~26°17′,东经 109°38′~111°35′。毛花猕猴桃的分布范围稍广于中华猕猴桃和金花猕猴桃,其地理分布范围为北纬 24°00′~26°16′,东经 108°33′~111°35′。中越猕猴桃则分布于桂西和桂南,地理分布范围在北纬 21°11′~23°33′,东经 105°35′~110°45′。广西特有的 27 种猕猴桃,分布范围均较狭窄,除纤小猕猴桃分布于平果、都安和马山三县外,绝大多数的种类仅于某一个县有分布。

猕猴桃的各个种类在广西的分布高度也不同。中华猕猴桃分布高度的高差较大,分布于海拔 200~1 800 m 的范围内乔灌木林,残次林中,以海拔 400~1 100 m 范围内分布的群体较密,结果较多。

阔叶猕猴桃不仅地理分布广,而且分布高度的高差较大,在海拔 80~1 300 m 范围内的丘陵山地的路边、田边、山坡、山谷、山沟的灌丛或林下常见有分布,且植株普遍生长旺盛。金花猕猴桃大多出现在海拔 700~1 500 m 的疏林或灌木丛中。毛花猕猴桃和京梨猕猴桃多生长于海拔 300~1 000 m 的高草灌丛中。中越猕猴桃分布海拔高度为 400~1 300 m,一般多分布在 600~900 m 的山地。其他种类多分布于海拔 300~1 000 m 范围(表 1)。

表 1　广西部分猕猴桃属植物的地理分布

种类名称	分布地域数	分布县(区、市)名称	分布海拔高度/m
紫果猕猴桃	4	龙胜、融水、资源、临桂	700~800
圆果猕猴桃	1	资源	1 000~1 200
广西猕猴桃	1	罗成	1 000
圆叶猕猴桃	1	龙州	400
楔叶猕猴桃	1	田林	800
红茎猕猴桃	6	天峨、南丹、凌云、乐业、田林、隆林	300~1 800
革叶猕猴桃	4	南丹、凌云、隆林、乐业	>1 000
毛叶硬齿猕猴桃	1	融水	750~1 400
京梨猕猴桃	16	龙胜、资源、全州、兴安、临桂、灵川、三江、融水、南丹、田阳、凌云、乐业、田林、贺州、容县、那坡	570~1 300
异色猕猴桃	14	隆林、凌云、乐业、田林、兴安、灵川、永福、龙胜、资源、灌阳、贺州、钟山、容县、富川	300~1 135
柱果猕猴桃	1	融水	600~800
钝叶猕猴桃	1	融水	400
网脉猕猴桃	2	融水、临桂	600~800
纤小猕猴桃	3	都安、平果、马山	900
华南猕猴桃	22	龙胜、资源、兴安、临桂、灵川、全州、恭城、灌阳、三江、融水、融安、罗成、环江、东兰、马山、上林、武鸣、宾阳、横县、贺州、富川、钟山	600~800
耳叶猕猴桃	7	融水、凌云、武鸣、横县、宾阳、上思、防城	450
粗叶猕猴桃	1	龙胜	500~1 000

续表

种类名称	分布地域数	分布县(区、市)名称	分布海拔高度/m
团叶猕猴桃	1	大新	(暂缺)
金花猕猴桃	5	临桂、龙胜、资源、兴安、贺州	700~1 500
中越猕猴桃	10	德保、那坡、龙州、宁明、上思、防城、武鸣、上林、马山、容县	600~1 300
美丽猕猴桃	15	临桂、平乐、荔浦、蒙山、昭平、贺州、钟山、苍梧、容县、北流、陆川、桂平、博白、金秀、象州	200~800
奶果猕猴桃	10	龙胜、临桂、永福、兴安、融水、罗成、武鸣、田林、凌云、乐业	400~1 240
粉毛猕猴桃	2	田林、凌云	1 270
密花猕猴桃	3	乐业、乐业、田林	
绵毛猕猴桃	26	龙胜、资源、兴安、全州、临桂、灵川、永福、平乐、三江、融水、金秀、象州、罗成、凌云、乐业、那坡、武鸣、上林、马山、岑溪、蒙山、钟山、容县、北流、平南、桂平	300~960
糙毛猕猴桃	14	河池、南丹、天峨、东兰、巴马、罗成、凌云、乐业、田林、隆林、那坡、德保、西林、融水	1 000~1 800
丝毛猕猴桃	1	南丹	(暂缺)
阔叶猕猴桃	52	龙胜、资源、全州、兴安、临桂、永福、灵川、平乐、荔浦、阳朔、恭城、灌阳、贺州、富川、蒙山、昭平、梧州、钟山、玉林、容县、贵港、藤县、平南、桂平、北流、陆川、龙州、宁明、武鸣、上林、马山、扶绥、邕宁、百色、凌云、乐业、巴马、东兰、德保、田林、隆林、上思、防城、钦州、罗成、融水、融安、三江、金秀、象州、武鸣、鹿寨	80~1 190
毛花猕猴桃	19	龙胜、资源、临桂、灵川、永福、兴安、全州、恭城、灌阳、平乐、贺州、富川、钟山、三江、融水、罗成、桂平、容县、北流	250~1 100
两广猕猴桃	4	金秀、贺州、昭平、容县	250~1 000
中华猕猴桃	8	龙胜、资源、全州、兴安、临桂、灌阳、三江、融水	200~1 800
美味猕猴桃	5	龙胜、资源、全州、兴安、三江	800~1 800
绿果猕猴桃	3	资源、龙胜、全州	800~1 400
白萼猕猴桃	1	临桂	1 100
五瓣猕猴桃	1	龙胜	(暂缺)
融水猕猴桃	1	融水	(暂缺)
桃花猕猴桃	1	融水	(暂缺)
长果猕猴桃	1	龙胜	(暂缺)
红丝猕猴桃	1	资源	(暂缺)
临桂猕猴桃	1	临桂	(暂缺)
宛田猕猴桃	1	临桂	1 100
白花柱果猕猴桃	1	临桂	1 100
卵圆叶猕猴桃	1	上思	(暂缺)
红花两广猕猴桃	1	金秀	(暂缺)

1.2 分布在广西的野生猕猴桃种类

广西位于祖国的南部，地质多样，生态环境复杂，猕猴桃属植物资源丰富。分布在广西的猕猴桃种类有 49 个种、变种、变型，约占全国所有猕猴桃种类的 1/2，其中 27 个种类为广西特有。

表 2 广西猕猴桃属植物系统名录

序号	中文名	学名
1	紫果猕猴桃	*Actinidia arguta* Planch.ex Miq.var.*purpurea*（Rehd.）C.F.Liang
2	圆果猕猴桃	*Actinidia globosa*
3*	广西猕猴桃	*Actinidia mclanandra* var.*kwangsiensis*
4*	圆叶猕猴桃	*Actinidia fasciculoides* var.*orbiculata*
5*	楔叶猕猴桃	*Actinidia fasciculoides* var.*cuneata*
6	红茎猕猴桃	*Actinidia rubricaulis* Dunn var.*rubricaulis*
7	革叶猕猴桃	*Actinidia rubricaulis* var.*coriacea*
8	毛叶硬齿猕猴桃	*Actinidia callosa* Linoll var.*strigillosa*
9	京梨猕猴桃	*Actinidia callosa* var.*henryi*
10	异色猕猴桃	*Actinidia callosa* var.*discolor*
11*	柱果猕猴桃	*Actinidia cylindrica* var.*cylindrica* form.*cylindrica*
12*	钝叶猕猴桃	*Actinidia cylindrica* var.*cylindrica* form.*obtusifolia*
13*	网脉猕猴桃	*Actinidia cylindrica* var.*reticulata*
14*	纤小猕猴桃	*Actinidia gracilis*
15	华南猕猴桃	*Actinidia glaucophylla* var.*glaucophylla*
16	耳叶猕猴桃	*Actinidia glaucophylla* var.*asymmetrica*
17*	粗叶猕猴桃	*Actinidia glaucophylla* var.*rubusta*
18*	团叶猕猴桃	*Actinidia glaucophylla* var.*rotunda*
19	金花猕猴桃	*Actinidia chrysantha*
20	中越猕猴桃	*Actinidia indichinensis* Merr.
21	美丽猕猴桃	*Actinidia melliana* Hand.-Mazz
22	奶果猕猴桃	*Actinidia carnosifolia* C.Y.Wu var.*glaucescens*
23*	粉毛猕猴桃	*Actinidia farinosa*
24	密花猕猴桃	*Actinidia ruforicha* C.Y.Wu var.*glomerata*
25	绵毛猕猴桃	*Actinidia fulvicoma* Hance var.*lanata*（Hemsl.）C.F.Liang form.*lanata*
26	糙毛猕猴桃	*Actinidia fulvicoma* var.*lanata* form.*hirsuta*
27*	丝毛猕猴桃	*Actinidia fulvicoma* var.*lanata* form.*arachnoidca*
28	阔叶猕猴桃	*Actinidia latifolia*
29*	脱毛阔叶猕猴桃	*Actinidia latifolia* var.*glabra*
30*	桂林猕猴桃	*Actinidia guilinensis*
31	毛花猕猴桃	*Actinidia eriantha* Benth.Form.*eriantha*
32*	棕色毛花猕猴桃	*Actinidia eriantha* var.*brunnea*
33*	秃果毛花猕猴桃	*Actinidia eriantha* var.*calvescens*

续表

序号	中文名	学名
34	两广猕猴桃	*Actinidia liangguangensia*
35	中华猕猴桃	*Actinidia chinensis* Planch.var.*chinensis*
36	美味猕猴桃	*Actinidia chinensis* var.*deliciosa* C.F Liang
37	绿果猕猴桃	*Actinidia deliciosa* var.*chlorocarpa*
38*	漓江猕猴桃	*Actinidia lijiangensis*
39*	白萼猕猴桃	*Actinidia albicalyx*
40*	五瓣猕猴桃	(暂未有拉丁命名)
41*	融水猕猴桃	*Actinidia rongshuiensis*
42*	桃花猕猴桃	*Actinidia persicina*
43*	长果猕猴桃	*Actinidia longicarpa*
44*	红丝猕猴桃	*Actinidia rubrafilmenta*
45*	临桂猕猴桃	*Actinidia linguiensis*
46*	宛田猕猴桃	*Actinidia wantianensis*
47*	白花柱果猕猴桃	*Actinidia cylindrica* C.F.Liang var.*albiflora*
48*	卵圆叶猕猴桃	*Actinidia indochinensis* Merr.var.*ovatifolia*
49*	红花两广猕猴桃	*Actinidia liangguangensis* C.F.Liang var.*rubriflora*

*为广西特有。

2 广西发展猕猴桃的优势

2.1 自然条件和地理位置优势

广西位于中国的南部,地处北纬 20°54′~26°24′,横跨南亚热带和中亚热带,地质环境多样,生态环境复杂;光能充足,雨量充沛,年均气温 17~23 ℃,年均降水量为 1 520 mm。在广西种植猕猴桃挂果早、投产快,种后 2 年开始结果,3 年形成产量,4 年进入盛产期。由于广西地处低纬度,地理位置独特,所种植的猕猴桃成熟早,如'红阳'猕猴桃在广西乐业县 7 月下旬便可采收,在兴安、临桂、荔浦、平乐等县 8 月中下旬采收,在资源县 9 月上旬采收。可见,在广西可以生产出不同成熟期的猕猴桃。广西山坡地多,高度在 500 m 以下的丘陵坡地就达 2 580 hm^2,利用山地发展猕猴桃生产,不与农田争地,是山区农民脱贫致富的新渠道。

2.2 种质资源优势

广西猕猴桃种质资源丰富,全区 67 个县(区、市)有猕猴桃分布,是中国猕猴桃主要产区之一,分布有 49 个种(变种或变型),占中国猕猴桃种类的 1/2,其中 28 个为广西特有,具有较大开发利用价值的中华猕猴桃、美味猕猴桃、金花猕猴桃、毛花猕猴桃和中越猕猴桃在广西均有大量分布,是大自然恩赐广西人民的一笔巨大财富。广西植物研究所自 1980 年起开展猕猴桃种质资源调查、收集和保存工作,先后收集保存了 75 个猕猴桃种或变种、变型,猕猴桃优良品种(株系)63 个,2003 年发表新种 9 个,新变种 3 个,建立了猕猴桃种质圃,为培育猕猴桃新品种提供了资源,为开展猕猴桃的科学研究奠定了丰富的物质基础。

2.3 科研和技术优势

广西植物研究所从 1980 年开始猕猴桃的资源调查、良种选育、贮藏保鲜、加工、栽培管理技术等科研工作,调查、收集并摸清了广西猕猴桃种质资源分布及生态生物学特性,选育出了品质优良、果形好、鲜食和加工兼用的中华猕猴桃优良品种'桂海4号''桂红''桂翡''实美'等优良品种;根据广西的生态环境特点,总结了相应的猕猴桃栽培管理技术,编写出版了通俗易懂的《猕猴桃丰产技术》和《猕猴桃高产栽培技术》等书,可供猕猴桃种植者参考。编制并发布了2个广西地方标准《猕猴桃生产技术规程》和《猕猴桃苗木生产技术规程》。经过30余年的猕猴桃科研和技术开发,广西植物研究所已培养出一支既能承担猕猴桃科研任务,又能胜任技术培训和技术服务工作的团队,可为广西猕猴桃产业发展提供人才保证。

2.4 区位和交通优势

广西地处祖国南部,南临北部湾,与海南省隔海相望,东连广东,东北接湖南,西北靠贵州,西邻云南,西南与越南毗邻。广西"面向东南亚、背靠大西南",地理位置十分优越,是西南地区出海通道。广西的农产品经广东运往香港出口海外,路途短,交通方便,运输成本低。广西的高速公路已超过1 000 km,形成了4条纵贯南北和6条横穿东西的高速公路网,可以直接通往相邻的省份,交通运输十分便利。

2.5 政府重视与支持

广西各级政府历来非常重视猕猴桃的科研与开发,自20世纪80年代以来先后下达了多项包括广西"星火"重大项目、科技攻关项目、自然基金项目等在内的科研与开发项目,使广西的猕猴桃研究与开发事业健康发展。2013年又启动了广西猕猴桃创新团队,使猕猴桃产业发展更有保障。猕猴桃的商业开发是利国利民的项目,任何企业进入广西进行猕猴桃开发,广西各级政府将会一如既往地给予支持,在政策上给予优惠。

3 广西猕猴桃产业发展现状

3.1 面积和产量

广西的猕猴桃生产从1984年种植自选的'桂海4号'开始,至今已经历了33个春秋。20世纪90年代在广西融水县种植面积曾达到2万亩,并建立有猕猴桃加工厂,后因自然灾害以及市场等方面的原因,生产停滞不前。2005年之后,随着猕猴桃市场的好转,广西迎来了猕猴桃发展的春天,2010年进入发展的高峰期,至2016年栽培面积4万余亩,主要分布在资源、龙胜、乐业、临桂、南丹等县,其中90%是'红阳',少量'桂海4号''金桃''黄金奇异果'(Hort16A)、'米良1号'等。由于大部分果园为新种果园,结果面积不大,总产量约600 t,产值1 000万元左右。

3.2 企业带动

2005年以来,先后有香港日昇农业发展有限公司、桂林日昇农业发展有限公司、资源县高山红生态农业有限公司、桂林市旭升农业发展有限公司、桂林甲天下农业发展有限公司、陕西禾和发展集团有限公司以及个别新西兰企业等从事农业开发的企业进驻广西进行猕猴桃开发,企业采用公司+农户的模式有效带动了广西猕猴桃产业的蓬勃发展。

3.3 市场前景好

猕猴桃的果实营养丰富,其中维生素C含量是苹果、梨、桃的30~100倍,其果肉色泽多样、风味佳美,是不可多得的新型保健水果。据有关市场分析报告表明,目前猕猴桃国际市场的理想市场容量为每日15万吨,而近年来猕猴桃的国际年产量约226万吨。如果好的品种猕猴桃鲜果从高价降到普通水果的2倍,其市场容量可扩大2倍;价格降到普通水果的水平,则其市场容量将扩大10倍。在广西,无论是高档还是中低档的猕猴桃产品,均有很好的市场,

‘红阳’每公斤平均收购价 20~30 元,70 %的产品还没有下树就被订购,产品供不应求,市场缺口大。其他品种每公斤收购价 4~8 元。因此在广西种植猕猴桃前景广阔。

4 广西猕猴桃产业发展存在问题

4.1 缺乏科学合理规划

受猕猴桃国际市场需求量增加和价格上扬的影响,自 2005 年以来,广西猕猴桃栽培面积迅速递增,目前总面积 4 万多亩。但猕猴桃生长发育对环境要求相对较高,多数地区只注重发展,不重视科学合理规划,特别在品种选择、建园选址、土壤改造等方面,缺乏统一技术指导,造成病害、冻害的严重发生,部分果园还出现投产迟、产量低、品质差等突出问题,必须依靠科学合理的规划,才能保障猕猴桃产业的健康发展。

4.2 品种单一

目前,广西猕猴桃主产区栽培的多为从四川引进的‘红阳’猕猴桃,占栽培总面积的 90 %以上,品种单一,缺乏综合性状优良的品种及配套的高效栽培技术。虽然目前‘红阳’猕猴桃市场价格较高,但抗病性和耐旱性较差,加上生产投入不足,管理粗放,缺乏高产高效栽培技术,产量总体上较低。需要充分挖掘利用广西丰富的猕猴桃种质资源,根据广西复杂多样的生态环境,采用传统的育种技术与分子育种技术相结合的方法,加快育种进程,培育和筛选适应本地不同生态环境条件、综合性状优良、具有较强市场竞争力的新品种推广生产应用,形成合理的品种结构和产品结构,以保障广西猕猴桃产业的可持续健康发展。

4.3 贮藏保鲜技术落后,冷藏设施欠缺

猕猴桃是一种浆果,决定了其常温保鲜的难度,其贮藏保鲜必须要在冷库条件下。目前由于保鲜技术落后,导致果实贮藏时间及货架期短,或者贮藏病害严重,影响贮后品质。同时,在广西猕猴桃产业迅速发展的过程中,由于配套资金不足,很多产区企业或者种植户新建园区都缺乏配套的贮藏保鲜冷库以及采后商品化处理车间,这在未来几年必将成为障碍猕猴桃产业发展的一个大问题。

4.4 分散经营,组织化程度和科技含量低

目前,广西各猕猴桃产区大多采用散户经营模式,虽然已成立几个农民专业合作社,但规模小,缺乏有效的经营监管机制;即使是政府扶持的种植农户,也是重种植、轻管理,种植户缺乏科学的猕猴桃栽培管理技术,普遍采取粗放管理,对种植过程中发生的技术问题一筹莫展。采用公司+农户模式运行的猕猴桃开发企业内部也缺乏对种植户的技术培训和指导,这种状况极大地影响了猕猴桃产业的健康发展。

5 广西发展猕猴桃产业策略

现阶段,广西猕猴桃产业迎来了前所未有的机遇。随着人们对猕猴桃营养价值、防癌和保健作用的深入了解,猕猴桃的消费市场不断扩大,为优质猕猴桃的发展提供了广阔的市场。由于种植猕猴桃效益显著,几个猕猴桃主产区政府都很重视,如南丹县规划 3~5 年内发展 5 万亩,乐业县计划发展 5 万亩,资源县计划发展 3 万亩,龙胜县计划发展 2 万亩。目前,广西扶贫部门已把发展猕猴桃作为产业扶贫的主要项目来抓,为了提高服务猕猴桃产业技术水平,广西农业厅于 2013 年启动了广西猕猴桃创新团队,旨在促进广西猕猴桃产业健康发展。为实现上述目标,我们提出以下策略。

5.1 找准最适宜种植区

广西是最适宜生产猕猴桃的省份之一,全区 67 个县(区、市)有野生猕猴桃分布。猕猴桃生产应该根据品种特点和地区气候特点,选择适宜的品种进行种植发展,从而充分发挥当地区域气候优势、品种特性优势以及社会条件优势,以取得最大的经济效益。目前栽培的猕猴桃品种大多来自中华猕猴桃和美味猕猴桃,进行规划布局要优先考虑这两个种类的原产地以及其需要的光温条件。根据我们的调查,龙胜、资源、临桂、兴安、全州、灌阳、融水、三江、乐业、南丹 10 个县(区、市)具备生产优质猕猴桃的自然条件。这些地区海拔高 300~1 300 m,年降水量为 1 200~1 800 mm,年平均温度在 14~20 ℃,空气湿度大,有利猕猴桃的生长,并且这些地区昼夜温差大,有利于糖分的积累,而这些地区整个环境无污染源,具备生产有机、无公害、优质猕猴桃的生态条件。

5.2 合理品种结构

广西目前主栽品种只有'红阳'一个品种,单一的品种结构不利于产业的发展,需要早中晚属品种的合理搭配。鉴于中华猕猴桃在广西猕猴桃最适宜种植区域均有分布,分布海拔为 200~1 800 m,中华猕猴桃品种在本区域的不同海拔均可种植。美味猕猴桃在本区域的龙胜、资源、全州、兴安、三江有分布,分布海拔为 800~1 800 m,物候期也比中华猕猴桃相应晚 3~4 周,因此这 5 个县的高海拔地区可以种植表现晚熟的美味猕猴桃品种。乐业县地处低纬度地区,种植的猕猴桃表现早熟,上市早,具有区域优势,可作为产品市场调节的区域。特别指出,'红阳'容易在春季感染溃疡病,而广西猕猴桃产区春季空气相对湿度比较大,而且随着海拔增加湿度加大,因此桂北产区的海拔 700 m 以上的地方不宜种植红阳猕猴桃。

5.3 建立良种繁育基地

目前广西猕猴桃种苗来源混杂,检疫检测不严,致使带病劣质苗木无障碍地进入广西,影响产业发展。建议由政府支持技术部门建立良种繁育基地,统一生产高质量的品种纯正的苗木,统一由龙头企业授权许可有计划地提供种苗,限量发展。

5.4 发展管理正常的专业合作组织

较大规模、管理有序的专业合作组织是农业产业化发展的纽带,要走大型专业合作组织的道路,奉行"合作销售,盈亏共担"的原则,通过建立猕猴桃行业协会,联合广西现有猕猴桃开发企业,建立稳定的流通渠道,创建统一大品牌,增强抵抗风险的能力。

5.5 引进和完善贮运、加工设施设备

猕猴桃的耐贮运性较差,对采后处理、冷藏、运输的要求较高,为了满足生产发展的需要,建议各级政府和主管部门加强财政投入,引进和完善分级、加工和贮运等设施设备。引进具有国际影响力的猕猴桃公司,通过政策、财政扶持,培育能带动一方农民增收致富的龙头企业。利用品牌公司现有的国际品牌,开拓国际高端市场,提高产品的附加值,确保广西猕猴桃产业的可持续性发展。

参考文献 References

[1] 李瑞高,黄陈光,梁木源,等. 广西猕猴桃种质资源调查. 广西植物,1985,5(3):253-267.

[2] 李瑞高,李洁维,王新桂,等. 猕猴桃属植物九个新种. 广西植物,2003,23(3):193-202.

[3] 李瑞高,李洁维,王新桂,等. 广西猕猴桃三个新变种.,广西植物,2002,22(5):385-387.

The Wild Resources of *Actinidia* and Kiwifruit Industry in Guangxi Province of China

LI Jiewei MO Quanhui YE Kaiyu JIANG Qiaosheng
GONG Hongjuan LIU Pingping WANG Faming

(Guangxi Institute of Botany, Guangxi Zhuang Automnomous Region and the Chinese Academy of Sciences Guilin 541006)

Abstract This paper is going to give a brief introduction of the geographical distribution of natural *Actinidia* resources, industry status and advantages, existing problems and development strategy of Guangxi Province, China. Guangxi located in the south of China (latitude N20°54′ to 26°24′), where existed abundant natural *Actinidia* resources. Its natural habitats are suitable for the kiwifruit growing. 67 counties and cities in Guangxi has natural *Actinidia* species. Totally, there are 49 *Actinidiia* species, accounting for 1/2 *Actinidia* species, were discovered in Guangxi, of which, 27 species is endemic. The wild *Actinidia* mainly distributed in north areas, namely latitude N21°32′ to 26°21′, longitude E104°29′ to 112°04′; and in a vertical elevation of 80 to 4800 m a.s.l. and optimum altitude 300 to 1 000 m a.s.l. The total depositions of wild *Actinidia* resources in Guangxi are about 5 000 tons, in which *A. latifolia*, *A. chinensis*, *A. deliciosa*, *A. chrysantha*, *A. eriantha*, and *A. indochinensis* etc. are the largest species. Kiwifruit industry in Guangxi started in the 1980s, but the rapid development period begun in 2010. The kiwifruit price is high in Guangxi, where the cultivation area is about 1 300 km^2 that got significantly economic benefits. In addition, the harvest period of kiwifruit in Guangxi is from the end of July to the middle of October. Right now, Guangxi has paid great attention on kiwifruit scientific researches, and got great achievements which provided technological pledge for kiwifruit industry in Guangxi. Guangxi is adjacent to Guangdong, Hong Kong and Asian countries, where is convenient for kiwifruit transportation and sales of oversea.

Key words Guangxi *Actinidia* Resource Industry

红肉猕猴桃新品种‘红昇’

王彦昌[1]　何仕松[2]　吴世权[2]　满玉萍[1]
杨佐泉[2]　向　剑[3]　姜正旺[1]　李作洲[1]
向敬宗[4]　刘　健[2]　郑　静[2]　黄汉钱[1]

（1 中国科学院武汉植物园　武汉　430074；2 四川苍溪猕猴桃研究所　广元　628000；
3 苍溪县农业局　广元　628000；4 苍溪县石马镇　广元　628000）

摘　要　‘红昇’猕猴桃是由中国科学院武汉植物园与四川苍溪猕猴桃研究所合作，从来自于野生猕猴桃的实生后代中，筛选鉴定出来的红肉猕猴桃新株系。果实长扁圆柱形，果皮黄褐色，有少量的短茸毛均匀分布在果皮表面，平均单果重 78～85 g，果肉外圈金黄，果心周围呈鲜红色放射状线条，着色区超过种子部位，明显比‘红阳’的红色区长，着色稳定，硬度达到 0.6～1.0 N（5～10 kg/cm^2）时带有较浓的猕猴桃果香，最佳食用期可溶性固形物能达到 17 %～22 %，可滴定酸 17 mg/g，总糖 200 mg/g，风味以甜为主，略有酸味。四川地区种植的果实于 9 月下旬采收，采收后低温条件下可贮藏 150 d 左右，货架期 30 d。‘红昇’已通过国家植物新品种保护，品种权号为 CNA20120502.5，2016 年 4 月通过四川省农作物品种审定委员会审定，并最终定名为‘红昇’。

关键词　猕猴桃　新品种　红肉　‘红昇’

红肉猕猴桃是新型猕猴桃品种，近 10 年来，红肉猕猴桃在国内、国际市场上异军突起，需求强劲，但优良品种较少。现有主栽品种‘红阳’果小、不耐贮藏，抗病性弱，着色不稳定。本研究通过实生后代筛选和鉴定，获得果实较大、贮藏期长、猕猴桃内果皮红色区域面积较大且着色稳定的新品种，给红肉猕猴桃种植者和消费者提供更好的选择。与现有红肉猕猴桃主栽品种‘红阳’相比，目标品种的平均单果重增加 10～15 g，果实贮藏期延长 50～60 d，内果皮红色隔区着色长度增加 1 倍以上，综合品质优良，可溶性固形物达到 17 %以上，与‘红阳’口感纯甜味相比，需要目标品种的口感丰润，有果香味。抗病性较强，适应性广，树体长势旺盛，丰产，属于品质优良的中熟红肉猕猴桃新品种。

1　选育过程

1.1　亲本来源

‘红昇’是项目组成员 1983 年从来自秦岭东段伏牛山的野生中华猕猴桃种子播种获得的实生苗中筛选出的优良株系，通过嫁接繁殖，观察多年，后期又积累了大量科学鉴定数据后，分析发现该实生后代单株结果和栽培性状优良，表现稳定。由于最初苍溪县收集的野生猕猴桃种子数量较大，仅发现和观察经历了 20 年，此后的全面、严格鉴定又经过了 8～10 年。

1.2　选育过程

1983 年苍溪县科技推广部门从河南伏牛山采集一大批野生中华猕猴桃种子，在苍溪石马开展大规模播种，培育实生种苗。2000 年开始注意到红色果肉表型 5 个。2000～2005 年，经过果实性状的初步观察与粗略记载，性状稳定的 3 个（L，L-1，L-2）。2005～2010 年，获得三个优良株系完整的植物学性状、栽培性状及果实品质数据，发现 L 最为突出，对 L 进行扩繁，性状稳定。2009～2010 年，对 L 进行了分子遗传鉴定，获得 L 与现有红肉品种不同的分子指纹图谱，表明该 L 在遗传上与现有品种完全不同，具有独特性，品种保护期间暂定名为‘红昇’，品种权号为 CNA20120502.5。2015 年 4 月通过四川省农作物品种审定委员会审定，该品种最终定名为‘红昇’。

2 品种特征特性

‘红昇’以中短枝结果为主，座果率中等，树势较强。一年生枝表皮光滑，皮孔长椭圆形，新梢被茸毛，叶阔卵形，叶尖锐尖，叶基不相接，被稀疏绒毛；花瓣基部绿色，重叠排列，顶部白色，皱缩；花丝淡绿色，花药橙黄色，花柱白色，呈平行或斜生状态；果实圆柱形，果肩方形，果顶凹陷后又突出成喙，果皮黄褐色，具中等大小皮孔，比‘红阳’的厚，果肉外圈金黄，内果皮红度平均达到 17～23，放射状红色区明显比‘红阳’的红色区长（图 1，图 2，彩图 3，彩图 4，），果心长椭圆形，硬度达到 0.6～1.0 N（5～10 kg/cm^2）时带有较浓的猕猴桃果香，甜中略有酸味，最佳食用期可固能达到 17 %～21 %。单果重 78～85 g，平均重 83 克，可溶性固形物 17 %～22 %，三种总糖（葡萄糖+果糖+蔗糖）达到 180～230 mg/g，总酸 8～13 mg/g，维生素 C 含量 35～48 mg/100 g（表 1）。

图 1 ‘红昇’与‘红阳’果实采收时着色比较

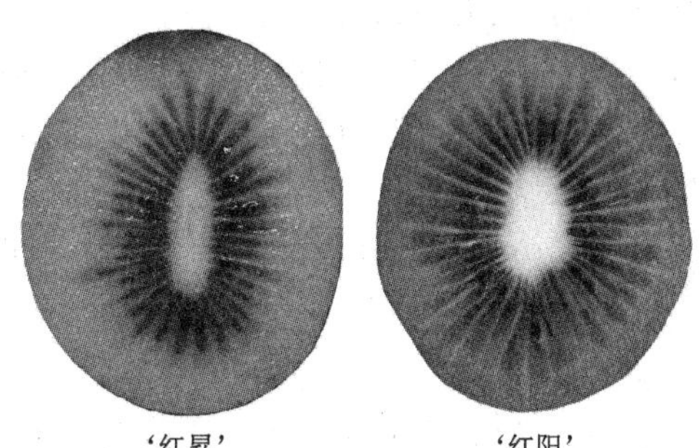

图 2 ‘红昇’与‘红阳’后熟果实着色比较

表 1 ‘红昇’与对照品种‘红阳’果实主要经济性状比较

品种	果形	平均果重/g	果皮颜色	果肉颜色	可溶性固形物/%	Vc/（mg/100 g）	总糖/%	总酸/%
‘红昇’	圆柱形	83	黄褐色	红、金黄相间	20	37	20	1.3
‘红阳’	圆柱形	65	绿褐色	红、浅黄相间	17.5	67	18	1.2

‘红昇’属于中熟红肉猕猴桃品种，在四川周边山区 2 月下旬开始萌芽，4 月中旬开始开花，花期 6～10 d，商业采收期为 9 月下旬。常温下鲜果可贮藏 3～4 周，商业低温冷库可贮藏 4～5个月，丰产性好，果形整齐。单株产量 18～25 kg，亩产 1.8～2.2 t。

3 栽培技术要点

3.1 苗木繁殖

可以用常规育苗方式:选择具有较强抗病性、长势旺盛的美味猕猴桃果实,取种子播种培育实生苗,此后选择健壮大苗作为砧木,嫁接'红昇'接穗,然后大苗定植。或可选择组织培养培育,将美味猕猴桃抗性品种及'红昇'接穗均脱毒组培形成大苗,嫁接后形成。

3.2 果园建设

选址要求:土壤疏松,微酸或中性,冬季最低温不低于-5 ℃,土层深 1.5 m 以上的缓坡地,具有安全稳定的水源。建园前根据基础条件,使用 4~5 t 腐熟有机肥,按照(3~4)m×(4~5)m 株、行距定植,授粉雄株比例为 5:1;一般使用(8~10)cm×(8~10)cm 水泥柱子,高 1.7~2.2 m,密度 5 m×(4~5)m,镀锌钢丝按照 50 m 拉成网格棚架。

3.3 日常管理

幼树:苗期拉直上架,1~2 年幼树每年追加有机肥 2 t/667m^2,纯氮 8~12 kg,纯磷 4~6 kg,纯钾 8~10 kg。

3 年以后大树:以树势产量为依据,一般每年追加有机肥 5~6 t/667m^2,纯氮 30 kg,纯磷 20 kg,纯钾 30 kg。采果到 11 月底之间,使用有机肥;春季 3~5 月份,使用 2 次化肥追施;夏秋季 7~9 月,使用 2~3 次复合磷钾肥,叶面或土壤追施。土壤相对持水量维持在 65 %~85 %。

3.4 修剪

对 1~2 年苗,树干 1.6~1.8 m 高左右短截定干,形成两根主蔓。一般采用"一干、两蔓、八侧结果母枝"组成,在每根主蔓上以 20~30 cm 间距着生结果枝。冬季修剪时间为自然落叶后至次年一月底,夏季修剪时间为除伤流期(2 月初~4 月底)不能动剪疏枝、短截、回缩外,其余时期都可以进行。夏季可根据树冠密度及枝条强弱进行抹芽、回缩、疏梢、摘心等。雄株谢花后主要采用回缩疏剪,促使更新萌发更多新梢,并疏除弱枝、密枝。

3.5 病虫害防治

植物检疫:在调运猕猴桃的种子、苗木、接穗时,先充分学习了解猕猴桃主要病害,然后了解清楚引种源头是否存在感染,其中溃疡病可委托科研机构进行快速分子检测,如果有任何感染坚决放弃。

农业防治:培育和选用无病虫的繁殖材料,培育健壮苗木。使用遮阳网遮阳,为避免早期落叶的园区,在夏季高温来临之前的 7 月份进行遮阳。人工捕捉金龟子:利用成虫受震动的假死特性,早晨和傍晚振动树枝,捕杀落地成虫。冬季主干涂白:涂白可以杀死树皮中部分越冬害虫及病菌,预防细菌和真菌早期浸染。冬季用竹刷刷除介壳虫。杜绝使用未腐熟的有机肥。

化学防治:选择使用高效低毒、低残留的农药,提倡使用生物源、矿物源、植物源农药。轮换使用不同作用机理的农药,不能随意提高农药的倍数,严格按照 NY/T 393—2013 标准执行。掌握病虫害发生规律,重视落叶后至发芽前使药。施药方法:主要根据药剂的特性,针对病虫危害的特点,选用恰当的使药方法。主要有苗木处理,土壤处理和植株喷雾。红心猕猴桃对农药的敏感程度较美味系品种强,在用药之前须作药害、药效试验。正确把握农药的混合使用,一般酸性农药不能与碱性农药混合。两种农药混配时要降低正常用药倍数。

物理防治:设置黄板纸防治蚜虫;设置频振灯诱杀金龟子、夜蛾、叶甲等;地面覆膜可阻止成虫春季出土危害。

条件具备时也可采用生物防治。

A New Red-fleshed Kiwifruit Cultivar 'Hongsheng'

WANG Yanchang[1] HE Shisong[2] WU Shiquan[2] MAN Yuping[1]
YANG Zuoquan[2] XIANG Jian[3] JIANG Zhengwang[1] LI Zuozhou[1]
XIANG Jingzong[4] LIU Jian[2] ZHENG Jing[2] HUANG Hanqian[1]

(1 Wuhan Botanical Garden, CAS Wuhan 430074; 2 Cangxi Kiwifruit Institute of Sichuan Guangyuan 628000; 3 Agricultural Bureau ofCangxi Guangyuan 628000; 4 Shima Township, Cangxi county Guangyuan 628000)

Abstract 'Hongsheng' is a new red-fleshed *Actinidia* chinensis cultivar, selected from wild kiwifruit seedlings by Wuhan Botanical Garden, Chinese Academy of Sciences and Cangxi Kiwifruit Institute of Sichuan. The fruit is long flat-cylindrical, while the fruit skin is yellow brown with short hairs distributed evenly on the surface. The single fruit has a 78~85 g average weight, golden yellow fresh in the outer ring and bright red radial lines around the core. The coloration region goes over the seeds, looks longer and more stable than that in 'Hongyang'. The fruit sends out strong fragrance of kiwifruit when the firmness reach 0.6~1.0 N(5~10 kg/cm^2).The soluble solids content is 17 %~22 %, soluble acid content is 17 mg/g and total sugar content is about 200 mg/g when tasted its best. The flavor is sweet with slightly sour. The cultivar grown in Sichuan province can be commercially harvested in late September. Fruit of this cultivar could be stored for 150 days at low temperature or 30 days at room temperature after harvest. The plant cultivar protection of 'Hongsheng' was approved by the Ministry of Agriculture, China in 2012, and the Variety Right Number is CNA20120502.5. It was approved by Sichuan Provincial Variety Examination and Approval Committee in April 2015 and authorized as a new cultivar in Sichuan named 'Hongsheng'.

Key words Kiwifruit Cultivar Red-flesh 'Hongsheng'

猕猴桃新品种‘湘吉红’选育与研发

裴昌俊[1] 向远平[2]

（1 吉首大学生物资源与环境科学学院 吉首 416000；
2 湘西土家族苗族自治州优质水果试验基地 吉首 416000）

摘 要 本课题组从湖南西部野生猕猴桃资源调查中，发现红心无籽猕猴桃单株，经多代无性繁殖选育成具有自主知识产权的猕猴桃新品种‘湘吉红’。2015 年 9 月 30 日，‘湘吉红’的栽培方法（一种具有单性结实特性的无籽猕猴桃栽培方法）获得国家知识产权局授予的发明专利证书（专利号：ZL 2014 1 0106980.3）。2016 年 5 月 1 日，‘湘吉红’获得农业部授予的植物新品种权证书（品种权号：CNA20100466.1）。根据多年栽培试验，课题组编制了《猕猴桃新品种‘湘吉红’高产优质标准化栽培管理技术规程》和‘湘吉红’果园丰产栽培综合管理全年作业流程。

关键词 品种选育 单性结实 栽培方法 研发理念

1 品种选育

1.1 选育过程

21 世纪初期，我们从湖南西部野生猕猴桃资源调查中，发现红心猕猴桃单株，采取无籽栽培方法，经多点试验、多年生物学特性观察及多代无性繁殖育成猕猴桃无籽新品种，将其命名为‘湘吉红’。

1.2 植物学特征

花单生，雌蕊，花冠直径 3.4～4.2 cm，萼片 6 枚，花瓣 6 枚，子房横切中轴附近深红色，柱头 30～34 枚；雄蕊退化，花粉无授粉能力。采取无籽栽培方法获得的果实圆柱形，纵径 5.9 cm，横径 4.6 cm，侧径 4.9 cm；单果重 60～80 g；果壁薄，绿褐色；果毛稀少，柔软易脱；清香味甜，可溶性固形物 18 %～22 %。果实在中海拔地区，8 月中旬至 9 月中旬成熟。果实在常温下可贮藏 15～20 d。

1.3 主要经济性状

‘湘吉红’无籽品系具有单性结实*特性（单性结实是植物子房不经过受精作用而形成不含种子的正常果实的现象），雌株不需要配雄株花粉授粉，即能结出无籽果实，可以节省猕猴桃产业开发成本；具有无籽、红心、香甜特征，既便于鲜食，又适宜加工。

‘湘吉红’无籽品系抗病虫害能力较强，常态环境条件下，一般不需要施农药，果实可以达到无公害农产品要求。

2 栽培技术

‘湘吉红’猕猴桃无籽栽培技术是，雌株开花期不需要雄株花粉授粉，即能结出无籽果实。雌株因为没有授粉，缺乏植物花粉内源激素，容易落花落果，结实率低，而且容易串花（雄株花粉通过昆虫或自然风力传粉）[1]。‘湘吉红’保花保果以及避免其他雄株花粉相遇而导致有籽

* 单性结实是植物子房不经过受精作用而形成不含种子的正常果实的现象。

问题,经多年探索与试验,采用相应的农技方法(核心技术),可以解决这两个技术难题。但果实偏小,单果重 60~80 g,风味香甜,可溶性固形物 18 %~20 %[2]。同时,该品种也可采取有籽栽培方法,雌株开花期应适时采集雄株花粉对其进行人工授粉,即能结出有籽果实(图 1,图 2,彩图 5,彩图 6)。因为植物花粉中含有内源激素,雌株授粉后,产生花粉直感*效应。结实率高,果实增大,单果重 80~100 g,风味浓甜,可溶性固形物 19 %~22 %。

图 1　左边为‘湘吉红’无籽果实,右边为‘红阳’有籽果实

图 2　‘湘吉红’母本园(2015 年 9 月摄)

根据课题组编制的《猕猴桃新品种‘湘吉红’高产优质标准化栽培管理技术规程》,‘湘吉红’定植期,应实施“四到位”综合栽培方法(要点):①选择园地,选择适宜猕猴桃生长发育的生态环境建园;②建设果园,按照标准化要求建园;③定植苗术,选用‘湘吉红’嫁接苗适时定植;④设立支架,按照标准化要求,设立水泥柱支架。‘湘吉红’定植后,应切实加强土肥水及树体管理(含整形修剪),促进苗木提早结果,提早进入盛果期。

‘湘吉红’定植始果后,每年应坚持实施“四到位”综合管理方法(要点):①合理施肥,提高果实品质与产量;②合理修剪,促进营养生长与生殖生长保持相对平衡;③适时疏果,增加大果率;④适时采果,保证果实质量(表 1)。

表 1　猕猴桃新品种‘湘吉红’果园丰产栽培综合管理全年作业流程

月份(节气)	物候期	作业内容
1 月(小寒、大寒)	休眠期	施根际基肥(株施饼肥 1.5 公斤、专用复合肥 1 公斤、钙镁磷肥 0.2 公斤、硫酸钾 0.3 公斤,与土杂肥混合,以环状沟施为宜)
2 月(立春、雨水)	花芽分化期	整修棚架;疏通排灌沟渠
3 月(惊蛰、春分)	萌芽、展叶、现蕾期	施催芽叶面肥
4 月(清明、谷雨)	开花期	施专用保花保果叶面肥

* 花粉直感是父本花粉对种子和果实的直感效应,即父本在当年内对果实的形状、成熟期、大小、颜色、风味及内在成分含量等性状的直接影响。

续表

月份(节气)	物候期	作业内容
5月(立夏、小满)	果实生长期	适时疏果(每株留果300~400个);施专用壮果肥
6月(芒种、夏至)	果实生长期	施根际壮果肥(株施饼肥1公斤,专用复合肥0.5公斤,与土杂肥混合,以点状穴施为宜);夏季修剪(抹芽、摘心和短剪);树盘覆盖
7月(小暑、大暑)	果实生长期	夏季修剪
8月(立秋、处暑)	果实始熟期	夏季修剪
9月(白露、秋分)	果实成熟期	适时采果(果实可溶性固形物含量达6.2%~7.2%时为宜),注意轻摘、轻放和轻运
10月(寒露、霜降)	落叶期	浸园翻土;预防病虫害
11月(立冬、小雪)	落叶期	浸园翻土;预防病虫害
12月(大雪、冬至)	休眠期	冬季修剪(短剪、缩剪和疏剪)

3 研发理念

“一个品种造福一方百姓,一个产业振兴一方经济”。在“大众创业,万众创新”精神鼓舞下,根据国家《种子法》《促进科技成果转化法》《植物新品种保护条例》等法律法规,增强知识产权保护意识,坚持在“保护中开发,在开发中保护”的研发理念,把猕猴桃新品种原创性的科技成果,尽快尽好地转化为实实在在的经济效应,为湘西州农业特色产业开发,为武陵山片区扶贫攻坚和农民脱贫致富做出贡献。

参考文献 References

[1] 裴昌俊,刘世彪,等. 中华猕猴桃新品种‘湘吉红’选育与栽培技术研究初报//黄宏文. 猕猴桃研究进展(VII). 北京:科学出版社,2011:46-48.

[2] 裴昌俊,刘世彪,等. 美味无籽猕猴桃‘湘吉’的选育与丰产栽培技术研究//黄宏文. 猕猴桃研究进展(VI).北京:科学出版社,2011:69-71.

Selection and Development of New Variety of Kiwifruit ‘Xiangjihong’

PEI Changjun[1]　XIANG Yuanping[2]

(1 College of Biological Resources and Environmental Science, Jishou University　Jishou　416000;

2 Xiangxi Fruit Quality Test Base　Jishou　416000)

Abstract An individual plant of red-fleshed seedless kiwifruit (*Actinidia chinensis*) was collected in the wild kiwifruit resource investigation in western region of Hunan. After generations of vegetative propagation, the female plant was selected and bred, and named as ‘Xiangjihong’ in the validation of new varieties of plants. The research team owns the intellectual property, with the invention patent certificate named “A cultural method for seedless kiwifruit with parthenocarpic property (ZL201410106980. 3)”, authorized by State Intellectual Property Office on Sept. 3th, 2015. The seedless kiwifruit gained the certification of new variety of plant ‘Xiangjihong’ (CNA20100466.1), authorized by Ministry of Agriculture of China on May 1st, 2016. Standardized cultivation procedure of high yield and good quality for new kiwifruit variety ‘Xiangjihong’ and Operation schedule on high yield orchard of kiwifruit ‘Xiangjihong’ were compiled as the matching technical directions.

Key words Variety selection　Parthenocarpy　Cultural method　Developmental concept

猕猴桃易剥皮新品种‘桂翡’的选育

莫权辉　李洁维*　蒋桥生　叶开玉　龚弘娟　李瑞高　梁木源

（广西壮族自治区中国科学院广西植物研究所　桂林　541006）

摘　要　‘桂翡’是实生选育的容易剥皮的猕猴桃新品种。‘桂翡’果形长圆柱形，平均单果重38.33 g，最大果重50 g。果皮暗绿色，容易剥离；果肉翠绿色，肉质细，风味浓郁，具有独特清香味。‘桂翡’可溶性固形物含量15.2 %，总糖含量12.0 %，总酸含量0.851 %，维生素C含量2 400 mg/kg。在广西桂林，桂翡’是中熟品种，从开花到果实成熟需要150天，9月下旬成熟。2015年6月，‘桂翡’通过广西农作物品种审定委员会审定。

关键词　猕猴桃　品种　易剥皮　‘桂翡’

猕猴桃果实营养丰富，维生素C含量高，深受消费者喜爱。近年来我国猕猴桃栽培面积不断扩大，但种植的品种均是难剥皮品种，无法满足消费者追求食用方便的心理需求[1]。为了满足消费者的愿望，我们从20世纪90年代以来，就把选育容易剥皮的猕猴桃品种定为主要育种目标，并选育出猕猴桃易剥皮新品种‘桂翡’。

1　选育经过

‘桂翡’是采用实生选育法选育的猕猴桃新品种。1988年秋季，从广西植物研究所猕猴桃种质圃采集易地保护的猕猴桃种类毛花猕猴桃的种子。1989年春季播种，从实生苗中选出2 200株在广西植物研究所试验场定植。1994年有150株开始结果，其中雌株21株，并发现1株实生苗的果实果形整齐，果皮暗绿色，密被灰褐色短绒毛，易剥离，果肉翠绿色，肉质细，汁液多，风味浓郁，且具有独特的清香味，平均单果重24.2 g，最大果重34.5 g，命名为‘新种1号’。1996~2003年，剪取这株的接穗进行嫁接繁殖，发现其嫁接后的无性后代性状表现与母株基本一致；连续3年观察，其易剥皮的性状、独特的清香味、翠绿的果肉颜色等性状表现稳定。2006年从嫁接的无性后代中复选出果实较大（单果重35~50 g）、品质优良的优株。2008年，将通过复选并扩繁的优株在广西植物研究所试验场地（桂林市雁山）种植450株，进一步研究、鉴定，并研究其栽培技术。与此同时，在资源县海拔460~850 m的地块布设3个生态试验点，并在龙胜县和平乡（海拔350 m）、兴安县金沙冲（海拔210 m）、临桂县黄沙乡（海拔750 m）布设试栽点，性状表现均稳定。经过20余年的观察和区试鉴定，确认该优株性状稳定，肉质细，风味浓郁清香，品质优良，适于鲜食和加工，抗逆性强，丰产稳产。2015年6月通过广西壮族自治区品种审定委员会审定，定名为‘桂翡’。

2　主要性状

2.1　植物学特征

‘桂翡’是大型落叶攀缘藤本，植株长势壮旺。一年生枝灰绿色或灰褐色，被褐色绒毛，逐

*通讯作者，E-mail：lijw@gxib.cn。

渐脱落。叶厚纸质，卵形、阔卵形或近圆形，先端短急尖或钝尖，基部近截平或浅心形，少有两侧不对称，边缘具脉出锯齿，叶面深绿色，无毛，有光泽，叶背绿色，散生淡褐色柔毛，叶脉显著，在腹面凹入，在背面隆起。聚伞花序状，花冠开张，花瓣基部紫红色，顶端淡红色，向后反卷；子房短圆柱形，淡白色，密被白色短绒毛；花柱淡白色，柱头卵形；花丝中基部紫红色，花药黄色[2]。

2.2 果实主要经济性状

‘桂翡’果实长圆柱形，纵径 56.1 mm，横径 31.97 mm，果形整齐。平均单果重 38.33 g。果皮暗绿色密被灰褐色短绒毛，果斑浅褐色，易剥离。果肉翠绿色，肉质细，汁液多，风味浓郁且具有独特的清香味。可溶性固形物含量 15.2 %，总糖含量 12 %(比‘海沃德’高 1.61 个百分点)，总酸含量 0.851 %，维生素 C 含量 240.0 mg/kg(比‘红阳’高 104.2 mg/100 g)，见表 1[3]。

表 1 ‘桂翡’与‘海沃德’等猕猴桃品种主要经济性状

品种	果形及整齐度	平均单果重/g	风味	可溶性固形物/%	总糖/%	总酸/%	维生素 C/(mg/100 g)	糖酸比	果皮剥离难易
‘桂翡’	长圆柱形	38.33	甜酸，味浓，清香	15.2	12.00	0.851	240.0	14.1	易
‘海沃德’	椭圆形，整齐	65~85	酸甜适口	15.0	9.21	1.320	85.0	6.9	难
‘红阳’	长圆柱或倒卵形	72.50	甜，清香	19.6	13.45	0.490	135.8	27.5	难
‘金魁’	扁圆形，整齐度一般	75.00	甜酸或甜，味浓，微香	12.5	9.08	1.130	120.6	8.0	难
‘秦美’	扁短圆柱形、整齐度一般	75~90	甜酸，味浓，微香	13.0	9.02	1.200	120.5	7.5	难
‘米良 1 号’	近长圆柱形，较整齐	85~95	酸甜可口，味浓，清香	13.0	9.21	0.980	89.6	9.4	难

2.3 生长结果特性

‘桂翡’植株长势旺盛，枝条中庸充实。春季萌芽率 40.0 %~71.4 %，成枝率 100 %，其中结果枝占 92 %。以中果枝结果为主，占 76.4 %，长果枝占 12.8 %，短果枝占 10.8 %。花枝着生于结果母枝的第 2~7 节位，花序着生于花枝的 3~7 节，每花序有花 1~3 朵。嫁接苗定植后第二年有 40 %植株开花结果，第三年全部结果。

2.4 物候期

在广西桂林，‘桂翡’2 月下旬至 3 月上旬萌动；3 月中旬抽梢、展叶；3 月下旬现蕾；4 月下旬开花；9 月下旬至 10 月上旬果实成熟；12 月下旬落叶。

2.5 适应性及抗病性

‘桂翡’对土壤和环境的适应性较强，在壤土、砂质壤土上生长良好，适宜在我国广西、贵州、云南、福建、江西、浙江、湖南等省份及具有相同或相近生境的地区种植。该品种对猕猴桃细菌性溃疡病、猕猴桃花腐病、猕猴桃褐斑病、猕猴桃黑斑病、猕猴桃炭疽病等有较强的抗性。

3 栽培技术要点

3.1 建园

选择在交通方便、背风向阳、水源充足、年平均气温 13~17 ℃、≥10 ℃有效积温 4 500~5 800 ℃,日照时数>1 000 小时、无霜期 210~290 天、年降水量 1 000~1 500 mm、海拔 800 m 以下的地方建园[4]。要求土壤团粒结构好、疏松透气、透水保水、有机质含量≥1.5 %、微酸性(pH=5.5~6.5),地下水位在降 1 m 以下。

冬季落叶后或春季萌芽前定植,行株距 3 m×3 m 或 4 m×3 m,种植穴直径 80 cm,深 80 cm。按 8∶1比率配置雄株。

3.2 整形修剪

平地和缓坡地果园采用平顶棚架,梯地采用 T 形棚架或独立平顶棚架。种植前搭架,或者种植后 4 月份前搭架。选择生长较好的新梢培养为主干,插杆扶绑让其向上生长,当长至棚架线上时在棚架线下 10~15 cm 处将植株顶芽短截,促使其长出 2 个新梢,沿棚架线相反方向引缚培养成主蔓。当相邻两植株的主蔓交叉时,在交叉处短截主蔓,促进主蔓长出更多的新梢。这些新梢第二年成为结果母枝。为了促进植株生长,每次短截后要及时追施肥,在植株根部周围撒施尿素或淋人粪尿,并经常抹除植株基部的萌蘖。

4~8 月枝梢生长旺盛时,及时抹芽、摘心、疏枝、疏花、疏蕾和绑枝。花后一周,去除萌蘖,剪去细弱生长枝,选留生长健壮的营养枝枝和长果枝,培养为第二年的结果母;对不作为第二年结果母枝培养的长果枝,从最后一个花序后 7~8 张叶处剪去。花后 1 个月,剪去萌蘖,细弱枝以及结果枝在第一次修剪部位由其附近 1~2 个芽生长出的新枝。花后 50~60 d,剪去前 2 次修剪部位萌发的新梢。

冬剪在树液流动前进行,剪除细弱过密的枝条,更新结果母枝,并对保留的结果母枝进行短截。

3.3 施肥

'桂翡'成年植株冬季施基肥,环状沟施或条状沟施,肥料以堆肥、厩肥和腐熟的饼肥等有机肥为主,掺入适量氮、磷肥,每株施有机肥 20 kg、氮肥 200 g、磷肥 150 g。追肥分 2 次进行:开花前期,施氮肥 200 g、磷肥 150 g、钾肥 100 g、镁肥 50 g;5 月下旬疏果后,每株施氮磷钾复合肥 400 g,镁肥 50 g,硼砂 50g。

3.4 授粉

在盛花期,采集猕猴桃花粉,1 L 溶剂中加入 4 g 花粉,于 8:00~10:00 用小型喷雾器对着雌花柱头喷雾授粉。

3.5 病虫害防治

在猕猴桃上较易发生的病害有猕猴桃细菌性溃疡病、黑斑病、根腐病、炭疽病、花腐病等,但'桂翡'对这些病害的抗性较强,主要以预防为主。冬季修剪剪除的病虫枝、枯枝、卵块,清除的园中杂草和落叶集中烧毁,翻耕土层,破坏病虫的越冬场所。修剪清园后,全园喷 1 次波美 3~5 度石硫合剂。用药石灰液(50 g 晶体石硫合剂+500 g 生石灰水+4 000 g 水)进行树干刷白,刷掉树干孔隙处的越冬虫。萌芽后用辛菌胺 800 倍液预防猕猴桃细菌性溃疡病;用绿亨 2 号 400 倍液与敌克松 1 000 倍液预防猕猴桃根腐病;用 5 %多菌灵可湿性粉剂 500~600 倍液或70%甲基托布津可湿性粉剂1 000倍液预防猕猴桃褐斑病;用20%铜天下1 000倍液预防猕猴桃花腐病。用50%锌硫磷乳剂200倍液防治金龟子。[5]

参考文献 References

[1] 黄宏文. 猕猴桃100年的启示与中国21世纪猕猴桃品种及产业发展的思考//黄宏文. 猕猴桃研究进展(III). 北京:科学出版社,2005:i.

[2] 李瑞高,李洁维,王新桂,等. 猕猴桃属植物九个新种. 广西植物,2003,23(3):193-202.

[3] 李洁维. 猕猴桃新种长果猕猴桃的生物学特性及评价. 中国果树,2007(1):32-33.

[4] 李洁维,龚弘娟,蒋桥生,等. 猕猴桃生产技术规程. 南宁:广西壮族自治区质量技术监督局,2015.

[5] 许福平,金平涛,韩养贤,等. 猕猴桃全生育期病虫害绿色防控. 西北园艺,2014(12):31-33.

The Breeding of ‘Gui Fei’: A Easy to Peel Kiwifruit

MO Quanhui LI Jiewei JIANG Qiaosheng YE Kaiyu

GONG Hongjuan LI Ruigao LIANG Muyuan

(Guangxi Institute of Botany, Guangxi Zhuang Autonomous Region and the Chinese Academy of Sciences Guilin 541006)

Abstract ‘Gui Fei’, which is easy to peel, was selected from the seedlings. ‘Guifei’ has long cylindrical fruit, the average fruit weight is 38.33g and the maximum fruit weight is 50g. The fruit peel is dark green, easy to peel; and its fruit has flesh green, fine texture, rich flavor with unique fragrance. ‘Guifei’ has 15.2% soluble solids content, 12.0% total sugar content, 0.851% total acid content, 2 400 mg / kg vitamin C content. In Guangxi Guilin, it is a medium ripening varieties which needs 150 days from the flowering to the fruit mature (later September), mature varieties. ‘Guifei’ was approved by the Guangxi Crop Variety Approval Committee in June in 2015.

Key words Kiwifruit Cultivar Easy to peel ‘Guifei’

猕猴桃属3个种类在武汉地区的生物学特性鉴定研究

刘小莉　韩　飞　钟彩虹*

（中国科学院植物种质创新与特色农业重点实验室 中国科学院武汉植物园　武汉　430074）

摘　要　2012~2013年，本研究对广西植物研究所引进的长果猕猴桃、桃花猕猴桃、卵圆叶猕猴桃物种开展了物候期以及生物学特征调查，综合评价了果实外观以及果实内在品质。结果表明：长果猕猴桃在武汉地区3月上旬萌芽，5月初开花，10月上中旬果实成熟，花桃红色，花冠直径2.94 cm，花瓣5片，柱头36枚，花丝76枚，果实长圆柱形，果实重量4.9~7.5 g，果实软熟时可溶性固形物含量12.8%~15.9 %；桃花猕猴桃在武汉地区3月上旬萌芽，5月初开花，10月初果实成熟，花粉红色，花冠直径2.65 cm，花瓣5片，柱头25枚，花丝53枚，果实卵形，果实重量2.4~4.4 g，果实软熟时可溶性固形物含量7.5 %~9.8 %；卵圆叶猕猴桃在于武汉地区2月底萌芽，4月中旬开花，7月中下旬果实成熟，花白色，花冠直径2.45 cm，花瓣5片，柱头17枚，雄蕊26枚，果实重量5.4~8.6 g，果实软熟时可溶性固形物含量9.0 %~11.4 %。就引种综合表现情况来看，长果猕猴桃物种在武汉地区结果性状和果实品质方面表现较好。

关键词　猕猴桃　物候期　武汉　品质

猕猴桃隶属猕猴桃科（Actinidiaceae）猕猴桃属（*Actinidia* Lindl.），有54个种和21个变种，共约75个分类群[1]。我国是猕猴桃属植物资源原生中心[2]，自1978年以来已经选育出100多个猕猴桃品种[3]。目前栽培利用的主要为美味猕猴桃（*A. chinensis* Planch. var. *deliciosa* (A.Chev.) A. Chev.）和中华猕猴桃（*A. chinensis* Planch. var. *chinensis*）。卵圆叶猕猴桃（*A.indochinensis* var.*ovatifolia*）、桃花猕猴桃（*A.persicina*）、长果猕猴桃（*A. longicarpa*）[4]是广西植物研究所发现的猕猴桃新种。

2005年武汉植物园从广西植物研究所引进了长果猕猴桃、桃花猕猴桃、卵圆叶猕猴桃3个猕猴桃物种，当年冬季高接在多年生大树上，2012~2013年连续两年对这3个物种的物候期以及生物学特征进行了调查，对果实外观以及果实内在品质进行了综合评价。

1　材料与方法

1.1　试验地概况

试验地点选在国家猕猴桃种质资源圃（中国科学院武汉植物园内），其位于湖北省武汉市北郊（28°46′N，115°55′E），海拔50 m，属于亚热带大陆性气候，四季分明，年平均气温17.5 ℃，年日照时间1903.9 h，年降水量1 600~1 700 mm，年相对湿度75 %，年均无霜期超过240 d，土壤类型为黄壤。

1.2　供试物种材料

2005年从广西植物研究所引进了长果猕猴桃（*Actinidia longicarpa*）、桃花猕猴桃（*Actinidia persicina*）、卵圆叶猕猴桃（*Actinidia indochinensis* var.*ovatifolia*）3个猕猴桃物种作为试验材料，

* 通讯作者，女，湖南浏阳人，研究员，国家猕猴桃种质资源圃负责人，中国园艺学会猕猴桃分会理事长，长期从事猕猴桃等果树育种及栽培研究；E-mail：zhongch@ wbgcas.cn。

当年将枝条嫁接在多年生大树上,2007 年开始座果至今。

1.3 调查项目

2012~2013 年连续两年对这 3 个物种的物候期、生物学特征(叶片、花、果实)以及开花结果习性进行了调查,调查标准参考中华人民共和国农业行业标准 NY/T 2351—2013 进行。果实成熟时每个物种随机采取 50 个果实带回实验室进行品质分析评价。

1.4 果实品质测定方法

果实大小:采用数显式游标卡尺(Mitutoyo;500-187-30)测定果实的纵、横、侧径。

果实重量:采用(METTLERAE 200)电子天平测量。

硬度:采用果实硬度计(GY-4)测定。

可溶性固形物:采用数显式测糖仪(PR-101α)测量。

维生素 C:采用国标(GB/T 5009.86—2003)的 2,4-二硝基苯肼法测定。

总糖和总酸:采用直接滴定法测定。

2 结果与分析

2.1 3 个物种的物候期观察

由表 1 可以看出,卵圆叶猕猴桃的芽膨大期和芽萌动期都在 2 月底,要明显早于长果猕猴桃和桃花猕猴桃(3 月初);卵圆叶 3 月初开始展叶,4 d 之后进入展叶盛期,长果猕猴桃和桃花猕猴桃都在 3 月 11 日开始展叶,5 d 之后同时进入展叶盛期;卵圆叶猕猴桃在 3 月中旬现蕾,3 月底花蕾开始膨大,而长果猕猴桃和桃花猕猴桃现蕾期要比卵圆叶晚一周以上,4 月中旬同时进入蕾膨大期;卵圆叶猕猴桃 4 月 10 日开始露瓣,要比长果猕猴桃和桃花猕猴桃早 21 d,露瓣之后都是 2~4 d 进入初花期,卵圆叶猕猴桃 4 月中旬开花,长果猕猴桃和桃花猕猴桃都是 5 月初开花,卵圆叶猕猴桃和长果猕猴桃的花期均为 5 d,桃花猕猴桃的花期只有 4 d,3 个物种的花期相对于中华猕猴桃系列要短。卵圆叶猕猴桃 4 月 20 日就已经开始座果,是这 3 个物种中时间最早的,而长果猕猴桃和桃花猕猴桃的座果时间均在 5 月中旬。调查试验表明,在武汉地区卵圆叶猕猴桃的物候期要比长果猕猴桃和桃花猕猴桃的物候期早 20 d 左右,而长果猕猴桃和桃花猕猴桃的物候期基本一致。

表 1 3 个物种的物候期 (月/日)

物种	芽膨大始期	芽萌动期	展叶始期	展叶盛期	现蕾期	蕾膨大期	露瓣期	初花期	盛花期	终花期	座果期
卵圆叶	2/21	2/26	3/2	3/6	3/11	3/30	4/10	4/13	4/14~4/16	4/17	4/20
长果	3/1	3/6	3/11	3/16	3/18	4/13	5/1	5/3	5/4~5/6	5/7	5/11
桃花	3/6	3/9	3/11	3/16	3/18	4/13	5/1	5/4	5/5~5/6	5/7	5/12

2.2 3 个物种的成年植株形态特征

由表 2 可以看出,3 个物种的主干颜色均为灰褐色,主干皮孔颜色均不一样,分别为褐色、黄白、灰白色,卵圆叶猕猴桃的皮孔密度较密集,而长果猕猴桃和桃花猕猴桃的皮孔稀少;3 个物种的新梢颜色均为绿色,长果猕猴桃的新稍有绒毛,而卵圆叶猕猴桃和桃花猕猴桃的新梢均无绒毛,长果猕猴桃的皮孔颜色为浅黄色,卵圆叶猕猴桃和桃花猕猴桃的皮孔颜色为灰白色,桃花猕猴桃的皮孔密度较卵圆叶猕猴桃和长果猕猴桃要稀少;一年生枝条的颜色差异明显,卵圆叶猕猴桃为褐色,长果猕猴桃为灰褐色,桃花猕猴桃为银灰色,3 个物种的一年生枝条均无绒毛,皮孔颜色差异也较大,每个物种的一年生枝条皮孔颜色与主干的皮孔颜色基本一致,卵圆叶猕猴桃一年生枝条的皮孔密度也很密集,长果猕猴桃和桃花猕猴桃的皮孔密度相对卵圆叶要稀疏一些。

表 2　3 个物种成年植株形态特征

物种	主干			新梢				一年生枝条				
	颜色	皮孔颜色	皮孔密度	颜色	绒毛颜色	皮孔颜色	皮孔密度	颜色	绒毛颜色	绒毛密度	皮孔颜色	皮孔密度
卵圆叶	灰褐	褐色	较密	浅绿	无	灰白	中	褐色	无	无	褐色	较密
长果	灰褐	黄色	稀少	绿色	棕色	浅黄	中	灰褐	无	无	浅黄	中
桃花	灰褐	灰白	稀少	淡绿	无	灰白	稀少	银灰	无	无	灰白	中

2.3　成熟叶片形态特征

由表 3 可以看出,3 个物种的叶片形状都为卵圆形,叶片颜色也较为相近,叶片均无绒毛,叶背面颜色有差异,长果猕猴桃的叶背面颜色较卵圆叶猕猴桃和桃花猕猴桃要更绿一些;叶柄颜色都是以淡绿为主,卵圆叶猕猴桃的叶柄颜色有暗红色的情况;卵圆叶猕猴桃的叶柄长度、叶长、叶宽要明显大于长果猕猴桃和桃花猕猴桃,而长果猕猴桃和桃花猕猴桃的叶片数值很相近;桃花猕猴桃的叶片长宽比最高为 1.71,其次是卵圆叶猕猴桃,最低的是长果猕猴桃。

表 3　成熟叶片的形态特征

物种	形状	叶缘	叶面颜色	叶面绒毛	叶背颜色	叶柄颜色	叶柄长度/cm	叶长/cm	叶宽/cm	长宽比
卵圆叶	卵圆形	近全缘	墨绿	无	银灰深绿相间	淡绿或暗红	7.1	17.1	11.4	1.50
长果	卵圆形	粗锯齿	草绿	无	绿色	淡绿	4.9	15.1	10.6	1.42
桃花	卵圆形	粗锯齿	墨绿	无	银灰	浅绿	5.3	14.7	8.6	1.71

2.4　花的特征

由表 4 可以看出 3 个物种的花瓣数均为 5 片,花冠直径长果猕猴桃最大,为 2.96 cm,卵圆叶猕猴桃和桃花猕猴桃相近;卵圆叶猕猴桃的花瓣颜色为白色,而长果猕猴桃和桃花猕猴桃的花瓣颜色是粉红色;萼片颜色都为淡绿色,子房形状均为椭圆形,早期子房颜色均为白色;柱头数量最多的是长果猕猴桃有 36 枚,最少的是卵圆叶猕猴桃仅 17 枚;雄蕊数量最多的是长果猕猴桃 76 枚,其次是桃花猕猴桃 53 枚,最少的卵圆叶猕猴桃只有 26 枚,雄蕊花药颜色均为黄色;花梗长度卵圆叶猕猴桃较长果猕猴桃和桃花猕猴桃要长,达到了 1.73 cm,花梗粗度都在 0.08~0.11 cm。

表 4　3 个物种花的特征

物种	花冠直径/cm	花瓣数/片	花瓣颜色	萼片数/片	萼片颜色	子房形状	子房颜色	柱头数/枚	雄蕊数/枚	花药颜色	花梗长度/cm	花梗粗度/cm
卵圆叶	2.67	5	白色	—	淡绿	椭圆	乳白	17	26	黄色	1.73	0.08
长果	2.96	5	桃红	3	淡绿	椭圆	白色	36	76	黄色	1.35	0.11
桃花	2.51	5	粉红	5	淡绿	椭圆	白色	25	53	黄色	1.53	0.09

2.5　果实外观特征

由表 5 可以看出卵圆叶猕猴桃和桃花猕猴桃的果形均为卵形,而长果猕猴桃的果形为长圆柱形,长果猕猴桃的纵径也符合长圆柱果形的特征,且是 3 个物种间最大的,卵圆叶猕猴桃和桃花猕猴桃的纵径相近,卵圆叶猕猴桃的横径和侧径是最大的,长果猕猴桃的横径和侧径次之,桃花猕猴桃的横径和侧径值最小,三者的果皮颜色差异明显,果点大小卵圆叶和长果相近,果点分布状况卵圆叶和桃花都是略凸,果肩形状、果喙端三者相同,而果顶形状差异较大,卵圆叶果实无毛,长果和桃花猕猴桃果面有褐色茸毛。

表5　3个物种果实外观特征

物种	果实形状	纵径/mm	横径/mm	侧径/mm	果皮颜色	果点大小	果点状况	果肩形状	果顶形状	果喙端形状	果实茸毛
卵圆叶	卵形	20.51	19.63	18.68	灰褐	中	凸	圆	具喙	浅钝凸	无毛
长果	长圆柱	30.11	17.93	17.94	浅绿	中	平	圆	凹	浅钝凸	有
桃花	卵形	22.89	14.44	14.05	暗绿	小	凸	圆	平	浅钝凸	有

2.6　果实品质测定

由表6可以看出3个物种中长果猕猴桃的单果重要明显高于卵圆叶猕猴桃和桃花猕猴桃,为13.31 g,而单果重最小的是桃花猕猴桃,仅3.1 g。果实软熟后的长果猕猴桃的可溶性固形物、总糖及维生素C含量均是最高,酸度也最低;桃花猕猴桃的可溶性固形物含量最低,可溶性固形物仅8.40 %,卵圆叶猕猴桃的总酸含量最高为16.92 g/kg,维生素C含量最低仅20.56 mg/100 g,只有长果猕猴桃的1/15。

表6　3个物种果实营养成分比较(软熟状态)

物种	单果重/g	可溶性固形物/%	硬度/(cm/kg)	总糖/%	总酸/(g/kg)	维生素C/(mg/100 g)
卵圆叶	7.25	10.09	0.49	4.81	16.92	20.56
长果	13.31	14.40	0.17	8.66	9.62	309.16
桃花	3.10	8.40	0.18	4.96	10.18	90.87

3　结论

通过对卵圆叶、长果、桃花3个猕猴桃物种的物候期、生物学特征观察,果实外观形态(彩图7~彩图12)、果实品质分析等方面的评价。在武汉地区,卵圆叶猕猴桃的萌芽时间和开花时间最早,叶片和叶柄长度最长。果实表现最好的是长果猕猴桃,果重、可溶性固形物、总糖、维生素C含量均最高,酸度最低,果实风味也好明显好于卵圆叶猕猴桃和桃花猕猴桃。就引种综合表现情况来看,长果猕猴桃物种在武汉地区结果性状和果实品质方面表现最好,具有经济开发价值,是培育高维生素C品种的优良育种材料。

卵圆叶和长果的果实外观

长果猕猴桃结果状

卵圆叶猕猴桃的结果状

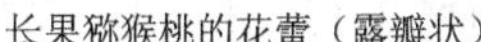

长果猕猴桃的花蕾（露瓣状）

卵圆叶猕猴桃的花

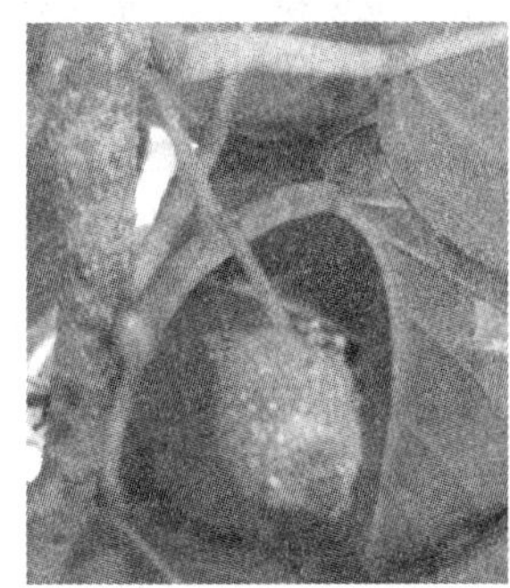

桃花猕猴桃的花和结果状

参考文献 References

[1] 黄宏文.猕猴桃驯化改良百年启示及天然居群遗传渐渗的基因发掘.植物科学学报,2009,44 (2):127-142.

[2] 黄宏文,龚俊杰,王圣梅,等.猕猴桃属(*Actinidia*)植物的遗传多样性.生物多样性,2000,8 (1):1-12.

[3] 陈启亮,陈庆红,顾霞,等.中国猕猴桃新品种选育成就与展望.中国南方果树,2009,38 (2):70-75.

[4] 李瑞高, 李洁维, 王新桂,等.猕猴桃属植物九个新种.广西植物,2003,23(3):193-202 .

Comparative Studies on Biological Characteristics of Newly Introduced: Three Kiwifruit Species in Wuhan

LIU Xiaoli HAN Fei ZHONG Caihong

(Key Laboratory of Plant Germplasm Enhancement and Specialty Agriculture, Wuhan Botanical Garden, Chinese Academy of Sciences Wuhan 430074)

Abstract In this study, the phenological, biological and fruit characteristics of *Actinidia longicarpa*, *A.persicina* and *A.indochinensis* var.*ovatifolia*, which were introduced from Guangxi Institute of Botany, were investigated from 2012 to 2013.*A.longicarpa* sprouted in early March, flowered in early May, fruit ripening from early to middle October in Wuhan; its flower has peachblow colour, 2.94 cm corolla diameter, 5 petals, 36 stigmas, 76 filaments; its fruit is long cylindrical, 4.9~7.5 g, 12.8 %~15.9 % soluble solids content when the fruit soften.*A.persicina* sprouted in early March, bloomed in early May, fruit ripening in early October in Wuhan; its flower has pink colour, 2.65 cm corolla diameter, 5 petals, 25 stigmas, 53 filaments; its fruit is oval, 2.4~4.4 g, 7.5 %~9.8 % soluble solids content.*A.indochinensis* var.*ovatifolia* sprouted in the end of February, bloomed in middle March, fruit ripening in later July in Wuhan; its has white flower, 2.45 cm corolla diameter, 5 petals, 17 stigmas, 26 filaments; its fruit has 5.4~8.6 g fruit weight and 5.4 %~8.6 % soluble solids content.To sum up, *A.longicarpa* performed better in yield and fruit quality in Wuhan.

Key words *Actinidia* Phenology Wuhan Characteristic

猕猴桃雄性品种‘磨山雄 1 号’的选育

韩　飞　刘小莉　李大卫　张　鹏　钟彩虹*

（中国科学院植物种质创新与特色农业重点实验室，中国科学院武汉植物园　武汉　430074）

摘　要　早花雄性新品种‘磨山雄 1 号’是从中华猕猴桃种子实生后代中选育而成。该品种树势中等偏强，成花容易，花枝率 100 %，以短缩花枝和短花枝为主。花为聚伞花序，花冠直径 34 mm，花瓣 6~7片，花丝数约 50 个，花药纵横径 1.70 mm×0.85 mm。花粉量大，花粉萌发率 62.4 %~ 79.0 %。开花早、花期长，在武汉地区，4 月上中旬初花，4 月中下旬盛花，4 月底谢花，花期 13 ~ 17 d，能与大部分早中花雌性品种花期相遇。

关键词　猕猴桃　‘磨山雄 1 号’ 花期　品种

中国是猕猴桃(*Actinidia* Lindl.)的起源和分布中心，种质资源极为丰富[1]。自 1978 年以来中国已经选育出 100 多个猕猴桃品种[2]，猕猴桃是雌雄异株植物，生产上必须配充足的雄株[3]，才能保证雌性品种产量高，果实品质优。但一直以来对雄性品种的选育重视程度不够，生产上有的仅注重雄株的开花时间和花期，而不注重该雄株花粉的萌发率及对雌性品种果实品质的影响。实际上不同的雄性品种对雌性品种的结果和果实品质是有影响的，有的能促进果实品质改善，而有的却不利于结果。目前全球审定的雄性品种非常少，仅中国科学院武汉植物园选育的‘磨山 4 号’、广东省和平县选育的‘和雄 1 号’、新西兰的‘马吐阿’和‘陶木里’等少数几个雄性品种，早花雄性品种非常缺少。

1　选育过程

‘磨山雄 1 号’由中华猕猴桃种子实生播种后代选育而成。2000 年，武汉植物园收集早熟中华猕猴桃种子，2001 年播种培育实生苗，2003 年部分单株开花，且大多是雄株，其中编号为 4 332 的单株开花最早，花为聚伞花序，每花枝花量大，花枝率达 100 %，连续 2 年观察性状稳定。2005 年采集枝条高接，2006 年开花，花期长达 12 d。2006 年冬季，作为早花品种的配套授粉树引入湖北建始县高接鉴定，第二年开花，至 2013 年，花期均在 4 月中旬，与当地早花品种花期相遇，花期长达 12 ~ 16 d。2009 年春，随着雌性品种‘东红’‘红阳’等的引入，分别在四川蒲江、湖北大悟、湖南桂阳和麻阳等地进行区域试验，2010 年春季引入江苏苏州进行区域试验。经多年多点对母树和多代子代观察，在各区域试验点，该品系均表现开花早、花期长，能与当地早中花品种相遇，且座果率高，果实品质优，果实整齐度高，适应范围广和抗逆性强。2014 年 12 月已通过国家林木品种审定委员会审定，命名为‘磨山雄 1 号’。

2　主要性状

2.1　植物学性状

树势中等偏强，萌芽率 70 %~ 85 %。成花容易，花枝率 100 %，以短缩花枝和短花枝为主。

* 通讯作者，女，湖南浏阳人，研究员，国家猕猴桃种质资源圃负责人，中国园艺学会猕猴桃分会理事长，长期从事猕猴桃等果树育种及栽培研究；E-mail：zhongch@ wbgcas.cn。

花为聚伞花序,花冠直径 34 mm,花瓣 6~7 片,花丝数约 50 个,花药纵横径 1.70 mm×0.85 mm。花粉量大,花粉萌发率 62 %~79 %。开花早且花期长,在武汉地区,4 月上中旬初花,4 月中下旬盛花,4 月底谢花,花期 13~17 d。能与早花雌性品种'红阳''东红''金玉''满天红''金农''红华''丰悦''金早''川猕 3 号''Hort16A'等 10 余个早花雌性品种花期相遇(表 1)。

表 1　2010~2012 年'磨山雄 1 号'的花期与部分雌性品种的花期比较　　(月/日)

品种	初花时间	盛花时间	谢花时间	花期/d
磨山雄 1 号	4/14~4/16	4/17~4/26	4/27~4/30	13~17
红阳	4/13~4/15	4/14~4/16	4/17	4~5
红华	4/13~4/15	4/14~4/16	4/17~4/18	4~6
东红	4/13~4/15	4/14~4/15	4/16~4/17	3~5
川猕 3 号	4/14~4/15	4/16	4/17~4/18	5~6
丰悦	4/14~4/15	4/16~4/18	4/19	5~7
满天红	4/20~4/21	4/22~4/23	4/24~4/25	5~6
金玉	4/13~4/16	4/15~4/18	4/19~4/22	5~7
Hort16A	4/14~4/15	4/16~4/17	4/18	5~6
金早	4/20~4/22	4/22~4/24	4/25~4/26	5~7

2.2　物候期

'磨山雄 1 号'在武汉地区,4 月上中旬初花,4 月中下旬盛花,4 月底谢花,花期 13~17 d。比'磨山 4 号'的花期早 10 d 左右(表 2)。

表 2　2010~2012 年'磨山雄 1 号'与'磨山 4 号'的花期比较　　(月/日)

品种	初花时间	盛花时间	谢花时间	花期/天
磨山雄 1 号	4/14~4/16	4/17~4/26	4/27~4/30	13~17
磨山 4 号	4/25~4/27	4/27~5/08	5/09~5/13	15~17

3　主要栽培技术要点

3.1　高标准建园

选择在有机质含量丰富,土壤疏松肥沃、排灌方便的地方建园,保证充足的水源,土壤 pH 值为 6~7 最适宜。建园方式可采取抽沟(70 cm 深,1.0~1.5 m 宽)定植,或全园机械深翻 60 cm,机械起垄。建园时施足底肥,分层施足有机肥为主的基肥。如在平原地区种植,在抽槽沟底层最好用砖砌成暗沟,以免渍水。

3.2　整形修剪

'磨山雄 1 号'树势中等偏强,宜采用平顶大棚架式或 T 形棚架,采用一干两主蔓多侧蔓树形,主干高离架面 5~10 cm。冬季修剪以轻剪为主,剪去缠绕枝、病虫枝,对生长健壮的所有枝梢均保留,春季花后复剪,重回缩修剪,保留靠近主干的新梢,培养成第二年的开花母枝。

3.3　施肥

与雌株施肥相同,主要重施基肥,萌芽肥视树势强弱和土壤肥力等而定。基肥一般采果后结合深翻改土进行,幼年园挖环状沟深 60 cm、宽 30 cm 施肥沟,对已封行树,可改环状沟施为条状沟施或撒施，采用撒施方式施肥的果园，需每隔 4~5 年采用条状沟深施一次，有利于根系深扎。每株施 50 kg 腐熟农家肥和 2 kg 过磷酸钙。

参考文献 References

[1] 黄宏文，龚俊杰，王圣梅，等.猕猴桃属（*Actinidia*）植物的遗传多样性.生物多样性，2000，8（1）：1-12.

[2] 陈启亮，陈庆红，顾霞，等.中国猕猴桃新品种选育成就与展望.中国南方果树，2009，38（2）：70-75.

[3] 黄宏文，张忠慧，姜正旺，等.中华猕猴桃雄性新品种'磨山 4 号'.园艺学报，2006（5）：1163.

An Early-blooming Pollenizer of Kiwifruit 'Moshan Xiong 1'

HAN Fei LIU Xiaoli LI Dawei ZHANG Peng ZHONG Caihong

(Key Laboratory of Plant Germplasm Enhancement and Specialty Agriculture, Wuhan Botanical Garden, Chinese Academy of Sciences Wuhan 430074)

Abstract 'Moshan Xiong 1' is an early-blooming pollenizer of kiwifruit, which was selected from the seedlings of *Actinidia chinensis* var *chinensis*.The vine of 'Moshan Xiong 1' is moderately vigorous and easy to blooming.The bud break rate is 70 %~85 % and flowering rate is 100 %.In Wuhan, flowering is in mid-April and lasting 13~17 days.The flower is cymes, white, and it has 34 mm corolla diameter, 1.70 mm×0.85mm anther size, 6~7 petals and approximate 50 filaments.'Moshan Xiong 1' produces a larger number of flowers and abundant pollen with 62.4 %~79.0 % germination rate.The flowering period of 'Moshan Xiong 1' coincides with the flowering of most early or middle-blooming female cultivars.

Key words Kiwifruit 'Moshan Xiong 1' Florescence Cultivar

（三）生物技术研究

狗枣猕猴桃叶片光谱学特性研究

王振兴　秦红艳　杨义明　刘迎雪　范书田　艾　军*

（中国农业科学院特产研究所　长春　130112）

摘　要　以狗枣猕猴桃不同颜色叶片为实验材料，利用显微结构法和光谱分析法，研究了光谱学特性。结果显示：彩叶栅栏组织细胞呈不规则圆形，细胞排列松散，栅栏组织层内发现大量"气室"。不同时期彩叶近轴面反射在450～1 100 nm区间均高于绿色叶片，白叶反射率最高。当叶片返绿后，其反射谱类似于绿叶，但在500～600 nm区间的反射光谱显著高于红色叶片。在远轴表面，不同颜色叶片在400～700 nm区间与绿叶的反射光谱相似。彩叶上表面叶肉组织相对叶绿素含量显著低于远轴面和绿色叶片，当彩叶返绿后叶绿素含量相对高于其他时期彩叶显著升高。狗枣猕猴桃彩叶是结构型和色素型彩叶的复合体，彩叶入射光的大量反射主要由于栅栏组织存在大量气室。

关键词　狗枣猕猴桃　彩叶　光谱反射　结构特征

狗枣猕猴桃 *Actinidia kolomikta*（Rupr.et maxim）Planch 为猕猴桃科猕猴桃属多年生藤本植物，俗称狗枣子。主要分布于我国东北及朝鲜、日本、俄罗斯等地。狗枣猕猴桃叶片颜色在一年中动态变化，呈三季色，具有极高的观赏价值，是一个有发展前景的彩叶树种。狗枣猕猴桃彩叶颜色独特，尤其在春季形成耀眼的银白色（金属白），很多研究表明一些植物叶片呈现白色或银色主要归因于叶面表皮绒毛和表皮蜡质的存在（Liakopoulos et al.，2006；Karabourniotis et al.，1999；Reicosky et al, 1978），这使得叶表皮反射了大量可见光，从而呈现白色或银白色。同时也有大量研究表明这种叶片主要因叶绿素亏缺及叶肉细胞中大量气室的存在造成的（Sakamoto et al.，2009；Yu et al.，2007）。狗枣猕猴桃叶片发育过程中颜色呈现多样性，是研究彩斑植物呈色机理的理想材料。然而目前很少对叶片表皮光学特性和光谱学特征进行分析，彩叶形成过程中光谱学特性与叶片结构特征间的关系还未被阐明。本文通过比较彩斑叶与正常绿叶的表皮细胞形态、叶片结构、叶片反射光谱以及色素的相对含量，进一步讨论反射光谱与叶片结构的关系，为阐明狗枣猕猴桃彩斑呈色机理提供理论依据。

1　材料与方法

1.1　材料

试验于2010年7月在中国农业科学院特产研究所北方特色浆果资源圃中进行，选择生长势、株高和树龄等相近的狗枣猕猴桃植株3株，每株选取大小、生长状况一致的向阳功能叶片为试验材料供测定。

1.2　方法

用配有叶片专用测量探头的Unispec田间便携式光谱仪（PPSystem，美国），测量连体叶片的反射光谱。光谱仪的测定波段范围为310～1 100 nm，光谱采样间隔（波段值）为313 nm，光

* 通讯作者，研究员，E-mail：aijun1005@163.com。

谱分辨率<10 nm。按以下公式计算各光谱指数：

叶绿素 a(Sims et al.,2002)

$$PSND_{680}=(R_{800}-R_{680})/(R_{800}+R_{680})$$

叶绿素 b(Blackburn, 1998)

$$PSND_{650}=(R_{800}-R_{650})/(R_{800}+R_{650})$$

花青苷(Gitelson et al.,2001)

$$ARI=R_{800}[(1/R_{550})-(1/R_{700})]$$

2 结果

2.1 叶片结构特征

通过对绿色叶片解剖结构观察,发现栅栏组织由长圆柱形细胞组成,而彩叶栅栏组织细胞则呈不规则圆形,细胞排列松散,栅栏组织层内发现大量"气室"(图1)。

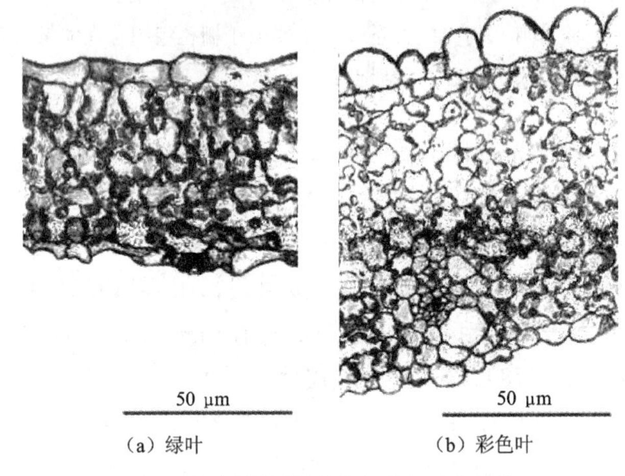

(a) 绿叶　　(b) 彩色叶

图1　狗枣猕猴桃绿叶和彩色叶片结构

2.2 光谱学特征

通过对不同发育时期彩叶 400~1 100 nm 的反射光谱进行分析,白色幼叶近轴面反射类似于成熟的白色叶片,但白色幼叶远轴面反射则在 500~700 nm 高于其他时期彩叶。对于绿色叶片而言,其幼嫩期和成熟期的近轴面和远轴面反射光谱非常类似。

在近轴表面,各个时期的彩叶反射率总是显著高于绿色叶片,不同时期彩叶反射率也不相同,成熟白色叶片反射率最高,其次是白色幼嫩叶片、微红叶片、浅绿色叶片(彩叶返绿)和红色叶片(图2(a),彩图13(a))。此外不同时期彩色叶片近轴面在近红外波段区域(750~1 100 nm)的反射光谱特征与正常绿色叶片差异明显,均高于绿色叶片。

在远轴表面,除白色叶片(幼嫩及成熟)外,不同时期彩色叶片在 400~700 nm 的反射光谱无明显差异,白色叶片在 500~680 nm 区段的反射光谱显著高于绿叶和其他时期彩叶(图2(b),彩图13(b))。彩叶近红外波段区域(750~1 100 nm)的反射光谱特征与正常绿色叶片差异明显,显著高于绿色叶片。

2.3 叶片结构及色素含量

从表1可以看出,幼嫩白色叶片发育到成龄白色叶片的过程中叶绿素 a 和叶绿素 b 的相对含量呈现先降低后升高的趋势;成龄白叶经历粉红再返绿的过程中叶绿素 a 和叶绿素 b 的

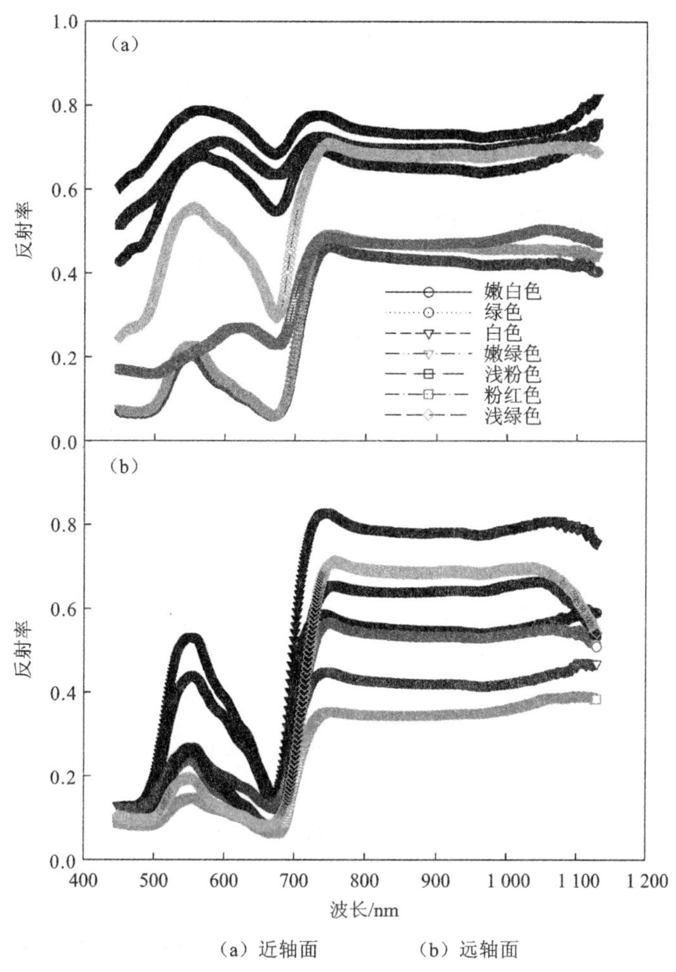

(a) 近轴面　　　　(b) 远轴面

图 2　狗枣猕猴桃不同颜色叶片光谱学特性

相对含量呈现逐渐升高的趋势,而花青素的相对含量呈现先升高后降低的趋势,这是彩斑叶发育过程中近轴表面的叶绿素含量的变化。对于远轴面而言,幼嫩白色叶片发育到成龄白色叶片的过程中叶绿素 a 和叶绿素 b 的相对含量呈现逐渐升高的趋势,成龄白叶经历粉红再返绿的过程中叶绿素 a 和叶绿素 b 的相对含量没有明显变化。而对于绿色叶片发育而言,无论近轴还是远轴,其叶绿素 a 和叶绿素 b 的相对含量均呈现上升趋势。

表 1　狗枣猕猴桃不同颜色叶片上表面和下表面叶绿素和花青素相对含量

不同表面	参数	绿叶	白叶	微红色叶	粉色叶	返绿叶
近轴面	花青素	−0.023	−0.020	0.693	2.994	−0.112
	叶绿素 b	0.785	0.065	0.084	0.083	0.443
	叶绿素 a	0.766	0.081	0.095	0.094	0.518
远轴面	花青素	0.150	0.080	0.226	0.291	0.256
	叶绿素 b	0.721	0.789	0.798	0.793	0.805
	叶绿素 a	0.674	0.772	0.779	0.785	0.772

3 讨论

狗枣猕猴桃彩斑叶白叶期叶片的表皮反射模式与其结构紧密相连,彩叶栅栏组织细胞中有大量气室,这形成了反射结构。然而,这种反射结构与秋海棠属类彩叶不同(Sheue et al., 2012,Zhang et al.,2009),狗枣猕猴桃白叶期的光谱反射率远高于秋海棠属类植物的彩叶。这主要由于秋海棠属类植物的彩叶其栅栏组织细胞中含有大量功能性叶绿体,因此尽管存在气室结构,入射光仍被大量吸收,造成其反射率低于狗枣猕猴桃彩叶。

目前许多研究将光谱反射与植物生长相连(Ranjan et al.,2014;Bajgiran et al.,2012;Sims et al.,2002;Penuelas et al.,1998;Penuelas et al.,1997;Knipling, 1970),对于大多数植物而言,其叶片中各种色素含量均可以采用常规理化方法进行测定。然而,一些特殊的植物叶片,如狗枣猕猴桃彩叶类的叶片,近轴侧和远轴侧颜色存在显著差异,常规理化方法只能测得各种色素的均值,而不能实时、无损伤的对近轴侧和远轴侧色素种类及含量的变化进行专一性的评价。此外,叶片反射光谱对叶片色素水平的响应非常敏感,如粉红色叶片和微红色叶片有完全不同的反射光谱,因此光谱技术可以广泛应用于对彩叶颜色划分和鉴定工作中。

前人的研究还表明,400~700 nm 区段的可见光谱反射主要受到叶表蜡质、绒毛以及光合色素的影响,而近红外区(750~1 350 nm)光谱则受到叶片结构的影响(Slaton et al.,2001)。我们的研究结果显示,彩叶结构与近红外区(750~1 350 nm)反射光谱紧密相连,因此,光谱反射特性可能广泛应用于叶片结构、叶片不同发育时期的鉴定以及叶片光合潜力的估计。

参考文献 References

BAJGIRAN P R, MUNEHIRO M, OMASA K, 2012. Relationships between the photochemical reflectance index (PRI) and chlorophyll fluorescence parameters and plant pigment indices at different leaf growth stages.Photosynthesis Res., 113:261-271.

BLACKBURN G A, 1998.Spectral indices for estimating photosynthetic pigment concentrations:a test using senescent tree leaves.Int. J.Remote Sensing, 19:657-675.

GITELSON A A, MERZLYAK M N, CHIVKUNOVA O B, 2001.Optical properties and nondestructive estimation of anthocyanin content in plant leaves.Photochemistry Photobiology, 71:38-45.

KARABOURNIOTIS G., BORNMAN J.F., LIAKOURA V, 1999.Different leaf surface characteristics of three grape cultivars affect leaf optical properties as measured with fibre optics:possible implication in stress tolerance.Aust.J.Plant Physiol,26:47-53.

KNIPLINGE B, 1970.Physical and physiological basis for the reflectance of visible and near-infrared radiation from vegetation.Remote Sensing Environ, 1:155-159.

LIAKOPOULOS G, NIKOLOPOULOS D, KLOUVATOU A, et al., 2006.The photoprotective role of epidermal anthocyanins and surface pubescence in young leaves of grapevine (*Vitis vinifera*).Ann.Bot., 98:257-265.

PEÑUELAS J, ISLA R, FILELLA I, et al.,1997.Visible and near-infrared reflectance assessment of salinity effects on barley.Crop Sci., 37:198-202.

PEÑUELAS J, FILELLA I, 1998.Visible and nearinfrared reflectance techniques for diagnosing plant physiological status.Trends Plant Sci., 3(4):151-155.

RANJAN S, SINGH R, SINGH M, et al.,2014.Characterizing photoinhibition and photosynthesis in juvenile-red versus mature-green leaves of *Jatropha curcas* L Plant Physiol.Biochem, 79:48-59.

REICOSKYD A, HANOVER J W, 1978.Physiological effects of surface waxes.Plant Physiol, 62:101-104.

SAKAMOTO W, UNO Y, ZHANG Q, et al., 2009.Arrested differentiation of proplastids into chloroplasts in variegated leaves characterized by plastid ultrastructure and nucleoid morphology.Plant Cell Physiol, 50:2069-2083.

SHEUE C R, PAO S H, CHIEN L F, et al.,2012.Natural foliar variegation without costs? The case of Begonia.Ann.Bot., 109:

1065-1074.

SIMS D A, GAMON J A, 2002. Relationships between leaf pigment content and spectral reflectance across a wide range of species, leaf structures and developmental stages. Remote Sensing Environ, 81:337-354.

SLATON J W, MORGENSTERN N, LEVY D A, et al., 2001. Tumor stage, vascular invasion and the percentage of poorly differentiated cancer: independent prognosticators for inguinal lymph node metastasis in penile squamous cancer. The Journal of Urology, 165(4):1138-1142.

YU F, FU A G, ALURU M, et al., 2007. Variegation mutants and mechanisms of chloroplast biogenesis. Plant Cell Environ, 30: 350-365.

ZHANG Y, HAYASHI T, HOSOKAWA M, et al., 2009. Metallic lustre and the optical mechanism generated from the leaf surface of *Begonia rex* Putz. Sci. hort., 121:213-217.

Study on Spectrum Characteristic of Variegated Leaves in *Actinidia kolomikta*

WANG Zhenxing QIN Hongyan YANG Yiming LIU Yingxue FAN Shutian AI Jun

(Institute of Special Wild Economic Animal and Plant Science,

Chinese Academy of Agricultural Sciences Changchun 130112)

Abstract Spectrum characteristic of different color leaves in *Actinidia kolomikta* was studied by microstructures and spectrometer analysis. The results showed that palisade tissue cells in variegated leaves were irregular rings outlining and loose, and contained many intercellular spaces. In adaxial surface, reflectance of variegated leaves was higher than in green areas in 450~1 100 nm region, and reflectance rate of white leaves was highest. When variegated leaves turned green, its reflectance rate was higher than red and green leaf although spectrum shape was similar to green leaf. In abaxial surface, reflectance of variegated leaves was similar to green areas at 400~700 nm, but significant increase in variegated leaves in 750~1 100 nm region. The content of chlorophyll of variegated leaf in adaxial surface was lower than adaxial surface of variegated leaf and green leaf. When variegated leaves turned green, content of chlorophyll increased significantly. In conclusion, variegation in *A. kolomikta* is a combination of structural type and pigment type, higher reflection of incident light was mainly due to air spaces.

Key words *Actinidia kolomikta* Variegated leaf Reflection spectrum Structural characteristic

基于 EST-SSR 的 20 份软枣猕猴桃种质聚类分析

王丹丹[1]　王清明[2]

（1 辽东学院农学院　丹东　118003；2 四川省广元市农业科学研究院　广元　628017）

摘　要　为筛选出一套适合软枣猕猴桃品种鉴定的 EST-SSR 核心引物，以 20 份软枣猕猴桃为材料，从已开发的 198 对 EST-SSR 引物中，经过多套指标逐步筛选，最终得到扩增条带清晰、稳定性及多态性较好的 12 对核心引物组合；12 对核心引物共扩增 72 条多态性条带，多态性位点百分率 90.3 %，多态信息含量（PIC）平均值为 0.707，引物个体识别能力（DP）平均值为 0.720。对 12 对核心引物在 20 份软枣猕猴桃种质的扩增结果进行聚类分析，在相似系数为 0.45 时聚为绿肉和红肉两大种质类群，且绿肉性状较红肉性状更为原始，果肉颜色可作为软枣猕猴桃种质的分类标准。

关键词　软枣猕猴桃　EST-SSR　核心引物　亲缘关系

软枣猕猴桃属于猕猴桃科猕猴桃属（*Actinidia*），是猕猴桃科第三大栽培物种。近年来，随着现代分子生物学技术在品种改良中的深入运用，软枣猕猴桃创新种质日新月异[1-3]。日渐庞大的种质资源总量使其在实际生产中经常出现品种混乱。长期以来，软枣猕猴桃的种质资源鉴定主要依赖于形态学标记。但形态学标记的识别区间狭窄，加之其在不同的生态环境中常伴随有不同程度的饰变作用，分析难度大，结论准确性低[4]。而且，田间试验周期长，难以适应创新种质商业生产活动中的交流。因此，筛选一套适用于软枣猕猴桃种质资源鉴定的标记、并对现行主要的优秀种质材料对进行亲缘性测试具有重要意义。

在现代分子生物学技术的推动下，分子标记辅助选择（molecular marker assisted selection，MAS）技术日益发展成熟并广泛运用，以简单序列重复（simple sequence repeat，SSR）为基础的 DNA 分子标记技术具有共显性标记、重复性好，多态性高及操作简单等优点。表达序列标签（expressed sequence tags，ESTs）是从一个随机选择的 cDNA 克隆进行 5’端和 3’端单一次测序获得的短的 cDNA 部分序列，是和蛋白质表达直接相关的序列，代表一个完整基因的一小部分[5-7]。EST-SSR 是以 DNA 为基础的一种新型分子标记。所以，从 ESTs 序列中开发 SSR 标记，并研究软枣猕猴桃种质资源问题具有较高的可信度，亦可解决软枣猕猴桃地方品种混杂的问题，即异物同名、同物异名等。

目前，软枣猕猴桃种质遗传分析、新品种测试 DUS（distinctness，uniformity，stability）以及指纹图谱构建等主要依靠形态学标记，有关分子标记在软枣猕猴桃上的运用研究尚少。在软枣猕猴桃形态学标记的研究中，受饰变和主观因素影响，难以避免可用标记数量少、标记多态性低、标记难以真实反映种质携带的遗传信息等缺点，种质研究中普遍存在着多、乱、杂的现象[8-10]。本研究旨在从大量的 EST-SSR 引物中筛选出一组多态性较高、稳定性较好、通用性较强的核心引物，并计算核心引物的多态信息含量及多态位点百分率等，分析 20 份软枣猕猴桃种质的亲缘关系，为软枣猕猴桃 SSR 标记选择、种质遗传关系、种质资源鉴定以及分子标记辅助育种工作提供依据。

1　材料与方法

1.1　供试材料

用于核心引物筛选的软枣猕猴桃供试材料(表1)均采自辽宁省丹东市(东经124°23′,北纬40°07′),属于暖温带亚湿润季风型气候,是我国北方雨量较多的地区,其年平均降水量800~1 200 mm,年平均气温6~9 ℃。供试材料均采集春季、夏季生长状况良好的健康幼嫩叶片,硅胶干燥保存;每份种质抽取10个单株。

表1　20份供试软枣猕猴桃材料

序号	种质	主要特征	序号	种质	主要特征
1	佳绿	中熟;果长柱形;绿果皮,绿果肉	11	LD1443	早熟;果椭圆形;绿色果皮,见光浅紫红色;红色果肉
2	丰绿	早熟;果圆形;绿果皮,绿果肉	12	LD1442	中熟;果长枕型;红褐色果皮,绿色果肉
3	红佳丽	中熟;果椭圆形;红果皮,绿果肉	13	福玉1号	晚熟;果长圆柱形;绿果皮,成熟后泛红
4	金香玉	晚熟;果椭圆形;绿果皮,绿果肉	14	红宝石星	中熟;果长椭圆形;玫瑰红果皮,玫瑰红果肉
5	绿珍珠	晚熟;果长扁圆形;绿果皮,绿果肉	15	壮庭1号	中熟;果卵圆形;红果皮;红果肉
6	天源红	早熟;果卵圆形;红果皮,红果肉	16	桓优1号	早熟;果卵圆形;青绿色果皮,绿果肉
7	宝贝星	早熟;果短梯形;绿果皮,绿果肉	17	树丰1号	晚熟;果长椭圆形;绿色泛红(成熟)果皮,绿色果肉
8	LD237	中熟;果实长圆形;果皮深绿色;绿果肉	18	长江1号	早熟;果椭圆形;绿果皮,绿果肉
9	LD133	晚熟;果卵圆形;绿果皮,绿果肉	19	长江2号	中熟;果椭圆形;绿果皮,绿果肉
10	LD126	中熟;果圆形;绿果皮,白果肉	20	长江3号	晚熟;果椭圆形;绿果皮,绿果肉

1.2　总DNA提取

供试材料各取10个个体混合,取4~6 g嫩叶,于液氮中研磨至粉末状,采用Rogers和Bendich在1985年改良的CTAB法提取总DNA[11],并用Rnase A去除RNA;用紫外分光核算测定仪(GENEQUANT, Eppendorf, Gemany)测定总DNA的浓度和质量,1 %琼脂糖凝胶电泳检测DNA的浓度及质量,-20 ℃保存备用[12];分析时模板稀释为50 ng/μl。

1.3　SSR-PCR扩增

本研究的EST-SSR引物序列来源于美国国家生物技术信息中心(National Center for Biotechnology information,NCBI)EST数据库下载软枣猕猴桃EST序列设计的EST-SSR引物,引物由生工生物工程(上海)股份有限公司合成。

PCR扩增反应总体积为20 μl:DNA(50~100 ng/μl)1 μl,引物(10 μmol/L)各1.5 μl,dNTPs (2.5 mmol/L) 2 μl,Taq DNA聚合酶(5U/μl)0.2 μl,$MgCl_2$(1.5 mmol/L) 1.5 μl,10×缓冲液2.5 μl,加ddH_2O至20 μl;PCR反应程序:94 ℃预变性5 min;94 ℃变性50 s,T_a℃退火50 s(T_a基于引物使用说明书调整),72 ℃延伸1 min,35个循环;72 ℃延伸8 min,4 ℃保存待用[13-16]。PCR扩增产物采用8 %变性聚丙烯酰胺凝胶电泳(PAGE)分离,采用0.1 % Ag^+银染,显色后拍照统计。

1.4　核心引物选择

采用多套指标逐步筛选核心引物[17]:选用7份供试材料的总DNA样品对198对EST-SSR引物进行SSR-PCR扩增,重复3次,选取条带清晰、杂带较少的SSR引物作为初选引物;采用初选引物对20份软枣猕猴桃总DNA进行SSR-PCR扩增[18],重复三次,选择多态性高、稳定性好的 SSR 引物作为复选引物[19]；最后，对复选引物采用主成分分析（principal component analysis，PCA），确定出核心引物。

1.5 数据统计

在相同电泳迁移率位置上，选择清晰易辨的多态性带型进行统计，以条带的有/无，记为 1/0 矩阵[20-23]；统计 EST-SSR 标记 PCR 引物检测出的等位基因数和基因型[24]。采用软件 Tassel 4.0 对已筛选出的软枣猕猴桃多态性引物进行主成分分析[25]；采用 Mega 4.0 软件的类平均法（UPGMA）进行聚类分析并得出相似系数[26]；采用 Powermarker 软件计算每对引物的多态信息含量（PIC）[27]。

2 结果与分析

2.1 总 DNA 完整性检测

20 份软枣猕猴桃总 DNA 的 OD260/OD280 值均介于 1.8～2.0，位于高纯度 DNA 的 OD260/OD280 值要求范围。1％琼脂糖凝胶电泳检测显示 20 份软枣猕猴桃总 DNA 条带清晰、完整、无拖带，可用于 SSR-PCR 研究（图 1）。

2.2 核心引物筛选

采用 198 对 EST-SSR 引物对 7 份供试材料的总 DNA 进行扩增，选出条带清晰、杂带较少的 EST-SSR 初选引物 72 对（36.4％）；采用初选引物对 20 份供试材料总 DNA 进行扩增，选出多态性高、稳定性好的 EST-SSR 复选引物 43 对（10.6％）。采用软件 SPASS 19.0 对复选引物进行 PCA 分析，结果显示（图 2），当主成分个数为 19 时，筛选的多态性引物累积贡献率高达 87％，选出各主成分中贡献率最大的引物（特征向量最大的引物），并获得 14 对较优的 EST-SSR 引物。综合主成分分析结果、引物扩增效果和 PIC 值等指标，最终确定出 12 对 EST-SSR 引物作为核心引物（表 2）。

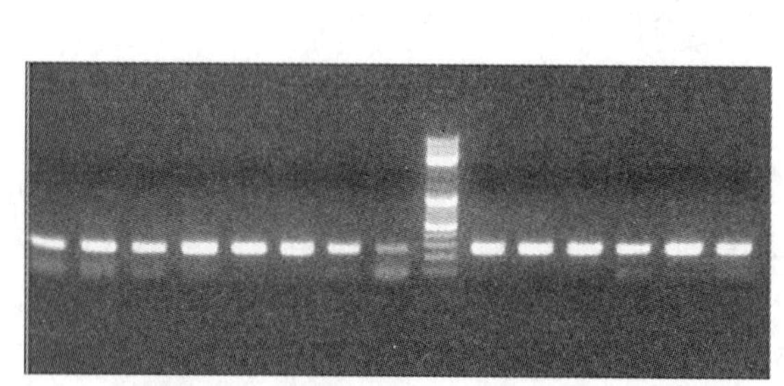

图 1　20 份软枣猕猴桃总 DNA 琼脂糖凝胶电泳检测

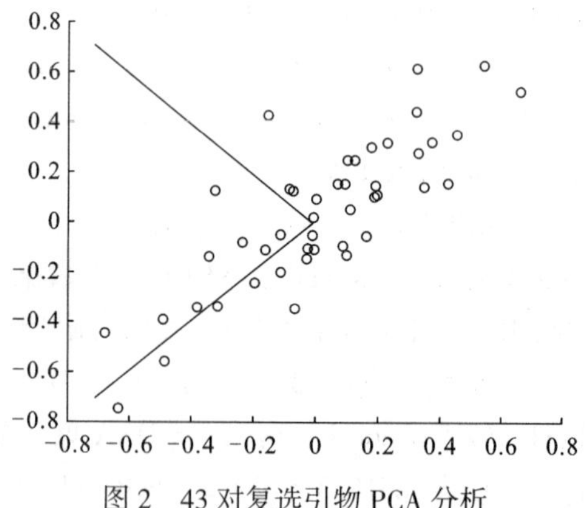

图 2　43 对复选引物 PCA 分析

表 2　12 对 EST-SSR 核心引物信息

标记	基因库编号	引物序列	基元	多态信息含量 PIC	退火温度	片段大小 /bp	扩增条带数	多态性条带数	多态性条带比率/％	引物个体识别能力 DP
ACAR2	195284831	F：CGCGACCACTTCTACTCCTC R：TCAGATATTTGGGGTCCGAG	$(GAA)_5$	0.576	60	206	6	6	100.00	0.601

续表

标记	基因库编号	引物序列	基元	多态信息含量 PIC	退火温度	片段大小/bp	扩增条带数	多态性条带数	多态性条带比率/%	引物个体识别能力 DP
ACAR9	195225860	F:CTAGGGCATACTCCCCCAAT R:AACGACAGGGAATTGTTCG	$(GA)_8$	0.658	60	242	4	4	100.00	0.687
ACAR13	195306687	F:CCTCCATCAACACGCCTAAG R:TGACCGCGGAAAAATAAAC	$(AT)_{14}$	0.851	60	203	7	6	85.71	0.836
ACAR53	195271789	F:CGCGAAGTTAGGGATTCTCA R:CCAGAATTTGGTCCATTGCT	$(AGG)_8$	0.894	60	249	8	7	87.50	0.892
ACAR75	195194201	F:TGCGAAATCAAGATACATCCA R:CAGCCCTTGACATCAACCTT	$(CT)_9$	0.716	59	225	7	6	85.71	0.751
ACAR92	195203170	F:TCATCAGACGTTCGCTCTTG R:GATGGTAGGCGCATAAGGAA	$(GAA)_8$	0.687	59	245	9	9	100.00	0.691
ACAR112	195214851	F:TTTACGTCCCCTCCTTTTGA R:CCAGACTTGAAAACGCCATT	$(AGA)_7$	0.841	60	247	3	2	66.67	0.864
ACAR120	195255082	F:GCACTTCACGGTTTCACCTT R:CAGTCGATCTTGGGGAACAT	$(CT)_{12}$	0.519	60	219	7	7	100.00	0.577
ACAR138	195245660	F:AACAGGGGCCAAGAAAGACT R:CGCACATGCAGCAGTTACTT	$(GA)_9$	0.596	61	236	6	5	83.33	0.681
ACAR169	195195812	F:TTAACATCAAGTTGCCCCAA R:CCAACCGGAGACTTTTTCA	$(GAA)_8$	0.871	60	276	5	4	80.00	0.864
ACAR193	195210952	F:TTCAAGAGGAGGAGCCTGAA R:AAAGCCTCCCAAGATCCATT	$(GA)_9$	0.527	60	244	6	6	100.00	0.573
ACAR195	195225155	F:ATCTTTCCCCGACTCCCTTA R:AAACGCACAAATGCACAATC	$(AG)_{16}$	0.753	60	191	4	3	75.00	0.798
平均值(Mean)				0.707			6.0	5.4	88.66	0.720

2.3 核心引物多态性

12 对核心引物在 20 份总 DNA 上共扩增出有效条带 72 个,平均单对引物 6.0 个,其中多态性条带 65 个,多态性位点百分率 90.3 %,扩增产物大小为 191~276 bp。多态信息含量(PIC 值)变幅为 0.894~0.519,平均 PIC 值为 0.707。引物个体识别能力(DP 值)变幅为 0.573~0.892,平均值为 0.720(表 2)。

2.4 聚类分析

采用 Mega 4.0 软件的类平均法(UPGMA)对 12 对 EST-SSR 核心引物在 20 份软枣猕猴桃种质上的扩增结果进行聚类分析,得到聚类图(图 3)。相似系数变幅为 0.50~0.86,说明供试材料遗传基础相对狭窄,亲缘关系较近,可能与取材范围主要集中于辽东地区有关。在相似系数为 0.50 的位置上,分为两大类:第一大类主要为红肉种质,包括'天源红''LD1443''福玉 1

号’‘红宝石星’‘壮庭 1 号’;第二大类主要为绿肉种质,在相似系数为 0.60 处,又分为 3 支,第 1 支包括‘金香玉’‘长江 3 号’‘绿珍珠’‘LD133’;第 2 支包括‘长江 2 号’‘佳绿’‘LD237’‘红佳丽’‘树丰 1 号’‘LD1442’和‘LD126’,其中‘佳绿’和‘LD237’亲缘关系较近;第 3 支包括‘丰绿’‘恒优 1 号’‘长江 1 号’和‘宝贝星’。

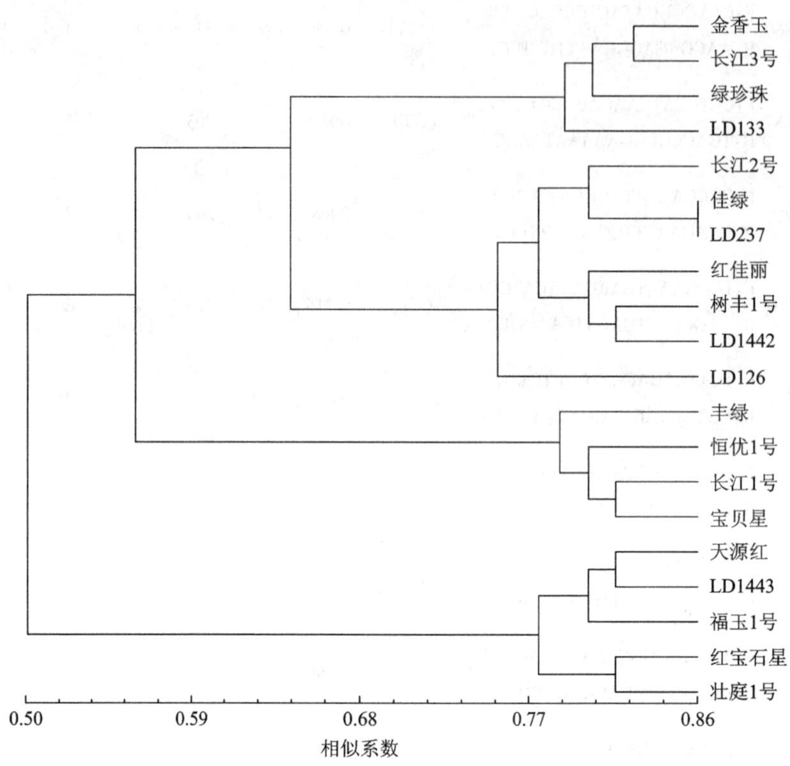

图 3　20 份供试软枣猕猴桃 UPGMA 聚类分析图

3　结论

本研究采用多套指标逐步筛选核心引物的方法,从 191 对 EST-SSR 引物中筛选出 12 对核心引物,并用于辽东地区主栽的 20 份软枣猕猴桃种质的聚类分析。通过试验,12 对 EST-SSR 引物的有效多态性条带数量和 PIC 值等指标普遍高于王佳卉等前人的研究结果[28],说明本研究开发的 12 对 EST-SSR 引物具有较高的利用价值,可用于更多有关软枣猕猴桃的遗传研究中。通过聚类分析,绿肉种质率先从 20 份种质中聚类出来,说明绿肉性状较红肉性状更为原始,同时,果肉颜色可作为软枣猕猴桃种质的分类依据。EST-SSR 引物本身来源于表达序列标签,与蛋白质的表达和形态学指标直接关联,能较真实地反映出 20 份软枣猕猴桃种质的遗传信息。作为软枣猕猴桃的主要育种目标之一,果肉颜色在基于 EST-SSR 聚类分析的本研究中表现为重要的分类依据,吻合了理论推导,也值得更多研究者关注。

参考文献　References

[1] BOTSTEIN D, WHITE R L, SKOLNICK M. Construction of a genetic linkage map using restriction fragment length polymorphism. American Journal of Human Genetics, 1981, 32:314-331.

[2] CHEN X M, HE Z h, SHI J R, et al.Genetic diversity of high quality winter wheat varieties (lines) based on SSR markers.Acta Agronomica Sinica,2003, 29:13-19.

[3] 王丹丹.菠菜叶片线粒体 DNA 的提取及 RAPD 分析.辽东学院学报, 2014, 21(1):32-35.

[4] 路文鹏, 李昌禹, 曲炳章,等.东北原生种猕猴桃种质 RAPD 研究.特产研究, 2006, 28(2):24-27.

[5] BARLUENGA M, STOLTING K N, SALZBURGER W, et al.Sympatric speciation in Nicaraguan crater lake cichlid fish.Nature, 2006, 439:719-723.

[6] PANG C Y, DU X M, MA Z Y.Evaluation of the introgressed lines and screening for elite germplasm in Gossypium.Chinese Science Bulletin, 2006, 51:304-312.

[7] BECKER U, REINHOLD T, MATTHIES D. Effects of pollination distance on reproduction and offspring performance in Hypochoeris radicata:experiments with plants from three European regions.Biological Conservation, 2006, 132:109-118.

[8] CRUZAN M B. Patterns of introgression across an expanding hybrid zone: analyzing historical patterns of gene flow using nonequilibrium approaches.New Phytologist, 2005, 167:267-278.

[9] 朴一龙, 赵兰花.软枣猕猴桃研究进展.北方园艺, 2008(3):76-78.

[10] GOU J L, ZHAO J R, YU D M et al.New menthod of extracting DNA form maize single seed.Beijing Agrecultural Sciences, 1997, 15 (2):1-2.

[11] DOYLE J.A rapid DNA isolation procedure for small quantities of fresh leaf tissue.Phytochemical Bulletin, 1987, 19:11-15.

[12] ELLIS J R, PASHLEY CH, BURKE J M, et al.High genetic diversity in a rare and endangered sunflower as compared to a common congener.Molecular Ecology, 2006, 15:2345-2355.

[13] DU J Y, LI Y, WANG T Y, et al.Studies of genetic diversity in maize inbred lines based on SSRs and AFLPs markers.Acta Agriculturae Boreail-sinica, 2003, 18 (1), 59-63.

[14] 王丹丹.辽宁地区大白菜总 DNA 的 RAPD 分析.辽东学院学报, 2014 (4):272-277.

[15] SHANNON C E, WEAVER W.The mathematical theory of communication.Urbana, Chicago:The University of Illinois, 1949: 3-24.

[16] 王丹丹,李冬颖.小鼠 β-actin 基因的 RT-PCR 克隆与真核表达.辽东学院学报,2016,23(1):17-21.

[17] HEUERTZ M, FINESCHI S, ANZIDEI M, et al. Chloroplast DNA variation and postglacial recolonization of common ash (*Fraxinus excelsior* L.) in Europe.Molecular Ecology, 2004, 13:3437-3452.

[18] 宿俊吉, 拆收成, 刘伟华,等.普通小麦 SSR 和 EST-SSR 引物对冰草通用性的比较分析.西北植物学报, 2007, 27(7): 1311-1316.

[19] GAO W W, LI X H, TIAN Q Z, et al.Seed purity testing of maize hybrid Nongda 108 and Yu 27 by SSR marker analysis.Seed, 2004, 23 (5):32-33.

[20] ROGERS J, BENDICH A J.Extraction of DNA from milligram amount of fresh, herbarium and mummifield plant tissues.Plant Molecular Biology, 1985, 5:69-76.

[21] ZHAO J R, GUO J L, KONGO Y F, et al.DNA fingerprint analysis of purity identifity in maize.Jurnnal of Maize Sciences, 1999, 7(1):9-13.

[22] AUSUBEL F M, BRENT R, KINGSTON R E, et al. Current Protocols in Molecular Biology. New York: John Wiley and Sons, 1987.

[23] 王丹丹,张万.蓝莓、紫薯与葡萄籽原花青素提取及其清除自由基能力的比较.辽东学院学报,2015(3):180-185.

[24] 宋洁,孙书伟,王丹丹,等.紫薯色素稳定性及与防腐剂复配抑菌实验研究.辽东学院学报,2015(3):175-179.

[25] HUXEL G R.Rapid displacement of native species by invasive species:effects of hybridization.Biological Conservation, 1999, 89:143-152.

[26] 徐东生, 华光安, 刘殊,等.猕猴桃雌雄识别的多元统计分析.武汉植物学研究, 1998, 16(3):283-284.

[27] ZHU Z D, JIA J Z.Microsatellite marker development and applications in wheat genetics and breeding. hereditas(Beijing), 2006, 25:355-360.

[28] 王佳卉.软枣猕猴桃 EST-SSR 分子标记的开发及遗传多样性分析.长春:吉林农业大学,2014.

Construction and Application of EST-PCR System to Analyze Genetic Relationship *Actinidia arguta*

WANG Dandan[1] WANG Qingming[2]

(1 College of Agriculture, Eastern Liaoning University Dandong 118003;

2 Guangyuan Academy of Agricultural Sciences Guangyuan 628017)

Abstract To screen a core set of EST-SSR primers for *Actinidia arguta*, 20 *Actinidia arguta* were used. According to the results of PCA, the DP value and the PIC value, the 12 pairs of core primers which can amplify the clear, repeatable, stable and polymorphic bands were selected from 198 pairs of EST-SSR primers. A total of 72 polymorphic bands amplified by the 12 core primers, with 90.3 % of polymorphism, and the PIC value was 0.707, the mean value of the DP was 0.720. Meanwhile, the dendrograms of the 20 *Actinidia arguta* based on the 12 core primers was constructed, the result showed that when the similarity coefficient was 0.45, the 2 major germplasm groups of green meat and red meat were gathered, and the character of green meat were more primitive than the red. The flesh color can be as the classification criteria of the *Actinidia arguta*.

Key words *Actinidia arguta* EST-SSR Core primer Genetic relationship

基于软枣猕猴桃基因组重测序的 InDel 标记开发*

林苗苗　方金豹**　齐秀娟　陈锦永　孙雷明　钟云鹏　孙世航

（中国农业科学院郑州果树研究所　郑州　450009）

摘　要　插失（InDel）分子标记具有使用简单、结果清晰可靠的优点。本研究根据两种四倍体软枣猕猴桃全基因组重测序数据，随机选取了均匀分布在每条染色体上的共 120 个 InDel 标记，设计 InDel 引物，在两种软枣猕猴桃以及'红阳'猕猴桃中进行多态性检测。结果显示有 81 对引物能扩增出目的条带，具有多态性标记的引物 64 对。在这 64 对引物中随机选择 15 对引物对包括中华猕猴桃、美味猕猴桃和软枣猕猴桃在内的 11 个猕猴桃种质资源进行检测，发现 15 对引物均有多态性扩增，并且这 15 对 InDel 引物能够区分出 11 个猕猴桃品种。因此，基于重测序技术开发猕猴桃 InDel 标记切实可行。

关键词　猕猴桃　重测序　InDel 标记

猕猴桃隶属猕猴桃科（Actinidiaceae）猕猴桃属（*Actinidia* Lindl.），为多年生雌雄异株植物，自然界种间杂交现象明显，染色体倍性复杂，采用常规的方法进行遗传学研究效率不高，DNA 分子标记的发展为猕猴桃研究提供了有效的途径（黄宏文，2009；董晓莉 等，2005）。分子标记技术如 RAPD，AFLP，SSR 等已应用于猕猴桃种质资源遗传多样性评价、遗传图谱构建、雌雄性别鉴定以及猕猴桃相关性状定位等（汤佳乐 等，2014；Fraser et al.，2009；刘亚令 等，2006；Testolin et al.，2001）。但是已开发的标记数量有限，有些标记具有群体局限性，如在某一群体中开发的雌雄相关标记在其他群体中并不适用；覃瑞等（2013）的研究数据表明中华猕猴桃 SSR 引物在软枣猕猴桃中的通用性为 23 %。由于受猕猴桃倍性的影响，目前建立的遗传连锁图谱都是基于二倍体建立的（Scaglione et al.，2015），这也局限了多倍性猕猴桃中重要品质以及抗性性状等的定位，因此，还需要进一步的进行猕猴桃标记开发。

随着高通量测序技术的发展，基于全基因组重测序的插入/缺失多态性标记（Insertion/deletion, InDel）越来越受到关注。InDel 标记具有在基因组内分布广泛、密度高、变异稳定、多态性强、检测容易等优点（Väliü et al.，2008），Lü 等（2013）通过全基因组序列比对分析开发洋白菜 InDel 标记，定位到洋白菜抗枯萎病基因 FOC；王林友等（2014）利用 InDel 标记鉴定杂交水稻属性并进行杂种优势预测；目前在黄瓜、甘蓝、玉米、小麦中也已有应用（李斯更 等，2013；Liu et al.，2013）。但是，利用重测序技术开发 InDel 标记在猕猴桃上尚无报道。本研究基于两个四倍体软枣猕猴桃基因组重测序结果，开发遍及全基因组的 InDel 标记，对猕猴桃开展分子遗传标记研究，建立重要的抗性性状及经济性状连锁标记，克隆功能基因、开展分子育种奠定基础。

* 基金项目：中国农业科学院科技创新工程专项经费项目（CAAS-ASTIP-2016-ZFRI）；河南省现代农业产业技术体系项目（S2014-11）。

** 通讯作者，E-mail：fangjinbao@ caas.cn。

1 材料与方法

1.1 材料

本试验所用材料见表 1。其中:‘RB-3’‘RB-4’‘11-19’为全红型软枣猕猴桃优系;‘11-19雄’为‘11-19’雄株;‘LD134’为绿肉软枣猕猴桃优系;‘魁绿雄’为‘魁绿’雄株。所有材料均采自中国农科院郑州果树研究所猕猴桃资源圃。

表 1 供试猕猴桃材料

Table 1 Materials used in the study

编号 (No.)	材料名称 (materials name)	所属种 (species)	拉丁名 (Latin name)	倍性 (ploidy)	编号 (No.)	材料名称 (materials name)	所属种 (species)	拉丁名 (Latin name)	倍性 (ploidy)
1	RB-3	软枣猕猴桃	*A.arguta*	四倍体	7	LD134	软枣猕猴桃	*A.arguta*	四倍体
2	魁绿雄	软枣猕猴桃	*A.arguta*	四倍体	8	11-19	软枣猕猴桃	*A.arguta*	四倍体
3	徐香	美味猕猴桃	*A.deliciosa*	六倍体	9	博山碧玉	中华猕猴桃	*A.chinensis*	二倍体
4	RB-4	软枣猕猴桃	*A.arguta*	四倍体	10	红阳	中华猕猴桃	*A.chinensis*	二倍体
5	11-19 雄	软枣猕猴桃	*A.arguta*	四倍体	11	海沃德	美味猕猴桃	*A.deliciosa*	六倍体
6	Hot16A	中华猕猴桃	*A.chinensis*	二倍体					

1.2 DNA 提取

田间采幼嫩叶片后,冰袋保存后带回实验室,采用磁珠法提取叶片 DNA,经琼脂糖凝胶电泳和分光光度计检测,DNA 浓度调至 20 ng/μl 备用,所用 DNA 提取试剂盒购自河南惠尔纳米科技有限公司。

1.3 InDel 位点挖掘及引物设计

采用 illumina hiSeq 4000 测序平台对软枣猕猴桃‘RB-3’和‘魁绿雄’进行全基因组重测序。对测序得到的原始 reads(双端序列)进行质量评估过滤得到 clean reads。使用 Bwa 软件将 clean reads 与参考基因组比对。InDel 检测主要使用 GATK 软件工具包。根据预测的 InDel 位点,两两进行比较,提取‘RB-3’和‘魁绿雄’之间有差异的变异位点,在猕猴桃 29 条染色体上,每条染色体上随机选择 4 个位点设计引物,同时没有比对到染色体上的序列中的 InDel 也随机选择了 4 个位点设计引物。选取的 InDel 位点均为 50 bp 左右的大片段得失位,采用 Primer 3 软件,在得失位的上下游设计引物,引物由上海生工生物科技有限公司合成。共设计 120 对引物进行验证。

1.4 PCR 扩增及电泳

PCR 反应体系为 10 μl,采用 2×Es Taq MasterMix 高保真酶扩增(北京康为世纪科技有限公司),扩增体系为 PCR mix 5 μl,上下游引物各 0.5 μl,DNA 0.5 μl,ddH$_2$O 3.5 μl。反应程序为 94 ℃ 120 s,94 ℃ 30 s,60 ℃ 30 s,72 ℃ 60 s,共 34 个循环。72 ℃ 10 min,反应完成后 4 ℃待用。6 %丙烯酰胺凝胶电泳检测,电压 80 V,电泳时间 2 h,银染显色后照相保存。

1.5 数据分析

根据每对引物对 11 个样本扩增获得的条带位置确定基因型,有带记为 1,无带记为 0,形成一个 0/1 矩阵。利用 Popgene 软件计算等位基因数,Shannon's 多样性信息指数 *I*(Shannon's information index)和基因多样性指数 *H*(Nei's gene diversity);利用 NTSYSpc 2.10e 软件中的 SAHN 程序和 UPGMA 方法进行聚类分析,计算遗传距离,生成聚类图。

2 结果与分析

2.1 猕猴桃 InDel 标记的鉴定

通过搜索 InDel 位点，筛选并设计了 120 对 InDel 引物，每条染色体上 4 对引物，由于重测序软枣猕猴桃为四倍体，而参考基因组为二倍体，所以选取没有作图到染色体上的未知位置的 4 个 InDel 位点设计 4 对引物。首先在‘RB-3’‘魁绿雄’以及‘红阳’中验证 120 个 InDel 标记的有效性。在 120 对引物中，无扩增的有 14 对；仅在‘红阳’中有扩增条带的 25 对；均能扩增出目的条带的为 81 对，其中在三个品种中具有多态性的引物共 64 对，在‘红阳’中仅有一个多态性位点，在‘RB-3’和‘魁绿雄’中可扩增出一个或两个多态性位点，扩增出的不同类型条带以及多态性类型见图 1。

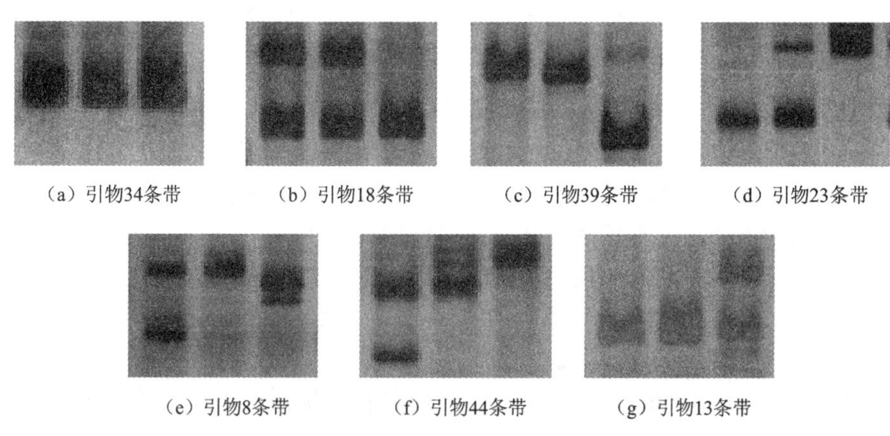

(a) 引物34条带　(b) 引物18条带　(c) 引物39条带　(d) 引物23条带

(e) 引物8条带　(f) 引物44条带　(g) 引物13条带

图 1　不同引物在三个品种中的多态性类型

Fig.1　The polymorphic type of different primers in threevarities

注：每图条带从左到右依次为‘RB-3’‘魁绿雄’‘红阳’

Note: The band from left to right are ‘RB-3’, ‘kuilv’ male and ‘hongyang’ in every figure

2.2 猕猴桃 InDel 标记的有效性检测

以 11 份猕猴桃种质资源基因组 DNA 为模板，在 64 对引物中随机挑选 15 对引物，用 PCR 方法检测引物有效性。这 15 对引物均能扩增出特异的目的条带，均为共显性标记，其中存在 2 个多态性位点的引物 7 对，3 个多态性位点的引物 5 对，4 个多态性位点的引物 3 对（图 2～图 4）。15 对引物在 11 份种质资源中共扩增出 43 个多态性位点，平均每个引物 2.87 个位点。

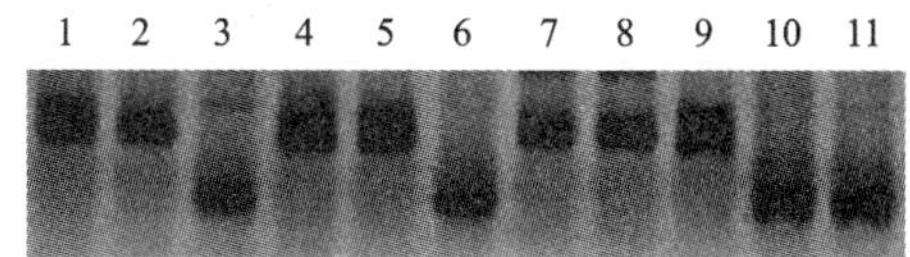

图 2　引物 18 电泳检测结果包含两个等位基因

Fig.2　Amplification and electrophoresis segregation result of primer 18, contain two allele number marker

注：图中编号品种依次为 1‘RB-3’，2‘魁绿雄’，3‘徐香’，4‘RB-4’，5‘11-19 雄’，6‘Hort16A’，7‘LD134’，8‘11-19’，9‘博山碧玉’，10‘红阳’，11‘海沃德’。

Note: The varities in the figure are: 1 ‘RB-3’, 2 ‘kuilv male’, 3 ‘xuxiang’, 4 ‘RB-4’, 5 ‘11-19 male’, 6 ‘Hort16A’, 7 ‘LD134’, 8 ‘11-19’, 9 ‘boshanbiyu’, 10 ‘hongyang’, 11 ‘haiwode’.

图 3 引物 93 电泳检测结果-包含三个等位基因

Fig.3 Amplification and electrophoresis segregation result of primer 93, contain three allele number marker

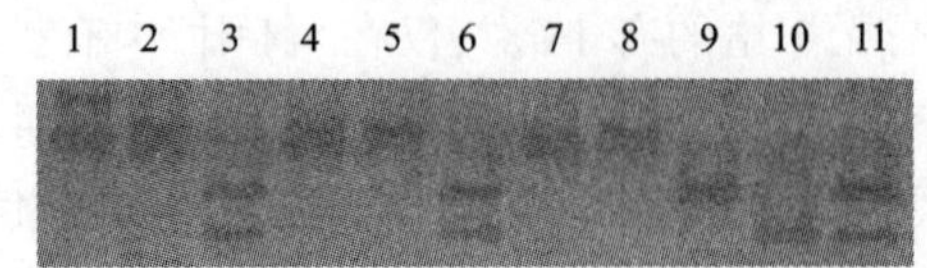

图 4 引物 52 电泳检测结果-包含四个等位基因

Fig.4 Amplification and electrophoresis segregation result of primer 52, contain four allele number marker

2.3 InDel 标记在品种和种质资源鉴定中的应用

利用 Popgene 32 软件对 15 对引物(表 2)在 11 份猕猴桃材料中进行分析,引物的 Shannon's 多样性信息指数分布在 0.25~0.64,其均值为 0.48。基于两个软枣猕猴桃重测序数据设计的 InDel 引物在中华猕猴桃和美味猕猴桃中同样适用。

利用 NTSYSpc 2.10e 中的 UPGMA 方法对 11 份种质资源进行聚类分析,由聚类结果(图 5)可以看出,在遗传相似系数 0.39 处被分为两类:一类为软枣猕猴桃;一类为中华猕猴桃。软枣猕猴桃可按照地理分布聚为两类:一类为东北地区软枣猕猴桃;一类为河南地区软枣猕猴桃。同时'博山碧玉'虽然为中华猕猴桃的大分类里,但是和中华猕猴桃和美味猕猴桃属于不同的分支。

表 2 本研究所开发的猕猴桃 InDel 标记信息

Table 2 The information of kiwifruit InDel markers developed in the study

标记 (InDel marker)	染色体位置 (chromosome)	观察的等位基因数 N_a	有效等位基因数 N_e	Shannon's 指数 I	Nei's 基因多样性 H
55	Chr 21	1.500 0	1.238 2	0.251 8	0.161 4
27	Chr 15	1.500 0	1.238 2	0.251 8	0.161 4
18	Chr 13	1.500 0	1.391 8	0.315 6	0.219 7
52	Chr 21	2.000 0	1.421 6	0.423 9	0.267 4
100	Chr 6	1.750 0	1.544 6	0.451 6	0.310 2
93	Chr 4	2.000 0	1.510 5	0.458 0	0.300 2
3	Chr 1	2.000 0	1.503 4	0.464 6	0.304 7
44	Chr 2	2.000 0	1.486 3	0.488 3	0.314 4
12	Chr 11	2.000 0	1.485 9	0.491 9	0.317 0
15	Chr 12	2.000 0	1.665 6	0.555 0	0.375 0
8	Chr 10	2.000 0	1.653 5	0.561 5	0.378 8
119	未知	2.000 0	1.697 5	0.587 7	0.400 7
39	Chr 18	2.000 0	1.706 3	0.602 9	0.412 7
13	Chr 12	2.000 0	1.793 4	0.628 4	0.437 7
23	Chr 14	2.000 0	1.823 1	0.642 0	0.450 0

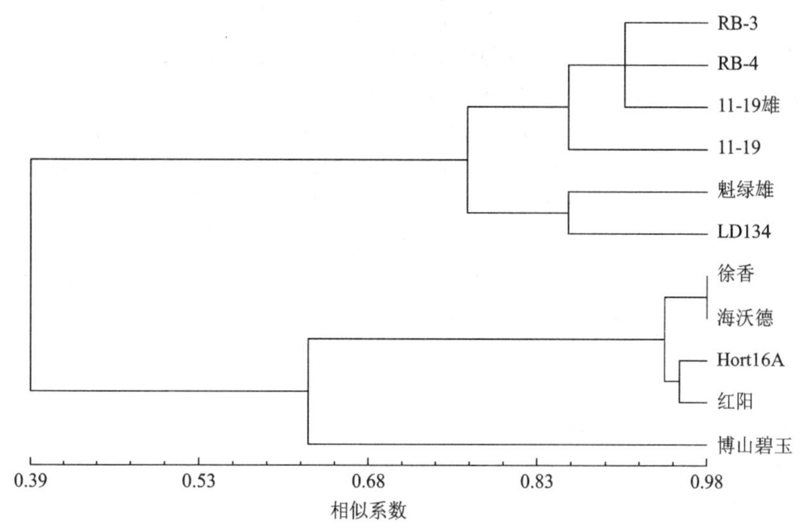

图5　基于 Nei's 遗传距离的 11 份猕猴桃种质的 UPMGA 聚类图

Fig.5　UPGMA dendrogram of 11 *Actinidia*.L germplasm based on the Nei's genetic distance

3　讨论

InDel 标记为共显性标记,在基因组中分布广泛,并且具有较好的稳定性和丰富的多态性,在种质资源鉴定、基因定位等方面都有很好的应用。但是目前猕猴桃中还未见 InDel 标记开发的报道。本研究利用两个四倍体软枣猕猴桃重测序数据,挖掘 InDel 位点,开发猕猴桃 InDel 标记,并在软枣猕猴桃、中华猕猴桃和美味猕猴桃中验证 InDel 的有效性,15 个 InDel 引物在不同品种中共存在 43 个多态性位点,多态性良好。

在基于二倍体'红阳'猕猴桃作为参考基因组进行四倍体重测序时,本研究所验证的 120 对 InDel 引物中,20.8 %的引物仅在'红阳'中有特异扩增,为显性标记;为了检测 InDel 引物的通用性,选择二倍体中华猕猴桃'红阳'和'Hot16A',六倍体美味猕猴桃'徐香'和'海沃德',以及二倍体'博山碧玉'对 15 对引物进行引物多态性检测,InDel 在 3 个品种中的多态性扩增率为 53.3 %,在多倍体品种中出现多位点扩增的情况较多,这可能是由于一段序列在两条染色体上出现不同的插入/缺失现象。在检测中也存在一些非特异扩增的现象,可能是由于基因组内存在相似度高的序列,或者异源多倍体基因组间也有较高的序列相似度,影响了特定引物位点的识别。

应用 InDel 引物进行的 11 个品种的聚类分析,聚类结果和现有的分类基本一致。其中 6 个软枣猕猴桃按照地理位置分为两大类(黄岳 等,2009),此外,'博山碧玉'在聚类中与中华、美味猕猴桃虽然聚为一类,但遗传距离较远,从栽培中我们也发现'博山碧玉'的抗寒性较中华美味更加具有抗性,其亲缘关系以及相关功能还有待进一步挖掘。

在没有四倍体猕猴桃参考基因组的情况下,以二倍体参考基因组开发四倍体 InDel 标记是可行的,虽然预测的有些标记在验证时没有表现出多态性,但是还是有 53 %的标记在两种不同软枣猕猴桃中存在多态性,并且挑选出的 15 对引物在不同品种中也存在多态性,这些 InDel 标记为以后的遗传图谱构建、基因定位以及分子标记辅助育种提供了重要的保障。

参考文献 References

董晓莉,汤浩茹,甘玲,等,2005.DNA 分子标记在猕猴桃上的应用.果树学报,22(6):682-686.

黄岳,朴一龙,王琳,2009.长白山区野生软枣猕猴桃种质 RAPD 分析.延边大学农学学报,31(2):119-123.

黄宏文,2009.猕猴桃驯化改良百年启示及天然居群遗传渐渗的基因挖掘.植物学报,44(2):127-142.

李斯更,沈镝,刘博,等,2013.基于黄瓜基因组重测序的 InDel 标记开发及其应用.植物遗传资源学报,14(2):278-283.

刘亚令,李作洲,张鹏飞,等,2006.猕猴桃自然居群 SSR 遗传变异的空间自相关分析.生物多样性,14(5):421-434.

覃瑞,赖娟娟,李作洲,等,2013.适用于野生软枣猕猴桃遗传多样性分析的 SSR 引物筛选.中南民族大学学报,32(4):28-32.

汤佳乐,黄春辉,吴寒,等,2014.野生毛花猕猴桃果实性状及 SSR 遗传多样性分析.园艺学报,41(6):1198-1206.

王林友,张礼霞,勾晓霞,等,2014.利用 InDel 标记鉴定浙优系列杂交稻稻籼粳属性和预测杂种优势.中国农业科学,47(7):1243-1255.

FRASER L G, TSANG G K, DATSON P M, et al., 2009. A gene-rich linkage map in the dioecious species *Actinidia chinensis* (kiwifruit) reveals putative X/Y sex-determining chromosomes. BMC Genomics, 10:102.

HUANG W G, CIPRIANI G, MORGANTE M, et al., 1998. Microsatellite DNA in *Actinidia chinensis*: isolation, characterization, and homology in related species. Theoretical and Applied Genetics, 97:1269-1278.

LIU Bo, WANG Yan, ZHAI Wen, et al., 2013. Development of InDel markers for *Brassica rapa* based on whole-genome re-sequencing. Theor Appl Genet, 126:231-239.

LÜ Honghao, YANG Limei, KANG Jungen, et al., 2013. Development of InDel markers linked to Fusarium wilt resistance in cabbage. Mol Breeding, 32:961-967.

SCAGLIONE D, FORNASIERO A, PINTO C, et al., 2015. A RAD-based linkage map of kiwifruit (*Actinidia chinensis* Pl.) as a tool to improve the genome assembly and to scan the genomic region of the gender determinant for themarker-assisted breeding. Tree Genetics & Genomes, 11:115.

TESTOLIN R, Huangw G, LAIN O, et al., 2001. A kiwifruit (*Actinidia* spp.) linkage map based on micorsatellites and integrated with AFLP markers. Theor Appl Genet, 103:30-36.

VÄLIÜ U, BRANDSTRÖM M, JOHANSSON M, et al., 2008. Insertion deletion polymophisms (indels) as genetic markers in natural populations. BMC Genet, 9(1):1-8.

Development of InDel Markers Based on Genome Re-sequencing in *Actinidia arguta*

LIN Miaomiao FANG Jinbao QI Xiujuan CHEN Jinyong
SUN Leiming ZHONG Yunpeng SUN Shihang

(Zhengzhou Fruit Research Institute, Chinese Academy of Agricultural Sciences Zhengzhou 450009)

Abstract Insertion/Deletion (InDel) markers have advantages of simplicity and reliability for genotyping. In this study, 120 InDel loci on every chromosome were chosen randomly by screening the InDel loci that had been identified based on *Actinidia arguta* re-sequencing data, the effectiveness of InDel markers were tested on the two *A. arguta* and *A. chinensis* 'hongyang'. Among this InDels, 81 primer pairs showed amplification, 64 primer pairs were polymorphism. 15 primer pairs of the 64 were selected to PCR for DNAs from 11 *Actinidia* varieties contains *A. chinensis*, *A. deliciosa* and *A. arguta*, which the 15 primer pairs all showed polymorphism. The 15 primers displayed the genetic diversity and specificity in 11 kiwifruit varieties, indicating that development of kiwifruit InDel markers based on genome re-sequencing data was practicable.

Key words Kiwifruit Re-sequencing InDel markers

基于主成分分析法分析复合保鲜处理对‘红阳’猕猴桃生理特性的影响

何靖柳[1]　秦　文[1,*]　王瑞玲[2]　张　清[1]
黄文部[1]　雷　丽[1]　刘晓燕[1]　胡　可[1]

（1 四川农业大学食品学院　雅安　625014；2 四川省自然资源科学研究院　成都　610015）

摘　要　利用主成分分析方法探讨复合保鲜技术对‘红阳’猕猴桃果实生理特性的影响。结果表明，‘红阳’猕猴桃分别经两种不同复合保鲜处理后，果实可贮藏至 120 d，腐烂率仅为 17.6 %和16.4 %，果实的呼吸消耗、硬度的降低和失重率的增加较单一处理均得有效抑制。主成分分析结果表明，贮藏前期，复合处理较单一处理对‘红阳’果实失重率、腐烂率、可溶性固形物、丙二醛、细胞膜相对透性、硬度、可滴定酸含量均有显著影响；贮藏后期，‘红阳’果实中二氧化碳和乙烯生成速率、可溶性糖含量主要受复合处理的影响。两种复合保鲜效果均显著优于单一保鲜，且效果很好，但两者之间差异不显著，基于成本及操作性综合考虑，首选精油与 1-MCP 复合作为最佳处理方式。

关键词　‘红阳’猕猴桃　复合保鲜　理特性　主成分分析法

‘红阳’猕猴桃（*Actinidia chinensis* Planch.var.*rufopulpa* Liang et Ferguson）属中华系早熟品种，是四川苍溪县选育出的世界首个红肉型新品种，被列为“国家级品种保护资源”[1]。该种鲜果营养丰富、品质特优，含多种维生素、氨基酸，其可溶性固形物及糖酸比高于其他品种；独具抗衰、排毒、嫩肤功效，不失为当今药食内源两用之佳品[1]。‘红阳’猕猴桃属呼吸跃变型浆果，不耐贮藏，采后常温下极易软化腐烂，损失率极高；加之其贮运技术落后，每年均会造成巨大的经济损失[2]。因此，迫切需要寻找适当的保鲜技术对其进行处理，以提高果实的商品率。

1-甲基环丙烯（1-MCP）作为乙烯受体抑制剂，能抑制乙烯所诱导的与成熟衰老相关的一系列生理生化反应，从而达到延缓果实成熟衰老的作用，1-MCP 处理果实的最佳浓度为 0.9 mg/L[3]。臭氧通过对细胞表面结构氧化实现杀菌效果，从而大大降低果实腐烂率；同时，可延缓猕猴桃果实的软化和后熟，减少营养物质的损失，提高保鲜效果；其最适处理条件为 200 mg/m^{3}处理 30 min[4-5]。植物精油可通过改变果实表面病原菌的细胞形态结构，影响其酶系及分生孢子等作用[6]，降低果实的腐烂率及失重率[7-10]。研究发现‘红阳’猕猴桃经 400 μl/L 肉桂精油处理后，其保鲜效果俱佳[11]。复合保鲜通过改变果实的体液成分或浓度，抑制体内相关酶的活力和其他生命活动，同时杀死或抑制病原微生物，从而达到保鲜目的。该种保鲜方式可结合各种单一保鲜优点，其保鲜效果优于单一处理[12]。

主成分分析法（principal component analysis）是对大量的数据样本进行降维分析的一种方法，可使大量信息呈现于二维或三维散点图中，以此研究样本与样本及样本与变量之间的关系，其作为一种客观的多元分析方法已被应用于农作物品种判别等方面[13]。影响‘红阳’猕猴桃果实生理特性的因素有很多，这些因子之间的综合效应反映了果实的贮藏效果及品质。单因数分析、主成分分析等多元统计分析方法可分别用于区分主效因子，确定参数间相关性，

* 通讯作者，教授，研究方向园艺产品采后科学；E-mail：qinwen1967@ aliyun.com。

辨别直接效应与间接效应,从而满足对处理方式的整体评价及作用机理研究的需要。

目前,尽管国内对猕猴桃贮藏保鲜技术有较多研究,但主要集中于单一保鲜处理的研究,而对复合式保鲜技术及具体实施方法的研究鲜有报道,同时,对‘红阳’这一品种的贮藏特性、保鲜技术研究报道也很少。本项目以‘红阳’猕猴桃为试材,研究 1-MCP、臭氧和精油处理对其生理特性的影响;然后将鲜果分别用臭氧和精油处理后,再经 1-MCP 复合处理,最后将果实置于低温下贮藏,比较不同复合贮藏方式的保鲜效果,同时,对复合处理后的果实进行主成分分析,并客观分析其差异性的来源,揭示‘红阳’猕猴桃采后贮藏期间果实生理特性的变化规律,为促进‘红阳’猕猴桃产业持续健康发展提供技术支撑。

1 材料与方法

1.1 材料和设备

1.1.1 试验材料

‘红阳’猕猴桃(*Actinidia chinensis* Planch.var.*rufopulpa* Liang et Ferguson),采自雅安市中里镇中里村种植专业合作社果园。

1.1.2 试验仪器设备

BS210S 型电子天平(塞多利斯北京天平有限公司),OZ-3G 型臭氧发生器(BNP Ozone Technology CO.Ltd),可见分光光度计、紫外分光光度计(上海尤尼柯仪器有限公司),冷冻高速离心机(美国 Thermo 公司),DHG-9245A 型电热恒温鼓风干燥箱(上海一恒科技有限公司),低温冷藏柜(天津市森罗科技发展有限责任公司),HWS24 型电热恒温水浴锅(上海一恒科技有限公司),等。

1.2 试验方法

1.2.1 试验设计

选择大小均匀(60~70 g)、成熟度基本一致(7~8 成)、外表光滑、无机械伤、无病虫害的‘红阳’猕猴桃果实,采后迅速运至四川农业大学食品学院园艺产品采后生理实验室低温冷库,8 ℃预冷 30 h 后于(4 ± 1) ℃贮藏备用。

采用以下 5 种方式对鲜果进行处理。

A:将 2 片安喜布(规格为 25 cm×20 cm,1-MCP 有效质量浓度为 0.9 mg/L)放在装有 10 kg‘红阳’猕猴桃的 20 L 密闭贮藏箱中。

B:用 200 mg/m^{3}的臭氧处理 10 kg 果实 30 min,处理后密闭 1 h 打开箱口排除臭氧,每隔 7 d通一次臭氧。

C:在贴有滤纸的 20 L 贮藏箱内,每箱放置鲜果 10 kg,在滤纸上滴加一定体积的肉桂精油,使精油在箱内慢慢挥发,以达到 400 μl/L 体积浓度。

D:用 200 mg/m^{3}的臭氧处理果实 30 min,处理后放置 1 h 打开箱口排除臭氧,每隔 7 d 通一次臭氧;将 2 片安喜布置于箱内。

E:在滤纸上滴加肉桂精油,精油在箱内慢慢挥发浓度达到 400 μl/L;再将 2 片安喜布置于箱内。

CK:不作任何处理。

将上述各处理组和对照组猕猴桃置于(4 ± 1) ℃、相对湿度 90 %~95 %的冷藏库内贮藏。以上各处理重复 3 次,每隔 20 d 定期随机取 10 个果实测定相关指标。

1.2.2　测定项目

(1) 乙烯释放速率：参照静置法[2]。

(2) 呼吸强度：参照气流法[14]。

(3) 细胞膜相对透性：采用相对电导率法[15]。

(4) 丙二醛(MDA)：参照硫代巴比妥酸比色法(TBA)[16]。

(5) 腐烂率：参照陈佳阳等[17]的方法。

(6) 失重率：参照田红炎和饶景萍[18]的方法。

(7) 硬度：参照居益民等[19]用GY-3型果实硬度计测定。

(8) 可溶性固形物(TSS)：手持糖量计测定。

(9) 可滴定酸：参照刘小阳等[20]用标准酸碱滴定法测定。

(10) 可溶性糖：参照熊庆娥[21]采用蒽酮比色法测定。

1.2.3　数据处理

所有试验数据均用Origin 8.0计算标准误、制图；采用SPSS 19.0统计软件对数据进行方差分析(one-way ANOVA)，利用邓肯式多重比较对差异显著性进行比较分析，$p<0.05$表示差异显著；采用SPSS 19.0进行主成分分析。数据在进行各个分析前均先做标准化处理。

2　结果与分析

2.1　复合处理对果实呼吸生理的影响

2.1.1　对果实呼吸作用的影响

图1和图2是‘红阳’猕猴桃在贮藏期间呼吸作用的变化情况，符合跃变型果实的变化规律，且CK组变化最急促，接着是A~C组，变化最缓慢的是D组和E组；所有处理组果实二氧化碳产生量均在贮藏至第80天出现呼吸高峰，其峰值大小依次为CK组>A组>B组>C组>D组>E组；贮藏至第120天，果实营养物质消耗殆尽，其呼吸强度也大大降低，但D组和E组仍保持较高的呼吸速率，均达12.9 mg/(kg·h)，比CK组高26.5 %($p<0.01$)，比B组和C组高4.03 %($p<0.05$)。乙烯呼吸峰值比二氧化碳峰值晚20天，各处理组变化趋势与二氧化碳类似。由此表明，果实经臭氧与1-MCP和精油与1-MCP两种复合保鲜处理后，能有效抑制果实呼吸消耗，提高其贮藏品质。

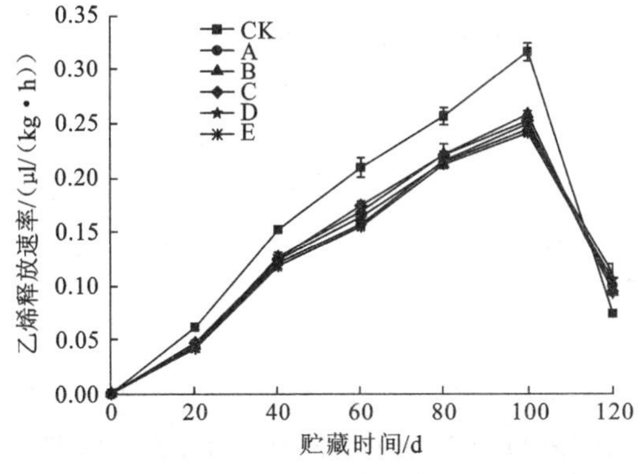

图1　不同处理对果实乙烯释放速率的影响

Fig.1　Effects of different treatments on the ethylene production of kiwifruit during storage

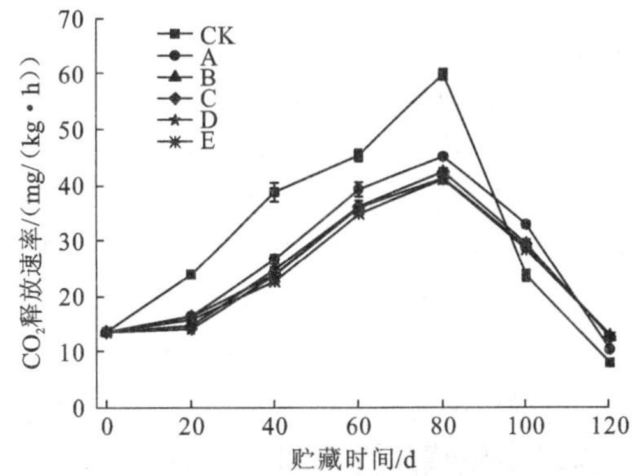

图2 不同处理对果实二氧化碳释放速率的影响

Fig.2　Effects of different treatments on the respiration rate of kiwifruit during storage

2.1.2　对果实细胞膜相对透性的影响

果肉组织膜透性可用相对电导率表示,结果见图3。所有果实在贮藏期间,其相对电导率均呈上升趋势,细胞膜透性不断增大,膜结构逐渐衰退。果实经保鲜处理后,电导率均保持较低水平,且变化趋势显著低于空白组($p<0.05$),同时,两复合处理组较单一处理变化最缓慢,由此说明该复合处理有利于维持果实细胞膜的完整性,延缓其衰老。

2.1.3　对MDA浓度的影响

MDA是膜脂过氧化作用生成的初级产物,其含量反应膜脂过氧化作用程度。图4所示,'红阳'猕猴桃果实MDA含量随采后贮藏时间的推移而不断升高,其中,复合处理后果实变化最缓慢,均低于单一处理,低于对照;贮至第120天,D组、E组MDA含量仅为0.94 mmol/g FW、0.93 mmol/g FW,分别比CK组、A组、B组、C组低32.9 %,21.0 %,2.08 %,1.05 %;33.6 %,21.8 %,3.13 %,2.11 %,其差异性均显著($p<0.05$),但两复合组差异不显著。由此可知,复合处理能有效抑制果实膜脂过氧化作用,且两种复合效果均很好。

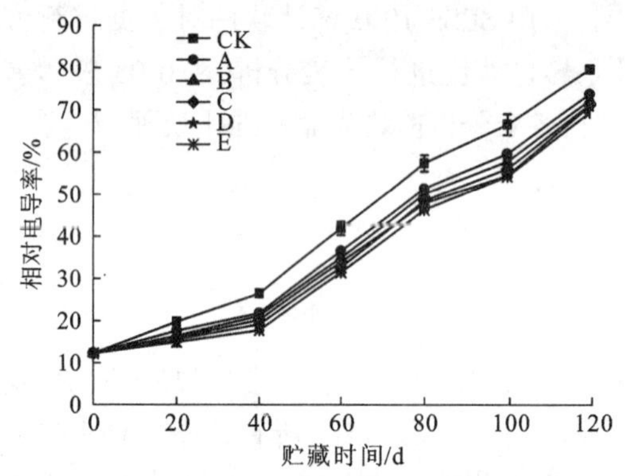

图3　不同处理对果肉相对电导率的影响

Fig.3　Effects of different treatments on the relative conduction during storage

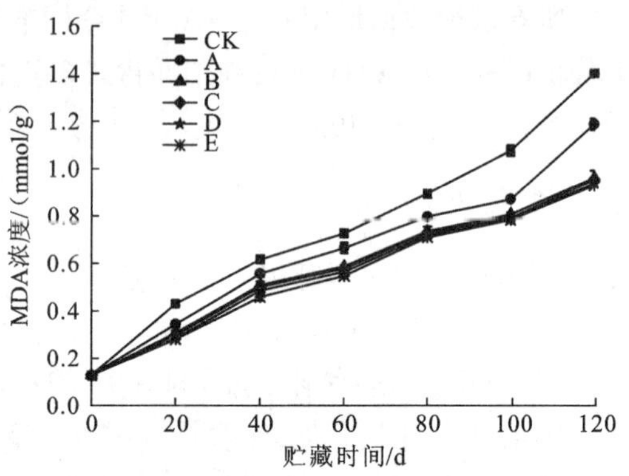

图4　不同处理对果实丙二醛浓度的影响

Fig.4　Effects of different treatments on MDA content of kiwifruit during storage

2.2　复合处理对果实贮藏效果的影响

2.2.1　对果实腐烂率的影响

腐烂率是衡量果实贮藏效果的一个重要指标。果实在贮藏过程中,会不断腐烂,且腐烂率逐渐升高。图5所示,果实经复合处理后,出现腐烂的时间比单一保鲜处理均晚20天;贮至第40天,果实开始出现腐烂,且腐烂率越来越大,但其变化趋势均比单一保鲜缓慢,其中,CK组腐烂率上升最快,其次是A组,接着依次是C组、B组,变化最缓慢的是D组、E组;贮藏120天时,D组腐烂率为17.6 %,比A组低7.36 %($p<0.05$),比B组低2.22 %($p<0.05$),E组腐烂率为16.4 %,比A组低13.8 %($p<0.05$),比C组低7.00 %($p<0.05$),其两两之间差异性均显著,表明采用复合保鲜方式处理猕猴桃果实,能较好地降低果实的腐烂率,有效延长其贮藏期。

2.2.2　对果实失重率的影响

猕猴桃果实自身含水量较高,采后因蒸腾作用会挥发大量的水分,从而影响果实的新鲜度,降低其贮藏品质,因此,在贮藏期间,应尽量控制鲜果重量的减少。图6所示,随贮藏时间的推移,所有果实失重率均呈上升趋势;同时,D组、E组的失重率显著低于对应的各单一处理组;贮至第120天,D和E组果实失重率为10.7 %和9.60 %($p<0.05$),分别比对应的单一处理组A和B低3.00 %($p<0.05$)、6.36 %($p<0.05$),比A和C组低13.0 %($p<0.05$)、16.0 %($p<0.05$);由此可知,精油与1-MCP复合处理对抑制猕猴桃失重率的增长比臭氧与1-MCP效果好。

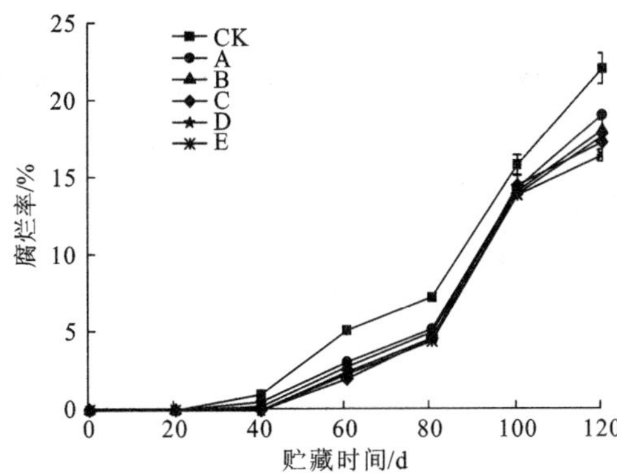

图 5　不同处理对果实腐烂率的影响

Fig.5　Effects of different treatments on the decay rate of kiwifruit during storage

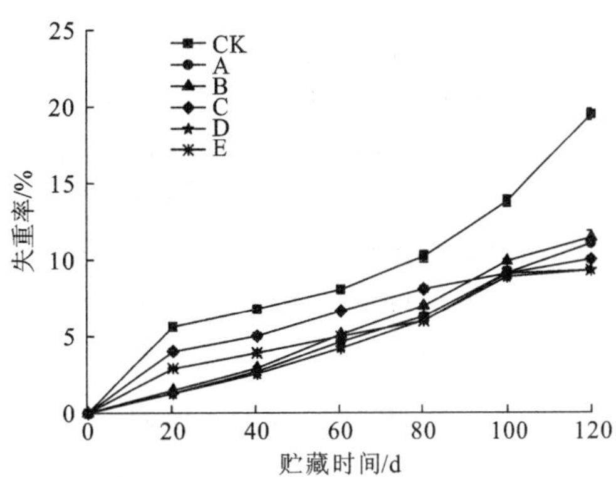

图 6　不同处理对果实失重率的影响

Fig.6　Effects of different treatments on the weight-loss rate of kiwifruit during storage

2.3　复合处理对果实品质的影响

2.3.1　对果实硬度的影响

果肉硬度是反映果实贮藏能力的重要指标，硬度越高，果实耐贮性越强，贮藏效果越好。图 7 所示，在整个贮藏过程中，果肉硬度不断下降，对于单一保鲜处理，其下降分两阶段，贮藏前 60 天，硬度下降迅速，后 60 天，下降缓慢；果实经复合保鲜处理后，前期硬度下降速率得到有效控制，提高了其贮藏前期的商品率；同时，贮至终期，经复合处理（D 组、E 组）后的果实硬度高达 3.97 kg/cm^2 和 4.03 kg/cm^2，均比各单一处理组高，且差异性显著（$p<0.05$）。以上表明，复合处理可不同程度地延缓果实硬度的下降速率，提高其商品率。

2.3.2　对果实 TSS 的影响

TSS 含量是决定果实口感及风味的重要指标，主要由一些不可溶的糖类转化而成。由图 8 可知，果实在贮藏期间，其 TSS 含量呈上升趋势；其中，D 组和 E 组变化最缓慢，其次是 B 组、C 组、A 组；贮至末期，D 组比 A 组及 B 组低，且差异性均显著（$p<0.05$），E 组与 A 组及 C 组相比，差异性也显著（$p<0.05$）。以上表明，复合处理较单一处理可有效抑制果实可溶性固形物的增加速率，延缓果实后熟，提高其贮藏品质。

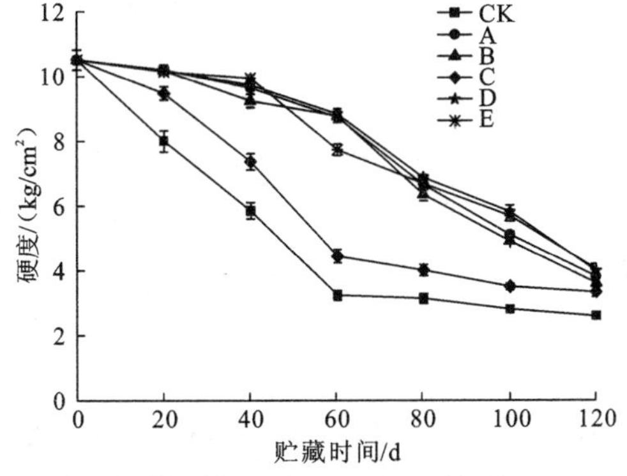

图 7　不同处理对果实硬度的影响

Fig.7　Effects of different treatments on the hardness of kiwifruit during storage

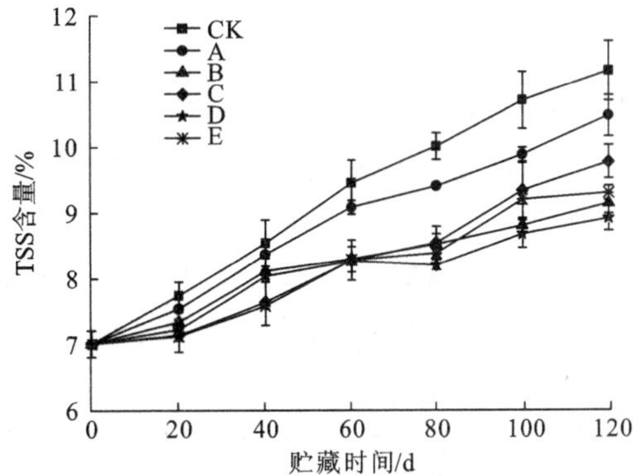

图 8　不同处理对果实可溶性固形物的影响

Fig.8　Effects of different treatments on TSS of kiwifruit during storage

2.3.3　对可溶性糖含量的影响

图 9 可知,果实采后可溶性糖呈先升后降的变化趋势,这是由于贮藏前期,果实的可溶性糖含量随后熟不断增加;贮藏后期,果实呼吸作用不断增强,同时消耗大量的可溶性糖,因此糖含量会出现下降趋势。由图可知,果实贮至第 100 天,可溶性糖出现峰值;比较各处理发现,该时期,D 组和 E 组值最小,且与各相应单一处理组相比两两之间的差异性均显著($p<0.05$),由此表明,复合处理可有效抑制'红阳'鲜果的新陈代谢过程,延缓果实衰老,且进一步对保持果实可溶性糖含量具有显著效果。

2.3.4　对可滴定酸含量的影响

酸含量是影响果实风味的重要物质之一,果实在成熟前,其酸含量一般较高,随着后熟阶段的到来及贮藏期的延长,其可滴定酸浓度会逐渐降低[22]。由图 10 可知,所有果实在贮藏期间可滴定酸含量均呈下降趋势,其中,D 组和 E 组下降最缓慢,接着依次是各单一处理组;贮至第 120 天,D 组和 E 组的可滴定酸含量分别高达 1.20 %和 1.18 %,比相应的单一处理 A 组、B 组分别高 6.19 %($p<0.05$)、2.56 %($p<0.05$),比 A 组、C 组分别高 4.42 %($p<0.05$)、8.26 %($p<0.05$),以上说明复合处理能显著抑制'红阳'猕猴桃鲜果可滴定酸含量的降低,保持其良好的贮藏品质。

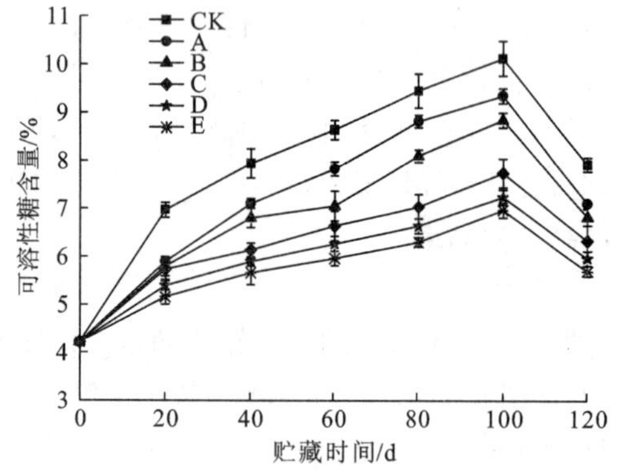

图 9　不同处理对果实可溶性糖的影响

Fig.9　Effects of different treatments on the content of soluble sugar of kiwifruit during storage

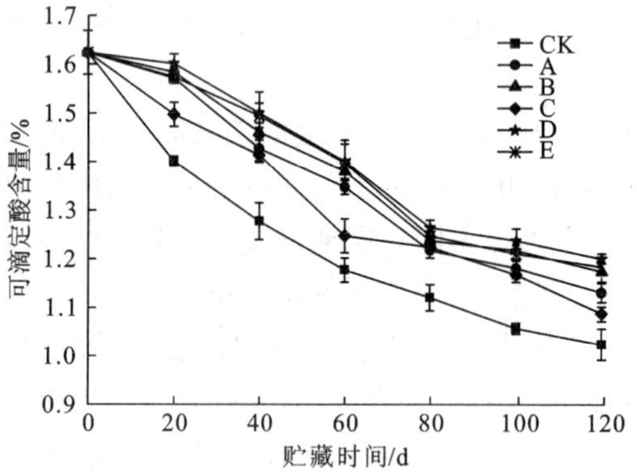

图 10　不同处理对果实可滴定酸含量的影响

Fig.10　Effects of different treatments on the content titratable acid of kiwifruit during storage

2.4　不同处理后对果实生理特性进行主成分分析

对猕猴桃果实进行主成分分析,得到果实品质指标的主成分分析散点图,图 11 是各品质指标在不同贮藏时间、不同处理下的载荷和得分散点的主成分双标图。不同处理的猕猴桃果实样本按照贮藏时间在主成分双标图上被划分成 6 组,同一贮藏时间不同处理的样本集中在一起,不同贮藏时间的样本分散在不同区域,表明'红阳'猕猴桃果实品质受贮藏时间的影响显著(图 11(b))。

图 11 可知,成分 1 和 2 的累计贡献率为 90 %,其分别解释了变量的 70 %和 20 %。失重率、腐烂率、TSS、MDA、细胞膜相对透性在成分 1 的正坐标处有较高的载荷,而硬度、可滴定酸含量在成分 1 的负坐标处有较高的载荷(图 11(a))。由图 11(b)、表 1 可知,成分 1 较好地区分了贮藏 20 天时样本间的差异,由于失重率、腐烂率、TSS、MDA、细胞膜相对透性、硬度、可滴定酸含量在成分 1 有较高的载荷,说明果实在贮藏前期发生了较大变化;成分 1 较好地区分了

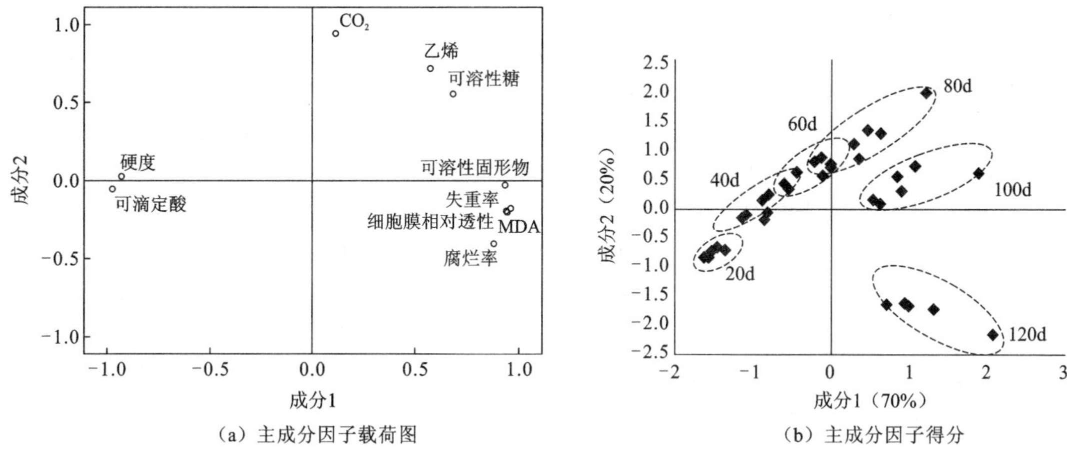

（a）主成分因子载荷图　　（b）主成分因子得分

图 11　‘红阳’猕猴桃果实生理特性指标主成分因子双标图

Fig.11　Loadings（a）and scores（b）of physiological property from PCA of ‘Hongyang’ kiwifruit

贮藏20天时两种复合处理与单一处理间的差异，暗示贮藏前期两种复合均对‘红阳’果实失重率、腐烂率、TSS、MDA、细胞膜相对透性、硬度、可滴定酸含量的影响较为显著。成分2的正坐标上，二氧化碳和乙烯生成速率、可溶性糖含量的载荷较高；成分2较好地区分了80天样本间差异，表明猕猴桃果实二氧化碳和乙烯生成速率、可溶性糖含量在该贮藏期间变化明显；同时，贮至80天时两种复合处理与单一处理在成分2上得到较好区分，说明‘红阳’果实二氧化碳和乙烯生成速率、可溶性糖含量在贮藏后期主要受复合处理的影响。以上表明，复合处理较单一保鲜，能显著影响果实生理特性的变化，使其长期保持良好的品质；贮藏前期，影响‘红阳’果实生理特性变化的主成分有失重率、腐烂率、TSS、MDA、细胞膜相对透性、硬度、可滴定酸；贮藏末期，影响果实生理特性变化的主成分有二氧化碳和乙烯生成速率、可溶性糖含量。

表 1　‘红阳’猕猴桃果实生理特性指标主成分得分表

Table 1　Scores of physiological property from PCA of ‘Hongyang’ kiwifruit

贮藏时间/d	成分编号	CK	1-MCP	O_3	精油	O_3+1-MCP	精油+1-MCP
20	1	−0.854 4	−1.472 2	−1.537 5	−1.373 2	−1.627 6	−1.580 2
	2	−0.176 7	−0.655 7	−0.721 3	−0.704 3	−0.833 0	−0.843 9
40	1	−0.129 7	−0.812 3	−0.900 7	−0.830 5	−1.090 6	−1.152 0
	2	0.882 6	0.246 5	0.151 6	−0.070 2	−0.103 3	−0.176 8
60	1	0.618 4	−0.218 2	−0.446 9	−0.115 6	−0.604 4	−0.560 1
	2	1.292 0	0.824 0	0.628 1	0.557 8	0.419 8	0.352 4
80	1	1.190 4	0.460 3	0.267 0	0.338 1	−0.015 9	−0.013 4
	2	2.011 1	1.336 5	1.121 9	0.865 2	0.764 1	0.708 9
100	1	1.863 5	1.054 3	0.834 3	0.885 3	0.533 0	0.618 0
	2	0.612 6	0.742 7	0.567 1	0.310 0	0.162 2	0.095 4
120	1	2.074 0	1.289 7	0.925 3	0.985 2	0.693 4	0.705 0
	2	−2.144 8	−1.709 4	−1.604 4	−1.639 9	−1.640 7	−1.628 2

3 讨论与结论

3.1 讨论

(1) 试验发现,经不同保鲜处理,果实二氧化碳产生量的峰值出现时间均在乙烯峰值之前,这与果实体内生理代谢过程有关。果实通过呼吸作用产生 CO_2,该物质可激活体内产生乙烯的酶活性,从而促进体内乙烯的合成;同时,该现象也表现出两者之间的有序性。

(2) 一定浓度的 1-MCP 处理可通过控制大气中气体比例,明显抑制乙烯的产生速率并降低其呼吸消耗。关于 1-MCP 对果实软化和呼吸强度的抑制作用是体现在果实的前期快速软化阶段还是后期的缓慢阶段,同时,对果实的软化机理还不太清楚,亟须深入研究。

(3) 臭氧保鲜主要是通过抑制果实贮藏期间的腐烂率,从而发挥作用,这与臭氧的自身特性有关;臭氧属一种冷杀菌保鲜技术,在低温或室温下即能发挥作用,同时,它具有广谱性杀菌作用,效率高,速度快,能高效发挥杀菌作用。

(4) 肉桂精油中特殊的官能团能有效抑制果实中相关酶活性,因此鲜果试验时,肉桂精油能显著抑制果实的呼吸强度、影响其能量代谢,延缓果实硬度的下降速率、降低果实的腐烂率及失重率。

(5) 1-MCP 处理通过控制大气中气体比例,能有效抑制果实呼吸消耗,从而确保果实在贮藏期间长期保持良好的品质;但部分果实即使在最适 1-MCP 处理条件下贮藏,其腐烂率、失重率仍高居不下。究其原因,可能与果实表面携带的病原微生物有关,此类病原菌可使果实腐烂、变质,失去商品价值[23]。因此,往往在控制贮藏环境气体成分的同时,还应协调考虑影响果实腐烂变质的原因及相应的解决策略,常见降低果实腐烂率的方式有臭氧处理、精油处理。由此,采用复合处理方式对‘红阳’鲜果进行保鲜,分别将臭氧和肉桂精油与 1-MCP 复合处理果实,再将其置于最适低温下贮藏,研究其贮藏期间生理特性的变化规律。

(6) 果实经复合处理后对其品质进行主成分分析,发现影响果实品质的主成分有两种,且累计贡献率为 90 %。经主成分分析,复合处理较单一保鲜,能显著影响果实生理特性的变化,使其长期保持良好的品质;贮藏前期,影响‘红阳’果实生理特性变化的主成分有失重率、腐烂率、TSS、MDA、细胞膜相对透性、硬度、可滴定酸;贮藏末期,影响果实生理特性变化的主成分有二氧化碳和乙烯生成速率、可溶性糖。

3.2 结论

将臭氧、精油分别与 1-MCP 结合进行复合保鲜处理后,‘红阳’猕猴桃果实可贮藏至 120 天,腐烂率仅为 17.6 %和 16.4 %,果实的呼吸消耗、硬度的降低、腐烂率和失重率的增加均得有效地抑制。经主成分分析发现,贮藏前期,两种复合处理较单一处理均对‘红阳’果实失重率、腐烂率、TSS、MDA、细胞膜相对透性、硬度、可滴定酸含量有显著影响;贮藏后期,‘红阳’果实中二氧化碳和乙烯生成速率、可溶性糖含量主要受复合处理的影响。两种复合保鲜效果均显著优于单一保鲜,且效果很好,但两者之间差异不显著,基于成本及操作性综合考虑,首选精油与 1-MCP 复合作为最佳处理方式。

参考文献 References

[1] 丁捷, 刘书香, 宋会会,等.‘红阳’猕猴桃果实生长发育规律.食品科学, 2010, 31(20):473-476.

[2] 王瑞玲.‘红阳’猕猴桃采后病害生理及臭氧保鲜技术研究.雅安:四川农业大学, 2010.

[3] 李腾飞, 黄森, 张继澍.1-MCP 处理对‘亚特’猕猴桃果实采后生理和贮藏品质的影响.北方园艺, 2011(16):185-187.

[4] TOUSSAINT B,MAGALI C, NATHALIE C.Effect of cold storage and ozone treatment on physicochemical parameters, soluble

sugars and organic acids in *Actinidia deliciosa*.Food Chemistry, 2010, 121(4):946-951.

[5] 李艳杰, 孙先鹏, 郭康权,等.臭氧、保鲜剂对猕猴桃贮藏保鲜效果的比较.食品科技, 2009, 34(2):45-48.

[6] 疏秀林, 施庆珊, 欧阳友生,等.植物精油的抗菌特性及在食品工业中应用研究新进展.生物技术, 2006(6):89-92.

[7] CASTILLO S, PÉREZ-ALFONSO C O, MARTÍNEZ-ROMERO D, et al.The essential oils thymol and carvacrol applied in the packing lines avoid lemon spoilage and maintain quality during storage.Food Control, 2014, 35(1):132-136.

[8] WANG S Y, CHEN C T.Effect of allyl isothiocyanate on antioxidant enzyme activities, flavonoids and postharvest fruit quality of blueberries (*Vaccinium corymbosum* L.cv.Duke).Food Chemistry, 2010, 122(4):1152-1158.

[9] EL-MOGY M M, ALSANIUS B W.Cassia oil for controlling plant and human pathogens on fresh strawberries.Food Control, 2012, 28(1):157-162.

[10] YUN J, FAN X T, LI X H.Inactivation of salmonella enterica serovar typhimurium and quality maintenance of cherry tomatoes treated with gaseous essential oils.Journal of Food Science, 2013, 78(3):458-464.

[11] 何靖柳, 刘继, 杜小琴,等.植物精油对'红阳'猕猴桃低温贮藏保鲜效果的影响.食品工业科技, 2014(1):17-19.

[12] 阎瑞香, 王仁才, 李丽秀.亚精胺处理对猕猴桃呼吸强度及PG活性的影响.食品科技, 2004(1):83-85.

[13] 王友升, 蔡琦玮, 安琳,等.1-甲基环丙烯对蓝莓果实品质与活性氧代谢影响的多变量解析.食品科学, 2013(14):340-345.

[14] 郑优, 陈厚荣.鲜切果蔬贮藏保鲜技术的研究进展.食品工业科技, 2012(5):372-375.

[15] 杨丹.1-MCP对'红阳'猕猴桃果实采后品质、后熟及酚类抗氧化活性的影响.重庆:西南大学, 2011.

[16] 王晶英等.植物生理生化实验技术与原理.哈尔滨:东北林业大学出版社, 2003:200.

[17] 陈佳阳, 黄山华, 陆旺金,等.壳聚糖双胍盐酸盐涂膜保鲜龙眼及其抑菌活性的研究.食品工业科技, 2012(18):328-331, 392.

[18] 田红炎, 饶景萍.二氧化氯处理对机械损伤猕猴桃果实的防腐保鲜效果.食品科学, 2012(18):298-302.

[19] 居益民, 周慧娟, 叶正文,等.1-MCP处理对猕猴桃贮藏保鲜效果的影响.食品与机械, 2010(6):40-43.

[20] 刘小阳, 李玲, 史宏伟,等.光强对砀山酥梨果实发育期可溶性糖、可滴定酸和VC含量的影响.林业科学, 2007, 43(7):134-137.

[21] 熊庆娥.植物生理学实验教程.成都:四川科学技术出版社, 2003:146.

[22] 张娜, 关文强, 阎瑞香.芥末精油对芒果采后病原真菌抑制效果和保鲜效应的研究.食品工业科技, 2011(3):349-353.

[23] 千春录, 陶蓓佩, 陈方霞,等.1-MCP对猕猴桃果实品质和细胞氧化还原水平的影响.保鲜与加工, 2012(2):9-13.

Analysis of Effects on Physiological Property with Compound Preservations in ' Hongyang ' Kiwifruit Using Principal Component Analysis

HE Jingliu[1] QIN Wen[1] WANG Ruiling[2] ZHANG Qing[1]
HUANG Wenbu[1] LEI Li[1] LIU Xiaoyan[1] HU Ke[1]

(1 College of Food Science, Sichuan Agricultural University Ya'an 625014;
2 Sichuan Provincial Academy of Natural Resource Sciencs Chengdu 610015)

Abstract The present study investigated the influence of two kinds of compound preservations on physiological property in 'Hongyang' kiwifruit using principal component analysis.The results showed that the decay rate of kiwifruit stored for 120 days were 17.6 % and 16.4 % with the treatment of compound preservations concluding ozone and 1-MCP, and essential oil and 1-MCP.The reduction of respiration intensity, hardness and weight-loss rate were obviously inhibited by the compound preservations. Principal component analysis (PCA) showed that in comparison with the single preservation, weight-loss and decay rate, total soluble solids (TSS), malondialdehyde (MDA) content and relative conduction, firmness, the content of titratable acid were significantly influenced at the early stage of storage.The ethylene production and respiration rate, and the content of soluble sugar were affected by the compound preservations at the later stage of storage.The preservation effect of the two kinds of compound preservations is better than the single preservation, but there is no significant difference between them.There is comprehensive consideration on the cost and feasibility, the compound preservation of essential oil and 1-MCP is better way.

Key words 'Hongyang' kiwifruit Compound preservation Physiological property Principal component analysis

猕猴桃"拟回交"后代开花性状的变异分析

蒲文江[1,2]　满玉萍[2]　王冬良[1]
雷　瑞[2]　李作洲[2]　王彦昌[2,*]

(1 安徽农业大学林学与园林学院　合肥　230036；2 中国科学院武汉植物园　武汉　430074)

摘　要　本研究以观赏品种'江山娇'与中华猕猴桃进行"拟回交"后代为研究材料，调查了155株后代群体的性别、花期、花瓣颜色、花朵大小等性状变异。结果表明：在"拟回交"后代群体中，雌、雄性比例接近1∶2；与双亲相比，"拟回交"后代的花期和开花天数分离广泛，多介于双亲之间；花色表型虽介于父母本之间，但大部分为不同程度的红色，红色的类型有深红色、粉红色、浅红色，仅边缘有少量白色，说明后代的花色表现出了明显偏母性的遗传特点。杂种的花朵大小、花瓣数量、每花序花数均值均小于中亲值，杂交 F_1 代的杂交优势并不明显；部分性状间具有显著相关性，可为选育具有观赏性的猕猴桃开花性状选择提供参考。

关键词　猕猴桃　杂种　性状　遗传

人们对猕猴桃属(*Actinidia* Lindl.)植物关注和研究最多的是其果实相关方面的性状，而对猕猴桃属植物观赏性品种的选育和研究则较少(Park et al.,2015；Richardson et al.,2011；Moscatello et al.,2011)。中国科学院武汉植物园报道了'超红''江山娇''满天星'等几个观赏性猕猴桃品种(王圣梅 等,2009；钟彩虹 等,2009；武显维 等,1995)，而对种间杂交或与一个亲本物种再次回交的后代变异研究比较少。我们采用报道过的观花品种'江山娇'(钟彩虹 等,2009)与中华猕猴桃进行"拟回交"所得到的一批杂交后代，对该回交后代调查花期观赏性状；研究猕猴桃种间杂种后代重组性状的遗传表现，以期总结其遗传规律，为观赏猕猴桃的杂交育种提供理论基础。

1　材料与方法

本试验中的"拟回交"部分工作开始于2006年，在中国科学院武汉植物园进行。试验中所选用的父、母本花的相关性状见表1。其中'江山娇'据报道为四倍体中华猕猴桃'武植3号'与二倍体毛花猕猴桃杂交得到的一个二倍体种间杂种后代(钟彩虹 等,2009；王圣梅,1995；王圣梅 等,1994)。杂交所用父本为二倍体中华猕猴桃，是'红阳'猕猴桃的授粉树。

表1　"拟回交"试验选用的猕猴桃品种相关性状

Table 1　The characters of parents in pseudo-backcross

品种名 (name)	性别 (sex)	倍性 (ploidy)	花期 (flower time)	花色 (flower color)	花朵直径/mm (flower diameter)	每花序花数(number of flowers per inflorescence)	花瓣数量(the number of petals)
'江山娇'	f	二倍体	5月上旬~5月中旬	玫瑰红色	45	3~6	5
中华猕猴桃	m	二倍体	4月下旬~5月中旬	白色	25	2~3	7

2014年对155个株"拟回交"后代开花单株的6个相关性状进行记录，包括花期、性别、花瓣颜色、花朵大小、每花花瓣数量、每花序花量。花期的记录以植株第1~5朵花开放时间为始

* 通讯作者，研究员，E-mail：kiwifruit@ wbgcas.cn。

花期，以全株花开 50 %的时间为盛花期，以最后 1～5 朵花开放时间为终花期。单株的性别以花的形态为准，雄花记作 m(male)，雌花记作 f(female)。花瓣颜色和花朵大小以单花完全打开时表现出的性状为准，花瓣颜色的记录按照花瓣红色的多少与深浅分为 5 个级别并对其赋值如下：纯白色花赋值为 0；花瓣基本为白色，仅基部有很少的红色花赋值为 1；花瓣颜色基本为红色白色各占一半（边缘为白色，基部为浅红色）赋值为 2；花瓣颜色基本为红色白色各占一半（边缘为白色，基部为深红色）赋值为 3；花瓣基本为全红，但边缘有很浅的白色，且比母本'江山娇'的红色稍浅赋值为 4；花瓣上无白色表现，且与'江山娇'的花色（玫瑰红）表现类似赋值为 5(Zhang Lei et al.，2012)。花朵大小运用游标卡尺进行测量，每个单株测 5 朵花取其均值。单株每花花瓣数量和每花序花量的记录分别以随机测得的 5 朵花的花瓣数量和 5 个花序上的花量的数值取其均值为准。

分析杂交后代的单株花量是否存在超中或超亲优势，计算公式如下：

超中优势 $H_{mp} = (F_1 - P)/P$

其中：F_1 为 F_1 后代相关遗传性状的平均值；$P = (P_1 + P_2)/2$，P_1 和 P_2 为双亲的相关遗传性状。

超亲优势 $H_{lp} = (F_1 - P_l)/P$　$H_{hp} = (F_1 - P_h)/P_h$

其中：F_1 和 P_h 分别为低值亲本和高值亲本的相关遗传性状(Zhang et al.，2012)。

变异系数 $CV =$ 标准差×100/平均值(%)

遗传变异系数 0 %～15 %，15 %～30 %，30 %以上分别定义为遗传变异度较小、中等和较大(李娟娟 等，2014)。

2　结果与分析

2.1　"拟回交"后代各开花性状的变异

从调查的 155 个"拟回交"后代开花单株的性别得出，开花单株的雌雄性比例严重偏离1∶1的分离比例，达到了近 1∶2。在 155 个开花单株中，雌株有 56 株(约占 36.1 %)，雄株有 99 株(约占 63.9 %)；按 2∶1进行 X^2 检验分析得出 X^2 值为 1.096，P 值为 0.557(P>0.5)，差异不显著。

整个"拟回交"后代群体的始花期为 4 月 23～29 日(图 1)。从 4 月 23 日起，少部分单株开始进入始花期，到 4 月 27 日进入始花期的植株数量达到 30.3 %；整个"拟回交"后代植株都进入到始花期的时间是在 4 月 29 日。

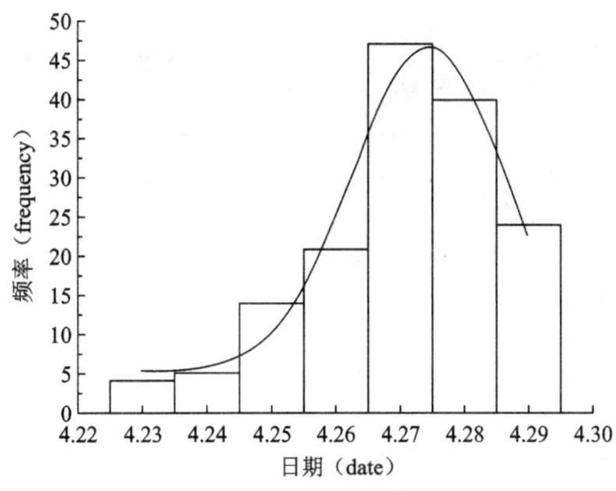

图 1　杂种后代始花期时间分布

Fig.1　Distribution of the initial flowering time among progenies

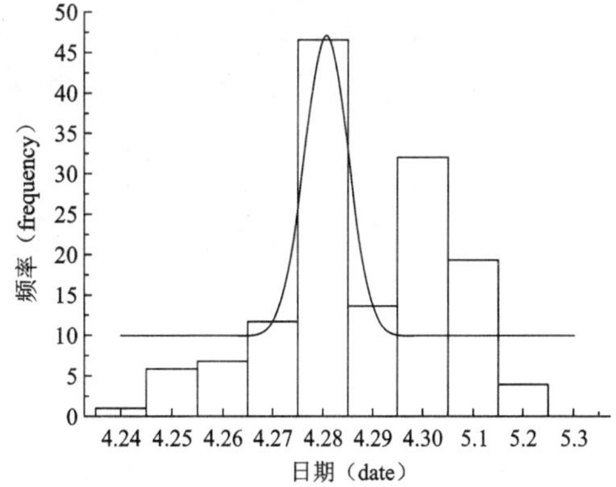

图 2　杂种后代盛花期时间分布

Fig.2　Distribution of the full blooming time among progenies

"拟回交"后代的盛花期为 4 月下旬(4 月 24～30 日)和 5 月上旬(5 月 1～3 日)的概率分

别为 82.6 %和 17.4 %,且多集中在 4 月下旬开放(82.6 %);在"拟回交"后代中没有出现盛花期在 5 月中旬的植株(图 2)。整个"拟回交"后代聚群的终花期为 4 月 27 日~5 月 5 日;其中,有 47.1 %的单株在 5 月 3~4 日这两天进入到了终花期(图 3)。整个"拟回交"后代开花总天数范围在 2~11 天,其数量分布符合正态分布,S-W 值为 0.97,P 值为 0.002;平均开花天数为 6.09 天,方差为 3.38;有 72.3 %的"拟回交"后代植株开花天数为 5~8 天(图 4)。

"拟回交"后代的花瓣颜色出现了不同程度的遗传变异,其花瓣的颜色基本为双亲的中间类型(图 5,彩图 14)。在 155 个开花单株中,有 0.6 %和 9.0 %的子代分别表现出与父本和母本的花瓣颜色特征完全相同。其余 89.1 %的子代都表现出了不同程度的红色(深红色、粉红色、浅红色)花瓣颜色特征,白色特征仅表现在部分花瓣的边缘位置(表 2)。

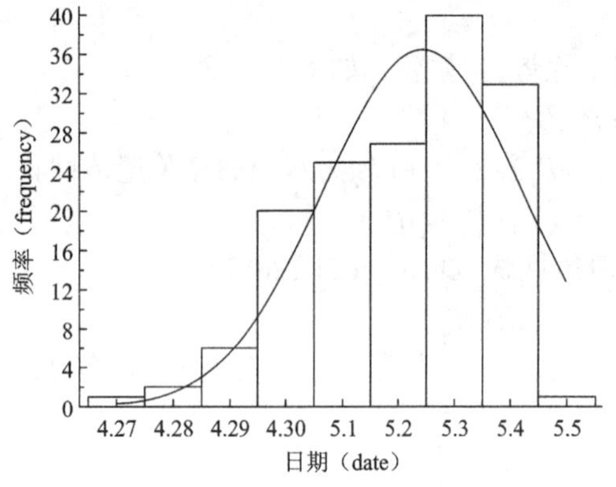

图 3　杂种后代终花期时间分布图

Fig.3　Distribution of the end flowering time among progenies

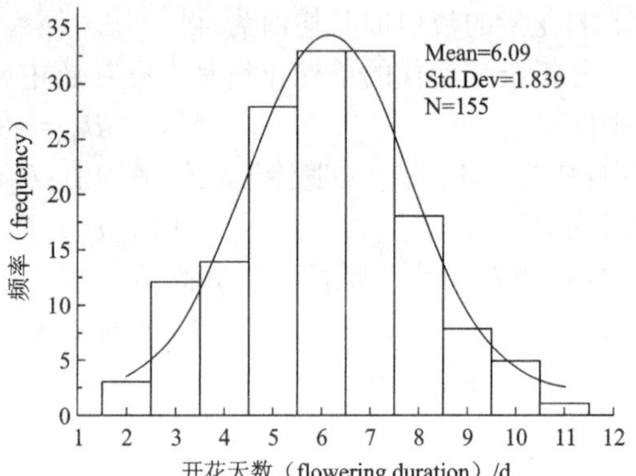

图 4　杂种后代开花天数分布

Fig.4　Distribution of flowering duration among progenies

图 5　杂种后代及双亲的花色

Fig.5　Flower color of the progeny and the parents

注:(A)'红阳'的花(白色);(B)白色花(赋值为 0);(C)花瓣基本为白色,仅基部有很少的红色的花(赋值为 1);(D)花瓣颜色基本为红色白色各占一半,边缘为白色,基部为浅红色的花(赋值为 2);(E)花瓣颜色基本为红色白色各占一半,边缘为白色,基部为深红色的花(赋值为 3);(F)花瓣基本为全红,但边缘有很浅的白色,且比母本'江山娇'的红色稍浅的花(赋值为 4);(G)花瓣上无白色表现,且与"江山娇"的花色(玫瑰红)表现类似的花(赋值为 5);(H)'江山娇'的(花玫瑰红)。Note:(A) the flower of 'Hongyang' (white);(B) white flower (be recorded as 0);(C) largely white with red on the basal part of the petals (be recorded as 1);(D) half of petals are white while the basal part is light red (be recorded as 2);(E) with similar petal color like (D) but the basal part is deep red (be recorded as 3);(F) largely red (not so deep as in 'Jiangshanjiao') with a very small portion of the margin are white (be recorded as 4);(G) with similar petal color like 'Jiangshanjiao' (be recorded as 5);the lower of 'Jiangshanjiao' (rose color).

表 2　花色的变异

Table 2　Variation of flower color

亲本花朵颜色 (flower color of parents)		杂种花色分布比例/% (distribution of flower color of hybrids)					
母本 (female)	母本 (female)	白色 (white flower)	基本为白色，仅基部有少量红色 (largely white with red on the basal part of the petals)	边缘为白色，基部为浅红色 (half of petals are white while the basal part is light red)	边缘为白色，基部为深红色 (half of petals are white while the basal part is deep red)	基本为全红，边缘有很浅的白色 (largely red with a very small portion of the margin are white)	玫瑰红 (rose color)
玫瑰红色 (rose color)	白色 (white flower)	0.6	1.3	23.9	38.1	27.1	9.0

"拟回交"后代的花朵直径表现出了连续性变异，其变异范围为 19～40 mm。杂交后代花朵直径均值小于亲中值，遗传变异度较小，变异系数为 13.4。在 155 株"拟回交"后代中，96.1 %的单株花朵直径介于双亲本之间，有 92.9 %的后代单株的花朵直径超过了父本中华猕猴桃雄株的花朵直径。"拟回交"后代植株的花朵直径均不具有超中优势、超"低亲"(中华猕猴桃雄株)和超"高亲"('江山娇')优势(表 3、表 4)。

表 3　花朵大小变异

Table 3　Variation of flower diameter

亲本花朵直径/mm (flower diameter of parents)			杂种花朵直径 (flower diameter of hybrids)			杂种花朵直径分布比例/% (distribution of flower diameter of hybrids)		
母本 (female)	父本 (male)	亲中值 P	平均值/mm (mean)	变异系数 CV/%	范围/mm (range)	<低亲 (<low parent value)	双亲之间 (between parent value)	>高亲 (>high parent value)
45	25	35	30.9	13.4	19～40	3.9	96.1	0

注："低亲"代表两亲本该性状数值相对低的亲本值；"高亲"代表两亲本该性状数值相对高的亲本值；下表同。

Note: 'Low parent value' represents the relatively low value of the parental trait value; 'High parent value' represents the relatively high value of the parental trait value; the same as following table.

表 4　杂种后代花朵大小的杂交优势

Table 4　Heterosis of the flower diameter of hybrids

超中优势 H_{mp} (mid-parent heterosis)	超亲优势 (over-parent heterosis)		超亲个体比例/% (percentage of the transgressive progeny)	
	H_{lp}	H_{hp}	<ZH	<JSJ
-0.117	-0.109	-0.111	92.9	0

注：ZH，低值亲本中华雄株；JSJ，高值亲本'江山娇'；下表同。

Note: ZH, the low-flower paternal diameter parent *Actinidia chinensis*; JSJ, the high-flower diameter maternal parent 'Jangshanjiao'; the same as following table.

"拟回交"后代的花瓣数量变异范围为 4～7；平均花瓣数量为 5.6，小于亲中值；遗传变异度较小，变异系数为 10.9。在 155 株"拟回交"后代中，99.4 %的单株花瓣数量介于双亲本之间，有47.7 %的后代单株的花瓣数量超过了父本中华猕猴桃雄株的花瓣数量。“拟回交”后代植株的花瓣数量均不具有超中优势、超“低亲”（中华猕猴桃雄株）和超“高亲”（‘江山娇’）优势（表5、表6）。

表5 花瓣数量的变异

Table 5 Variation of the number of petals

亲本花瓣数量 (the number of petals of parents)			杂种花瓣数量 (the number of petals of hybrids)			杂种花瓣数量分布比例/% (distribution of the number of petals of hybrids)		
母本 (female)-	父本 (male)	亲中值 P	平均值 (mean)	变异系数 CV/%	范围 (range)	<低亲 (<low parent value)	双亲之间 (between parent value)	>高亲 (>high parent value)
7	5	6	5.6	10.9	4~7	0.6	99.4	0

表6 杂种后代花瓣数量的杂交优势

Table 6 Heterosis of the petal number of hybrids

超中优势 H_{mp} (mid-parent heterosis)	超亲优势 (over-parent heterosis)		超亲个体比例/% (percentage of the transgressive progeny)	
	H_{lp}	H_{hp}	<ZH	<JSJ
−0.075	−0.143	0	47.7	0

“拟回交”后代的每花序花数变异范围为1~4，平均每花序花数为2.27，小于亲中值；遗传变异度较大，变异系数为34.10。在155株杂交后代中，57.4 %的“拟回交”后代单株属于“低亲”植株，42.6 %的单株花朵直径介于双亲本之间，没有发现“高亲”的“拟回交”后代单株（表7）。

表7 每花序花数的变异

Table 7 Variation of number of flowers per inflorescence

亲本每花序花数 (number of flowers per inflorescence of parents)			杂种每花序花数 (number of flowers per inflorescence of hybrids)			杂种每花序花数分布比例/% (distribution of number of flowers per inflorescence of hybrids)		
母本 (female)	父本 (male)	亲中值 P	平均值 (mean)	变异系数 CV/%	范围 (range)	<低亲 (<low parent value)	双亲之间 (between parent value)	>高亲 (>high parent value)
5	3	4	2.27	34.10	1-4	57.4	42.6	0

2.2 “拟回交”后代各性状的相关分析

通过对“拟回交”后代各性状间相关性分析表明（表8），开花天数与每花序花数呈极显著正相关性，与花瓣数量呈显著正相关性，说明每花序花数和花瓣数量越多，开花天数越长；而开花天数与花朵大小呈显著负相关性，即花朵越大开花天数越短。在杂种后代中，开花天数与花瓣颜色无显著相关性。花瓣颜色与花朵大小和每花序花数存在相关性，其中花瓣颜色与花朵大小呈极显著正相关性，即花朵越大，花瓣的红色颜色所在占比例越大且越红；而花瓣颜色与每花序数呈显著负相关性；花瓣颜色与花瓣数量无显著相关性。花朵大小与每花序数存在极显著负相关性，即花序数越多花朵越小；花朵大小与花瓣数量无显著相关性。花瓣数量与每花序花数同样表现出无显著的相关性特征。

表8 “拟回交”后代各开花5个性状的相关分析

Table 8 Correlation analysis of 5 characters of pseudo-backcross progeny

性状 (characters)		开花天数 (flowering duration)	花瓣颜色 (flower color)	花朵直径 (flower diameter)	花瓣数量 (the number of petals)	每花序花数 (number of flowers per inflorescence)
花瓣颜色 (flower color)	γ	−0.120	1			
	P	0.136				
花朵直径 (flower diameter)	γ	−0.187*	0.222**	1		
	P	0.020	0.006			
花瓣数量 (the number of petals)	γ	0.161*	−0.770	−0.040	1	
	P	0.046	0.340	0.965		
每花序花数 (number of flowers per inflorescence)	γ	0.427**	−0.197*	−0.300**	0.109	1
	P	0.000	0.014	0.000	0.178	

*，** 分别表示在0.05和0.001水平差异显著。

注：γ为两个性状之间的Pearson相关系数；P为双侧检验的显著水平。

*，** Significant correlation at $P<0.05$ and $P<0.01$ respectively.

Note: γ refers to Pearson correlation coefficient; P is the two-tailed significance.

3 讨论

在本研究中，猕猴桃杂种后代的花期出现了不同程度的分离，花期和开花天数都与父本的花期和开花天数接近，说明父本的花期和开花天数具有更强的遗传力。在对杂交后代的花期观察过程中发现，“拟回交”后代的盛花期的时间更接近于父本，这可能是杂种后代的盛花期时间更多地受到父本遗传影响。因此，在选育盛花期晚的猕猴桃观赏品种时，宜选用中华猕猴桃晚花期材料做父本。Testolin等（1995）对美味猕猴桃四个雌株和三个雄株按NCII设计杂交组合的后代群体观察发现，后代群体的雌雄性比例接近1∶1。本实验所用杂交后代群体的雌雄性比偏离1∶1的分离比例，雄株为雌株的两倍。这可能是由几种原因导致的：一是群体个体数不够（获得的杂交后代少或雌株死亡更多等），导致结果未能客观显示雌雄分离比例；二是种间杂交过程中，性染色体并未完全按照种内染色体配对，导致性别决定位点偏离分离。

在“拟回交”后代中，花瓣花色出现了不同程度的分离现象，且多介于双亲之间，这与范培格等（2004）在对美味猕猴桃海沃德和毛花猕猴桃进行种间杂交时得出的花色性状分离程度的情况相一致。在本实验中，大多数子代表现出了不同程度的红色花瓣颜色特征，例如深红色、粉红色、浅红色等，而白的部分仅出现在花瓣的边缘位置上，花瓣颜色完全为白色的花仅出现了一朵。根据Fraser等（2013）通过（毛花猕猴桃×中华猕猴桃）×中华猕猴桃的回交后代花色分离阐明，毛花猕猴桃与中华猕猴桃花色遗传中，认为红色与白色属于一对等位基因控制的质量性状，符合孟德尔经典遗传规律。因此可以推测，本研究中的母本‘江山娇’携带花色的纯合显性基因，与中华猕猴桃纯合隐性的花色控制基因组合后，形成全部或绝大部分红色花瓣后代，而且，本群体中的花色控制基因应该均属于杂合状态，下一代即可通过与白色亲本回交形成红色∶白色＝1∶1的后代比例，并因此推测‘江山娇’应是一个假杂种，并非中华猕猴桃×毛花猕猴桃的杂交后代，而应是毛花猕猴桃种内杂交后代。

本实验的“拟回交”后代植株的花朵大小、花瓣数量、每花序花数等性状均值均小于亲中值，这表明杂交 F_1 代的杂交优势并不明显；而上述形状的分布比大多在双亲之间，且倾向与父本，这表明猕猴桃杂种后代实生苗的个别性状于双亲之间，且有倾向双亲一方的情况（范培格等，2004）。“拟回交”杂种后代各性状间表现出了不同的相关性，这使得在对不同优良性状的猕猴桃品种的育种过程中，可以对相关性状的衰退表现进行充分估计；结合不同性状之间的相关性关系，可有效提高目标性状植株的育种效率（Cheng et al.，2004）。

参考文献 References

范培格，安和祥，蔡达荣，等，2004.美味猕猴桃海沃德与毛花猕猴桃种间杂交及优株的选育.果树学报，21（3）：208-211.

李娟娟，陈洪伟，王红利，等，2014.一串红若干观赏性状在 F_1 的遗传表现.华北农学报，29（6）：113-120.

王圣梅，1995.猕猴桃种间杂交.果树科学，12（增刊）：145-148.

王圣梅，黄仁煌，武显维，等，1994.猕猴桃远缘杂交育种研究.果树科学，11（1）：23-26.

王圣梅，姜正旺，钟彩虹，等，2009.观赏猕猴桃新品种：超红.园艺学报，36（5）：773.

武显维，康宁，黄仁煌，等，1995.猕猴桃种质资源保存及育种研究.武汉植物学研究，15（3）：265-268.

钟彩虹，龚俊杰，姜正旺，等，2009.两个猕猴桃观赏新品种选育和生物学特性.中国果树（3）：5-7.

CHENG C H, SEAL A G, 2004. Inheritance of taste characters and fruit size and number in a diploid *Actinidia chinensis* (kiwifruit) population. Euphytica, 138: 185-195.

FRASER L G, SEAL A G, et al., 2013. An R2R3 MYB transcription factor determines red petal colour in an *Actinidia* (kiwifruit) hybrid population. BMC Genomics, 14: 28.

MOSCATELLO S, FAMIANI F, et al., 2011. Sucrose synthase dominates carbohydrate metabolism and relative growth ratein growing kiwifruit (*Actinidia deliciosa*, cv hayward). Scientia Horticulturae, 128: 197-205.

PARK Y S, POLOVKA M, et al., 2015. The postharvest performance of kiwifruit after long cold storage. Eur Food Res Technol, 241: 601-613.

RICHARDSON A C, BOLDINGH H L, et al., 2011. Fruit development of the diploid kiwifruit, *Actinidia chinensis* Hort16A. BMC Plant Biology, 11: 182.

TESTOLIN R, CIPRIANI G, COSTA G, 1995. Estimate of variance components and heritability of characters in kiwifruit (*Actinidia deliciosa*). Acta Hort. (ISHS), 403: 182-188.

ZHANG Lei, LI Zuozhou, et al., 2012. Vitamin C, flower color and ploidy variation of hybrids from a ploidy-unbalanced *Actinidia* interspecific crossand SSR characterization. Euphytica, 175: 133-143.

Variation of Flowering Traits in Pseudo-backcross Progeny of Kiwifruit

PU Wenjiang[1,2]　MAN Yuping[2]　WANG Dongliang[1]

LEI Rui[2]　LI Zuozhou[2]　WANG Yanchang[2]

(1 School of Forestry and Landscape Architecture, Anhui Agricultural University　Hefei　230036;

2 Wuhan Botanical Garden, Chinese Academy of Sciences　Wuhan　430074)

Abstract　A population of 155 progeny from a pseudo-backcross ‘Jiangshanjiao’ ×*Actinidia chinensis* was used to study the variation of gender, flowering time and morphological characters. It was resulted that the sex ratio approached 1∶2. Flowering time, duration and flower color of the pseudo-backcross progeny lied between that of parents. Petals of most progeny showed red color basically, such as deep red, pink and light red, which indicates that petal color of these hybrids prefer to the maternal. The mean value of flower diameter, number of petals and number of flowers per inflorescence in pseudo-backcross generations are less than that of their parents obviously. No heterosis was observed in the population. According to the ornamental breeding objectives, the significant correlation among some flowering traits could present signs for subsequent selection.

Key words　Kiwifruit　Hybridization　Flowering traits　Heredity

野生毛花猕猴桃雄性种质花器相关性状的遗传变异分析*

黄春辉** 钟 敏*** 郎彬彬 朱 博 谢 敏

张文标 吴 寒 曲雪艳 徐小彪****

(江西农业大学农学院 南昌 330045)

摘 要 为了揭示麻姑山地区野生毛花猕猴桃雄性种质花器形态的遗传多样性,以江西省南城县麻姑山地区的51份野生毛花猕猴桃(*Actinidia eriantha* Benth.)雄性种质资源为试材,采用DUS测试标准(猕猴桃属),进行野外观测与室内分析。结果表明,供试的野生毛花猕猴桃雄性种质花粉活力的变异系数最大为59.21%,花瓣基部萼裂处花青素着色程度、花柄长度、花瓣数目及花瓣颜色等指标的变异系数达20%以上;利用DPS 9.50分析软件,以平均欧氏距离4.10为界,可将51份野生毛花猕猴桃雄性种质资源分为3大类及2个独立单株。第I类为高花粉活力型、第II类为普通型、第III类为深色花型。野生毛花猕猴桃雄性种质花器形态变异大,遗传多样性丰富,可为毛花猕猴桃特异种质筛选及雄性品种选育奠定理论基础。

关键词 毛花猕猴桃 雄性种质 花器 变异系数 聚类分析

毛花猕猴桃(*Actinidia eriantha* Benth.)又名毛桃、毛阳桃、毛冬瓜等,为猕猴桃属(*Actinidia*)植物的重要种类之一,其果实富含维生素C,是中华猕猴桃的3~4倍[1]。毛花猕猴桃作为我国特有的野生种质,遗传多样性丰富,广泛分布于云南、广西、江西、贵州、湖南、福建和浙江等地。前期研究表明,野生毛花猕猴桃具有较强的抗病性和耐热性,果实易剥皮,维生素C含量高达21.27 mg/g。此外,毛花猕猴桃的花为红色,色泽艳丽,香气浓郁,嫩枝幼叶姿态婀娜,具有较高的观赏利用价值,非常适用于园林绿化或盆栽观赏。由于毛花猕猴桃具有的这些特性,所以具有广阔的开发利用前景。

我国从20世纪80年代开始即对毛花猕猴桃进行了选育研究,已选育出‘华特’[2]、‘沙农18号’[3]、‘安章毛花2号’[4]、‘赣猕6号’[5]等品种,表现出了良好的栽培前景,已经开始规模化和商业化的栽培,但栽培面积和市场销售仍然有限。中国科学院武汉植物园以毛花猕猴桃为亲本与中华猕猴桃进行杂交,培育出了‘江山娇’‘超红’2个观赏品种[6]。但截至目前,尚未见毛花猕猴桃雄株品种的报道;而对于雌雄异株的猕猴桃,选育优良雄性品种对保证雌性品种正常受精,充分发挥雌性良种的经济性状,无疑具有同等重要的作用。

近年来,本课题组对江西省境内各大山脉的毛花猕猴桃种质资源进行了细致调研,发现了大量野生毛花猕猴桃种群的分布。其中,麻姑山位于江西省南城县境内,属武夷山系军峰山之

*基金项目:国家自然科学基金(31360472);国家科技基础性工作专项(2012FY110100-7);江西省重大科技专项(20161ACF60007);江西省现代农业产业技术体系建设专项(JXARS-05)。

** 第一作者,女,副教授,研究方向果树种质资源与生物技术;电话13970939317,E-mail:hchui@163.com。

*** 并列第一作者。

**** 通信作者,教授,博导,E-mail:xbxu@jxau.edu.cn。

余脉,其境内呈现出一定规模的野生雌雄植株集中交替分布。据此,本研究利用该地区丰富的毛花猕猴桃雄性资源,对该地区野生毛花猕猴桃雄性种质花器形态学性状的遗传多样性进行研究,旨在为毛花猕猴桃优良授粉雄株及观赏毛花猕猴桃品种选育奠定基础。

1 材料与方法

1.1 材料

供试材料为随机采集的江西省南城县麻姑山境内(N27°25′, E116°27′~N27°32′,E116°32′)的 51 份野生毛花猕猴桃雄株盛花初期花序。

1.2 方法

1.2.1 花器形态观测

参照国家标准 DUS 测试标准《植物新品种特异性、一致性和稳定性测试指南 猕猴桃属》[7],对毛花猕猴桃雄株花器形态学性状进行观测。观测的指标有花序类型、花萼颜色、萼片数、花瓣基部萼裂处花青素着色程度、花药颜色、花药数、花直径、花柄长、花瓣数、花蕾数、花瓣颜色(用 Minolta CR-400/410 型色差计(日本)检测色差值 a)及花粉活力(TTC 染色法测定)。其中通过观察,供试材料雄花在花序类型(聚伞花序)、花萼颜色(浅绿色)及花药颜色(黄色)3 个性状方面没有明显差异,故在数据分析时不予统计。

1.2.2 数据处理

毛花猕猴桃雄株花器的 9 个形态性状指标中,除花瓣基部萼裂处花青素着色程度是质量性状外,其余 8 个指标均为数量性状。据此,对于数量性状的基本分析采用原始数值,对于质量性状花瓣基部萼裂处花青素着色程度采用代码将描述性状量化(浅=1,中等=2,深=3)。

1.2.3 数据分析

利用 Excel 2007 软件对毛花猕猴桃雄株花器形态性状进行基本统计分析。将毛花猕猴桃雄株花器形态性状数据转化为标准化数据,以消除量级或单位的不同对数据分析的影响,采用组间连接进行聚类分析,种质间的距离为平均欧氏(Euclidean)距离,用 DPS 9.50 软件聚类并形成树状图。

2 结果与分析

2.1 毛花猕猴桃雄性种质资源花器形态性状的变异分析

通过对 51 份野生毛花猕猴桃雄株花器 9 个形态学性状的分析,结果表明,供试材料花器各个形态学性状指标存在着很大的变异。由表 1 可知,其花粉活力的变异系数最大,为 59.21 %,花粉活力最高的单株是 18 号,达到 66.42 %,最低为单株 44 号,仅 1.58 %。花瓣基部萼裂处花青素着色程度的变异系数仅次于花粉活力的变异系数,为 30.95 %。花瓣基部萼裂处的颜色深浅不一,差异明显。花柄长、花蕾数及花瓣颜色 3 指标的变异系数均达到 20 %以上,分别为 22.93 %,26.78 %和 26.64 %。花柄长的变幅为 0.62~1.65 cm,花柄长的单株其花盛开时,不易被叶片或枝条,既利于观赏,又利于蜜蜂采粉或自然风传粉。花蕾的变幅为 3~8 朵/花序,花蕾数越多,花盛开时全株更加繁盛而且花期更长。花瓣的色差值 a 的变幅为 8.54~42.66,表明花瓣颜色从近于白色到深红色。51 份单株,绝大部分的花萼数为 3 片/朵,但也有少部分为 2 片/朵，其变异系数为 16.56 %。花药的变幅为 65 ~ 145 个/朵，但其变异系数为 16.73 %。花冠直径为 2.69 ~ 4.03 cm，变异系数为 10.09 %。51 份单株花瓣数的变异系数为 9.51 %，是 9 个性状中变异系数最小的指标。其中 29 份的花瓣数为 5 瓣/朵，13 份的花瓣数为 6 瓣/朵，1 份的花瓣数为 7 瓣/朵，7 份的花瓣数为 5 或 6 瓣/朵，还有 1 份的花瓣数为 5 或 6 瓣/朵。各形态学性状变异系数的平均值为 24.38 %。表明野生毛花猕猴桃雄株单株间各性状差异大，具有丰富的表型多样性，可为毛花猕猴桃雄株选育提供很丰富的亲本材料，对毛花猕猴桃雄株品种深度开发提供了很大的选择空间。

表 1 毛花猕猴桃雄株花器形态学性状的数据分析

Table 1 Analysis data of floral morphological traits of male plants in *A.eriantha*

性状 (character)	变幅 (range)	均值 (mean)	变异系数 *CV/%*
花萼 (calyx)	2 ~ 3	2.64 ± 0.44	16.56
花瓣基部萼裂处花青素着色程度 (anthocyanin degree in the calyx crack of petal base)	1 ~ 3	2.04 ± 0.63	30.95
花药数 (anther number)	65 ~ 145	111.76 ± 18.70	16.73
花直径/cm (lower diameter)	2.69 ~ 4.03	3.21 ± 0.32	10.09
花柄长/cm (pedicel length)	0.62 ~ 1.65	1.09 ± 0.25	22.93
花瓣数 (petal count)	5 ~ 7	5.39 ± 0.51	9.51
花蕾数 (the number of flower buds)	3 ~ 8	5.76 ± 1.54	26.78
花瓣颜色 (petal color)	8.54 ~ 42.66	28.15 ± 7.50	26.64
花粉活力/% (pollen viability)	1.58 ~ 66.42	28.32 ± 16.77	59.21

2.2 聚类分析

2.2.1 野生毛花猕猴桃雄株花器类群的划分

对野生毛花猕猴桃雄株花器的形态性状数据进行标准化转化，以平均 Euclidean 距离为遗传距离，采用组间连接进行聚类分析。结合聚类图，以平均欧氏距离 4.10 为界，可将 51 份野生毛花猕猴桃雄株种质资源分 5 类，从上至下依次为第 I、第 II、第 III、第 IV、第 V 类(图 1)。

第 I 类包括 11 份单株，单株编号为 1，2，3，4，7，8，12，13，15，16，18。

第 II 类共包括 13 份单株，单株编号为 5，9，10，17，19，20，24，26，29，32，33，40，48。

第 III 类共包括 25 份单株，单株编号为 6，14，21，22，23，25，27，28，30，31，34，35，36，37，38，39，41，42，43，44，45，46，47，49，51。

第 IV 类仅有 1 份单株，单株编号为 11。

第 V 类也仅有 1 份单株，单株编号为 50。

2.2.2 野生毛花猕猴桃雄株花器各类群的特征

通过计算野生毛花猕猴桃雄株花器各个类群 9 个性状的平均值，可以看出各类群花器性状的主要特点(表 2)。

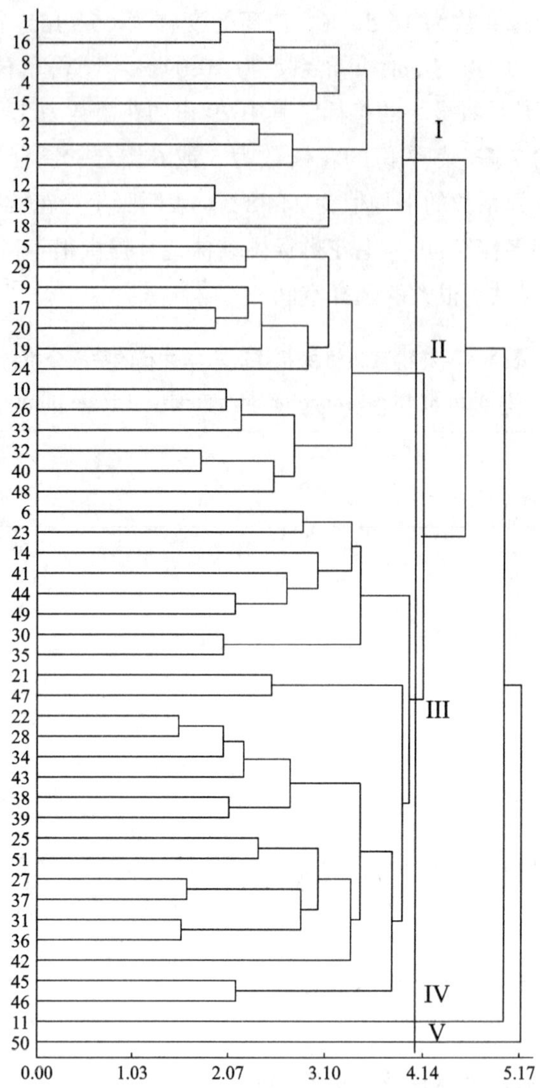

图 1　毛花猕猴桃雄株种质资源聚类树状图

Fig.1　The dendrogram of male plant germplasm in *A.eriantha*

表 2　毛花猕猴桃雄株种质资源不同类群性状统计表

Table 2　Statistic data of characters of male plant germplasm in different *A.eriantha*

性状（character）	第Ⅰ类（grope one）$n=11$		第Ⅱ类（grope two）$n=13$		第Ⅲ类（grope there）$n=25$		第Ⅳ类（grope four）$n=1$	第Ⅴ类（grope five）$n=1$
	均值（mean）	变异系数 *CV*	均值（mean）	变异系数 *CV*	均值（mean）	变异系数 *CV*	均值（mean）	均值（mean）
花萼（calyx）	2.68 ± 0.46	17.23	2.88 ± 0.22	7.6	2.5 ± 0.45	17.89	3	2
花瓣基部萼裂处花青素着色程度（anthocyanin degree in the calyx crack of petal base）	2.27 ± 0.47	20.55	2.15 ± 0.38	17.44	1.88 ± 0.71	37.82	1	3

续表

性状(character)	第 I 类(grope one) n=11		第 II 类(grope two) n=13		第 III 类(grope there) n=25		第 IV 类(grope four) n=1	第 V 类(grope five) n=1
	均值(mean)	变异系数 CV	均值(mean)	变异系数 CV	均值(mean)	变异系数 CV	均值(mean)	均值(mean)
花药数(anther number)	95.91 ± 17	17.73	103.46 ± 15.73	15.2	122.8 ± 12.81	10.43	95	135
花直径/cm(lower diameter)	3.1 ± 0.21	6.62	2.91 ± 0.16	5.56	3.44 ± 0.26	7.57	2.75	3.01
花柄长/cm(pedicel length)	1.26 ± 0.23	18.13	0.9 ± 0.22	24.5	1.13 ± 0.21	18.63	0.81	1.04
花瓣数(petal count)	5.55 ± 0.42	7.49	5.15 ± 0.38	7.29	5.36 ± 0.48	8.96	6	7
花蕾数(the number of flower buds)	3.45 ± 0.69	19.9	6 ± 1.29	21.52	6.56 ± 0.8	12.26	7	7
花瓣颜色(petal color)	22.94 ± 7.76	33.83	27.49 ± 6.34	23.06	31.68 ± 5.37	16.94	8.54	25.48
花粉活力/%(pollen viability)	43.86 ± 13.63	31.08	23.8 ± 13.09	55	24.34 ± 16.19	66.54	31.61	12.32

第 I 类群包含 11 份材料,该类群的花粉活力最高,达 43.86 %,且此类群的花柄最长,为 1.26 cm,这对于风媒花的毛花猕猴桃来说,非常有利于授粉。因此,此类群可以作为选育授粉雄株的育种材料。

第 II 类群包含 13 份材料,9 个性状的平均值中等大小,表现为单株的花形、花色、花药数、花粉活力等均处于中等,可以作为授粉观赏兼用型毛花猕猴桃的遗传材料。

第 III 类群共包括 25 份材料,其在花瓣颜色及花直径方面均高于其他类群,且在花蕾数及花药数方面均高于 I 类、II 类群。第 III 类群花瓣颜色的色差值 a 平均值为 31.68,花的直径为 3.44 cm,花蕾数平均每个花序达到 6.56 个,花药数为 122.80 个/朵。因此,第Ⅲ类群总体表现为花形大、花瓣颜色深紫红、多花,是观赏价值高的毛花猕猴桃资源。

第 IV 类群仅有一个材料,它在花瓣颜色、花柄长及花药数均低于其他类群。此份单株花瓣颜色浅,花瓣基部萼裂处花青素着色程度低,且花直径为 2.75 cm,花柄长为 0.81 cm,因此不具有观赏价值。但其花药每朵花平均有 95 个,花粉活力达到 31.61 %,仅次于第 I 类群的 43.86 %,因此,11 号单株可以作为较好的毛花猕猴桃的授粉优株。

第 V 类群仅有一个材料,其花粉活力低于其他类群,但是其花药数及花瓣数方面均高于其他类群。此份单株花药数最多,每朵花平均有 135 个,但其花粉活力却最低,仅为 12.32 %。此单株花瓣颜色和花瓣基部萼裂处红色较深,花冠直径达到 3.01 cm,花瓣数和花蕾数均为 7,而花萼数为 2。50 号单株的花器中央花药密集浓黄,周围花瓣紧密深红,具有一定的观赏价值。

3 讨论

变异系数主要反映某一表型性状变异的范围大小,能够很好地反映种质资源的多样性[8]。群体内性状变异程度和变异幅度越大,对种质资源变异和创新贡献率越高[9]。变异系数作为种质资源多样性的指标在葡萄[9]、猕猴桃[10]、板栗[11]、杏[12]、桃[13]等果树得到了很好的应用。本研究分析了51份野生状态毛花猕猴桃雄株雄花形态学性状的变异情况,供试的野生毛花猕猴桃雄株花粉活力的变异系数最大为66.42 %,花瓣基部萼裂处花青素着色程度、花柄长度、花瓣数目及花瓣颜色等指标的变异系数达20 %以上,说明麻姑山区域雄株花器具有较大程度的变异,表现出丰富的表型多样性。这可能与野生单株的微环境差异有关,同时也可以说明本研究的群体遗传变异潜力巨大。

聚类分析在猕猴桃果实评价研究中表现出很好的可信度,汤佳乐[14]等利用UPGMA法对野生猕猴桃资源进行聚类分析,将70份资源划分为3组,与果实表型性状具有很好的一致性。傅隆生[15]等人利用K-means聚类分析方法将157个'海沃德'猕猴桃样品分为3类,判别分析对聚类结果的正确率达到98.72 %。本研究通过对野生毛花猕猴桃雄株花器形态指标的聚类分析,将供试的51份材料分成了5个类群。第I类高花粉活力型,这个类群的雄花普遍具有较高的花粉活力和较长的花柄,可在该类群中选育优良的授粉雄株;第II类普通型,花形、花色、花药数、花粉活力等均处于中等,可以从中选育授粉观赏兼用型毛花猕猴桃;第III类深色花型,该类型的雄花花瓣颜色深、花形大、花量多,可从其中选育优良的观赏品种;第IV、第V类二个独立单株在某些性状上特征明显,可为进一步利用提供遗传材料。5个类群间花器性状平均值差异较大,但是各类群内花器性状稳定,变异系数小。但是花粉活力在第I、第II、第III类群的变异系数较大,分别为31.08 %,55.00 %,66.54 %,说明花粉活力具有改良的潜在价值。本研究是基于野生环境下对毛花猕猴桃雄性种质资源的花器形态学性状数据开展研究,有关分子水平的遗传多态性分析有待于进一步研究。

参考文献 References

[1] 钟彩虹, 张鹏, 姜正旺, 等.中华猕猴桃和毛花拣猴桃果实碳水化合物及维生素C的动态变化研究.植物科学学报, 2011, 29(3):370-376.

[2] 谢鸣, 吴延军, 蒋桂华, 等.大果毛花猕猴桃新品种'华特'.园艺学报, 2008, 35(10):1555.

[3] 余敷霖, 王慧明.毛花猕猴桃:沙农18号.福建果树, 1981, 2:25-26.

[4] 徐小彪, 张秋明.中国猕猴桃种质资源研究与利用.植物学通报, 2003, 20(6):648-655.

[5] 黄春辉, 曲雪艳, 钟敏, 等.毛花猕猴桃易剥皮新品种赣猕6号的选育.中国果树, 2015(6):5-7.

[6] 钟彩虹, 龚俊杰, 姜正旺, 等.2个猕猴桃观赏新品种选育和生物学特性.中国果树, 2009(3):5-7.

[7] National Bureau of Quality Inspection. Guidelines for the conduct of tests for distinctness, uniformity and stability Kiwifruit (*Actinidia* L.), 2013.

[8] 杨婷婷, 于泽群, 夏乐晗, 等.君迁子(*Diospyros lotus*)种质资源形态学性状的聚类分析.果树学报, 2014(4):566-573.

[9] 马小河, 赵旗峰, 董志刚, 等.鲜食葡萄品种资源果实数量性状变异及概率分级.植物遗传资源学报, 2013(6):1185-1189.

[10] 汤佳乐, 黄春辉, 刘科鹏, 等.野生毛花猕猴桃叶片与果实AsA含量变异分析.江西农业大学学报, 2013(5):982-987.

[11] 江锡兵, 龚榜初, 刘庆忠, 等.中国板栗地方品种重要农艺性状的表型多样性.园艺学报, 2014(4):641-652.

[12] 赵海娟, 刘威生, 刘宁, 等.杏(*Armeniaca vulgaris*)种质资源主要数量性状变异与数量分级.果树学报, 2013(1):37-42.

[13] 王力荣, 朱更瑞, 方伟超.桃种质资源若干植物学数量性状描述指标探讨.中国农业科学, 2005(4):770-776.

[14] 汤佳乐, 黄春辉, 吴寒, 等.野生毛花猕猴桃果实表型性状及SSR遗传多样性分析.园艺学报, 2014(6):1198-1206.

[15] 傅隆生, 宋思哲, 邵玉玲, 等.基于主成分分析和聚类分析的海沃德猕猴桃品质指标综合评价.食品科学, 2014, 19:6-10.

Variation Analysis of Floral Morphological Traits in Male Plants from Wild *Actinidia eriantha*

HUANG Chunhui　ZHONG Min　LANG Binbin　ZHU Bo　XIE Min
ZHANG Wenbiao　WU Han　QU Xueyan　XU Xiaobiao
(College of Agronomy, Jiangxi Agricultural University　Nanchang　330045)

Abstract　In order to explore the flower organs genetic diversity of wild *Actinidia.eriantha* male plants.Fifty-one male plant germplasm resources of *A.eriantha* in Magu Mountains of Nancheng county in Jiangxi province were collected and taken as experimental materials. Using the DUS (distinctness, uniformity, stability) test standard (*Actinidia*) by field observations and laboratory analysis.The results showed that the most obvious variation coefficient was pollen viability, which reached 59.21 %; and the coefficient of variation was more than 20 % for anthocyanin degree in the calyx crack of petal base, pedicel length, petal number and petal color index.Fifty-one germplasm resources of wild *A. eriantha* male plants could be divided into 3 groups s and 2 individual plants while the average Euclidean distance was 4.10 by using the DPS 9.50 analysis software.Group I belonged to high pollen viability, group II belonged to small flowers, and group III belonged to dark color flowers.There was obvious variation among the male plant germplasm resources in wild *A.eriantha*, and the genetic diversity was abundant.It could provide a theoretical basis for specific germplasm selection and male cultivar breeding from wild *A.eriantha*.

Key words　*Actinidia eriantha*　Male plant germplasm resources　Floral organ　Coefficient of variation　Cluster analysis

植物激素和环境胁迫对金魁猕猴桃 *AdRAVs* 基因表达的影响

张计育　黄胜男　王　涛　潘德林　郭忠仁

（江苏省中国科学院植物研究所（南京中山植物园）　南京　210014）

摘　要　本研究利用实时荧光定量 RT-PCR 技术研究了金魁猕猴桃 3 个 *AdRAVs* 基因在植物激素以及环境胁迫处理条件下的表达特性。ABA 诱导了 *AdRAV1* 基因的表达，SA，MeJA，ACC 显著诱导了该基因的表达。SA，MeJA，ACC 和 ABA 显著抑制 *AdRAV2* 和 *AdRAV3* 基因的表达。低温显著诱导 *AdRAV3* 基因的表达，对 *AdRAV1* 和 *AdRAV2* 基因的表达没有显著影响。NaCl 显著诱导 *AdRAV1* 和 *AdRAV2* 基因的表达，但显著抑制了 *AdRAV3* 基因的表达。热害显著抑制了 *AdRAV1* 基因的表达，但是显著诱导了 *AdRAV2* 基因的表达，*AdRAV3* 基因的表达量呈现先降低后升高的趋势。干旱胁迫处理显著诱导 *AdRAV1* 基因的表达，但是对 *AdRAV2* 和 *AdRAV3* 基因的表达没有显著影响。因此，猕猴桃 *AdRAV1*，*AdRAV2* 和 *AdRAV3* 基因可能参与 SA，MeJA，ACC 和 ABA 信号转导途径，猕猴桃 *AdRAV1* 基因可能参与盐害和干旱胁迫过程，*AdRAV2* 基因参与盐害和热害胁迫过程，*AdRAV3* 基因参与冷害、盐害和热害胁迫过程。

关键词　猕猴桃　*AdRAVs*　植物激素　环境胁迫　表达分析　影响

植物 AP2/ERF 是一个庞大的转录因子基因家族，含有由 60～70 个氨基酸组成的 AP2/ERF 结构域而得名，存在于所有的植物中。AP2/ERF 转录因子参与多种生物学过程，包括植物生长、花发育、果实发育、果实香味形成，种子发育、损伤、病菌防御、高盐、干旱等环境胁迫的响应等（张慧敏 等，2014；张计育 等，2012a）。AP2/ERF 类转录因子参与水杨酸、茉莉酸、乙烯、脱落酸等多种信号转导途径，而且是逆境信号交叉途径中的连接因子（张计育 等，2012b）。

AP2/ERF 基因家族根据其序列相似性和 AP2/ERF 结构域的数量，可以分为 3 类，分别为 AP2，ERF 和 RAV 家族（Nakano et al.，2006）。RAV 家族蛋白含有 1 个 AP2/ERF 结构域和 1 个B3 结构域。通过对基因组测序已经完成的物种进行分析得知，苹果（*Malus* × *domestica* Borkh.）、葡萄（*Vitis vinifera* L.）、杨树（*Populus trichocarpa*）、拟南芥（*Arabidopsis thaliana*）、水稻（*Oryza Sativa* subsp.*japonica*）、玉米（*Zea mays* L.）基因组中分别含有 2 个、4 个、5 个、6 个、7 个、2 个 RAV 家族成员（Zhang et al.，2010ab，2009，2008）。RAV 在乙烯响应（Alonso et al.，2003）、油菜素内酯响应（Hu et al.，2004）、生物和非生物胁迫响应（Sohn et al.，2006）过程中发挥重要的作用。但是，关于 *RAVs* 基因的功能在木本植物中研究甚少，在猕猴桃（*Actinidia*）中还未研究。

江苏省中国科学院植物研究所已经完成了金魁猕猴桃（*A.deliciosa*‘Jinkui’）在涝害处理条件下的转录组测序（NCBI 登录号：SRR2048539）（Zhang et al.，2015），共获得 91 个 AP2 转录因子，其中 14 个转录因子受涝害诱导上调表达，14 个转录因子下调表达。对这 28 个 AP2 转录因子进行分析得知，含有 3 个 *RAV* 基因，其中 2 个上调表达（*AdRAV1*：comp100639 _c0_seq2 和 *AdRAV2*：comp100786_c0_seq3），1 个下调表达（*AdRAV3*：comp104656_c0_seq4）。为了进一步研究这 3 个基因的功能特性，本研究利用实时荧光定量 RT-PCR 技术对这 3 个 *RAV* 基因进行了在植物激素水杨酸（salicylic acid，SA）、茉莉酸甲酯（methyl Jasmine acid，MeJA）、1-氨基环丙烷-1-羧酸（1-aminocyclopropane-1-carboxylic acid，ACC）、脱落酸（abscisic acid，ABA）以及环境胁迫处理(低温、NaCl、高温、干旱)条件下的表达特性分析,为猕猴桃抗逆基因的筛选及其机理研究奠定基础。

1 材料与方法

1.1 植物材料

金魁猕猴桃的组培苗和扦插苗保存于江苏省中国科学院植物研究所经济植物研究中心。将组培苗进行生根培养,生根培养基为1/2MS+NAA(0.6 mg/ml),生根1个月后进行激素以及逆境胁迫处理。扦插苗为2年生幼苗。

植物激素SA,MeJA,ACC和ABA均购买于Sigma公司,DNA消化酶、反转录试剂盒、SYBR荧光染料等试剂购于大连宝生生物技术有限公司。实时荧光定量RT-PCR分析仪器为ABI 7300分析仪。

1.2 方法

1.2.1 材料处理

化学试剂处理参考张计育等(2011)的方法,浓度为0.1 mmol/L SA,0.05 mmol/L MeJA,0.01 mmol/L ACC和0.01 mmol/L ABA。分别处理0 h,4 h,12 h和48 h后,取其叶片迅速置于液氮中冷冻后,-70 ℃保存备用,每个处理4株苗,重复3次。

非生物胁迫处理:将0.2 M的NaCl溶液直接倒入两年生的盆栽扦插苗,分别于0 h,4 h,12 h和48 h后,取其顶部嫩叶迅速置于液氮中冷冻后,-70 ℃保存备用。将生根的组培苗于低温(4 ℃)条件下分别处理0 h,4 h,12 h和48 h后,取其叶片迅速置于液氮中冷冻后,-70 ℃保存备用。热害胁迫处理:将生根组培苗放在48 ℃的培养箱中分别培养0 h,2 h和4 h,然后放在23 ℃的组培室中再恢复培养6 h,取其叶片迅速置于液氮中冷冻后,-70 ℃保存备用。将两年生的盆栽扦插苗进行干旱处理(停止浇水),14 d后开始萎蔫,对照为正常管理的扦插苗,取其顶部嫩叶迅速置于液氮中冷冻后,-70 ℃保存备用。以上实验每个处理4株苗,重复3次。

1.2.2 实时荧光定量RT-PCR(qRT-PCR)分析

*AdRAV1*引物序列为RAV1F:GCTTTTCCCGTTCAGGTCCAG;RAV1R:ACACCCAAATCCCAACATCTCC;

*AdRAV2*引物序列为RAV2F:TCGGCGGGAAGAAACAATGC;AdRAV2R:GGTATCACCAGCCTGTTCAGC;

*AdRAV3*引物序列为RAV3F:TTTGAAGGCGGGCGATGTC;RAV3R:ACTACTATCAACACCACCACTCAC。

内参基因利用*AdActin*(张计育 等,2010;Yin et al.,2009),引物序列为AdActinF:TGCATGAGCGATCAAGTTTCAAG;AdActinR:TGTCCCATGTCTGGTTGATGACT。

总RNA的提取参考张计育等(2010)的方法进行,总RNA中DNA的消化(TaKaRa, Code No:D2215)根据说明书的方法进行。取消化后的总RNA 1 μg,进行cDNA第一链的合成,参考反转录说明书进行。将合成的cDNA第一链稀释10倍后,于-20 ℃保存。实时荧光定量RT-PCR分析参考张计育等(2012b)的方法。

1.2.3 数据分析

数据分析采用7300 system软件和$2^{-\Delta\Delta Ct}$的方法(Livak er al.,2001)。方差分析采用SPSS 17.0统计分析软件进行数据处理。

2　结果与分析

2.1　金魁猕猴桃 *AdRAV1* 基因表达特性分析

SA(图 1A)、MeJA(图 1B)、ACC(图 1C)在处理后的 4 h，显著诱导金魁猕猴桃 *AdRAV1* 基因的表达，并且达到最大值，随后该基因的表达量逐渐降低。ABA 诱导金魁猕猴桃 *AdRAV1* 基因的表达(图 1D)，表达量先升高后降低。低温(4 ℃)诱导了 *AdRAV1* 基因的表达(图 1E)。NaCl 处理 12 h 显著诱导 *AdRAV1* 基因的表达，随后表达量迅速下降(图 1F)。热害处理 4 h 后，*AdRAV1* 基因的表达量显著下降，在恢复生长 6 h 后，表达量迅速升高(图 1G)。干旱胁迫处理显著诱导 *AdRAV1* 基因的表达(图 1H)。

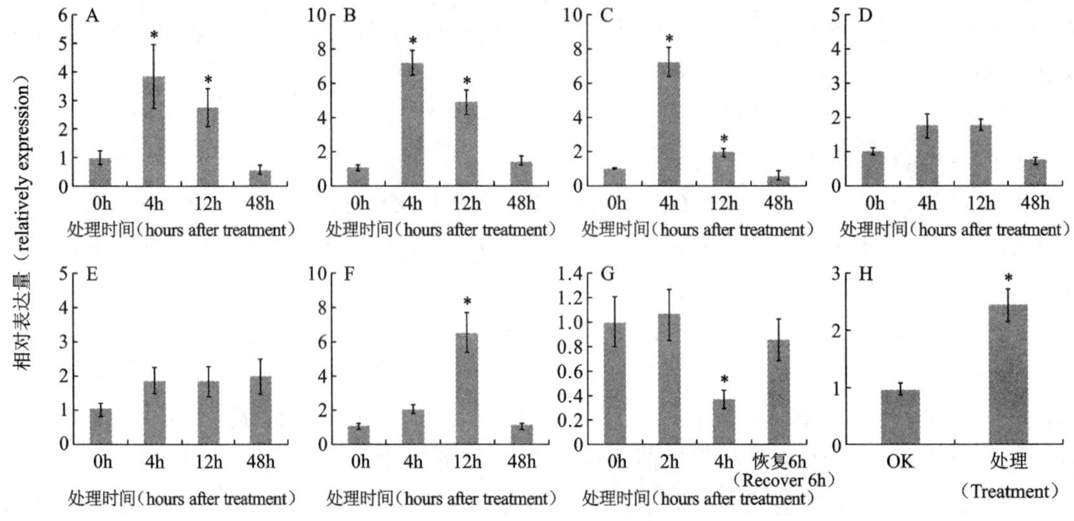

图 1　植物激素和环境胁迫对猕猴桃 *AdRAV1* 基因表达的影响

Fig.1　Effect of 'Jinkui' Kiwifruit *AdRAV1* gene expression on plant hormones and Environmental stresses

A:水杨酸处理 salicylic acid treatment;B:茉莉酸甲酯处理 methyl Jasmine acid treatment;C:1-氨基环丙烷-1-羧酸处理 1-aminocyclopropane-1-carboxylic acid treatment;D:脱落酸处理 abscisic acid treatment;E:低温(4 ℃)处理 low temperature treatment;F:NaCl 处理 NaCl treatment;G:热害处理 heat stress treatment;H:干旱处理 drought treatment. *:$P<0.05$.

2.2　金魁猕猴桃 *AdRAV2* 基因表达特性分析

在处理的 12 h 内，SA(图 2A)和 MeJA(图 2B)对金魁猕猴桃 *AdRAV2* 基因的表达没有显著影响，处理 48 h 后，表达量显著下降。在处理 4 h 后，ACC 在处理 4 h 时诱导 *AdRAV2* 基因的表达，但是 12 h 后表达量下降，并且低于未处理之前，48 h 时，ACC 显著抑制 *AdRAV2* 基因的表达(图 2C)。在处理的 48 h 内，ABA 处理后，*AdRAV2* 基因表达量呈现先降低后升高的趋势，并且在 4 h 和 48 h 时显著的抑制该基因的表达(图 2D)。

在处理的 48 h 内，低温(4 ℃)对金魁猕猴桃中 *AdRAV2* 基因的表达没有影响(图 2E)。NaCl 诱导 *AdRAV2* 基因的表达，表达量呈现先升高后降低的趋势，12 h 达到最大值，显著的诱导该基因的表达，(图 2F)。热害处理后，*AdRAV2* 基因的表达量逐渐升高，并且在 4 h 时显著的诱导该基因的表达，在恢复生长 6 h 后，表达量下降(图 2G)。干旱胁迫处理未显著诱导 *AdRAV2* 基因的表达(图 2H)。

2.3　猕猴桃 *AdRAV3* 基因表达特性分析

在处理的 48 h 内，SA(图 3A)、MeJA(图 3B)、ACC(图 3C)和 ABA(图 3D)显著抑制 *AdRAV3* 基因的表达。SA 和 MeJA 在处理 4 h 时，表达量显著下降，12 h 时表达量达到最低值，

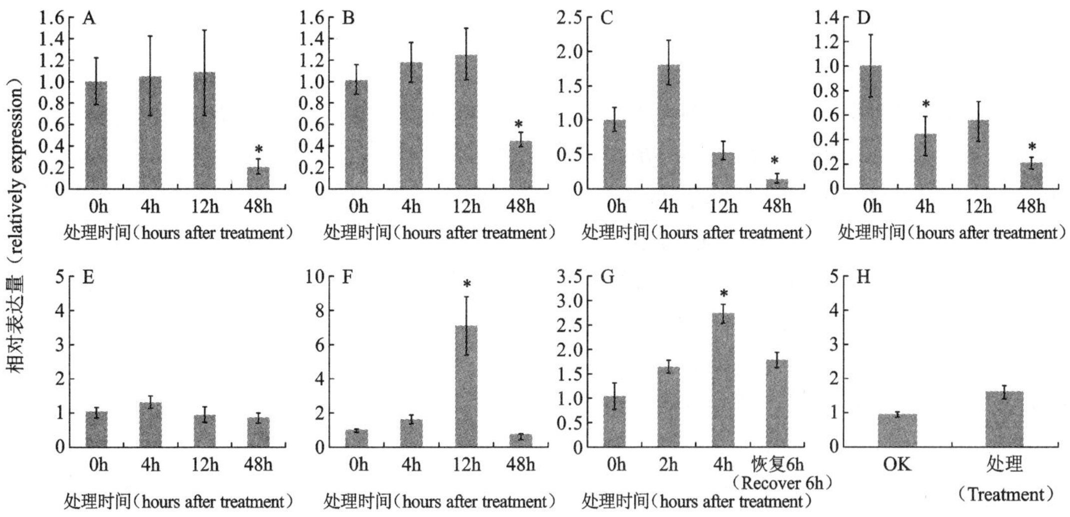

图 2　植物激素和环境胁迫对猕猴桃 *AdRAV2* 基因表达的影响

Fig.2　Effect of ‘Jinkui’ Kiwifruit *AdRAV2* gene expression on plant hormones and Environmental stresses

A:水杨酸处理 salicylic acid treatment; B:茉莉酸甲酯处理 methyl Jasmine acid treatment; C:1-氨基环丙烷-1-羧酸处理 1-aminocyclopropane-1-carboxylic acid treatment; D:脱落酸处理 abscisic acid treatment; E:低温(4 ℃)处理 low temperature treatment; F:NaCl 处理 NaCl treatment; G:热害处理 heat stress treatment; H:干旱处理 drought treatment. *:$P<0.05$.

48 h 时表达量开始缓慢上升(图 3A)。ACC 在处理的 48 h 内,表达量持续下降。ABA 处理 4 h 时,*AdRAV3* 基因表达量下降,12 h 后,表达量显著下降(图 3D)。

低温(4 ℃)处理 12 h 后,诱导 *AdRAV3* 基因的表达,48 h 时该基因的表达量达到显著水平(图 3E)。NaCl 显著抑制 *AdRAV3* 基因的表达,在处理 48 h 内,表达量持续下降(图 3F)。热害处理 2 h 时,*AdRAV3* 基因的表达量显著下降,4 h 时,表达量升高并且高于处理前水平,在恢复生长 6 h 后,表达量下降(图 3G)。干旱胁迫处理抑制 *AdRAV3* 基因的表达(图 3H)。

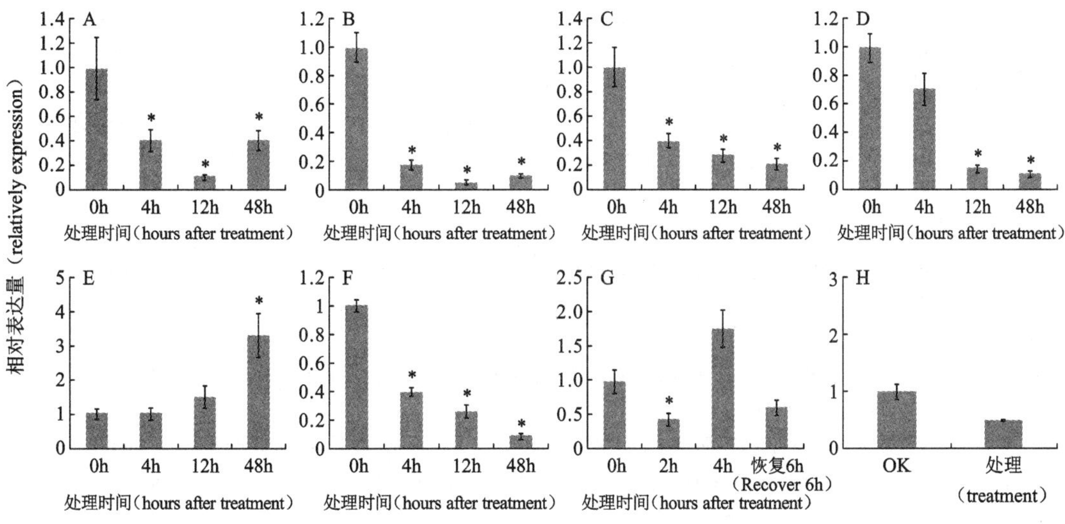

图 3　植物激素和环境胁迫对猕猴桃 *AdRAV3* 基因表达的影响

Fig.3　Effect of ‘Jinkui’ Kiwifruit *AdRAV3* gene expression on plant hormones and Environmental stresses

A:水杨酸处理 salicylic acid treatment; B:茉莉酸甲酯处理 methyl Jasmine acid treatment; C:1-氨基环丙烷-1-羧酸处理 1-aminocyclopropane-1-carboxylic acid treatment; D:脱落酸处理 abscisic acid treatment; E:低温(4 ℃)处理 low temperature treatment; F:NaCl 处理 NaCl treatment; G:热害处理 heat stress treatment; H:干旱处理 drought treatment. *:$P<0.05$.

3 讨论

本研究结果表明,SA,MeJA,ACC 显著诱导猕猴桃 *AdRAV1* 基因的表达,ABA 诱导该基因的表达,但是这四种激素显著抑制 *AdRAV2* 和 *AdRAV3* 的表达。NaCl 显著诱导了 *AdRAV1* 和 *AdRAV2* 基因的表达,但显著抑制了 *AdRAV1* 基因的表达。低温诱导 *AdRAV1* 基因的表达,显著诱导 *AdRAV3* 基因的表达,对 *AdRAV2* 基因的表达没有影响。热害处理显著诱导 *AdRAV2* 基因的表达,显著抑制了 *AdRAV1* 基因的表达。干旱处理显著诱导了 *AdRAV1* 基因的表达,对 *AdRAV2* 和 *AdRAV3* 的影响没有显著影响。由此可见,金魁猕猴桃 *AdRAVs* 基因家族中的不同成员在激素以及环境胁迫处理条件的表达模式不同,功能存在差异。已有研究表明,植物激素和环境胁迫因子可以诱导 *AdRAV* 基因的表达。SA、乙烯(Ethylene,ET)、NaCl 可以显著的诱导辣椒(*Capsicum annuum* cv.Bukang)*CaRAV1* 基因的表达,ABA、甘露醇和冷害处理对该基因的表达没有影响(Sohn et al.,2006;Kim et al.,2005)。植物激素 SA,MeJA,ET,ABA 显著诱导辣椒(*Capsicum annuum* L., cv.Nockwang)*CARAV1* 基因的表达,同时环境胁迫因子 NaCl、冷害和伤害都可以显著的诱导该基因的表达(Sohn et al.,2006)。油菜(*Brassica napus* L.huYou15)*BnaRAV-1-HY15* 基因受低温、NaCl、PEG 处理诱导表达,但是不受 ABA 诱导表达(Zhang et al.,2011)。高温、低温、NaCl 处理均能诱导茶树(*Camellia sinensis* cv.)中 *CsRAV2* 基因表达,PEG 处理对该基因的表达不影响(吴致君 等,2014)。由此可见,不同物种或品种以及不同基因家族成员在植物激素和环境胁迫条件下的表达模式不同。

金魁猕猴桃中 3 个 *AdRAV* 基因可能参与 SA,MeJA,ACC 和 ABA 信号转导途径。*AdRAV1* 参与猕猴桃抵抗盐害、热害和干旱胁迫过程。*AdRAV2* 参与猕猴桃抵抗盐害和热害胁迫过程,*AdRAV3* 基因参与抵抗冷害、盐害和热害胁迫过程。至于金魁猕猴桃 3 个 *AdRAVs* 基因家族的功能将进一步通过转基因技术或基因敲除技术进行研究。

参考文献 References

吴致君,黎星辉,房婉萍,等,2014.茶树 *CsRAV2* 转录因子基因的克隆与表达特性分析.茶叶科学,34 (3):297-306.

张慧敏,张雷,马永硕,等,2014.调控黄瓜苦味基因 Bi 的 AP2/ERF 家族转录因子.园艺学报,41 (4):672-680.

张计育,渠慎春,董畅,等,2010.水杨酸诱导湖北海棠全长 cDNA 文库的构建及应用.西北植物学报,30 (8):1527-1533.

张计育,佟兆国,高志红,等,2011.SA、MeJA、ACC 和苹果轮纹病病原菌诱导湖北海棠 *MhWRKY1* 基因的表达.中国农业科学,44 (5):990-999.

张计育,王庆菊,郭忠仁,2012a.植物 AP2/ERF 类转录因子研究进展.遗传,34 (7):835-847.

张计育,乔玉山,渠慎春,等,2012b.湖北海棠 *MhPR1a* 基因的克隆与表达特性分析.植物资源与环境学报,21 (03):1-7.

ALONSO J M,STEPANOVA A N,LEISSE T J,et al.,2003.Genome-wide insertional mutagenesis of *Arabidopsis thaliana*.Science,301 (5633):653-657.

HU Yuxin,WANG Yonghong,LIU Xinfang,et al.,2004.*Arabidopsis RAV1* is down-regulated by brassinosteroid and may a ct as anegative regulator during plant development.Cell Research,14 (1):8-15.

KIM S Y,KIM Y C,LEE J H,et al.,2005.Identification of a *CaRAV1* possessing an AP2/ERF and B3 DNA-binding domain from pepper leaves infected with *Xanthomonas axonopodis* pv.glycines 8ra by differential display.Biochimica Et Biophysica Acta,1729 (3):141-146.

LIVAK K J,SCHMITTGEN T D,2001.Analysis of Relative Gene Expression Data Using Real-Time Quantitative PCR and the $2^{-\Delta\Delta CT}$ Method.Methods,25 (4):402-408.

NAKANO T,SUZUKI K,FUJIMURA T,et al.,2006.Genome-wide analysis of the ERF gene family in *Arabidopsis* and rice.Plant Physiology,140 (2):411-432.

SOHN K H,LEE S C,JUNG H W,et al.,2006.Expression and functional roles of the pepper pathogen-induced transcription factor

RAV1 in bacterial disease resistance, and drought and salt stress tolerance.Plant Molecular Biology,61 (6):897-915.

YIN X R, ALLAN A C, ZHANG B, et al., 2009. Ethylene-related genes show a differential response to low temperature during 'Hayward' kiwifruit ripening.Postharvest Biology & Technology,52 (1):9-15.

ZHANG J,CAI B,PENG R H,et al.,2008.Genome-wide analysis of the AP2/ERF gene family in *Populus trichocarpa*.Biochemical & Biophysical Research Communications,371 (3):468-474.

ZHANG J,PENG R H,CHENG Z M,et al.,2009.Genome-wide analysis of the putative AP2/ERF family genes in *Vitis vinifera*. Scientia Horticulturae,123 (1):73-81.

ZHANG J,DENG D X,YAO Q H,et al.,2010a.Discovery, phylogeny and expression patterns of *AP2-like* genes in maize.Plant Growth Regulation,62 (1):51-58.

ZHANG J,YAO Q H,XIONG A S,et al.,2010b.Isolation, Phylogeny and Expression Patterns of *AP2-like* Genes in Apple (*Malus* × *domestica* Borkh).Plant Molecular Biology Reporter,29 (1):209-216.

ZHANG J,SUN C C,ZHOU X R,et al.,2011.Isolation and characterization of an AP2/ERF-RAV transcription factor *BnaRAV-1-HY15* in Brassica napus L.huYou15.Molecular Biology Reports,38 (6):3921-3928.

ZHANG J Y,HUANG S N,MO Z H,et al.,2015.*De novo* transcriptome sequencing and comparative analysis of differentially expressed genes in kiwifruit under waterlogging stress.Molecular Breeding,35 (11):1-12.

Effect of 'Jinkui' Kiwifruit *AdRAVs* Gene Expression on Plant Hormones and Environmental Stresses

ZHANG Jiyu HUANG Shengnan WANG Tao PAN Delin GUO Zhongren

(Institute of Botany Jiangsu Province and Chinese Academy of Sciences Nanjing 210014)

Abstract The expression of 3 *AdRAVs* genes were analyzed in leaves of kiwifruit 'Jinkui' after treatment with plant hormones and environmental stresses using real-time quantitative reverse transcription polymerase chain reaction (qRT-PCR) method.The expression of *AdRAV1* gene was induced in kiwifruit after treatment with abscisic acid (ABA), and significantly induced with salicylic acid (SA), methyl jasmonate (MeJA) and 1-aminocyclopropane-1-carboxylic acid (ACC).SA, MeJA, ACC and ABA significantly inhibited the expression of *AdRAV2* and *AdRAV3* genes.Low temperature induced significantly expression of *AdRAV3* gene, but has no affect significantly for the expression of *AdRAV1* and *AdRAV2* genes.The expression of *AdRAV1* and *AdRAV2* were induced significantly after treatment with NaCl, but that of *AdRAV3* was inhibited.Heat stress inhibited the expression of *AdRAV1* gene, but induced the expression of *AdRAV2* gene.The expression of *AdRAV3* gene decreased firstly and then increased after treated by heat stress.Drought stress significantly induced the expression of *AdRAV1* gene, but has no effect on the expression of *AdRAV2* and *AdRAV3* genes.Thus, the kiwifruit *AdRAV1*, *AdRAV2* and *AdRAV3* gene might be involved in ABA, SA, MeJA and ACC signal transduction pathway. *AdRAV1* might be involved in the progress of plant resistance to salt stress and drought stress.*AdRAV2* might be involved in plant resistance to salt and heat stresses.*AdRAV3* gene might be involved in the process of plant resistance to chilling, salinity and heat stresses.

Key words Kiwifruit *AdRAVs* Plant hormones Environmental stresses Expression analysis Effect

仲和红阳猕猴桃多倍体诱导的初步研究

周玲艳 梁佳勇 杨妙贤 刘胜洪 刘 文 叶婵娟 梁 红*

（仲恺农业工程学院生命科学学院 广州 510225）

摘 要 本研究以仲和红阳猕猴桃为试验材料，以不同秋水仙素浓度对其叶片或再生小苗进行多倍体诱导，探讨不同秋水仙素处理方式和处理时间对猕猴桃新品系培养和诱导效果的影响。结果表明，混培法获得了健壮生长的再生植株，而包埋法没有获得存活的再生植株。其中，在含有0.005％秋水仙素培养基中培养9 d和11 d后，其叶片愈伤化和分化正常，分化率达80％以上，当培养时间达18 d时，叶片愈伤化和分化不定芽的数量和能力下降。从形态上观察，经秋水仙素诱导处理的猕猴桃再生植株叶面积比未经处理的猕猴桃再生植株叶面积大；电镜观察结果发现，经秋水仙素诱导处理的猕猴桃再生植株叶片比未经处理的猕猴桃叶片气孔数目少，气孔器大，叶表面蜡质覆盖量增加。

关键词 猕猴桃 秋水仙素 多倍体诱导

猕猴桃是猕猴桃科（Actinidiaceae）猕猴桃属（*Actinidia*）多年生藤本植物。目前全世界猕猴桃属植物有54个种，21变种，共75个分类单元，我国有52个种和全部21个变种[1]。猕猴桃果实性味甘酸而寒，有解热、止渴、通淋、健胃的功效含有丰富的营养成分，丰富的维生素、矿质元素以及14种氨基酸，尤其维生素C含量，每100 g鲜果肉中可达到90～420 mg，享有“Vc之王”的美称[2]。

多倍体通常具有叶片增厚、增大，颜色加深，花朵大而质地加重，花期延长以及内含物增加、可能发现新成分等特征，多倍体植株的一些特性对生产有利，但自然界产生多倍体的过程相当漫长，因此人们常用人工诱导的方法来获得多倍体植株。秋水仙素是一种很有效的对植物染色体加倍的诱导剂，诱导处理方式主要有浸渍法[3]、包埋法[4-5]以及混培法[6]等。通过组织培养与秋水仙素诱导相结合的技术途径已成功培育出多种植物多倍体，如睡莲（*Nelumbo nucifera*）、芋类（*Xanthosoma sagittifolium*）、姜类、黄花菜、黄瓜（*Cucumis sativus*）、白菜（*Brassica campestris*）、莴苣（*Lactuca sativa*）、马铃薯（*Solanum tuberosum*）、辣椒、百合（*Lilium davidii*）、苎麻等[7-15]。秋水仙素诱导多倍体已被广泛应用于细胞学、遗传学的研究和植物育种的工作中。

仲恺农业工程学院选育的‘仲和红阳’中华猕猴桃品质优良，维生素C和糖分含量高，但个头小[16]。本试验使用不同浓度秋水仙素以及不同处理时间对无菌组培苗进行处理，以期寻找最佳处理和诱导方法，进而得到品质优良的猕猴桃新品种多倍体植株，增大其果实大小。

1 材料和方法

1.1 材料

1.1.1 植物材料

‘仲和红阳’猕猴桃，取自广东和平县猕猴桃品种园。

1.1.2 培养基

诱导培养基：MS+2.0 mg/L ZT+0.1 mg/L NAA+30 g/L蔗糖+7.0 g/L琼脂粉+0.005％秋水仙素，调pH＝5.8；

*通讯作者，教授，E-mail：lhofice@yahoo.com.cn。

分化培养基:MS+2.0 mg/L ZT+0.1 mg/L NAA+30 g/L 蔗糖+7.0 g/L 琼脂粉,调 pH=5.8;

生根培养基:1/2 MS+0.1 mg/L IBA+30 g/L 蔗糖+7.0 g/L 琼脂粉,pH=5.6。

1.2 方法

1.2.1 多倍体诱导

混培法:将采自和平县的'仲和红阳'猕猴桃枝条插在装有自来水的瓶中待长新芽,取新鲜叶片以 70 %酒精浸泡 10 s,然后用 0.1 %升汞(添加几滴吐温 20)浸泡 8 min,再用无菌水冲洗 3~4 次,每次 2 min,最后将叶片取出放在灭菌的带滤纸上吸干水分,切成 0.5 cm×0.5 cm 的小片,接种于添加了 0.005 %秋水仙素的诱导培养基中,每瓶接种 7 块,每处理 4 瓶,置于黑暗条件下分别培养 0 d,9 d,11 d,18 d,记录褐化的叶片数。然后将叶片分别取出,接种于分化培养基中,培养温度为(25 ± 2) ℃,光照为 14 h/d,光照强度为 2 500 Lux,定期观察记录叶片分化情况。待再生小苗长至 3~5 cm 高时,将其接种于生根培养基中进行生根培养。

包埋法:将灭菌处理的叶片接种于分化培养基中,待分化小苗长至 1~2 cm 高时,用小刀切出小苗,以浸泡过 0.1 %秋水仙素的灭菌棉花盖住小苗,分别黑暗条件下培养 24 h,48 h,72 h 后,取出小苗,用无菌水冲洗 3~4 次,冲洗过程中不断振荡,每次 2 min,放置于灭菌的滤纸上吸干水分,重新接种于分化培养基中。连续观察记录再生小苗的生长情况。

1.2.2 多倍体植株的形态鉴定

将未经秋水仙素处理的再生小苗(对照)和秋水仙素处理过的再生小苗进行植株大小、叶片大小、叶片性状等观察。

1.2.3 多倍体植株的气孔观察

取对照再生小苗和秋水仙素处理过的再生小苗相对应位置的叶片(倒数第三片叶)切成 0.5 cm×0.5 cm 大小,以 2.5 %的戊二醛固定 24 h,按扫描电镜要求脱水,临界点干燥仪干燥后,将样品装载于涂有金粉的装载台,于 XL-30-ESEM 环境扫描电子显微镜下观察气孔及叶表面蜡质分布并拍照。

2 结果

2.1 秋水仙素处理时间和方式对猕猴桃叶片分化的影响

表 1 结果表明,当采用混培法对猕猴桃叶片进行处理时,随秋水仙素处理时间的延长,叶片分化率下降,当处理时间为 9 d 时,叶片分化率为 89.3 %,而当处理时间延长至 18 d 时,叶片分化率下降至 21.4 %,说明秋水仙素处理对猕猴桃叶片分化有显著影响。从图 1 可以看出,秋水仙素不同处理时间下,猕猴桃叶片分化能力和再生植株生长状态不同,当在含秋水仙素培养基中培养 9 d 和 11 d 时,猕猴桃叶片分化的不定芽数量较多,再生小苗生长正常,而当培养时间达 18 d 时,叶片生长迟缓,褐化程度增加,愈伤化和分化不定芽的数量和能力下降,且再生苗生长缓慢,矮小(图 1,彩图 15)。说明秋水仙素对猕猴桃叶片生长和分化造成了一定毒害作用,且随着培养时间的越长,其对叶片生长和分化的毒害作用也越大。

表 1 秋水仙素处理不同时间对仲和红阳猕猴桃叶片分化的影响

Table 1 Effect of treatment time with colchicine on differentiation of kiwifruit leaves

处理时间/d (treatment time)	处理外植体数/块 (number of inoculated explant)	出苗外植体数/块 (number of differentiated explant)	分化率/% (rate of differentiation)
9	28	25	89.3
11	28	23	82.1
18	28	6	21.4

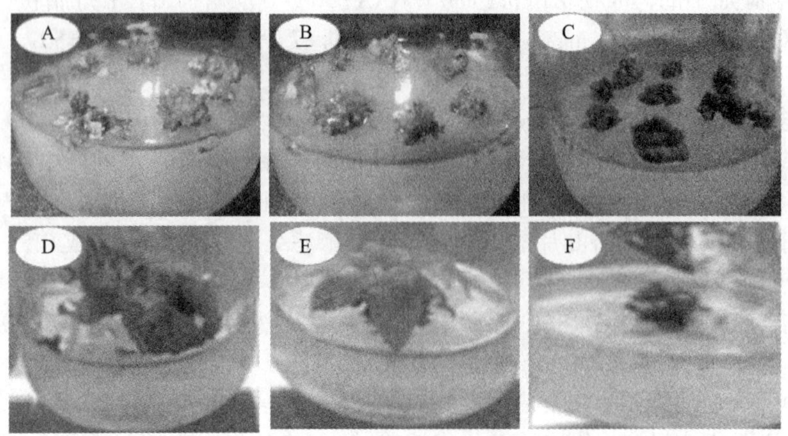

图 1　秋水仙素(混培法)处理不同时间下猕猴桃叶片分化和再生小苗生长情况

Fig.1　The differentiation of kiwifruit leaves and growth of regenerated seedlings treated with colchicine (mixed culture method) by different time

A~C 分别是秋水仙素处理后 9 d,11 d 和 18 d 的叶片分化情况;D~F 分别是秋水仙素处理 9 d,11 d 和 18 d 再生小苗的生长情况。

A~C are the differentiation situation of leaves after treatment 9,11 and 18 days with colchicine,respectively;D~F are the growth of situation regenerated seedlings after treatment 9,11 and 18 days with colchicine,respectively.

以包埋法处理的猕猴桃小苗,无论是处理 24 h,48 h,还是 72 h,在处理后的最初 1~2 d,小苗均呈现健康生长的状态,叶片为深绿或淡绿色。但在 4~7 d 以后,经秋水仙素处理 24 h 的小苗呈现白化现象,而处理 48 h 和 72 h 的小苗则出现褐化、死亡现象(图 2,彩图 16)。

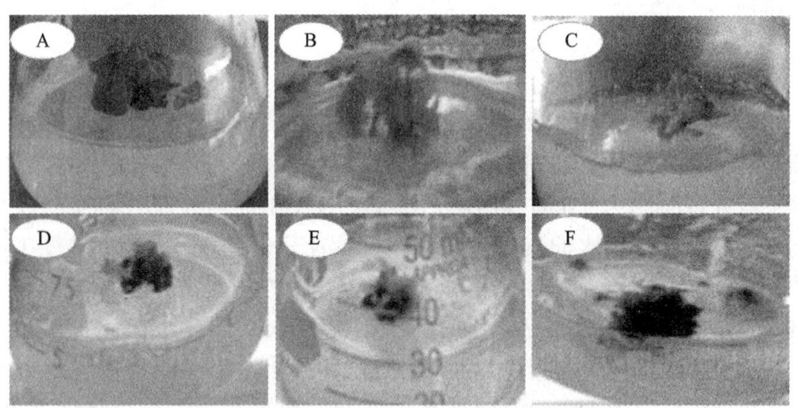

图 2　秋水仙素(包埋法)处理不同时间下猕猴桃小苗的生长情况

Fig.2　The growth of kiwifruit seedlings after treatment with colchicine (embedding culture method) by different time

A~C 分别是处理 24 h,48 h 和 72 h 后小苗培养 1~2 d 时的生长情况;D~F 分别是处理 24 h,48 h 和 72 h 后小苗培养 4~7 d 时的生长情况。

A~C are the growth situation of seedlings when cultured for 1~2 d after treatment 24,48 and 72 h with colchicine,respectively;D~F are the growth situation of regenerated seedlings when cultured for 4~7 d after treatment 24,48 and 72 h with colchicine,respectively.

2.2 秋水仙素处理下的再生植株的形态观察

多倍体植物在形态学上往往表现为叶面积明显变大。从表2,图3(彩图17)可以看出,秋水仙素培养过9 d和11 d的猕猴桃叶片再生植株的叶面积明显比未经秋水仙素处理的猕猴桃叶片再生植株的叶面积大,叶片大小与处理时间呈正相关,处理11 d的再生植株叶面积比处理9 d的再生植株叶面积大。而处理18 d的再生植株可能因受秋水仙素毒害时间过长而造成植株死亡或者生长停滞(图2(F)),因而无法观察比较。

表2 秋水仙素处理不同时间下的再生植株与对照植株叶片大小的比较

Table 2 Comparison of size of kiwifruit regenerated plant leaves treated by colchicine with the control (untreated by colchicine)

处理时间/d (treatment time)	叶宽/cm (leaf width)	差异显著性(significant differences)		叶长/cm (leaf length)	差异显著性(significant differences)	
		0.05	0.01		0.05	0.01
11	0.97	a	A	1.52	a	A
9	0.78	b	B	1.08	b	B
0	0.60	c	C	0.80	bc	BC

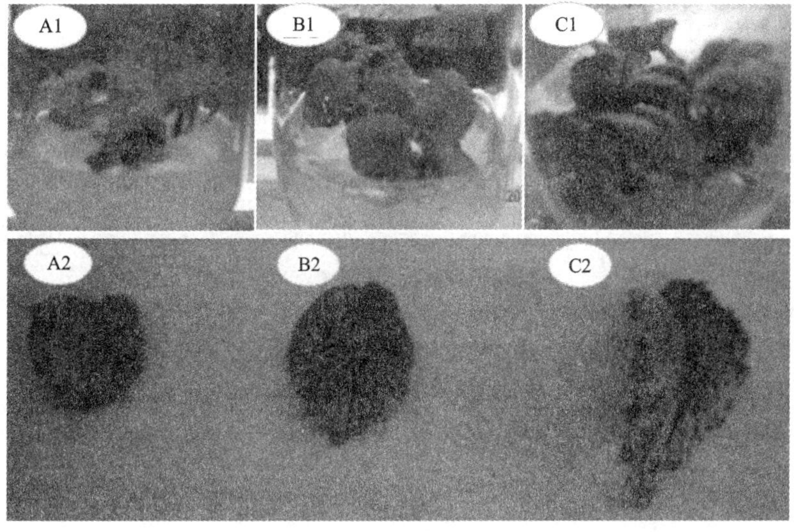

图3 秋水仙素处理后猕猴桃再生植株与对照植株叶片形态的比较

Fig.3 Comparison of morphology of kiwifruit regenerated plant leaves treated by colchicine with the control (untreated by colchicine)

A1~C1分别是秋水仙素处理0 d,9 d和11 d后的再生植株;A2~C2分别是秋水仙素处理0 d,9 d和11 d后的再生植株叶片。

A1~C1 are the kiwifruit regenerated plants obtained after treatment for 0,9 and 11 d with colchicine, respectively; A2~C2 are the leaves of the kiwifruit regenerated plants obtained after treatment for 0,9 and 11 d with colchicine, respectively.

2.3 秋水仙素处理的猕猴桃再生植株气孔观察

多倍体植物不仅表现叶面积明显变大,同时表现单位面积叶片上的气孔数目减少而气孔大小增加等。扫描电镜结果表明,秋水仙素培养过9 d和11 d的猕猴桃再生植株叶片的气孔密度比未经秋水仙素处理的猕猴桃再生植株叶片的气孔密度降低,气孔器增大,叶表面蜡质覆盖增加。且与处理时间呈正相关,处理11 d的叶片气孔密度比处理9 d的叶片气孔密度更低,气孔器更大,叶表面蜡质分布增加(表3,图4)。

表3 秋水仙素处理不同时间猕猴桃再生植株与对照植株叶片的气孔特征比较

Table 3 Comparison of stomatal characteristics of regenerated plant leaves of kiwifruit treated by colchicine with the control

处理时间/d (treatment time)	气孔密度/mm^2 (stoma density)	差异显著性(significant differences) 0.05	0.01	保卫细胞长/μm (guard cell length)	差异显著性(significant differences) 0.05	0.01
0	20	a	A	24.77	ab	A
9	384	b	AB	27.37	ab	A
11	470	c	C	28.78	a	A

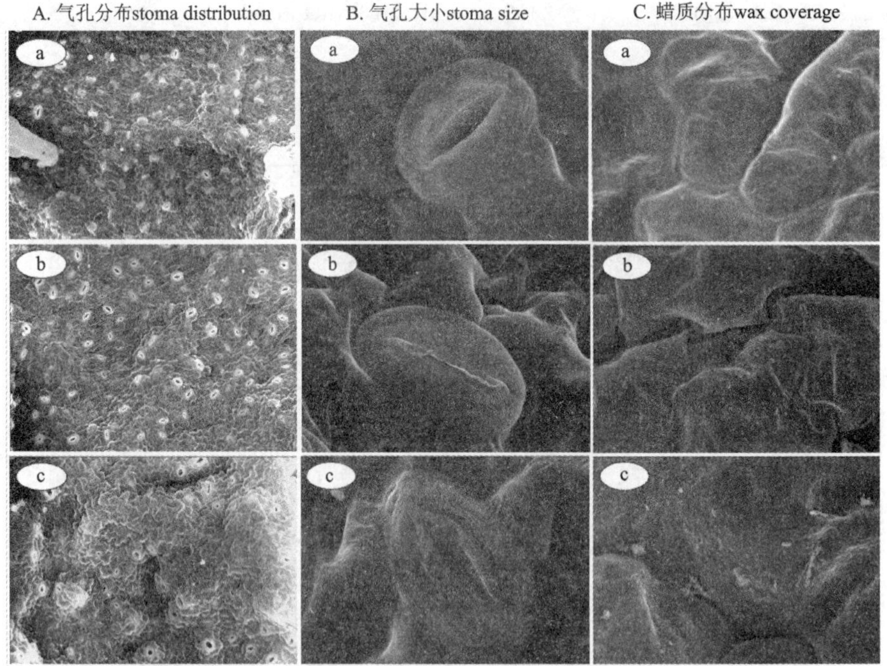

图4 秋水仙素处理后猕猴桃再生植株与对照植株叶片气孔及蜡质分布的比较

Fig.4 Comparison of the stoma and surface wax of kiwifruit regenerated plant leaves treated by colchicine with the control

a~c 分别表示秋水仙素处理 0 d,9 d 和 11 d 后的叶片气孔分布、气孔大小和蜡质分布情况。

a~c indicated the stoma distribution, stoma size and wax coverage on the leaves of the regenerated plants after treatment for 0,9 and 11 d with colchicine, respectively.

A 标尺(scale bar)= 100 μm;B,C 标尺(scale bar)= 10 μm

3 讨论

猕猴桃育种方法主要有野生类型驯化、芽变筛选和杂交育种等,目前大面积栽培的猕猴桃品种几乎都是野生类型驯化或芽变枝条选优而育成的,但其筛选的变异范围有限,且野生类型的不良性状难以改良[17-19]。猕猴桃的种间杂交或品种间杂交相对较易,其不同种、品种及类型间存在着广泛的遗传多态性和亲本自身的杂合性使杂交后代广泛变异,但猕猴桃杂交育种仍需克服童期长、杂种苗雌雄各半、杂种真实性鉴定和单株占地大等难题[19]。

利用化学药剂诱变育种是一种快捷且有效的育种方法之一，诱变育种提供的新种质资源为优良品种的培育提供了更多的选择[20-21]。秋水仙素是常用的多倍体诱变剂[4,7-9]。伊华林[22]认为，在多倍体诱导过程中秋水仙素处理时期非常重要，只有用秋水仙素处理正在分裂的细胞才能获得多倍体，通常以植物茎端分生组织或者发育的幼胚为材料较好。随着植物组织培养技术的发展，离体组织细胞染色体加倍以其容易控制实验条件和重复实验结果、提高工作效率及减少嵌合体等优势而逐渐受到重视。Zhang 等[23]在西瓜(*Citrullus lanatus*)幼胚子叶不定芽再生的前 7 d，在培养基中添加 0.005 %的秋水仙素，使再生植株中四倍体的频率提高了 43 %。郭启高等[24]用秋水仙素溶液处理西瓜培养材料，并在再生培养基中添加 BA，即可产生高频率的四倍体变异。代勇等[25]用秋水仙素通过对青蒿(*Artemisia carvifolia*)愈伤组织进行多倍体诱导，成功地解决了利用青蒿种子进行多倍体诱导时出现的嵌合体问题。'仲和红阳'猕猴桃是仲恺农业工程学院利用辐射诱变从中华猕猴桃'和平红阳'芽变中选育的一个优质品种[16]，但其果实偏小。本试验以不同浓度秋水仙素以及不同处理方式和处理时间对'仲和红阳'猕猴桃进行诱变处理，以开拓猕猴桃品种改良的新方法。结果表明，'仲和红阳'猕猴桃叶片经过秋水仙素处理后，其再生植株叶面积增加，叶片气孔数量减少，气孔器明显增大，但其果实是否增大有待进一步试验验证。

秋水仙素诱导处理方式主要有棉球覆盖包埋法[4-5]和混培法[6]等。郭启高等[4]研究了不同处理方法对生姜的诱导效果，结果表明，以培养基中加秋水仙碱的混培法效果最好，且该方法使用秋水仙碱量少，方法简便，工作量小，而涂抹法完全没有效果。钟程等[5]采用棉球覆盖包埋法处理百合，获得了多倍体植株，且以 0.1 % 秋水仙素处理 48 h 的效果最佳，但不同秋水仙素浓度梯度和时间梯度处理均有不同程度的烂心现象出现。本试验采用棉球覆盖包埋法和混培法进行猕猴桃的诱变处理。结果表明，以 0.1 % 的秋水仙素通过包埋法处理猕猴桃再生小苗，不论是处理 1 d，还是 2~3 d，均未获得存活的小植株，而以 0.005 %的秋水仙素通过混培法处理猕猴桃叶片，获得了形态变化的猕猴桃再生植株，说明秋水仙素不同处理方法对猕猴桃的诱变处理影响较大。本试验采用同样的秋水仙素和处理方法，结果却与钟程等[5]的不同，可能与不同植物品种对秋水仙素的耐受性以及不同组织器官对秋水仙素的敏感程度不同有关。有研究者[26-28]认为，在秋水仙素人工诱导多倍体时，其多倍体的诱导率高低与植物类型、组织或器官特性等有关。因此，不同浓度的秋水仙素对猕猴桃诱变效果的影响尚有待进一步研究。

秋水仙素处理时间非常重要[5,28-29]。时间过短，可能造成诱变效果不佳，而时间过长又会导致处理材料受过度毒害。张计育等[28]利用不同浓度的秋水仙素浸泡处理草莓离体叶片，发现随着秋水仙素浓度和处理时间的增加，愈伤组织诱导率和不定芽再生率都显著下降。钟程等[5]利用不同浓度秋水仙素处理百合丛生芽时，也发现随着秋水仙素浓度和处理时间的增加，存活的丛生芽数量下降。本试验采用将猕猴桃叶片接种于含有 0.005 %秋水仙素的培养基中培养一定时间，以其细胞在生长分裂过程中接触秋水仙素从而达到诱变效果。结果表明，在含秋水仙素培养基中培养 9 d 和 11 d 的再生植株生长正常，而培养 18 d 的叶片再生植株生长缓慢甚至停止。说明随处理时间的延长，秋水仙素对细胞的毒害作用加大，这与前人的研究结果一致。因此，在秋水仙素对植物进行诱变时，要把握好合适的处理时间。

目前，对植物多倍体的倍性鉴定最常用的方法是根尖细胞染色体倍性以及气孔大小和形态观察等[30-31]。本试验通过形态学观察发现，经过 0.005 %的秋水仙素培养过 9 d 和 11 d 的猕猴桃再生植株叶面积明显大于经处理再生植株，气孔密度降低，气孔器增大，叶表面蜡质覆盖增加。且与处理时间呈正相关，秋水仙素处理 11 d 的叶片再生植株比处理 9 d 的表型变化更明显，具体原因是否由于染色体倍数增加更多有关，将有待于最直接、最准确的染色体计数法[32]进行鉴定。

参考文献 References

[1] 黄宏文.中国猕猴桃种质资源.北京:中国林业出版社，2013:34-37.

[2] 黄宏文.猕猴桃属:分类 资源 驯化 栽培.北京:科学出版社，2013:9-32.

[3] 张兴翠，梁国鲁，杨光伟，等.芦荟的快速繁殖与多倍体诱导.中国中药杂志，2001，26(8):538-540.

[4] 郭启高，张钟灵，周虹，等.秋水仙碱诱导生姜多倍体的研究.西南农业大学学报，2000，122(5):400-4037.

[5] 钟程，田鑫，李性苑.秋水仙素诱变湖北百合试验.湖北农业科学，2016，55(12):3117-3121.

[6] 孙日彦，梁明芝，宋慧贞，等.秋水仙碱处理成龄桑诱导四倍体研究.蚕业科学，1997，123(1):55-568.

[7] YAMAMOTO Y, MATSUMOTO O. In vitro induction of tetraploid plants in lotus (*Nelum bonucifera* Gaertn) and their characteristics. Bulletin of the Yamaguchi Agricultural Experiment Station, 1990(42):7-12.

[8] ESNARD J, FERWARDA F, RIVERA-AMADOR E, et al. Induction of tetraploidy in the tanier cultivar 'Inglesa' (*Xanthosoma saghtifolium* L.). Plant-Breeding (Germany), 1994, 111(4):335-338.

[9] 周朴华，何立珍，刘选明.组织培养中用秋水仙素诱发黄花菜同源四倍体的研究.中国农业科学，1995，28(1):49-55.

[10] 张承妹.黄瓜(*Cucumis sativus* L)组织培养与诱导四倍体植株的研究.上海农业学报，1995，11(3):31-36.

[11] 张建军，殷丽青.应用组织培养诱导白菜和莴苣四倍体.上海农业学报，1997，12(4):21-27.

[12] 王清.用组织培养法进行马铃薯体细胞染色体的加倍.甘肃农业大学学报，1996，31(2):155-159.

[13] 周嘉裕，卿人韦.辣椒离体细胞多倍体的诱导研究.四川大学学报(自然科学版)，2002，39(4):706-749.

[14] 张兴翠，周昌华，殷家明，等.药用百合的多倍体诱导及快速繁殖.西南农业大学学报，2003，25(1):14-17.

[15] 郑思乡，董延瑜.组织培养在苎麻多倍体研究中的应用初报.湖南农业大学学报，1995，21(4):361-365.

[16] 洪珊妮，杨静仪，赖兰兰，等.'仲和红阳'猕猴桃果实成熟过程中花青素和糖含量变化.仲恺农业工程学院学报，2016，29(1):1-4.

[17] 孙桂春，王冬梅.日本猕猴桃的育种及近十年育成的新品种.柑桔与亚热带果树信息，2001，17(10):7-8.

[18] 姜正旺，黄宏文，张忠慧，等.新西兰猕猴桃产业分析及育种策略.湖北农业科学，2003(2):68-71.

[19] HUANG H W, FERGUSON A R. Genetic resources of kiwifruit domestication and breeding. Hort Rev, 2007(33):1-121.

[20] 张俊芳，刘庆华，王奎玲，等.秋水仙素诱导青岛百合四倍体研究.核农学报，2009，23(3):454-457.

[21] 池坚，席梦利，张静，等.东方百合 Siberia 多倍体诱导及其细胞学鉴定.分子植物育种，2008，6(2):291-296.

[22] 伊华林.培养三倍体柑橘植株的研究.果树科学，1988，15(3):212-216.

[23] ZHANG X P, RHODES B B, ADELBERG J W. Shoot regeneration from immature cotyledons of watermelon. Cucurbit Gentics Coop Rpt, 1994(17):111-115.

[24] 郭启高，宋明，杨天秀，等.西瓜子叶组织培养中四倍体的产生及鉴定.西南农业大学学报，2000，22(4):298-300.

[25] 代勇，王跃华，苏国武，等.青蒿多倍体诱导研究.西南农业学报，2009，22(1):159-162.

[26] 张志胜，黎扬辉，姜蕾，等.红掌四倍体的离体诱导及其鉴定.园艺学报，2007，34(3):729-734.

[27] 李涵，鄢波，张婷，等.切花非洲菊多倍体诱变初报.园艺学报，2009，36(4):605-610.

[28] 张计育，李国平，乔玉山，等.秋水仙素对草莓离体叶片再生和多倍体诱导的影响.植物资源与环境学报，2009，18(3):69-73.

[29] 侯丽丽，施和平，余武，等.烟草毛状根多倍体诱导及其植株再生.生物工程学报，2014，30(4):581-594.

[30] DEJESUS-GONZALEZ L, WEATHERS P J. Tetraploid *Artemisia annua* hairy roots produce more artemisinin than diploids. Plant Cell Rep, 2003, 21(8):809-813.

[31] 童俊，叶要妹，冯彪，等.秋水仙素诱导三种紫薇多倍体的研究.园艺学报，2009，36(1):127-132.

[32] 朱徽.植物染色体及染色体技术.北京:科学出版社，1982:100-103.

Study on Polyploid Induction of ‘Zhonghe Hongyang’ Kiwifruit

ZHOU Lingyan LIANG Jiayong YANG Miaoxian LIU Shenghong
LIU Wen YE Chanjuan LIANG hong

(College of Life Sciences, Zhongkai University of Agriculture and Engineering Guangzhou 510225)

Abstract The effect of colchicine on polyploidy induction of the cultured leaves and regenerated seedlings of ‘Zhonghe Hongyang’ kiwifruit by different treating way, concentration and time was observed. The healthy regenerated plants were obtained by the mixed culture method, and no survival plantlets were obtained by embedding culture method. In the mixed culture method, the leaf growth and differentiation was normal, the differentiation rate reached 80.0 % and the number of adventitious buds increased when the leaf was cultured for 9 d and 11d in the medium with 0.005 % colchicine. The callus number and adventitious buds differentiation reduced when the leaf was cultured for 18 d. The leaves of regenerated plants by treatment with colchicine were larger than that of the control (regenerated plants which is not treated with colchicine). The Scanning Electron Microscope (SEM) observation showed that the number of stoma on the regenerated plant leaves by treatment with colchicine was less than that of the control, however, the stoma on the regenerated plant leaves by treatment with colchicine was bigger than that of the control, and the surface wax coverage of the leaves on the regenerated plants by treatment with colchicine were more than that of the control.

Key words Kiwifruit Colchicine Polyploid induction

（四）栽培技术与发育生理

毛花猕猴桃‘赣猕 6 号’实生苗的耐热性评价*

钟　敏**　张文标***　黄春辉　陶俊杰

曲雪艳　吴寒　徐小彪****

（江西农业大学猕猴桃研究所　南昌　330045）

摘　要　为探明毛花猕猴桃‘赣猕 6 号’实生苗的耐热性，以毛花猕猴桃品种‘赣猕 6 号’为试材，野生中华猕猴桃‘ZH-2’和野生毛花猕猴桃‘MH-41’为对照，研究了不同高温温度处理对其实生苗叶片的叶绿素，可溶性蛋白质、脯氨酸、丙二醛（MDA）及抗逆酶活性的影响。结果表明：①供试的‘赣猕 6 号’实生苗与对照的耐热相关生理指标存在显著差异，‘赣猕 6 号’实生苗所测的叶绿素含量随温度的升高持续下降，但下降幅度明显小于‘ZH-2’和‘MH-41’，其他 6 项生理指标均表现出从 38 ℃到 40 ℃急剧上升的趋势，且 40 ℃时含量均大于和‘MH-41’；②从耐热相关生理指标的相关性分析可以看出，除叶绿素与其他指标呈负相关外，其他 6 项指标间都呈正相关关系，而对照的耐热生理指标却呈现不同的负相关关系；③ 三种供试幼苗耐热性大小为‘赣猕 6 号’>‘MH-41’>‘ZH-2’。

关键词　毛华猕猴桃　‘赣猕 6 号’　实生苗　耐热性　生理指标

随着工业化的迅速发展，甲烷、CO_2等温室气体排放的持续大量增加，全球气温上升不可避免。根据相关研究表明，全球平均温度将每 10 年升高 0.3 ℃[1]。近几年，由于“温室效应”现象的加剧，全球气温不断上升，高温胁迫已影响到许多地区的农业，以至农林业面临着严峻的考验，对植物的抗热性也提出了更高的要求[2-3]。高温可造成枝、叶和茎灼伤，使叶片衰老脱落，抑制芽和根的生长，严重时影响到果实的颜色，甚至导致产量的降低。高温不仅直接引起植物生理生化过程，还对植物的生长模式产生间接的影响，是限制植物生长的重要因素。

从野生毛花猕猴桃（*Actinidia eriantha* Benth）自然变异群体中选育而成的新品种‘赣猕 6 号’，耐热性强、抗涝性好，具有萌芽率高、连续结果能力强、座果率高、落花落果少等优点，并且田间尚未发现溃疡病危害[4]。果实后熟达食用状态时易剥皮，肉质细嫩清香，风味酸甜适度。目前关于毛花猕猴桃的研究主要集中在种质资源[5-6]、果实发育及采后生理果实品质[7-9]和 ASA 含量及合成途径[10-11]等方面，而有关毛花猕猴桃耐热性研究目前尚未见报道。

猕猴桃（*Actinidia*）是一种不耐高温的藤本果树，气温达 35 ℃时，叶片和果实就极易发生灼烧而遭受高温伤害[12]。猕猴桃大多数种要求温暖湿润的气候，年平均气温约在 11.3～16.9 ℃，极端最高气温 42.6 ℃。由于果树抗性评价指标繁多且主次难分，近年来有关研究利用隶属函数与主成分析法对柑橘[13]、苜蓿[14-15]、核桃[16]、杏[17-18]、扁桃[19]等抗逆性进行了分析与评价。本文拟从不同高温处理下毛花猕猴桃品种‘赣猕 6 号’实生苗叶片可溶性蛋白、脯氨酸、丙二醛的含量和抗逆相关酶等生理指标的变化，探讨毛花猕猴桃‘赣猕 6 号’的耐热性，可为筛选猕猴桃耐热性强的砧木提供参考，亦为猕猴桃抗热栽培及耐热机理研究提供理论依据。

* 基金项目：国家科技基础性工作专项（2012FY110100-7）；江西省科技厅重大科技专项（20161ACF60007）；江西省猕猴桃产业技术体系建设专项（JXARS-05）；江西省自然科学基金（20151BAB204032）。

** 第一作者，女，博士研究生，研究方向果树种质资源与生物技术；电话 13677004615，E-mail：chenmined@126.com。

*** 并列第一作者。

**** 通信作者，电话 13767008891，E-mail：xbxu@jxau.edu.cn。

1 材料和方法

1.1 材料

来自江西省奉新县猕猴桃研究所内的毛花猕猴桃品种‘赣猕6号’、武宁县太平山的野生中华猕猴桃优株‘ZH-2’和南城县麻姑山的野生毛花猕猴桃优株‘MH-41’的种子;2015年3月萌发,栽种于配有营养土的花盆中生长,待盆栽苗长至功能叶片成熟后,取生长势良好,长势一致的实生苗放入人工气候箱,每个温度梯度每个品种取6盆,在昼/夜12 h/12 h,25 ℃、30 ℃、35 ℃、38 ℃、40 ℃下的温度梯度分别处理2 d。不同温度处理后取成熟一致的叶片若干用液氮处理作为实验材料。实验重复三次。

1.2 方法

叶片贮藏及处理:供试猕猴桃叶片分别用液氮冰冻后放于超低温冰箱进行保存,实验时在冰浴条件下加缓冲液碾磨成匀浆,放于低温冷冻离心机离心,取上清液即为制备的粗提液。

指标测定方法:叶绿素含量测定参照Arnon法[20];蛋白质含量测定选用考马斯亮蓝染色法[21];脯氨酸(Pro)含量测定选用酸性茚三酮法[22];丙二醛(MDA)测定参照高俊凤的方法[23];过氧化物酶(POD)活性采用愈创木酚比色法测定[23];过氧化氢酶(CAT)活性测定选用紫外吸收法[24];超氧化物歧化酶(SOD)活性测定选用氮蓝四唑(NBT)法[24]等方法进行测定。

1.3 数据处理与分析

数据统一采用Excel 2003进行处理,使用SPSS Statistic 17.0对数据进行分析。

2 结果与分析

2.1 ‘赣猕6号’实生苗在不同高温处理下叶绿素含量的变化

从图1可以看出,随着温度的升高,3种猕猴桃叶绿素含量都表现出持续下降的趋势。25~30 ℃,‘赣猕6号’降低6.55 mg/100 g,‘ZH-2’降低13.83 mg/100 g,‘MH-41’则降低21.99 mg/100 g;30~35 ℃,‘赣猕6号’降低11.06 mg/100 g,‘ZH-2’降低11.36 mg/100 g,‘MH-41’则降低9.54 mg/100 g;35~38 ℃,‘赣猕6号’降低4.07 mg/100 g,‘ZH-2’降低9.74 mg/100 g,‘MH-41’则降低7.77 mg/100 g;38~40 ℃,‘赣猕6号’降低12.73 mg/100 g,‘ZH-2’降低19.65 mg/100 g,‘MH-41’则降低13.06 mg/100 g。平均每升高1 ℃‘赣猕6号’叶绿素含量下降2.29 mg/100 g,‘ZH-2’下降3.64 mg/100 g,‘MH-41’下降3.49 mg/100 g。可以明显看出‘ZH-2’和‘MH-41’的叶绿素含量下降幅度大于‘赣猕6号’。

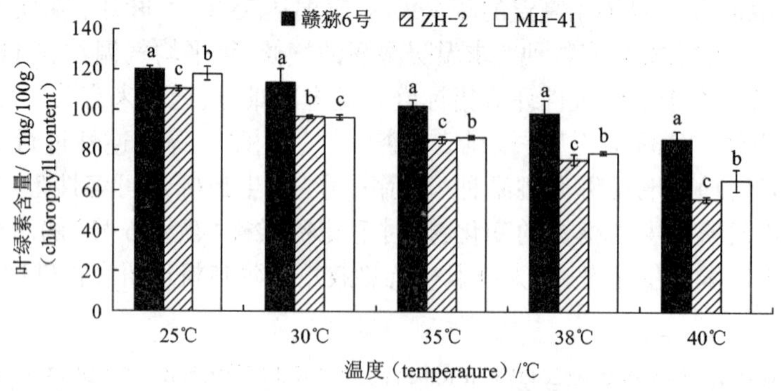

图1 毛花猕猴桃‘赣猕6号’实生苗与对照的叶绿素含量变化

Fig.1 Chlorophyll content in different varieties in ‘Ganmi 6’ (*A.eriantha*) seedlings and control kiwifruit

注:图中字母表示不同品种之间的差异(P<0.05)。下同

Note: Figure letters represent significant among different varieties (P<0.05).The same below.

2.2 ‘赣猕 6 号’实生苗在不同温度处理下可溶性蛋白含量的变化

从图 2 可以看出，‘赣猕 6 号’的可溶性蛋白含量随温度升高表现出先下降后上升的趋势，在 40 ℃时显著上升，高达 21.85 mg/g，为其他温度处理时的 4 倍。而‘ZH-2’和‘MH-41’的可溶性蛋白含量随温度升高则表现出先下降后上升再下降的趋势，且含量随温度的变化不大，都在 38 ℃时达到最大，在 40 ℃高温胁迫下可溶性蛋白含量下降。在 40 ℃时，‘赣猕 6 号’可溶性蛋白含量的急剧升高与其他两个品种形成鲜明的反差。

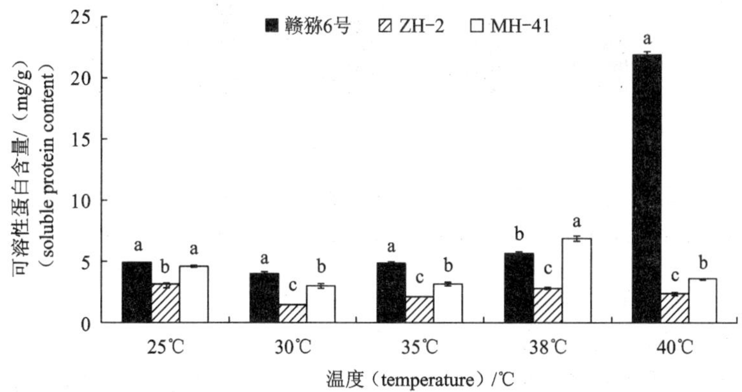

图 2 毛花猕猴桃‘赣猕 6 号’实生苗与对照的可溶性蛋白含量变化

Fig.2 Soluble protein content in different varieties in ‘Ganmi 6’（*A.eriantha*）seedlings and control kiwifruit

2.3 ‘赣猕 6 号’实生苗在不同温度处理下脯氨酸含量的变化

从图 3 可看出脯氨酸含量在不同温度处理下表现出先下降后上升的趋势，都在 30 ℃时最低。随着温度的升高，‘赣猕 6 号’脯氨酸含量上升幅度显著高于其他两个品种。40 ℃高温胁迫下，‘赣猕 6 号’的脯氨酸含量上升幅度及含量最大，高达 539.88 μg/g，‘ZH-2’为 306.66 μg /g，‘MH-41’为 397.12 μg /g。

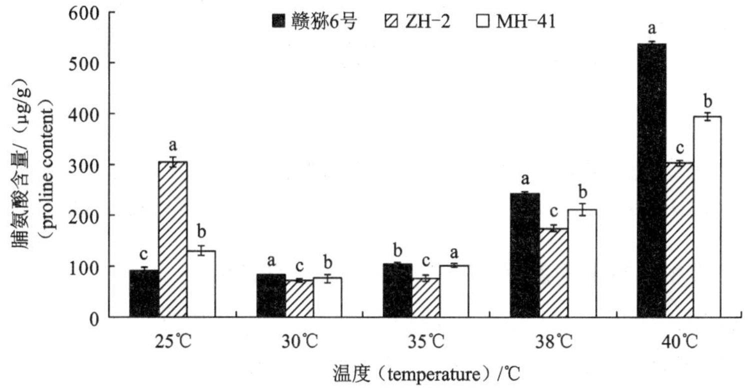

图 3 毛花猕猴桃‘赣猕 6 号’实生苗与对照的脯氨酸含量变化

Fig.3 Proline content in different varieties in ‘Ganmi 6’（*A.eriantha*）seedlings and control kiwifruit

2.4 ‘赣猕 6 号’实生苗在不同温度处理下 MDA 含量的变化

从图 4 看出‘赣猕 6 号’的丙二醛含量随着温度升高持续上升，到 40 ℃时达到最高，为 13.99 mmol/g，显著高于其他两个品种；‘MH-41’和‘ZH-2’的 MDA 含量在 35 ℃后表现出先上升后下降后的趋势，都在 38 ℃达到最高，40 ℃高温下则降到最低，40 ℃时‘MH-41’的 MDA

含量为 2.77 mmol/g，'ZH-2' 为 1.34 mmol/g。

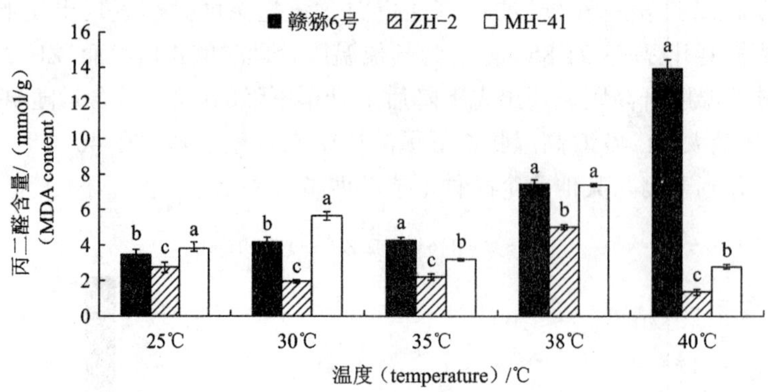

图 4　毛花猕猴桃'赣猕 6 号'实生苗与对照的丙二醛含量变化

Fig.4　MDA content in different varieties in 'Ganmi 6' (*A.eriantha*) seedlings and control kiwifruit

2.5　'赣猕 6 号'实生苗在不同温度处理下 POD 活性的变化

研究表明，PPO 活性与植物的抗性间关系密切，POD 活性有高温抑制效应，高温对细胞结构和功能的损伤随其活性的降低而增大。如图 5 所示，POD 活性变化趋势都是先上升后下降再上升，40 ℃时，'赣猕 6 号' POD 活性最高，为 22.72 U/g，较 38 ℃上升明显，虽然'ZH-2'和'MH-41'较 38 ℃略有上升，但上升幅度及含量大小显著低于'赣猕 6 号'。

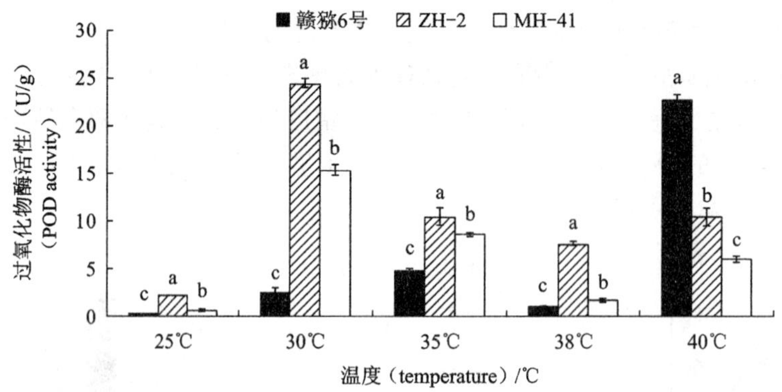

图 5　毛花猕猴桃'赣猕 6 号'实生苗与对照的过氧化物酶活性变化

Fig.5　POD activity in different varieties in 'Ganmi 6' (*A.eriantha*) seedlings and control kiwifruit

2.6　'赣猕 6 号'实生苗在不同温度处理下 CAT 活性的变化

植物体内的代谢以及抗性与其 CAT 活性有关[25]。如图 6 所示，CAT 活性变化趋势与可溶性蛋白含量变化相似，'赣猕 6 号'的 CAT 活性随温度升高表现出先上升后下降再上升的趋势，在 40 ℃时达到最大，高达 605.341 U/g；而'MH-41'和'ZH-2'的 CAT 含量随温度升高表现出先上升后下降再上升后下降的趋势，都在 38 ℃达到最大，在 40 ℃时，'MH-41'和'ZH-2'的 CAT 活性迅速降低。

2.7　'赣猕 6 号'实生苗在不同温度处理下 SOD 活性的变化

SOD 的作用主要是把超 O^{2-}转化为 H_2O_2和 O_2[26]。从图 7 观察出'赣猕 6 号'SOD 活性随温度先下降后上升，在 38 ℃后急剧上升，在 40 ℃时达到 1 843.85 U/g，较 38 ℃时上升三倍；'MH-41'的 SOD 活性随温度先下降后上升再下降，在 38 ℃时最高，为 1 494.87 U/g，40 ℃时较

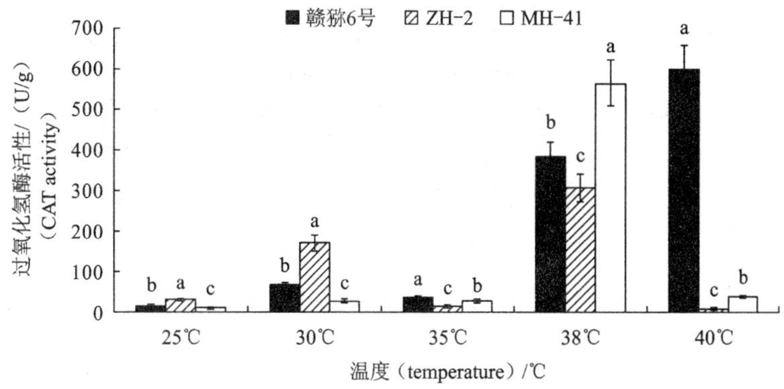

图6 毛花猕猴桃'赣猕6号'实生苗与对照的过氧化氢酶活性变化

Fig.6 CAT activity in different varieties in 'Ganmi 6' (*A.eriantha*) seedlings and control kiwifruit

38 ℃下降近一半;'ZH-2'的SOD活性则随温度的升高先下降后上升再下降后上升,40 ℃较38 ℃上升1.5倍,达940.7 U/g。

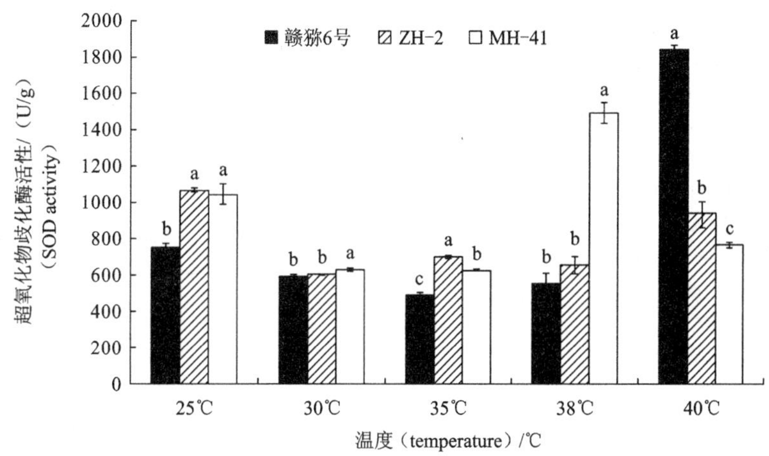

图7 毛花猕猴桃'赣猕6号'实生苗与对照的超氧化物歧化酶活性变化

Fig.7 SOD activity in different varieties in 'Ganmi 6' (*A.eriantha*) seedlings and control kiwifruit

2.8 毛花猕猴桃'赣猕6号'实生苗叶片指标相关性分析

通过对抗热生理指标间相关性研究,确定不同指标间的关系,可以看出某一指标变化的同时对其他指标可能产生的影响。不同猕猴桃主要抗热生理指标间均存在显著和极显著相关性,且同一指标受其他多个指标变化的影响。'赣猕6号'的叶绿素与可溶性蛋白、POD和SOD呈负相关,与其他3个指标呈显著负相关;CAT与可溶性蛋白、POD和SOD呈正相关;其他指标间都呈显著或者极显著正相关。'ZH-2'的脯氨酸与叶绿素、MDA、POD和CAT呈负相关;POD与CAT呈正相关,与其他5个指标间都呈负相关,且与可溶性蛋白呈显著负相关;CAT与叶绿素、脯氨酸和SOD呈负相关;其他指标间都呈正相关。'MH-41'的叶绿素与其他6个指标呈负相关;POD也与其他6个指标均呈负相关;MDA与脯氨酸也呈负相关;可溶性蛋白与CAT呈显著正相关,与SOD呈极显著正相关,其他指标间呈正相关。从表1看出,这3个猕猴桃品种的7个性状指标之间都存在不同程度的相关性,表明各性状指标所提供的信息在一定程度上重叠。这也验证了各猕猴桃抗热指标间并非是独立存在的,其耐热性是各抗热指标综合作用的结果。

表 1　毛花猕猴桃'赣猕 6 号'实生苗与对照的叶片耐热指标相关矩阵

Table 1　Heat resistant indicators correlation matrix of kiwifruit leaf in 'Ganmi 6'（*A. eriantha*）seedlings and control

品种(系) (cultivar or strain)	指标 (index)	叶绿素 (chlorophyll)	可溶性蛋白 (soluble sugar)	脯氨酸 (proline)	丙二醛 MDA	过氧化物酶 POD	过氧化氢酶 CAT	超氧化物歧化酶 SOD
赣猕 6 号 Ganmi6	叶绿素 (chlorophyll)	1	−0.840	−0.910*	−0.925*	−0.845	−0.898*	−0.715
	可溶性蛋白 (soluble sugar)		1	0.961**	0.951*	0.977**	0.849	0.980**
	脯氨酸 (proline)			1	0.997**	0.907*	0.960**	0.910*
	丙二醛 MDA				1	0.906*	0.968**	0.892*
	过氧化物酶 POD					1	0.771	0.943*
	过氧化氢酶 CAT						1	0.776
	超氧化物歧化酶 SOD							1
ZH-2	叶绿素 (chlorophyll)	1	0.047	−0.170	0.082	−0.031	−0.023	0.121
	可溶性蛋白 (soluble sugar)		1	0.747	0.529	−0.940*	0.024	0.650
	脯氨酸 (proline)			1	−0.060	−0.670	−0.333	0.897*
	丙二醛 MDA				1	−0.376	0.798	−0.284
	过氧化物酶 POD					1	0.223	−0.682
	过氧化氢酶 CAT						1	−0.640
	超氧化物歧化酶 SOD							1
MH-41	叶绿素 (chlorophyll)	1	−0.116	−0.660	−0.043	−0.101	−0.406	−0.052
	可溶性蛋白 (soluble sugar)		1	0.157	0.697	−0.723	0.910*	0.996**
	脯氨酸 (proline)			1	−0.279	−0.337	0.142	0.165
	丙二醛 MDA				1	−0.034	0.808	0.666
	过氧化物酶 POD					1	−0.428	−0.760
	过氧化氢酶 CAT						1	0.869
	超氧化物歧化酶 SOD							1

*，** 分别表示在 0.05 水平和 0.01 水平上差异显著，N=5。

*，** Indicate significant difference at P<0.05 and 0.01，respectively，N=5.

3 讨论

目前国内外对猕猴桃耐热性研究较少,本研究针对田间表现优异的毛花猕猴桃'赣猕6号'和野生优株进行了分析。耐热性是猕猴桃品种在长江流域适应性组成的一个重要方面,而耐热性的鉴定就是在众多品种或材料中筛选出对高温胁迫适应性相对较强的品种,为耐热性研究提供试材。因此,本实验比较了'赣猕6号'和野生中华猕猴桃'ZH-2'和野生毛花猕猴桃'MH-41'的抗热生理指标,发现由于光合作用对高温最为敏感,而叶绿素是植物进行光合作用的关键物质,高温胁迫会使光合作用的关键酶Rubisco活化酶失活,使RuBP羧化酶活性降低,导致叶绿素含量明显降低,而叶绿素形成的最高温度一般是40 ℃[27]。叶绿素随热害时间的延长会逐渐下降,并且耐热性弱的品种的叶绿素含量下降幅度明显大于抗性强的品种[28-31]。从本实验可以看出,'ZH-2'和'MH-41'叶绿素含量下降幅度明显大于'赣猕6号',说明从叶绿素分析,'赣猕6号'对高温适应性较强。

可溶性蛋白具有渗透调节和防止细胞质脱水的作用[32]。植物可溶性蛋白的含量的变化与耐热性有关,耐热品种在高温下蛋白质合成速率仍可保持较高的水平,蛋白质降解速率则较低[33]。可溶性蛋白在高温胁迫初期含量上升,随着胁迫时间的延长,可溶性蛋白含量逐渐降低[34]。'赣猕6号'与对照猕猴桃的可溶性蛋白含量随温度升高表现先下降后上升再下降的过程,这与在水稻[33]上研究结果一致。'赣猕6号'的可溶性蛋白含量在40 ℃时显著上升,高达21.85 mg/g,为其他温度处理时的4倍,而'ZH-2'和'MH-41'的可溶性蛋白含量都在38 ℃时达到最大,在40 ℃高温胁迫下可溶性蛋白含量下降。'赣猕6号'后期不降反而上升明显,可能与40 ℃还达不到'赣猕6号'的胁迫温度有关。

随着胁迫的持续,脯氨酸含量会呈现出逐渐上升趋势,且耐热性好的品种脯氨酸含量上升幅度越明显,本实验研究发现,在40 ℃高温下,'赣猕6号'脯氨酸含量上升幅度最大,其次是'MH-41',而'ZH-2'最小;说明从脯氨酸含量角度分析,'赣猕6号'属于耐热性较好的品种。丙二醛是膜脂过氧化作用的最终产物,其含量高低标志着膜脂过氧化程度[35],还能间接地反映出植物组织抗氧化能力的强弱[25]。大量研究表明,植物处于高温胁迫下,体内丙二醛含量随温度升高而增大,温度越高,增长速度越快[33,36]。不耐热植物叶片中丙二醛的含量比耐热性强的植物在高温和常温条件下都高,温度越高表现越明显[34]。随着胁迫的持续,热敏感品种丙二醛含量上升幅度则明显高于耐热性好的品种。在本实验35 ℃以上温度处理下丙二醛含量随温度升高而上升,且'ZH-2'和'MH-41'幅度大于'赣猕6号',说明就丙二醛含量而言,'赣猕6号'属于耐热品种。

研究显示,植物一般在升温初期会通过提高自身抗氧化酶活性来减少或清除活性氧,使细胞维持正常的生理功能,以适应高温逆境,这也被称为植物的保护性应激反应[37-38]。但随着胁迫温度持续的增长,这种应激反应会逐渐减小。这可能是当高温胁迫逐渐超过植物所能够承受的极限时,酶的活性中心就会被破坏,酶活性也因此下降,最终导致活性氧在植株体内大量积累,造成细胞代谢失调。这就说明植物耐热性具有时效性[39-40]。通过对高温胁迫下抗氧化酶活性来判断植物耐热性强弱,发现不同植物的抗氧化酶活性的变化趋势表现不同[37,41-44],并且耐热性弱的材料抗氧化酶活性都明显更低[42]。本实验研究表明'ZH-2'的POD和SOD活性在38 ℃后随温度上升,但上升幅度及大小均不及'赣猕6号',其余酶活性更是都呈现出下降的趋势。'MH-41'的PPO,CAT和SOD活性在38 ℃后都表现出下降,POD在40 ℃时有所上升,但上升幅度及大小均远不及'赣猕6号';'赣猕6号'所测得酶活性都表现出从38 ℃

到 40 ℃急剧上升的明显趋势,且 40 ℃时含量都最高。说明从抗氧化酶活性分析,可以得出‘赣猕 6 号’耐热性较强。

综合对其耐热性相关指标的比较,‘赣猕 6 号’的耐热性明显强于‘ZH-2’和‘MH-41’。‘赣猕 6 号’在 40 ℃时表现更为优异,所测得抗热性指标除叶绿素外都随着温度的升高有所上升,并且各项所测指标都未体现出‘赣猕 6 号’受到热害胁迫,可能‘赣猕 6 号’在更高的温度下才会表现出热害反应。

参考文献 References

[1] JONES P D, NEW M, PARKER D E, et al.Surface air temperature and its changes over the past 150 years[J].Reviews of Geophysics, 1999, 37(2):173-199.

[2] 施正屏,林玉娟.全球暖化与低碳农业发展战略之路径选择[J].台湾农业研究,2010(5):6-11.

[3] 张志忠,黄碧琦,吕柳新.蔬菜作物的高温伤害及其耐热性研究进展[J].福建农林大学学报,2001,31(2):203-207.

[4] 徐小彪,黄春辉,曲雪艳,等.毛花猕猴桃新品种‘赣猕 6 号’[J].园艺学报,2015(12):2539-2540.

[5] 郎彬彬,朱博,谢敏,等.野生毛花猕猴桃种质资源主要数量性状变异分析及评价指标探讨[J].果树学报,2016(1):8-15.

[6] 汤佳乐,黄春辉,吴寒,等.野生毛花猕猴桃果实表型性状及 SSR 遗传多样性分析[J].园艺学报,2014(6):1198-1206.

[7] 陈楚佳,陶俊杰,曲雪艳,等.毛花猕猴桃‘赣猕 6 号’果实糖、酸及抗坏血酸的动态变化(英文) [J].Agricultural Science & Technology,2015(12):2589-2591.

[8] 张慧琴,谢鸣,肖金平,等.毛花猕猴桃‘华特’果实发育特性研究[J].果树学报,2015(2):238-246.

[9] 张佳佳,郑小林,励建荣.毛花猕猴桃‘华特’果实采后生理和品质变化[J].食品科学,2011(8):309-312.

[10] 汤佳乐,吴寒,郎彬彬,等.野生毛花猕猴桃叶片和果实 AsA 含量的 SSR 标记关联分析[J].园艺学报,2014(5):833-840.

[11] 吴寒.毛花猕猴桃果实抗坏血酸合成酶相关基因的克隆及定量表达分析[D].南昌:江西农业大学,2015.

[12] 张指南,侯志杰.中华猕猴桃的引种栽培与利用[M].北京:中国农业出版社,1999:156-159

[13] 杨义伶.柑橘砧木抗旱性评价及相关生理指标与基因表达差异分析[D].南昌:江西农业大学,2012.

[14] 李国章,祁小军应用隶属函数法的苜蓿抗旱性综合评价[J].黑龙江生态工程职业学院学报,2010.(1):6-8.

[15] 张朝阳,许桂芳.利用隶属函数法对 4 种地被植物的耐热性综合评价[J].草业科学,2009(2):57-60.

[16] 王振元.不同核桃品种抗旱性初步研究[D].杨凌:西北农林科技大学,2014.

[17] 张军科,桑春果,李嘉瑞,等.杏品种资源抗寒性主成分分析[J].西北农业大学学报,1999(6):79-84.

[18] 郭爱华,陈钰,姚月俊,等.杏品种抗寒性主成分分析[J].山西农业大学学报(自然科学版),2007(3):234-237.

[19] 王琳,王梦雪,廖晓军,等.新疆莎车县扁桃品种抗寒性主成分分析[J].经济林研究,2014(2):38-41.

[20] 麻明友,麻成金,肖卓柄,等.猕猴桃叶中叶绿素的提取研究[J].食品工业科技,2006(6):140-143.

[21] 高继国,郭春绒.普通生物化学教程实验指导[M].北京:北京化学工业出版社,2009:44-45.

[22] 郝建军,康宗利,于洋.植物生理学实验技术[M].北京:化学工业出版社,2007:102-169.

[23] 高俊凤.植物生理学实验指导[M].高等教育出版社, 2006: 210-218.

[24] 邹琦.植物生理学实验指导[M].北京:中国农业出版社,2004:167-169.

[25] 刘德良,赖万年.夏季梅花品种耐热性生理生化指标研究[J].北方园艺,2012(2):57-61.

[26] 马德华,庞金安,温晓刚,等.黄瓜无毛突变体的生理特性研究[J].园艺学报,2002(3):282-284.

[27] 潘瑞炽.植物生理学[M].北京:高等教育出版社,2001:57-66.

[28] 王才林,仲维功.高温对水稻结实率的影响及其预防对策[J].江苏农业利学,2004(1):15-18.

[29] 任昌福,陈安和,刘保国.高温影响杂交水稻开花结实的生理生化基础[J].西南农业大学学报,1990(12):440-443.

[30] 雷东阳,陈立云,李稳香,等.高温对不同杂交稻开花期影响的生理差异[J].农业现代化研究,2005,26:397-400.

[31] TEWARI A K, TRIPATHY B C.Temperature-stress-induced impairment of chloropyll biosynthetic reactions in cucumber and wheat[J].Plant Physiology,1998,117:851-858.

[32] 杨华庚,颜速亮,陈慧娟,等.高温胁迫下外源茉莉酸甲酯、钙和水杨酸对蝴蝶兰幼苗耐热性的影响[J].中国农学通报,2011,27(28):150-157.

[33] 辛雅芬,石玉波,沈婷,等.4 种植物抗热性比较研究[J].安徽农业科学,2011,39(8):4431-4432.

[34] 张桂莲,陈立云,张顺堂,等.抽穗开花期高温对水稻剑叶理化特性的影响[J].中国农业科学,2007(7):1345-1352.

[35] 李成琼,宋洪元,雷建军,等.甘蓝耐热性鉴定研究[J].西南农业大学学报,1998,20(4):298-301.
[36] 周伟辉,薛大伟,张国平.耐热水稻基因型的鉴定及相关生理学特征分析(英文)[J].浙江大学学报(农业与生命科学版),2012,38(1):1-9.
[37] 刘易超,杨际双,肖建忠,等.高温胁迫对菊花叶片部分生理参数的影响[J].河北农业大学学报,2011,34(6):46-49.
[38] 段九菊,王云山,康黎芳,等.高温胁迫对观赏凤梨叶片抗氧化系统和渗透调节物质积累的影响[J].中国农学通报,2010,26(8):164-169.
[39] 黄显波,严寒,胡建林,等.高温胁迫下水稻幼苗几个相关生理指标的变化[J].长江大学学报(自然科学版),2008,5(2):50-53.
[40] 吴友根,林尤奋,李绍鹏,等.热胁迫下菊花生理变化及其耐热性指标的确定[J].江苏农业学报,2009,25(2):362-365.
[41] 王进,欧毅,武峥,等.高温胁迫对早熟梨生理效应和早期落叶的影响[J].西南农业学报,2011,24(2):546-551.
[42] 李荣华,郭培国,张华,等.高温胁迫对不同耐热性菜心材料生理特性的差异研究[J].北方园艺,2012(1):1-6.
[43] 朱静,杨再强,李永秀,等.高温胁迫对设施番茄和黄瓜光合特性及抗氧化酶活性的影响[J].北方园艺,2012(1):63-68.
[44] 王凯红,刘向平,张乐华,等.5种杜鹃幼苗对高温胁迫的生理生化响应及耐热性综合评价[J].植物资源与环境学报,2011,20(3):29-35.

Heat Resistance Evaluation of the ‘Ganmi 6’ Kiwifruit (*Actinidia eriantha* Benth) Seedlings

ZHONG Min　ZHANG Wenbiao　HUANG Chunhui　TAO Junjie
QU Xueyan　WU han　XU Xiaobiao

(Kiwifruit Institute of Jiangxi Agricultural University　Nanchang　330045)

Abstract　This paper discussed the heat resistance of *Actinidia eriantha* ‘Ganmi 6’ seedlings, which also laid a theoretical foundation for hot mechanism research and heat resistant variety or rootstock breeding of kiwifruit.Take kiwifruit cultivar ‘Ganmi 6’ as test material while seedlings of wild *A. chinensis* ‘ZH-2’ and wild *A. eriantha* ‘MH-41’ as control. Different high temperature treatments effect on these seeding leaves in physical signs like chlorophyll, soluble protein, proline, malonaldehyde (MDA), and Adversity enzyme are researched. The results show that (1) there are significant differences between ‘Ganmi 6’ seedlings and controlled trial materials in heat-resisting related physical sighs.Chlorophyll content of ‘Ganmi 6’ seedlings continuous declines since temperature rises, but the range is much lower than ‘ZH-2’ and ‘MH-41’.The other tested 6 physical sighs of ‘Ganmi 6’ seedlings all express a sharp rise tendency from 38 ℃ to 40 ℃.And chlorophyll content of ‘Ganmi 6’ is more than that in ‘ZH-2’ and ‘MH-41’. (2) It turns out that chlorophyll content of ‘Ganmi 6’ seedlings has a negative correlation with other 6 physical sighs, while the others have positive correlation from correlation analysis of heat-resisting related physical sighs.But heat-resisting related physical sighs in controlled trial materials have different correlations.(3) It can be indicate that the ability of heat resistance of ‘Ganmi 6’ is the best, followed by ‘MH-41’ and ‘ZH-2’.

Key words　*Actinidia eriantha*　‘Ganmi 6’　Seedling　Heat resistance　Physiological indexes

美味猕猴桃控制授粉对果实影响的研究

安成立　刘占德　姚春潮　龙周侠　郁俊谊
张　超　高志雄　郭学雨　王逸珺
（西北农林科技大学　杨凌　712100）

摘　要　为了研究美味猕猴桃控制授粉对果实性状的影响，选取生产上重要的美味猕猴桃代表品种海沃德、徐香和米良为试材，采用剪留花柱控制授粉，利用人工授粉法和自然授粉方法进行研究。结果表明，全部减去花柱，三品种座果率均为0％，授粉柱头小于等于8，三种品种平均座果率为47.0％~81.3％，授粉柱头大于11时，三品种各处理平均座果率均在86.0％~89.0％，与对照全部柱头授粉座果率87.0％相近；单果重测定结果：授粉柱头在1~14范围内随授粉柱头数量增加，其重量增加，由21.9 g增至85.0 g。当授粉柱头大于等于17时，单果重83.6~92.7 g，与对照91.2 g无明显差异。果形指数测算结果：授粉柱头1~17，果形指数0.85~1.14，低于对照1.17，当授粉柱头大于等于22时，果形指数1.13~1.21，与对照无明显差异；果实种子数量与单果重趋势一致，即授粉柱头为1~17，随授粉柱头增加果实种子数增加，当大于等于17时其种子数量基本稳定在700~900。从产量因素和商品性三项指标及果实种子数量综合看，美味猕猴桃人工充分授粉的数量指标为17，授粉柱头低于11，其座果率、单果重和果型指数均比对照低，或造成减产、商品性下降等不利影响，但过度授粉也会造成花粉浪费，果园雄株配置比例大，不利于高产优质高效生产。

关键词　美味猕猴桃　控制授粉　充分授粉　果实性状　种子

进入21世纪，猕猴桃作为一种营养健康水果在世界范围内悄然兴起，尤其在中国已经形成生产和消费两旺的局面，其栽培面积由2001年的不足30万亩猛增到2015年的200万亩以上，期间增长6陪之多，而单产也不断增加，总产量在期间也增至6陪以上；消费需求更是迫切，市场一直为卖方市场，期间单价每斤由1元左右增至4~5元。其农业经济效益十分可观[1-2]。但是，长期以来由于授粉不充分，影响商品率，猕猴桃滥用激素的现象普遍存在。为了解决充分授粉，明确充分授粉的数量级指标，采用人工控制授粉方法，研究对果实发育的影响，以其为生产上雌雄株配置，制定授粉技术的策略和方法提供科学依据[3-4]。

一直以来，美味猕猴桃是栽培种的主要类型，在中国目前主要以海沃德、秦美、徐香和米良为代表的猕猴桃占总栽培面积的70％以上。因而研究美味猕猴桃控制授粉技术就成为研究猕猴桃授粉技术的关键所在[5-8]。

1　材料与方法

试验在西北农林科技大学猕猴桃试验站进行，选取6年生海沃德、徐香和米良树相近果枝于开花前进行套袋，一个结果枝套3~4朵花作为一个重复，处理设剪留花柱0（CK1），1，2，3，4，5，8，11，14，17，22，27，32，37，全留（CK2）共15个。每个处理重复三次。用同样的方法在其他两株上进行重复试验。开花后打开套袋，按处理剪留花柱，在自然条件下授粉。海沃德进行人工授粉，徐香和米良不进行人工授粉。开花一个月后调查座果率，收获后测量果重和果形指数，软化后调查统计果实种子数量。

2 结果与分析

2.1 美味猕猴桃控制授粉对座果率的影响

从表 1 看出,全部减去花柱的三品种座果率均为 0,留花柱数量为 1~8 时,随着授粉柱头的增加座果率增加,由 47.0 %增至 81.3 %。由图 1 可知,当授粉柱头数量≥11 时,三品种平均座果率为 86.0 %~89.0 %,与对照全授粉的座果率 87.0 %无明是差异,表明美味猕猴桃充分授粉的数量级指标为 11。

表 1 美味猕猴桃控制授粉座果率调查结果

Table 1 Fruit setting percentage survey results of delicious kiwi controlled pollination

留花柱数量 (style number of the control to stay)	座果率/ % (fruit setting percentage)			平均座果率/% (the average fruit setting percentage)
	海沃德 'Hayward'	徐香 'Xu Xiang'	米良 'Mi Liang'	
0	0.0	0.0	0.0	0.0
1	83.0	33.0	25.0	47.0
2	100.0	25.0	41.0	55.3
3	100.0	50.0	67.7	75.0
4	83.0	71.0	75.0	76.3
5	100.0	57.0	80.0	79.0
8	80.0	64.0	100.0	81.3
11	100.0	83.0	83.3	88.7
14	100.0	86.0	75.0	86.0
17	100.0	75.0	91.7	88.9
22	100.0	83.0	75.0	86.0
27	100.0	75.0	91.7	88.9
32	100.0	87.0	80.0	89.0
37	100.0	87.0	80.0	89.0
全留(full)	100.0	83.0	80.0	87.0

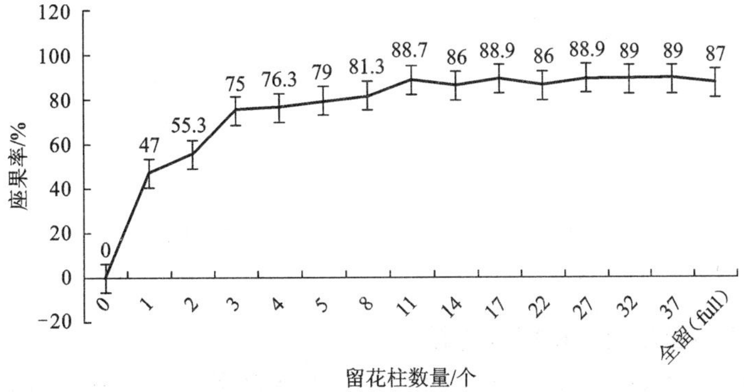

图 1 美味猕猴桃控制授粉平均座果率调查结果

Fig.1 Fruiting rate survey results of delicious kiwi controlled pollination

2.2 美味猕猴桃控制授粉对单果重的影响

从表 2 和图 2 可知，留花柱数量为 1~14 时，随授粉柱头增加两品种平均单果重由 21.9 g 增至85.0 g；当授粉柱头数量≥17 时，平均单果重为 83.5~92.7 g，与对照全部柱头授粉 91.2 g 无明显差异。这表明美味猕猴桃充分授粉的数量级指标为 17。

表 2 美味猕猴桃控制授粉单果重调查结果

Table 2 Fruit weight findings of controlled pollination of delicious kiwi

留花柱数量 (style number of the control to stay)	单果重/g (fruit weight)		平均果重/g (the average fruit weight)
	海沃德'Hayward'	徐香'Xu Xiang'	
0	—	—	—
1	30.1	13.6	21.9
2	28.0	21.7	24.9
3	22.6	37.5	30.1
4	26.7	46.6	36.7
5	64.4	48.5	56.5
8	69.7	53.2	61.5
11	96.7	64.3	80.5
14	95.0	74.9	85.0
17	105.0	80.3	92.7
22	90.0	77.1	83.6
27	96.7	79.6	88.2
32	95.0	83.4	89.2
37	86.0	81.0	83.5
全留(full)	102.3	80.0	91.2

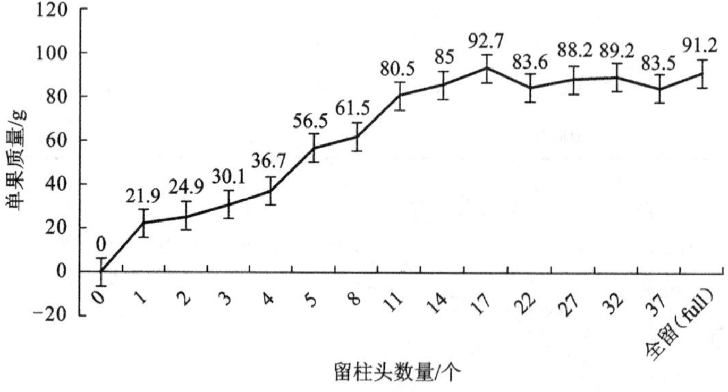

图 2 美味猕猴桃控制授粉单果重调查结果

Fig.2 Fruit weight findings of controlled pollination of delicious kiwi

2.3 美味猕猴桃控制授粉对果型指数的影响

从表 3 可以看出，留花柱数量为 1~14 时，海沃德果实种子数量在 56~689 之间随授粉柱头增加而增加；当授粉柱头数量≥17，其果实种子数量达 700~900。当授粉柱头数量为 1~14，海沃德和徐香两个品种平均果型指数为 0.85~1.14，与对照差异明显；而当授粉柱头数量≥17

时,平均果型指数为 1.13~1.21,与对照全留授粉差异不明显。综合表明,美味猕猴桃充分授粉的数量级指标为 17。

表 3 美味猕猴桃控制授粉果型指数调查结果

Table 3 Fruit shape index survey results of Actinia delicious controlled pollination

留花柱数量 (style number of the control to stay)	海沃德种子数量 (‘Hayward'seeds)	果型指数(fruit shape index)		
		海沃德 ‘Hayward’	徐香‘Xu Xiang’	平 均(average)
0	—	—	—	—
1	56	1.03	0.81	0.92
2	67	0.93	0.77	0.85
3	156	0.97	0.88	0.93
4	300	0.93	0.91	0.92
5	477	1.10	1.05	1.08
8	587	1.04	1.01	1.03
11	621	1.14	1.12	1.13
14	689	1.15	1.08	1.12
17	769	1.21	1.07	1.14
22	891	1.20	1.14	1.17
27	816	1.21	1.19	1.20
32	786	1.21	1.05	1.13
37	835	1.35	1.06	1.21
全留(full)	851	1.17	1.16	1.17

3 小结与讨论

3.1 小结

从座果率,单果重和果型指数以及海沃德种子数量四项果实性状结果调查统计数据看,美味猕猴桃授粉柱头数量不能少于 11;否则座果率低,单果重和种子数量明显低于对照,直接影响产量,并且果型指数小,影响商品率,导致效益下降。

当授粉柱头数量≥17 时,不论座果率、单果重、果型指数,还是从海沃德果实种子数量看,各处理都与对照无明显差异,表明授粉柱头只需达到 17,即全部柱头的 26 %授粉即能达到充分授粉的目的,不必使用更多的花粉。

3.2 讨论

通过对三个美味猕猴桃品种果实性状的四个主要的指标试验调查,基本明确了充分授粉的数量级指标在 11~17 之间,但要更为准确地定量有待于进一步深入研究[9-11]。

由于控制授粉是人工授粉,因而试验应全部在人工授粉条件下进行,其试验结论更能接近生产中应用控制授粉技术的实际。

试验控制授粉没有涉及果实品质,贮藏性能的变化,也没有调查海沃德以外的其他美味猕猴桃种子数量,故美味猕猴桃控制授粉对果实及品质的影响有待于进一步研究[12-17],以全面明确对果实产量,品质,种子数量以及贮藏性的影响,为制定控制授粉技术提供可靠全面的科学依据。

参考文献 References

[1] 崔致学.中国猕猴桃.济南:山东科学技术出版社.1993:56-58.
[2] 中国农业科学院郑州果树研究所.猕猴桃研究报告集:1978-1980.郑州:中国农业科学院郑州果树研究所,1980:34-37.
[3] 林太宏,熊兴耀.美味猕猴桃研究与商业化开发现状//黄宏文.猕猴桃研究进展(II).北京:科学出版社,2003:44-47.
[4] 李前进,郑李宏,杨艳玲,等.苹果树人工授粉试验示范调查.西北园艺:果树,2011(6):9-10.
[5] 尹小宁.不同授粉品种影响苹果梨果型的试验研究.北方果树,2002(2):7-8.
[6] 吴翠云,胡生萍,田玉琪.不同授粉品种对新梨7号的授粉效果.北方果树,2006(3):65-69.
[7] 欧行奇,赵俊杰,王春虎.对作物授粉方式概念与内涵的分析.种子,2009(5):86-89.
[8] 张清明.提倡猕猴桃树进行人工辅助授粉.西北园艺:果树,2011(6):8.
[9] 魏岩,尹林克,严成.白梭梭开花及风媒传粉特点.干旱区研究,2005,22(1):86-90.
[10] 朱友民,周宗旺,毛江平,等.猕猴桃蜜蜂授粉技术研究初报.中国南方果树,2003,23(2):45-48.
[11] 郭晓成.猕猴桃溶液授粉技术.陕西果树,2007(1):16-18.
[12] 王凤鹤,杨甫.中国几种果树传粉壁蜂授粉技术与开发,2008,45(6):862-869.
[13] 梁文,朱建华,彭宏祥,等.余甘子传粉昆虫种类及其传粉活动调查.中国南方果树,2007,36(6):89-91.
[14] 杨国阁,曹明哲,宋良红.设施果树几种授粉方式的比较.河南林业科技,2002(4):44-46.
[15] 于新刚.梨树高效人工授粉配套技术.西北园艺:果树,2011(6):6-7.
[16] 姜国洲,来亚玲.果树人工授粉五问.西北园艺:果树,2011(6):5-6.
[17] 张洁.猕猴桃栽培与利用.北京:金盾出版社,1994:136-138.

Study on the Control Effect of Kiwifruit Pollination on Fruit

AN Chengli LIU Zhande YAO Chunchao LONG Zhouxia YU Junyi
ZHANG Chao GAO Zhixiong GUO Xueyu WANG Yijun

(Northwest University of Agriculture and Forestry Yangling 712100)

Abstract In order to study the Actinia delicious control pollination of fruit development, Actinia delicious production representative varieties hayward, Xu-Xiang and Mi-Liang is selected as test materials, using scissors stay style control pollination, using artificial pollination and natural method study.The results showed that all the less style, three varieties of fruit rate of 0 %, pollination stigma is less than equal to 8, three varieties of the average rate of fruit between 47.0 %~81.3 %, pollination stigma is greater than 11, the three varieties of each processing average fruit set rate of between 86.0 %~89.0 %, close to the with control all stigmas pollinated fruit setting rate of 87.0 %;fruit weight determination results:pollination stigma in the 1~14 range with pollination stigma increase in the number of its weight increases by 21.9 g increased to 85.0 g.Pollination stigma is greater than or equal to 17, the fruit weight 83.6~92.7 g, with the control 91.2g no significant difference in fruit shape index calculation results:pollination stigma between 1~17, fruit shape index 0.85~1.14.lower than the control 1.17, fruit shape index between 1.13~1.21 pollination stigma is greater than or equal to 22, and the control was no significant difference.The fruit and seed number and fruit weight is consistent, namely pollinated stigma in 1~17, seed number increased with the increase of pollination stigma, when more than 18 of the population is stable between 700~900.Comprehensive look, from the three indicators of production factors and marketability the delicious kiwifruit manual full pollinated quantitative indicators 17, pollination stigma is lower than 11, the rate of its fruit, fruit weight and fruit index lower than the control, or reduce yields, commodity decline and other adverse effects, but excessive pollination can also cause waste of pollen, a large proportion of orchards male plant configuration is not conducive to the efficient production of high yield and quality.

Key words Delicious kiwifruit Control pollination Full pollination Fruit development Seed

猕猴桃组培苗瓶外生根技术的研究

吕海燕　胡鹏飞　刘小丽　钟彩虹*

（中国科学院武汉植物园 中国科学院植物种质创新与特色农业重点实验室　武汉　430074）

摘　要　以苗龄 40 天的‘东红’和‘AA12-10’猕猴桃继代芽苗为试验材料，研究其在瓶外扦插生根情况，初步探索猕猴桃芽苗瓶外扦插生根的方法。试验结果表明：①珍珠岩作为扦插基质对猕猴桃组培苗瓶外扦插生根的效果好于河沙，‘东红’瓶外扦插生根率最高可达 95％，‘AA12-10’瓶外扦插生根率最高可达 100％；②‘AA12-10’猕猴桃组培苗瓶外生根试验中，不同生根药剂的种类、浓度以及相同浓度生根药剂下不同的处理时间都对瓶外生根有很大的影响，3721 生根液诱导瓶外生根率显著高于 NAA，不同浓度的生根药剂对‘AA12-10’瓶外生根影响差异不显著，但都显著高于对照，3721 生根液处理材料 10min 后诱导生根率显著高于其他处理，生根率可达 96.7％；③不同浓度的 NAA 处理下‘东红’组培苗瓶外扦插生根率差异显著，25mg/L 的 NAA 诱导生根率显著高于 50mg/L 的 NAA，相同浓度的 NAA 不同时间梯度处理下生根率差异不显著，但都显著高于对照；④‘AA12-10’组培苗瓶外生根能力优于‘东红’。

关键词　猕猴桃　组培苗　瓶外生根

猕猴桃属木本植物，‘东红’猕猴桃是由中国科学院武汉植物园从‘红阳’实生后代中选育而成；‘AA12-10’猕猴桃是由中国科学院武汉植物园从新西兰引进的软枣株系果实取种，并经多年实生选育而成（黄宏文，2013）。组培苗在瓶内生根诱导过程中容易形成愈伤组织，阻碍根与维管束组织之间的流通，从而降低了根的吸收功能，中华猕猴桃组织培养根诱导过程中，鲜有须根的形成，多为幼嫩肉质根，造成在后期移栽后根系的恢复能力差，幼苗成活率低，并且试管苗瓶内生根在驯化移栽的过程中操作复杂，在工厂化育苗中是造成苗木成本过高的主要原因。采用瓶外生根，苗木不经过驯化可直接栽入苗圃，苗木移栽后成活率较高，它既省去了瓶内生根所需要的原料和生产程序，缩短了育苗周期，又降低了生产成本，提高了生产效率（徐振华 等，2002）。近年来瓶外生根技术在工厂化育苗中得到越来越多的应用（彭醒醒 等，2015；陈慧 等，2015；刘敏 等，2010；Yan et al.，2010；程淑云，2009；Xu et al.，2008；Hatzilazarou et al.，2006）。目前国内对猕猴桃组培快繁工厂化育苗中的瓶外生根技术研究应用较少（隆前进，2010），本文以中国科学院武汉植物园自主选育的‘东红’和‘AA12-10’为试验材料，主要从扦插基质和诱导生根物质的种类及浓度分析猕猴桃瓶外生根的影响因素，为猕猴桃组培苗工厂化生产提供相关技术参考，从而进一步完善猕猴桃组培工厂化育苗技术体系，促进猕猴桃组培苗的推广应用。

1　材料与方法

1.1　材料准备

猕猴桃品种为‘东红’和‘AA12-10’继代 4 次的瓶苗。扦插基质有珍珠岩、河沙（颗粒直

*通讯作者，女，湖南浏阳人，研究员，国家猕猴桃种质资源圃负责人，中国园艺学会猕猴桃分会理事长，长期从事猕猴桃等果树育种及栽培研究；E-mail：zhongch@ wbgcas.cn。

径小于 1 mm)。

1.2 扦插容器准备

珍珠岩、河沙、塑料小桶(口径 30 cm,高 40 cm)用甲醛熏蒸灭菌,将灭菌后的基质分别装入塑料小桶,铺平,用手压实,基质厚度 30 cm。

1.3 瓶苗处理

将准备好的'东红'和'AA12-10'组培苗用镊子从瓶中取出,沿培养基表面剪下,再将芽苗剪成 2~3 节茎段,备用。

1.4 扦插及插后管理

配置 25 mg/L NAA,50 mg/L NAA,3721 生根溶液 1∶800 倍液,3721 生根溶液 1∶400 倍液,将准备好的茎段形态学下端分别放入其中,'东红'茎段在 25 mg/L NAA 浸泡 60 s,90 s;在 50 mg/L NAA 中浸泡 30 s,50 s。'AA12-10'茎段在 25 mg/L NAA 中浸泡 30 s,60 s,90 s;在 50 mg/L NAA 中浸泡 10s,30s,50s;在 3721 生根溶液 1∶800 倍液中浸泡 30 min,60 min,90 min;在 3721 生根溶液 1∶400 倍液中浸泡 10 min,30 min,50 min。以上均以不做生根物质浸泡处理的材料为对照。处理好后,用镊子夹住插条的基部,扦插进基质。株行距为 2 cm×3 cm,每个处理 20 个插条,3 次重复。

扦插后立即于桶面盖上保鲜膜保湿,第一周保持桶内空气湿度在 90 %以上,温度控制在 22~28 ℃,后 2 周空气湿度控制在 80 %~85 %。20 d 后逐渐揭开保湿的保鲜膜。以后常规喷水,每周喷杀菌剂 1 次,60 d 调查生根情况,包括生根率、生根数量、根长及插穗生长状况。

2 结果与分析

2.1 不同基质生根情况的比较

不同基质生根情况见表 1。试验选用河沙、珍珠岩 2 种类型的基质,扦插芽苗在珍珠岩中生根率效果高于河沙,且'AA12-10'瓶外生根能力高于'东红','AA12-10'在珍珠岩中生根率最高可达 100 %。由图版可知,珍珠岩作为扦插基质的处理生根数量以及根的质量也高于河沙作为扦插基质的处理。

表 1 不同基质对猕猴桃芽苗瓶外生根的影响

Table 1 Effect of different substrates on the rooting of *ex vitro* *A.chinensis* 'Donghong' and *A.arguta* 'AA12-10'

品种(varieties)	生根率/%(rooting rate)	
	河沙(sand)	珍珠岩(perlite)
'东红''Oriental Red'	80.42	88.33
'AA12-10'	84.31	93.33

2.2 不同生根物质对'AA12-10'生根的影响

不同生根物质处理对'AA12-10'芽苗瓶外生根结果见表 2。结果显示,两种生根物质处理相对于对照对猕猴桃芽苗瓶外生根都有显著的促进作用,由生根率可知,两种扦插基质中,3721 生根溶液均表现出超高优势,生根率显著高于 NAA 处理的芽苗。

表 2　不同生根物质对'AA12-10'芽苗生根的影响

Table 2　Effect of different rooting substances on the rooting of *ex vitro A.arguta* 'AA12-10'

生根物质(rooting substances)	生根率/%(rooting rate)	
	河沙(sand)	珍珠岩(perlite)
3721 生根溶液	91.11	92.78
NAA	77.50	82.78
CK	36.67	48.33

2.3　不同浓度生根物质对猕猴桃瓶外生根的影响

2.3.1　不同浓度的 NAA 对'东红'和'AA12-10'瓶外生根的影响

由表 3 可知,'东红'在珍珠岩基质中,随着 NAA 浓度的升高,生根率先升高后下降,25 mg/L为'东红'瓶外扦插激素诱导最适浓度,生根率可达 87.5 %。'AA12-10'在珍珠岩基质中,表现出跟'东红'芽苗一样的生根规律,平均生根率可达 85.56 %。'AA12-10'在河沙作为扦插基质的处理下,芽苗生根率随着 NAA 浓度的升高逐步提升,当 NAA 浓度为 50 mg/L 的时候生根率达 80 %。

表 3　不同浓度的 NAA 对猕猴桃芽苗瓶外生根的影响

Table 3　Effect of different concentrations of NAA on the rooting of *ex vitro A.chinensis* 'Donghong' and *A.arguta* 'AA12-10'

NAA/(mg/L)	生根率/%(rooting rate)		
	'东红''Oriental Red'	'AA12-10'	
		河沙(sand)	珍珠岩(perlite)
0	6.67	36.67	48.33
25	87.50	75.00	85.56
50	81.25	80.00	80.00

2.3.2　不同浓度的 3721 生根溶液对'AA12-10'瓶外生根的影响

如表 4 所示,'AA12-10'在以河沙为扦插基质的处理中,随着 3721 生根溶液浓度的增加,生根率逐渐升高。当使用 3721 生根溶液 1:400 倍液时,生根率最高,达到 95.56 %,显著高于对照和低浓度处理芽苗。在珍珠岩为基质的扦插芽苗中,3721 生根溶液处理芽苗生根率显著高于对照,但两个浓度处理之间差异不显著。

表 4　不同浓度的 3721 生根溶液对'AA12-10'瓶外生根的影响

Table 4　Effect of different concentrations of 3721 on the rooting of *ex vitro A.arguta* 'AA12-10'

3721 生根溶液(concentration)	生根率/%(rooting rate)	
	河沙(sand)	珍珠岩(perlite)
0	36.67	48.33
1:800 倍液	86.67	92.78
1:400 倍液	95.56	92.78

2.4 生根物质不同的处理时间对猕猴桃瓶外生根的影响

2.4.1 NAA 不同处理时间对‘东红’生根的影响

‘东红’芽苗瓶外扦插使用的生根物质 NAA 对其生根率有显著的促进作用,但不同浓度的 NAA 在各不同的处理时间之间差异均不显著,生根率最高可达 90 %,处理方式为 25 mg/LNAA芽苗下端浸泡 60s。结果见表 5。

表 5 NAA 不同的处理时间对‘东红’生根的影响

Table 5 Effect of different treatment time on the rooting of *ex vitro A.chinensis* ‘Donghong’

NAA 浓度/(mg/L)(concentration)	处理时间/s(treatment time)	生根率/%(rooting rate)
25	0	6.67
	60	90.00
	90	85.00
50	0	6.67
	30	83.33
	50	79.17

2.4.2 NAA 不同处理时间对‘AA12-10’生根的影响

在相同扦插基质及相同浓度的 NAA 处理下,‘AA12-10’瓶外芽苗生根率都随生根物质处理时间的增加而增加,显著高于对照。在珍珠岩为基质的处理中,NAA 25 mg/L 浸泡芽苗下端 90 s 时生根率最高,可达 88.33 %。结果见表 6。

表 6 NAA 不同处理时间对‘AA12-10’生根的影响

Table 6 Effect of different treatment time of NAA on the rooting of *ex vitro A.arguta* ‘AA12-10’

NAA 浓度/(mg/L)(concentration)	处理时间/s(treatment time)	生根率/%(rooting rate)	
		河沙(sand)	珍珠岩(perlite)
25	0	36.67	48.33
	30	71.67	83.33
	60	75.00	85.00
	90	78.33	88.33
50	0	36.67	48.33
	10	78.33	71.67
	30	80.00	83.33
	50	81.67	85.00

2.4.2 3721 生根溶液不同处理时间对‘AA12-10’生根的影响

在相同扦插基质及相同浓度的 3721 生根溶液处理下,‘AA12-10’芽苗生根率显著高于对照。除了珍珠岩基质中,3721 生根溶液 1∶400 倍液处理下生根率表现为先升后降外,其他各处理均是随着生根浓度的增加而升高,并趋于稳定。‘AA12-10’芽苗下端在 3721 生根溶液 1∶400倍液处理 30 min 扦插后生根率最高达到 98.33 %,见表 7。

表 7　3721 生根溶液不同处理时间对‘AA12-10’生根的影响

Table 7　Effect of different treatment time of 3721 on the rooting of *ex vitro A.arguta* ‘AA12-10’

3721 浓度 (concentration)	处理时间/min (treatment time)	生根率/%(rooting rate)	
		河沙(sand)	珍珠岩(perlite)
1∶800 倍液	0	36.67	48.33
	30	85.00	88.33
	60	81.67	95.00
	90	93.33	95.00
1∶400 倍液	0	36.67	48.33
	10	91.67	96.67
	30	98.33	95.00
	50	96.67	86.67

2.5　不同品种间生根能力的比较

‘东红’和‘AA12-10’两个品种在相同扦插基质相同生根物质同等时间处理下，生根结果见表 8。两个猕猴桃品种的瓶外生根能率均为 85 %，就根系数量比较，‘AA12-10’平均根数数量在 12 条，而‘东红’平均根数数量为 7。通过观察扦插植株的生长状态，‘AA12-10’插穗长势整齐度高，且根系发达完整，‘东红’插穗生长稍缓慢，部分根系顶端出现褐化现象(图 1，彩图 18)。可见，不同品种猕猴桃生根能力之间存在很大差异，总体而言‘AA12-10’生根能力较好。

表 8　不同品种间生根能力的比较

Table 8　Comparison of rooting ability among different breeds

品种 (varieties)	生根率/% (rooting rate)	生根数量 (number of roots)	根系总长/cm (total length of roots)
‘AA12-10’	85	12.0	41.7
‘东红’‘Oriental Red’	85	6.3	23.1

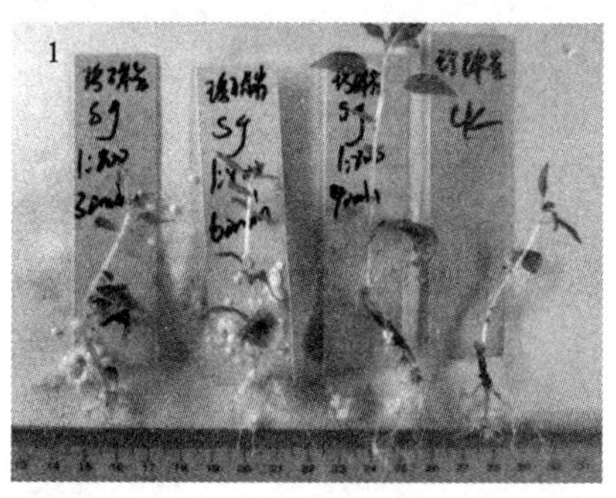

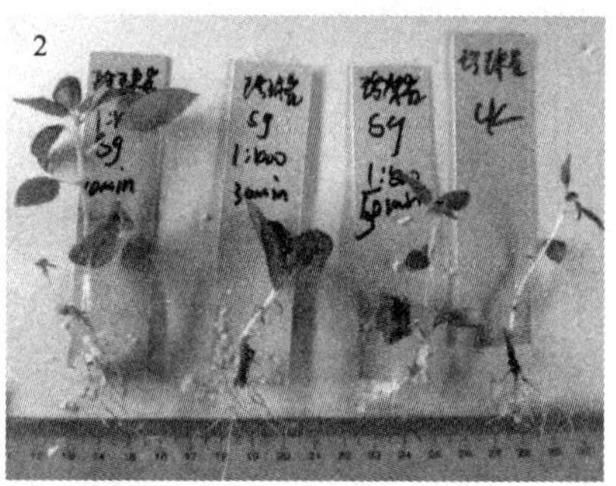

图 1　不同品种间生根能力的比较

Fig.1　Counparison of rooting ability among different breeds

注：1～4：‘东红’瓶外生根；5～12：‘AA12-10’瓶外生根。

Note：1～4：*Ex vitro* rooting of ‘Donghong’；5～12：*Ex vitro* rooting of ‘AA12-10’.

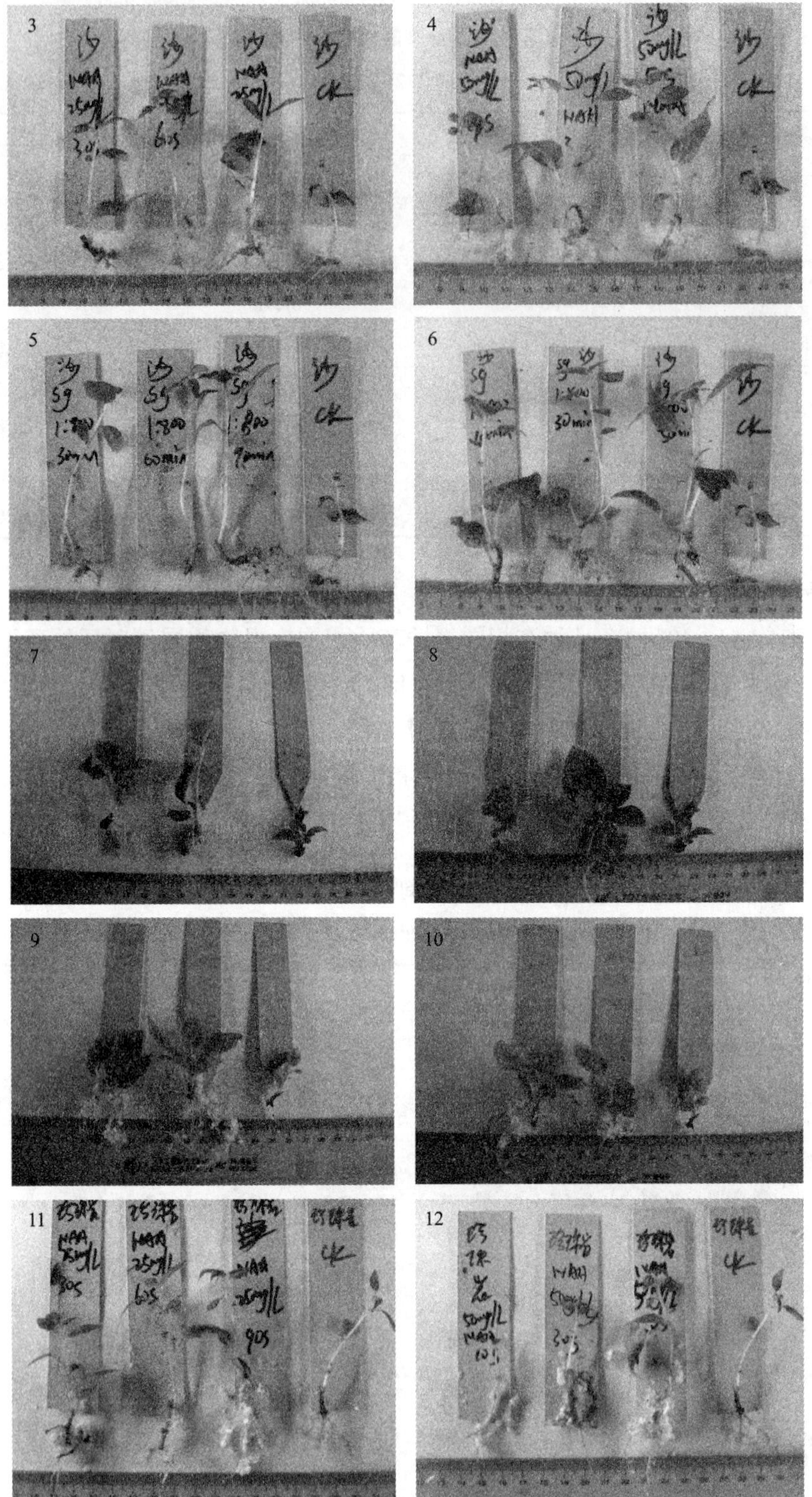

图1　不同品种间生根能力的比较(续)

Fig.1　Counparison of rooting ability among different breeds(continue)

注:1~4:‘东红’瓶外生根;5~12:‘AA12-10’瓶外生根。

Note:1~4:*Ex vitro* rooting of ‘Donghong’;5~12:*Ex vitro* rooting of ‘AA12-10’.

3 讨论

猕猴桃组培苗瓶内诱导生根耗时长、费用高、效率低。组培苗瓶外生根,是将继代芽苗瓶内生根培养阶段与生根苗移栽驯化结合起来,节约了生产成本,且大大缩短了生根时间。Debergh 等(1981)认为瓶外生根总费用相对于瓶内生根可降低 35 %~75 %。对猕猴桃而言,组培苗瓶外生根是极具有发展潜力的组培工厂化育苗技术环节。本试验证明猕猴桃品种、扦插基质、生根物质种类、浓度及相应的处理时间都直接影响着猕猴桃组培苗瓶外生根率及生根数量。扦插基质和生根物质的种类及浓度是影响芽苗瓶外生根的关键因子,以珍珠岩为基质,'东红'组培芽苗在 NAA 25 mg/L 的浓度下处理 60 s 生根率最高,可达 95 %。'AA12-10'组培芽苗在以珍珠岩作为栽培基质,3721 生根溶液 1∶800 倍液处理 60 min 生根率最高,可达 100 %。

参考文献 References

陈慧,李顺福,刘翔,等,2015.不同浓度 IBA 和 NAA 对蓝莓组培瓶苗瓶外扦插生根生根的影响.安徽农业科学,43(3):15-17.

程淑云,2009.蓝莓组培苗瓶外生根技术的研究.农业科技通讯(4):48-50.

黄宏文,2013.中国猕猴桃种质资源.北京:中国林业出版社:23-26.

刘敏,苏乔,刘纪文,2010.'欧美杨 107'组培苗瓶外生根.植物生理学通讯,46(10):1050-1054.

隆前进,2010.猕猴桃组织培养和快繁技术研究.金华.浙江师范大学.

彭醒醒,代志国,董畅,等,2015.笃斯越橘组培苗瓶外生根和移栽条件研究.中国果树(2):35-37.

徐振华,王学勇,李敬川,等,2002.试管苗瓶外生根的研究进展.中国农学通报,18(4):84-89.

DEBERGH P C,MAENE L J,1981.A scheme for commercial propagation of ornamental plants by tissue culture.Horticulturae,14(4):335-345.

HATZILAZAROUS P,SYROS T D,YUPSANIS T A,et al.,2006.Peroxidases, Lignin and anatomy during in vitro and *ex vitro* rooting of gardenia(*Gardenia jasminoides* Ellis) microshoots.J Plant Physiol,163:827-836.

XU Jin,WANG Yuzheng,ZHANG Yuxiu,et al.,2008.Rapid in vitro multiplication and *ex vitro* rooting of Malus zumi(Matsumura) Rehd.Acta Physiol Plant,30(1):129-132.

YAN Huabing,LIANG Chunxiu,YANG Litao,et al.,2010.In vitro and ex vitro rooting of *Siratia grosvenorii*, a traditional medicinal plant.Acta Physiol Plant,32(1):115-120.

Ex vitro Rooting of Kiwifruit (*Actinidia chinensis* 'Donghong' and *Actinidia arguta* 'AA12-10')

LÜ Haiyan　HU Pengfei　LIU Xiaoli　ZHONG Caihong

(Key Laboratory of Plant Germplasm Enhancement and Specialty Agriculture,
Wuhan Botanical Gargen, Chinese academy of Science　Wuhan　430074)

Abstract Using the microshoots aged for 40 days of two kiwifruit varieties ('Donghong' and 'AA12-10') test materials, to study the method of ex vitro rooting of the microshoots by inserting.Result indicated that, (1) Different ground substance has effection, perlite is the best one for rooting.The rooting rate of 'Donghong' and 'AA12-10' was up to 95 % and 100 % respectively;(2) In the different rooting solution, treating with 3721 rooting solution in 1∶400, can best increased the rooting rate of 'AA12-10', which reached up to 96.7 %;(3) The rooting rate had significant difference between different concentrations of NAA treatment with 'Donghong' plantlets.25 mg/L NAA induced rooting rate was significantly higher than that of 50 mg / L NAA.Under the same concentration of NAA with different time gradient, the rooting rate had no significant difference, but significantly higher than that of the control;(4) The rooting ability of the two varieties are different, 'AA12-10' is better than 'Donghong'.

Key words Kiwifruit　Microshoots　*Ex vitro* rooting

农业部苍溪猕猴桃良种无病毒繁育基地建设现状及对策

刘 健[1] 向 剑[2] 王彦昌[3]
杨佐泉[1] 罗 俊[1] 吴世权[1]

(1 四川苍溪猕猴桃研究所 苍溪 628400; 2 苍溪县农业局 苍溪 628400; 3 中国科学院武汉植物园 武汉 430074)

摘 要 猕猴桃国际、国内市场发展趋势良好,但是我国现有猕猴桃种苗生产水平远远不能满足产业发展的需求。2010 年苍溪县承担农业部猕猴桃良种苗木生产基地建设项目至今,已基本建立猕猴桃无病毒良种繁育体系,完成组培室、智能温室、母本园、采穗圃等共计 303 亩基地建设,并逐渐在猕猴桃科研园区进行种植。本文就我国猕猴桃无毒苗繁育的技术现状及农业部苍溪猕猴桃良种繁育基地建设情况做一介绍,希望能够推进我国猕猴桃品种标准化无毒种苗的产业化。

关键词 猕猴桃 市场 无病毒 良种繁育体系

我国是世界猕猴桃起源,近几年来猕猴桃产业迅猛发展。根据《2014—2019 年中国猕猴桃市场竞争格局与发展前景研究报告》,截至 2012 年我国猕猴桃种植面积达到 222 万亩,居世界第一位;产量达 105.8 万吨,居世界第一位。已经成为我国部分猕猴桃主产区农村经济的一大支柱产业,为促进农民增收、扩大城乡居民就业和改善生态环境做出了积极贡献。但我国猕猴桃产业整体素质仍不高,在区域布局、品种结构、良种繁育和产业化经营等方面与新西兰、意大利等猕猴桃生产发达国家相比,还有很大差距。

种苗是猕猴桃生产的基础,种苗是否健壮,是否携带重要的病原菌直接影响种植户果园的生产效益。我国一些猕猴桃产区果农和地方政府部门乱调乱运苗木现象比较普遍,一些地方甚至把带有检疫性病害(溃疡病、炭疽病)的苗木引入非疫产区,更谈不上对猕猴桃无病苗的重视,严重制约了猕猴桃产业的健康持续发展。目前我国猕猴桃良繁体系的各个环节还没有形成有机整体,部分省(自治区、直辖市)的苗木繁育还处在“游击战”阶段,良种苗木繁育体系远不够健全。

1 我国猕猴桃生产、良繁体系存在的问题

1.1 国家政策的调整

近年来,经济林果业的地位削弱,国家对经济林果业的科研和建设等各方面的总体投入不高,用于猕猴桃的品种改良、无病繁育和良种繁育体系的建设项目和经费都很有限,导致了猕猴桃良种不够,良种繁育体系无法继续完善,良种无病毒苗木远远不能满足生产的需要。

1.2 政府种苗生产管理制度执行难

国家和地方虽有相关的种苗管理规定,但由于我国的猕猴桃育苗较分散,猕猴桃种苗的生产管理基本上还处于自由的状态,“三证”制度还没有彻底的执行,政府对猕猴桃种苗管理制度执行难度大,这就导致了猕猴桃种苗市场上良莠不齐,甚至鱼目混珠,购苗、调苗很随便。

1.3 猕猴桃生产技术推广体系不完善

由于行政管理体制的改革使整个农技推广部门处于萎缩状态,猕猴桃生产技术的推广体

系不完善,农技推广经费不足、推广人员投入到农技推广的精力不够等原因导致猕猴桃无病毒栽培技术的推广更加困难。

1.4 种植户的自身素质有待提高

我国的猕猴桃产区大多都在经济不够发达,较偏远的农村。很多种植户对猕猴桃良种缺乏了解和认识,对猕猴桃的各种病害的严重危害性还没有正确的认知,有些地方的农业行政部门也没有深入地宣传,制约了猕猴桃病害的防治和无病毒繁育体系建设。

1.5 科研单位与生产者脱节

国内有不少科研单位很早就开始了猕猴桃组培脱毒技术及种苗生产研究,组培技术非常成熟。部分科研单位的研究成果,没有进行必要的宣传和示范,没有通过有效的途径进行推广,从而未充分发挥其效益;造成了猕猴桃科研与生产需求链条的脱节,增加了猕猴桃良种苗木繁育体系的推广难度。

2 苍溪县猕猴桃无病毒良种繁育基地建设的必要性

猕猴桃是苍溪主导产业,优势突出、潜力较大,但品种结构不尽合理,资源优势和产品优势没有得到充分发挥,主要原因就是品种老化、优良品种不能及时推广应用。因此,无病毒良种繁育基地建设是增加产品种类,提高猕猴桃产量和品质,增强市场竞争力的需要,可有效提高品种资源的利用率,实现猕猴桃区域优势向经济优势转变。

苍溪县选育出的'红阳''红华''红美'猕猴桃新品种产品在市场上供不应求,但由于没有专业的良繁基地,种苗繁育和供应渠道不规范,自繁自育自卖的现象十分普遍,对病毒性病害、细菌性病害基本无法监控和早期防除,坑农害农的现象时有发生,'杂、乱、差'现象严重,苗木市场难以规范管理,导致种苗质量得不到保证,生产出的猕猴桃产品质量良莠不齐,对苍溪猕猴桃品牌创建带来了负面影响,优势资源得不到充分开发利用。猕猴桃病害对我国的猕猴桃生产造成的损失是巨大的,不仅极大影响猕猴桃的产量,也大大降低了果实的质量。落后的育苗方法和繁育体系,严重阻碍了猕猴桃优质脱毒苗的发展,也将削弱我国猕猴桃产品的市场竞争力。因此,建立专业的猕猴桃良种繁育基地,利用先进育苗技术,大力培育无病毒优良苗木,向社会提供优质种苗,是有效提高猕猴桃产品质量的根本保障。

推广定植脱毒苗的好处很多。首先,脱毒苗接穗的原始母本是从优良品种中选择优良单株采取接穗,通过脱毒后而来,因此其纯正度高。其次,广泛大面积定植脱毒苗,能有效地杜绝非虫传性病毒病的传播与发展,防止新的病害引入,也能为虫传性病毒病和猕猴桃溃疡病的防治打下良好的基础。最后,定植脱毒苗对增加猕猴桃单位面积年均产量,提高果实质量,降低生产成本,提高栽培经济效益有极为明显的效应。

猕猴桃无病毒良种繁育体系的建立与完善,从猕猴桃栽培源头到下游都保证了猕猴桃品种的纯正无毒化。猕猴桃生产发达国家已普遍采用无病毒苗木;而我国目前猕猴桃无病毒良种苗木生产尚处于科研园区,并没有实质性的大面积推广,四川省乃至全国的猕猴桃良种无病毒苗木的市场潜力巨大。

3 苍溪县猕猴桃良种苗木繁育体系建设现状

苍溪县委、县政府十分重视猕猴桃产业的发展,出台了发展猕猴桃产业的优惠政策,提出了把猕猴桃作为领军产业来培育的战略,明确了今后苍溪县以红心猕猴桃为主的猕猴桃产业发展目标任务。2006 年,苍溪县人民政府聘请四川省自然资源科学研究院专家编制了《苍溪县红心猕猴桃产业发展规划(2008—2020)》《苍溪县"十二五"农业(种植业)发展规划》将红心猕猴桃作为"富农增收"的重点。2010 年苍溪县开始着手建立农业部苍溪猕猴桃良种无病毒繁育基地(以下简称基地),建设工期两年。经过 6 年的建设与完善,苍溪县猕猴桃良种苗木生产基地已经完成组培室、智能温室、母本园、采穗圃等共计 303 亩基地建设。目前,苍溪县已基本建立猕猴桃无病毒良种繁育体系,并逐渐完善,一小部分试验苗木已经在猕猴桃科研园区进行种植,但推广应用的进程较慢,有待进一步完善。

猕猴桃无病毒良种繁育体系就是引进或选育的猕猴桃优良品种经鉴定或脱毒后保存、繁育一级采穗树、扩繁形成二级采穗树(一般一、二级采穗树均定植于温网室中形成采穗圃)再采集接穗供生产苗圃繁殖,生产优质的猕猴桃良种无病毒苗木供猕猴桃生产上推广应用。技术路线见图 1。

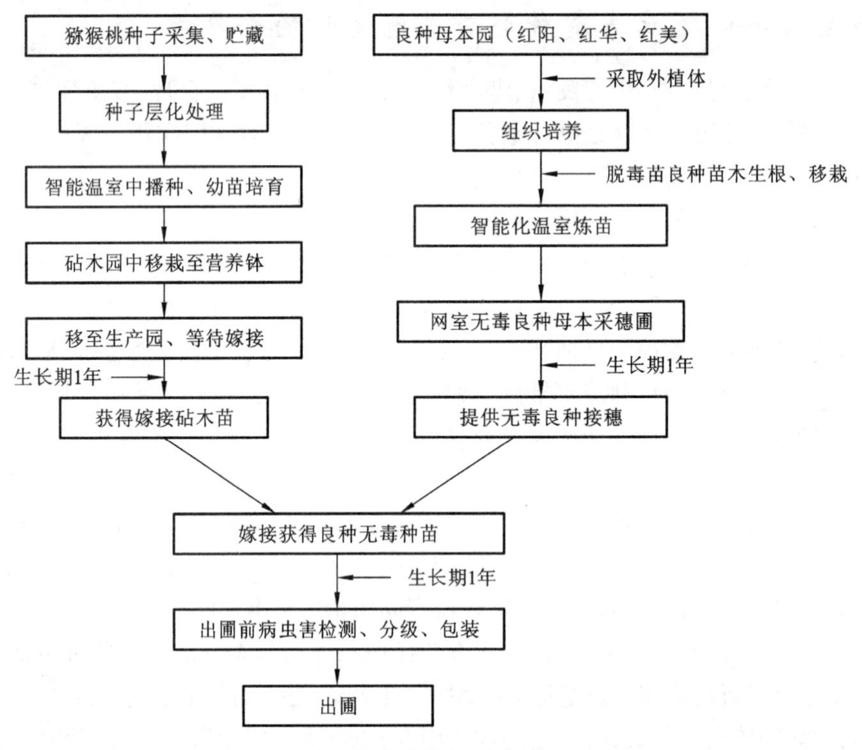

图 1　技术路线流程图

经过前期的摸索,基地已经建立了完整的组培体系。由于近年来猕猴桃溃疡病的大面积暴发,苍溪县人民政府认识到猕猴桃溃疡病将会对产业造成巨大的影响,2014 年县政府与中国科学院武汉植物园签订了《"红阳"猕猴桃无毒化组织培养苗繁殖技术服务协议》。为协助苍溪县开展"红阳"猕猴桃规模化无毒苗生产,委托中国科学院武汉植物园进行"双向无毒苗"初步生产,以便促进苍溪县的猕猴桃苗木供应的无毒化,降低溃疡病等病害给产业造成的风险。主要生产路线如下:

(1) 从生产上栽培的"红阳"和抗病砧木猕猴桃材料采样进行脱病培养,获得再生苗;

(2) 利用分子生物学技术、细胞学技术等检测再生苗中溃疡病菌,筛选脱病成功的再生苗;

（3）通过组织培养技术对脱病成功的再生苗进行大量繁殖，大规模生产无病苗；

（4）驯化组培苗，然后室外移栽无病苗；

（5）待室外生长的无病苗半木质化后，经过再次溃疡病检测，嫁接无毒苗木，形成双嫁苗。

2015年，基地在苍溪县猕猴桃研究所与中国科学院武汉植物园、湖北大学的专家、教授的共同指导下，完善了猕猴桃无病毒良种繁育体系。苍溪县猕猴桃良种无病毒繁育基地已经成功完成一批‘红阳’的无病毒苗木的生产。从猕猴桃栽培源头都保证了猕猴桃品种种苗脱毒。

4 苍溪县猕猴桃无病毒良种繁育体系的推广对策

4.1 加大行政执法力度、强化行业管理

由于猕猴桃是多年生园艺作物，多属无性繁殖，品种专利保护较难，脱毒品种的推广保护更加难。加大行政执法力度，增大对优新品种的保护力度，加强对种苗生产经营和调运的管理，规范果苗的生产经营制度，严格执行猕猴桃种苗生产的“三证”制度和猕猴桃苗木调运的检疫制度，建立母本树注册制度和检疫性病虫害预警系统，并加强苗木管理，使之成为一个有机整体，保证生产发展和苗木更新的需要是保证猕猴桃良种无病毒良种繁育体系顺利推广的有效措施。

4.2 发挥“龙头”企业的作用，完善良种繁育体系

新西兰、意大利等猕猴桃发达国家的生产经验表明，完整的产业链条是猕猴桃产业成功的因素之一，小规模、分散经营不利于新品种、新技术的推广。由于良种繁育体系中的一、二级采穗圃均需一定的温网室，光靠国家的投入是远远不够的，这就需要企业的补充和支撑。一级采穗圃建在中国苍溪红心猕猴桃植物园苍溪猕猴桃研究所，二级采穗圃采用有资质的公司承担。这就保证了繁育体系的完整性和经费的可持续性，也有利于我县猕猴桃产业的持续健康发展。

4.3 加大宣传力度、作好示范作用

大力宣传猕猴桃无病毒良种繁育体系和无病栽培的效果，充分利用各种宣传渠道进行宣传，分片建立猕猴桃无病栽培果园或基地，充分认识良种无毒化的意义。只有这样才能使猕猴桃的生产者和管理层都执行和推广猕猴桃无病毒良种繁育体系。

4.4 加强科研投入、带动产业发展

猕猴桃无病毒良种繁育体系的建立，从根本上解决了猕猴桃病害的源头传播。但是对于良繁体系的运行，仅有前期的基础设施的投入是远远不够的，苍溪猕猴桃良种无病毒繁育基地建设至今，由于后期的科研经费有限，良繁体系的科研成果仅仅处于小部分的科研使用，并没有进行大规模的生产。只有加大科研的投入，让科研单位有稳定的资金来源，才能使整个良繁体系完全的运转起来，才有能力让无病毒良种苗木推广开。有了强大的科研团队才能带动整个产业的发展。

Current Situation of Kiwifruit Virus-free Seedling Production Base of the Ministry of Agriculture

LIU Jian[1] XIANG Jian[2] WANG Yanchang[3]
YANG Zuoquan[1] LUO Jun[1] WU Shiquan[1]

(1 Cangxi Kiwifruit Unit of Sichuan Cangxi 628400; 2 Agricultural Bureau of Cangxi Cangxi 628400;
3 Wuhan Botanical Garden, CAS Wuhan 430074)

Abstract There is a promising future for kiwifruit in the domestic and foreign markets. However, the production of kiwifruit seedling cannot meet the demand of this industry development in this country. Building of the kiwifruit seedling production base was undertaken by Cangxi Government from 2010. Now the Improved Variety Production System has been nearly finished. The facilities using for seedling cultivation, such as tissue culture lab, stock garden, cutting orchard, etc. have been built, and the total area amount to 20.21 ha. Some virus-free seedlings were adopted in some production orchards. In present paper, we introduced the progress of the building to peers, and tried to listing to peers' advice for moving the work.

Key words Kiwifruit Market Virus-free seedlings Improved variety production system

蒲江县域内‘金艳’猕猴桃采收指标的研究

陈美艳* 韩 飞 赵婷婷 钟彩虹**

(中国科学院武汉植物园 武汉 430074)

摘 要 以四川省蒲江县6~7年生‘金艳’猕猴桃植株为供试材料,在同一采收期内采集县域内27家果园猕猴桃果实测定下树各项指标:干物质,硬度,可溶性固形物及色彩角。结合商业需要、参考国内外先进经验及消费者反馈等情况,制定了蒲江县域内‘金艳’猕猴桃果实的采收指标:干物质15%以上,硬度4 kg/cm^{2}以上,可溶性固形物7%以上,果肉色度角102°以内。

关键词 蒲江 金艳猕猴桃 采收指标

四川省蒲江县是全国范围内‘金艳’种植面积最大的产区。2007年15亩金艳猕猴桃在中新农业基地嫁接,2008年初挂果,至今蒲江县已有近8万亩的面积,产量也达到了近8万吨。由于当地每年存在早采的情况,导致果实后期品质差、贮藏性不好等一系列问题,从而使出园价一路下滑,由2010~2011年的20~24元/公斤下降到了2015~2016年的5~10元/公斤。价格的下滑造成了果农效益的降低,果农的信心备受打击,甚至有些果农在近两年将‘金艳’进行了改接,直接影响了县域经济的发展。所以,金艳猕猴桃采收指标的确定迫在眉睫,同时,也需要相关政府部门进行颁布,并严格执行。

1991年彭永宏等[1]针对‘通山5号’及‘武植3号’研究了中华猕猴桃的采收指标,但其是以采收期为框架,以可溶性固形物为主要指标。随着研究的不断进步及生产的需求,干物质的重要性慢慢被重视[2],但研究方向主要集中在采收期上[3-4]。笔者从另一方向出发,即在前期针对‘金艳’品质研究[5]的基础上,于行业认同的采收期采集大量果实进行研究,拟定了蒲江县域内‘金艳’猕猴桃的采收指标,并指出了其产业中存在的相关问题,希望能在产业的发展中起到积极的指导作用。

1 材料与方法

1.1 供试植株

6~7年生‘金艳’猕猴桃植株。

1.2 试验设计

蒲江县范围内设置27个采样点(果园),涉及3个乡镇11个村,每个点随机选择15株,在当地采收季节每株随机采摘16个猕猴桃,即每个点采摘240个猕猴桃鲜果。

1.3 测定指标及方法

(1) 每个果园随机选60个果实(每棵树4个果),在采后24小时以内测定可溶性固形物、硬度、果肉颜色、干物质等。

(2) 可溶性固形物用PR-32α折光仪测定,硬度用GY-4硬度计测定,果肉颜色用CR-400色差仪测定,干物质用60 ℃恒温干燥箱烘干。

* 第一作者,女,1980年出生,硕士,工程师,主要从事猕猴桃种植技术方面工作;E-mail:634254060@qq.com。

** 通讯作者,女,1968年出生,博士,研究员,主要从事猕猴桃育种、种质资源及种植技术等研究;E-mail:604805481@qq.com。

2 实验结果

2.1 干物质含量

根据国内外行业检测经验[2]，本研究以干物质为主要检测指标，开展以下实验。根据后熟可滴定酸含量的测定，'金艳'在蒲江可滴定酸含量为 1.1 %，根据建议当可滴定酸在 1.2 %以下时，采收时干物质含量最低在 15.1 %，同时考虑到自金艳上市以来消费者对金艳的口感要求，将金艳采收时干物质含量规定在 15 %以上，由图 1 看出，适合该要求的果实比重占约 51 %。

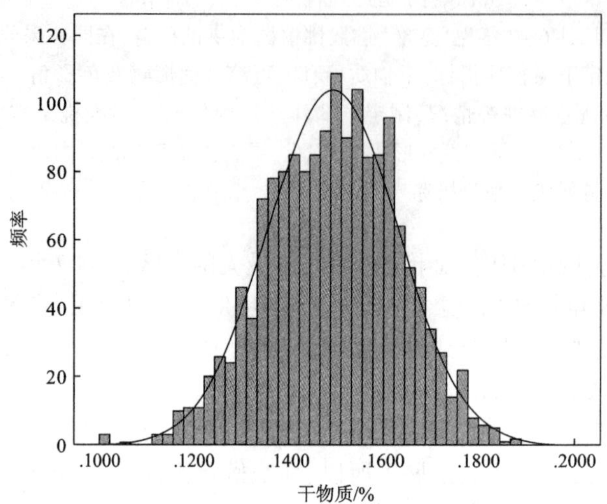

图 1　供试样品干物质分布情况

Fig.1　Dry matter distribution of the test fruits

2.2 干物质含量与可溶性固形物、硬度、色彩角的相关性

从表 1 中可以看出，干物质含量与下树可溶性固形物含量呈极显著正相关，与硬度呈极显著负相关，与色彩角呈极显著负相关性。

表 1　干物质与其他参数之间的相关性

Table 1　Pearson correlations coefficients between fruit traits

参数		干物质	单果重	色彩角	糖度	硬度
干物质	γ	1.000				
	P	0.000				
单果重	γ	0.018	1.000			
	P	0.459	0.000			
色彩角	γ	−0.607 **	−0.130 **	1.000		
	P	0.000	0.000	0.000		
糖度	γ	0.711 **	−0.004	−0.757 **	1.000	
	P	0.000	0.858	0.000	0.000	
硬度	γ	−0.288 **	0.153 **	0.421 **	−0.486 **	1.000
	P	0.000	0.000	0.000	0.000	0.000

* * 在 0.01 水平上的相关性。

注：γ 为果实性状间的相关系数，P 为双侧检验的显著性水平.

* * Significance correlation at $p<0.01$.

Notes：γ refers to Pearson correla tion coefficient；P is the two-tailed significance.

2.3 可溶性固形物

以干物质 15 %为节点，下树时可溶性固形物含量大约在 7.3 %，而 7.3 %含量以上的果实同样约占总数的 51 %(图 2)。

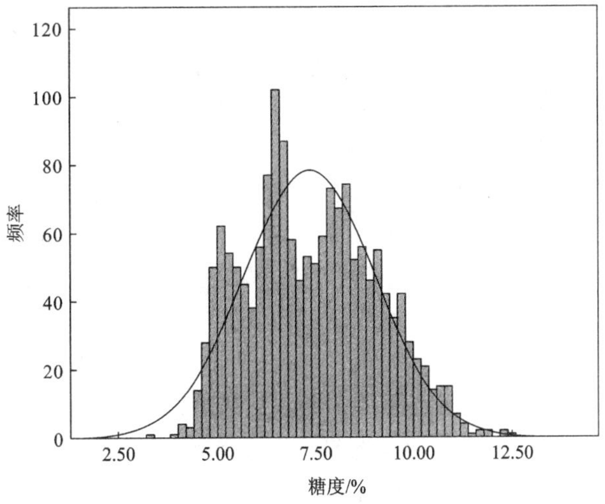

图 2　供试样品可溶性固形物含量分布情况

Fig.2　Soluble solid content distribution of the test fruits

2.4 硬度

考虑到对采后贮藏性的影响，硬度是一采收必要明确指标，在干物质含量 15 %的节点，此时硬度在 4.9 kg/cm^2。然而硬度过小又会对贮藏效果产生不利影响，大大缩短贮藏期限[6-7]；意大利对'金桃'的下树硬度要求在 4.0 kg/cm^{2}以上，而此时对应的干物质和可溶性固形物含量分别是 16.2 %和 9.0 %，但硬度在 4.0~4.8 kg/cm^{2}范围内的果实比例仅有 31.0 %，而硬度在 3.5~4.8 kg/cm^{2}范围的果实比例占了 41.0 %(图 3)。

2.5 色彩角

以干物质 15 %为节点，对应的色彩角为 101.5°；而此时对应的果实硬度为 4.8 kg/cm^2(图 4)。

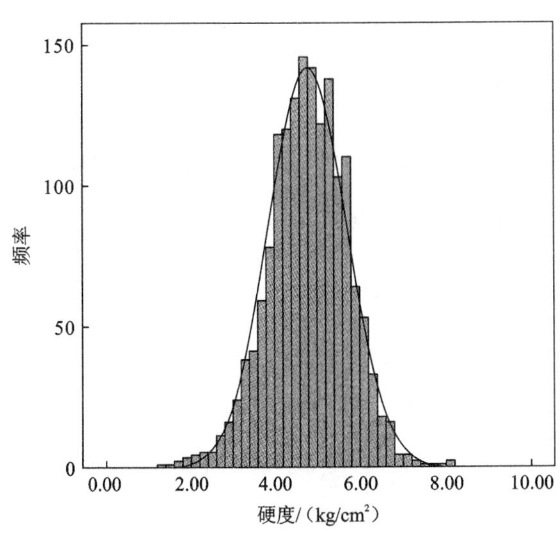

图 3　供试样品硬度分布情况

Fig.3　Firmness distribution of the test fruits

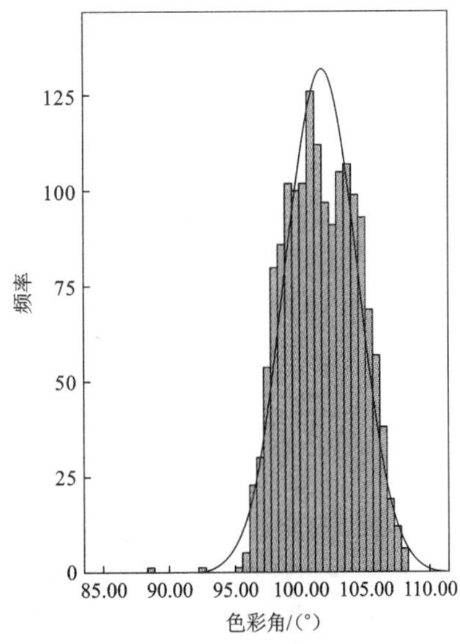

图 4　供试样品色彩角分布情况

Fig.4　Hue angle distribution of the test fruits

3 结论与建议

(1) 在同一采收期内,果实品质相差较大,而且达到消费者要求的果实比率太低,主要表现在以硬度为限制条件下的干物质、可溶性固形物含量以及色彩角度数。此种情况及不利于商品的后期运输、销售与贮藏,对于干物质过低的果实后熟后口感差,及不耐贮藏,而对于干物质较高的,相应可溶性固形物含量较高,后熟程度高,硬度较小,不利于后期的贮藏、运输。

(2) 结合以上研究结果、品种特性[5]及商业需求,建议'金艳'在蒲江产区采收以干物质为主要指标,可溶性固形物含量、色彩角为辅,硬度为条件,各项指标分别为:干物质在15%以上,可溶性固形物含量在7.5%以上,色彩角102°以下,硬度在4 kg/cm^{2}以上。

(3) 通过以上结果与意大利采收指标(硬度在4 kg/cm^{2}以上,可溶性固形物在9%以上,色彩角104°以下,干物质在16%以上)相比较得出,蒲江产区的'金艳'果实采收时存在相对硬度低、可溶性固形物含量低且不集中的情况。为缩小这方面的差距,尽量做到在果实硬度较高时,其可溶性固形物含量相对也达到较高的状态,为后期的贮藏、运输及销售改善条件;而且从试验得出的硬度条件看,这个状态是比较容易通过栽培措施做到的。所以建议果园的管理措施:注重有机肥、有机料的投入,提高果园土壤有机质含量水平,减少、控制化学肥料尤其是氮肥的施用,改善果实品质与提高抗性,参照采收指标进行采摘,不要为迎合市场盲目早采;'金艳'属大果型品种,果形端正,平均果重在85~120 g,足以满足市场需求,所以建议地方禁止施用膨大剂,以此提高果实的耐贮性和抗性,确保产业的健康持续发展。

参考文献 References

[1] 彭永宏,孙华美.中华猕猴桃适期采收指标.湖北农业科学,1991(9):26-28.

[2] 思睿.美国:干物质含量将成为猕猴桃质量指标.中国果业信息,2013,30(7):56.

[3] 汤佳乐,黄春辉,冷建华,等.不同采收期对金魁猕猴桃果实品质的影响.中国南方果树,2012,41(3):110-113.

[4] 姚春潮,刘占德,龙周侠.采收期对徐香猕猴桃果实品质的影响.北方园艺,2013(8):36-38.

[5] 钟彩虹,王圣梅,黄宏文,等.极耐贮、晚熟黄肉猕猴桃新品种'金艳'// 黄宏文.猕猴桃研究进展(VI).北京:科学出版社,2011:35-40.

[6] 吴彬彬,饶景萍,李百云,等.采收期对猕猴桃果实品质及其耐贮性的影响.西北植物学报,2008,28(4):788-792.

[7] 钱政江,刘亭,王慧,等.采收期和贮藏温度对金艳猕猴桃品质的影响.热带亚热带植物学报,2011,19(2):127-134.

Study on Harvest Index of 'Jinyan' Kiwifruit in Pujiang County

CHEN Meiyan HAN Fei ZHAO Tingting ZHONG Caihong

(Wuhan Botanical Garden, The Chinese Academy of Sciences Wuhan 430074)

Abstract Fruits of 6-7 years old kiwi vine in Pujiang county were used to carry out the trial. The fruits were from 27 different orchards, and were picked in the same stage in the area. Then the off-tree indexes: dry matter, firmness, SSC and the hue angle were tested. In view of need of the industry, the external and internal experiences and customers' feedback, dry matter over 15%, firmness over 4 kg/cm^2, SSC over 7% and the hue angle below 102° could be the better harvest indexes for 'Jinyan' kiwifruit in Pujiang county.

Key words Pujiang county 'Jinyan' kiwifruit Harvest index

秦岭北麓徐香猕猴桃优质高效栽培技术

赵英杰

（陕西省眉县果业技术推广服务中心　眉县　722300）

摘　要　经过十多年的栽培试验研究，总结出了徐香猕猴桃在秦岭北麓猕猴桃产区的优质高效标准化栽培技术，重点介绍了目标产量、栽植密度、肥水管理、花果管理、适时采收、整形修剪、病虫防控、自然灾害预防等技术。

关键词　秦岭北麓　徐香　猕猴桃　优质高效栽培技术

‘徐香’猕猴桃属于美味猕猴桃，徐州市果园1975年选育，1998年由眉县园艺工作站引入陕西猕猴桃产区栽培，目前在眉县栽植14万亩，挂果面积12万亩，已成为眉县猕猴桃的主栽品种（占全县猕猴桃总面积的47%）；在陕西省的栽培面积已达20万亩以上，已成为国内选育优良品种中栽培面积最大的品种之一。由于该品种树体生长势强，枝条粗壮充实，丰产、稳产、适应性强，果实酸甜爽口，品质上乘，逐渐打开了国内外市场，销售价格不断攀升，市场前景看好。我们经过十多年的栽培试验研究，总结出了秦岭北麓地区‘徐香’猕猴桃的标准化优质高效栽培技术，并在生产中进行了示范推广，取得了显著的效果。

1　目标产量与栽植密度

1.1　目标产量

盛果期‘徐香’猕猴桃标准化生产果园亩产量应稳定在2 250 kg左右。

1.2　栽植密度

株行距3 m×4 m，每亩地栽植56株。选择配置花粉量大、亲和力强、花期基本相遇的授粉雄株，雌雄株比例为8∶1。

2　土肥水管理

突出增施有机肥、配方施肥、果园生草、科学灌水。

2.1　施肥

施肥的原则是以有机肥为主，化学肥料为辅，配合施入中微量元素肥、生物有机肥及微生物菌肥；以营养诊断结果为指导进行平衡施肥。生草果园采用施肥枪施肥或实施水肥一体化施肥新技术。

（1）基肥。10月中下旬～11月上旬施入基肥，亩施腐熟有机肥（猪粪、牛粪、鸡粪等）3 000～5 000 kg，过磷酸钙150 kg。将肥料均匀地撒于全园地面，浅翻或旋耕10～15 cm深。

（2）萌芽肥。萌芽肥以速效性氮肥为主，亩施尿素15 kg+过磷酸钙50 kg或磷酸二铵20 kg，配合追施生物菌肥50 kg。

（3）花后肥。猕猴桃落花后，根据土壤墒情，结合果园灌水，盛果期每亩果园施尿素5～10 kg或高氮复合肥20 kg，促进猕猴桃枝梢生长及幼果细胞分裂。

（4）果实膨大肥，即壮果肥。以氮、磷、钾配合施用，盛果期果树每亩追施75 kg（氮磷钾各

18 %)复合肥或亩施尿素 30 kg+磷酸二铵 25 kg+硫酸钾 25 kg。

(5) 果实生长后期追肥,也称优果肥。8 月底~9 月初追施,盛果期果树每亩追施生物菌肥 50 kg+30 kg(一氧化氮 8 %+五氧化二磷 12 %+氧化钾 12 %)复合肥或亩施磷酸二铵 15 kg+氯化钾 15 kg+50 kg 发酵油渣。

(6) 加强叶面喷肥。花期喷硼砂 300 倍液;花后 3~4 周开始喷布氨基酸钙 300~400 倍,或钙佳美 500 倍,间隔 15 天喷一次,可喷 1~2 次;6 月中旬叶面喷施 400~600 倍有机钾,或 800 倍富万钾,或 0.2 %磷酸二氢钾,间隔 15 天,可连喷 2~3 次。生长期每 10 天喷施沼液一次,有利于增加叶面营养,提高树体抗病性,提高果实品质和产量。

2.2 灌水与排水

(1) 灌水。果园土壤湿度应保持为田间最大持水量的 70 %~80 %,低于 65 %时(清晨叶片上不显潮湿)应及时灌水;要抓住萌芽前、开花前、果实膨大期这三个猕猴桃需水关键期结合墒情及时灌水;采收前 15 天左右应停止灌水;越冬前应灌一次透水。

(2) 排水。低洼易涝果园应开挖排水沟,雨水过多时能及时排出,确保果园不能有积水。水位过高的地块应采用高垄栽植。

2.3 果园土壤管理

(1) 深翻改土。新建园每年秋季应结合施基肥从定植沟(穴)向外深翻,沟宽、深各 50 cm 左右,3~4 年内全园通翻一遍。成龄园不再深翻,每年结合秋施基肥浅翻 10~15 cm。

(2) 果园生草:猕猴桃果园实行行带清耕,行间生草,每亩果园用毛苕子 2.5~3.0 kg,可于 10 月底 11 月初秋播或 4 月上中旬进行春播。没有人工种草的果园也可科学利用杂草,在进入高温季节的 5~8 月份不再进行旋耕作业,杂草生长高度超过 30 cm 时可使用割草机留10 cm 高茬进行刈割,将割下的草覆盖在树盘。

(3) 覆草。5 月上旬,先在树盘撒施少许氮肥,再覆盖玉麦秆、麦草、麦糠、青草等,厚度 10~15 cm,上面散压少量土,连覆 3~4 年后结合深翻入土中。覆盖切忌覆盖树干基部。

3 花果管理技术

3.1 疏花枝、疏蕾

(1) 疏花枝。在 3 月底 4 月初结果母枝抽生结果枝后,使结果母枝上每侧间隔 20 cm 左右选留一个结果枝,将结果母枝抽生的背下枝以及过密的、生长较弱的结果枝疏除,保留强壮的结果枝。4 月上旬对于第二道钢丝以外的结果枝一般在花蕾上留 1~2 片叶摘心,对于外围或空间较大的部位可在结果枝花蕾上留 4~5 片叶摘心,控制营养生长,以利于花蕾发育,促进开花整齐。对于树冠内堂(左右两道钢丝之间)的结果枝一般不摘心,但要减少花蕾量,生长过弱时全部疏除花蕾,促进营养生长,培养成下一年的结果母枝。

(2) 疏蕾。4 月中旬侧花蕾分离后开始进行疏蕾,先疏除结果枝基部和顶部的花蕾,尽量保留结果枝中部的花蕾;疏除病虫危害蕾、较小的花蕾和畸形花蕾、疏除侧蕾,保留中心花蕾;按照结果枝的强弱调整着生的花蕾数量,一般强壮长结果枝留 5~6 个花蕾,中庸结果枝留 3~4 个花蕾,短果枝留 1~2 个花蕾。

3.2 充分授粉

3.2.1 对花授粉

早晨 7:00~8:00 采摘刚开放的雄花,花瓣向上放在盘子上,用雄花的雄蕊轻轻在雌花柱头上涂抹,每朵雄花可授 7~8 朵雌花。

3.2.2　采集花粉授粉

（1）采集花粉。早晨 6:00～8:00 采集即将开放或半开的雄花，阴天可推迟到 8:00～10:00。采摘下的雄花，用牙刷、剪刀、镊子等取花药平摊于纸上，在 25～28 ℃下放置 20～24 小时阴干，使花药开裂散出花粉；装入干净的玻璃瓶内，贮藏于低温干燥处备用，不易贮藏时间过长。

（2）授粉方法：①毛笔、排笔点授法，用毛笔或排笔粘花粉在雌花柱头上涂抹授粉；②塑料瓶喷授法，将花粉用滑石粉或碾碎的花药壳稀释 5～10 倍，装入细长的塑料小瓶中，加盖橡胶瓶盖，在瓶盖上插一根吸管，用手捏瓶身产生气流将花粉吹向每一个柱头；③医用针管粘授法，选一支 20～50 ml 直射用的粗针管，将装针头的部位截去 0.5 cm，把推进柄拔出约 1/2，装入经过稀释的花粉，向正在开放的雌花粘授，花粉减少后将推进柄上推；④喷粉器授粉法，将花粉用滑石粉稀释 50 倍（重量），使用市面上出售的电动授粉器向正在开放的花喷授。

3.2.3　购买商品花粉授粉

在花粉量不足的情况下，可选购正规企业生产的花粉进行补充，授粉方法同上。

3.2.4　昆虫辅助授粉

每亩猕猴桃果园至少放一箱蜂，每箱中应有不少于 3 万头活力旺盛的蜜蜂。在大约有 10 %的雌花开放时将蜂箱移入园内。也可在果园放置黑蜂、壁蜂、熊蜂进行辅助授粉。

3.3　疏果定果

（1）疏果时间。应在盛花后 2 周左右开始。

（2）疏果方法。首先疏去授粉受精不良的畸形果、扁平果、伤果、小果、病虫危害果等，保留果梗粗壮、发育良好的正常果。生长健壮的长结果枝留 4～5 个果，中庸结果枝留 2～3 个果，短果枝留 1 个果。每平方米架面留果 40 个左右，每株大约留果 400～450 个果，每亩产量约为 2 250 kg。

3.4　果实套袋

猕猴桃套袋要求的果袋为透气性好、吸水性小、抗张力强、纸质柔软的浅褐色单层木浆纸袋，果袋底部留两透气孔，规格 165 mm×115 mm。徐香套袋从 7 月上中旬开始，用 10～15 天时间套完。套袋前应喷一次杀虫杀菌剂，可喷安泰生 600～700 倍或农抗 120 800 倍液+2.5 %绿色功夫 2 500 倍液，同时加喷钙佳美 2 次，补充钙肥。套袋操作中要避免碰伤幼果及果柄，果实采收前 5～8 天提前撕开纸袋。

3.5　适时采收

徐香猕猴桃一般采收时间在 10 月中旬，当猕猴桃果实可溶性固形物含量达 7 %后即可开始采收。采收前 1 周去掉果袋，增糖着色，采收时要轻采轻放，小心装运，避免果实受伤。严禁早采，降低果实品质和贮藏性。

4　整形修剪

4.1　标准树形

采用单主干上架，在架面的上留 2 个主蔓，分别沿中心铁丝伸长，主蔓的两侧每隔 30 cm 选留一强旺结果母枝，与行向成直角固定在架面上，呈羽状排列。也可采用伞状树形，单干上架，一般在架面下 30 cm 选留 3～5 个骨干枝，再在骨干枝上培养选留结果母枝。这两种树形结构简单，枝蔓级次少，结果负载量大，修剪简单，容易更新复壮。

4.2 结果母枝选留

尽量选用距离主蔓较近的枝条,选择生长健壮、充实的发育枝和结果枝作下一年结果母枝,不要选择徒长枝作结果母枝。

4.3 留枝量、留芽量

单株留枝量应根据树龄、树势、株行距、土肥条件及管理水平决定,一般每平方米选留1.5~2.0个结果母枝,每株树选留18~20个结果母枝。修剪以长梢修剪为主,改变传统短截修剪方法。采用少留枝多留芽,轻剪长放的修剪原则。每枝剪留15~18芽,每株留芽量360个左右,全园留芽量18 000个左右。

4.4 培养预备枝

未留做结果母枝的,如果着生位置靠近主蔓,剪留2~3芽为下年培养更新枝,其他枝条全部疏除,同时剪除病虫枝、细弱枝等。

4.5 夏季修剪

采取摘心和疏枝的方法,摘心可以暂时抑制营养生长,促进生殖生长,对增大果个效果明显,摘心从结果枝长至40 cm左右时开始,从最外边的结果部位留3叶摘心,营养枝准备留做下年结果母枝的延迟摘心,待顶部缠绕时摘心,多余的营养枝疏除。经过夏剪后中午观察果园,地面均匀透过阳光,呈花荫状为宜。

5 病虫害防治

危害徐香猕猴桃的主要病虫害有细菌性溃疡病、细菌性花腐病、褐斑病、金龟子、东方薪甲、蟒象、斑衣蜡蝉等。

要"预防为主、综合防治",采用农业、生物、物理、化学综合防治措施,选用植物源、矿物源、生物源等高效低毒低残留农药。

(1) 增强树势,提高树体抗逆能力,营造不利于病虫滋生蔓延的园内小气候。采取剪除病虫枝,清除枯枝落叶,刮除树干裂皮、翻树盘等措施,杀死病虫残体,减少病虫侵染源,抑制病虫害发生。

(2) 根据害虫的生物学特性,在园内放置糖醋液、性诱剂、诱虫灯,以及采用树干缠草等方法诱杀害虫,采取人工捕捉的办法消灭害虫。

(3) 使用选择性强的农药保护天敌,采取助育和人工饲放天敌控制害虫,如扑食螨等。

(4) 化学防治。根据病虫害发生情况及时采取防治措施,科学合理使用农药,有效控制病虫。发芽前喷3~5波美度石硫合剂;生长期杀菌剂选用80 %大生 M-45或70 %甲基托布津、4 %农抗120等。杀虫剂选用2.5 %功夫2500倍液或25 %灭幼脲1500倍液或50 %高效氯氰菊酯2 000倍液,最后一次喷药必须在采收前30天以上。

猕猴桃细菌性溃疡病是徐香猕猴桃生产中最具威胁的病害,防治工作要以防为主,防治结合。首先培育健壮树势,增强抗病性;其次加强猕猴桃枝干害虫防治,减少虫口、伤口和传染途径。在发病初期、采果后、落叶后、修剪后交替喷布菌毒清、农用链霉素、氢氧化铜、噻霉酮等进行全园预防。采果后刮除主蔓粗翘皮,用波尔多浆、石硫合剂等涂干预防。在生产中勤检查、早发现、早处理;对初发病的一两年生枝蔓及幼树主干应及早剪除;大树主干及多年生枝条病斑刮除后用臭氧油涂抹,病斑刮治残留物要带出果园集中销毁。

6 自然灾害预防

近年来秦岭北麓地区灾害性气候频发,特别是冬季极端低温冻害(如2009年11月、2012

年 1 月、2016 年 1 月等)和早春晚霜冻害对徐香猕猴桃果树危害较大,加之徐香猕猴桃又不耐低温,抗冻性差,受冻后果树轻者树势衰弱、减产,重者甚至绝收,主干冻死,给生产带来较大的危害。当前秦岭北麓地区猕猴桃栽培区域向北扩展,已跨过渭河向渭北台原区推进,这一区域更应做好冻害的预防工作,以免造成重大损失。

6.1　冬季冻害预防措施

(1) 猕猴桃建园要避免在低洼地或河滩地建园。

(2) 幼树及初果树管理上要前促后控,防止旺长。

(3) 建园时必须培育健壮实生主干,提高嫁接部位,一般在距地面 1 m 以上嫁接品种。

(4) 初冬时对已上架的果树进行树体涂白,根茎部培土,对主干用透气性材料(农作物秸秆、布条等)进行包裹防寒。

(5) 适时冬灌。根据土壤墒情及时浇水,可减轻冻害。

(6) 喷防冻剂。及时收听天气预报,在寒流发生之前,全树喷果树防冻剂,可减轻冻害损失。防冻剂有寡糖、螯合盐制剂、乳油胶制剂、可降解高分子液体塑料制剂和生物制剂。

6.2　早春晚霜冻害预防措施

(1) 收听天气预报,如有寒流或霜冻到来,可提前浇水,减轻冻害。

(2) 根据天气预报,在冻害发生之前,全树喷果树防冻剂,可减轻冻害损失。

(3) 冻害来临前一天下午或傍晚对树体喷 0.3 %~0.5 %的蔗糖水溶液。

(4) 熏烟。在果园内的上风方向,每隔 10~15 m 设一个放烟堆,烟堆由潮湿的麦糠、稻草及落叶等组成,当气温降至 2~3 ℃时即可点火发烟。也可用商品发烟剂或用硝酸铵 20 %~30 %、锯末 50 %、废柴油 10 %、细煤粉 10 %掺混的发烟剂。

Productive Cultivation of 'XuXiang' Kiwifruit in Northern Foot of QinLing Mountains

ZHAO Yinjie

(Fruit technology promotion service center of Meixian county, Shaanxi Province　Meixian　722300)

Abstract　As a result of over ten year's cultivation trials, the writer summed up cultivation techniques of 'XuXiang' kiwifruit in the northern foot of QinLing mountains. This paper introduced it's cutivation density, fertile and water management, flower and fruit management, harvest time, pest and disease prevention, and etc.

Key words　Northern foot of QinLing mountains　'XuXiang'　Kiwifruit　High quality and productive cultivation techniques

软枣猕猴桃日光温室栽培技术*

翟秋喜　魏丽红

（辽宁农业职业技术学院　营口　115009）

摘　要　本文介绍了软枣猕猴桃日光温室栽培技术，主要包括物候期、果实发育、环境调控、整形修剪、花果管理、肥水管理等。在温室栽培情况下，软枣猕猴桃果实成熟期较露地提早2个月成熟，盛果期单株产量为3.58 kg，每667 m^2产量796 kg。

关键词　软枣猕猴桃　日光温室　栽培

软枣猕猴桃作为光果猕猴桃种类之一，是猕猴桃属中在中国地域分布最广泛的野生果树之一，是东北的优势资源，是很有经济价值和开发利用前景的新兴果树[1]。但由于软枣猕猴桃不耐贮运，市场供应期短，影响了产业的发展。开展软枣猕猴桃日光温室栽培技术研究，是延长鲜果市场供应期的有效途径之一[2-3]。

1　材料与方法

1.1　设施及试材

本试验在辽宁农业职业技术学院猕猴桃温室进行，温室结构为半面坡式日光温室，跨度8.5 m，脊高3 m，长85 m，薄膜为聚乙烯无滴膜，电动卷帘棉被覆盖保温。供试品种为'魁绿'及配套雄株，2011年从中国农科院特产研究所引进，苗木为扦插苗，当年假植1年，培育大苗，2012年定植于温室，南北行向栽植，株距1.0 m，行距3.0 m，植株生长整齐，棚架栽培，管理水平中等。

1.2　试验方法

选取长势均匀一致的植株作为试材，对物候期情况进行连续多年观测记录；温室内温湿度记录采用自动温湿度记录仪，同时结合温室内不同位置配置的温湿度计，人工调控温室内温湿度；果实生长发育研究从落花后开始，每周采样1次，用天平测量果实重量，并用排水法测量果实体积，可溶性固形物用数显蔗糖仪测量；其余栽培管理按照常规管理进行。

1.3　数据处理

所测数据用Excel进行整理，并作图分析。

2　结果与分析

2.1　物候期、果实发育、品质及产量

2.1.1　物候期观测

2014~2016年连续三年对温室内'魁绿'主要物候期进行了观察记录，具体情况见表1。

*基金项目：辽宁省教育厅2014年科学研究一般项目，猕猴桃设施栽培技术研究，编号L2014487；辽宁农业职业技术学院2014年度科研项目，猕猴桃缺素症诊断及专用叶面肥研究。

表 1　日光温室软枣猕猴桃‘魁绿’物候期

Table 1　Phenophase of ‘Kuilü’ kiwi berry in greenhouse

年份	2014	2015	2016
升温时期	1/1	4/1	20/12/2015
萌芽期	23/1	26/1	19/1
盛花期	27/3	28/3	22/3
果实成熟期	20/6	25/6	19/6
落叶期	10 月下旬	10 月下旬	10 月下旬

从表 1 可以看出，‘魁绿’在日光温室中，从开始升温到萌芽一般需要 20～30 d，从萌芽到开花需要 60 d，开花到果实成熟需要 80～90 d。

2.1.2　果实发育

从整个果实发育过程来看，‘魁绿’果实体积和重量的增长规律基本保持一致(图 1)。果重周增长速率高峰出现在落花后第 2、第 4、第 8 周，果实体积周增长率高峰出现在落花后第 2、第 4、第 9 周。其中在落花后第 2 周，果实体积和重量的周增长率最大，分别达到 263 %和 390 %，第 4 周到第 7 周增长率呈现逐步降低趋势，第 7 周周增长率最小，分别为 4 %和 2 %。

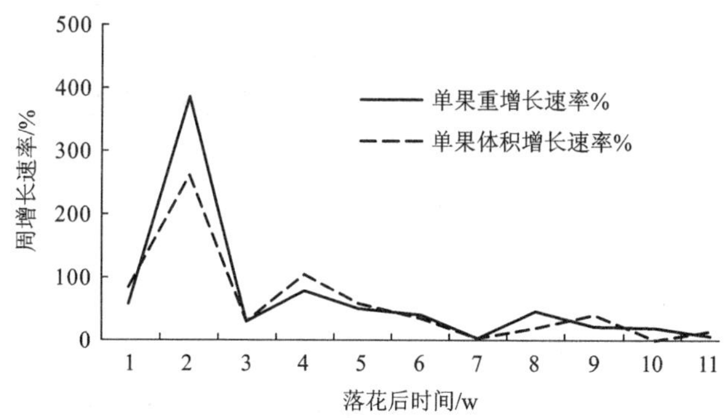

图 1　日光温室‘魁绿’果实生长速率

Fig.1　Growth rate of ‘Kuilü’ kiwi berry

2.1.3　果实品质及产量

‘魁绿’在日光温室中平均单果重为 16.15 g，果实放软后可溶性固形物含量 19 %。2014 年单株产量 0.94 kg，合计 667 m^2产量 209 kg，2015 年单株产量 2.04 kg，合计 667 m^2产量454 kg，2016 年单株产量 3.58 kg，合计 667 m^2产量 796 kg。

2.2　温室内环境调控技术

2.2.1　休眠期的环境调控

软枣猕猴桃在进行日光温室栽培时，温室内环境调控不容忽视。休眠期温度一般控制在 0～5 ℃，温度过高或过低应该通过通风和揭盖棉被来调节，空气相对湿度应维持在 90 %左右，防止枝条抽干。

2.2.2　树液流动期环境调控

温室开始升温以后，要逐步提升温室温度，前期以提高地温为主。这一时期温室气温最高 20 ℃，最低 5 ℃。空气相对湿度 90 %，以保证萌芽整齐。温室采光条件好能有效地积蓄热量，全面提高温度促进萌芽,因此要保持棚膜干净,并铺地膜提高地温。

2.2.3　萌芽展叶、新梢生长期环境调控

随着芽的萌发,温度控制在 20~25 ℃,萌芽后温室内最低温度应维持在 10 ℃,空气相对湿度逐步降低至 60 %,以防止湿度过大引起病虫害。展叶后叶片逐步开始进行光合作用,因此,此期间对光照和 CO_2 的要求逐步提高。光照的调节可通过铺挂反光膜、人工补光、合理揭盖棉被增加光照时间等来实现。CO_2 气体的调节可通过增施有机肥、加强通风换气、增施 CO_2 气肥来实现。

2.2.4　开花期环境调控

花期白天温度控制在 23~25 ℃,夜间 10~15 ℃,空气相对湿度 50 %,花期禁止浇水,防止造成落花落果。同时应加强通风换气增加 CO_2 含量,提高光合速率促进座果。

2.2.5　果实发育期环境调控

果实发育期环境条件的好坏直接影响着果实的发育。温度过高或过低均不利果实的生长,白天应控制在 25~28 ℃。空气相对湿度控制在 50 %~60 %。这一时期树体对水分需求量较大,应及时浇水、增施 CO_2 气肥、加强通风、改善光照条件,提高光合产物在果实内的积累。

2.2.6　果实成熟期环境调控

果实成熟期应加大昼夜温差,促进养分积累,以利提高果实含糖量、改善果实品质。白天温度控制在 25~28 ℃,夜间 15~18 ℃或更低些。空气相对湿度控制在 50 %~60 %,并铺反光膜,疏除过密的枝条,加强通风透光。停止浇水,防止造成裂果、降低果实品质。

2.2.7　采后管理期环境调控

果实采收后撤去棚膜改为露地栽培,并进行采后修剪,剪去无用枝、病虫枝等,促进树体养分积累,为下年生产打好基础。

2.3　整形修剪

软枣猕猴桃萌芽率高,植株生长势旺,日光温室栽培时采用棚架比较适宜。树形为单主干多主蔓龙干形。主干直立,干高沿行向从南到北逐渐增高(即最南边一株干高 1.2 m ,最北边一株干高 2.0 m)。在距离棚架架面 20~30 cm 处,向行间两侧各分生 2 个主蔓,主蔓之间间距 50 cm 左右,每条主蔓长 1.5 m,每条主蔓如 1 条龙形干,主蔓上直接着生结果母枝,同侧结果母枝间距 15~25 cm。生长季注意控制架面枝量,及时疏除生长过旺的营养枝、过密枝、徒长枝、病虫枝等,对生长旺盛的枝条进行摘心,保持架面通风透光,枝叶受光均匀;结果枝自然下垂,果实位于架面以下,可有效预防果实日灼。对于生长旺盛的结果枝花前及时摘心,控制生长。果实采收后对结果母枝留基部 2~3 芽进行短截,促发新梢,培养翌年结果母枝。冬季修剪时旺枝剪留 20~30 cm,中庸枝剪留 15 cm,细弱枝疏除。

2.4　花果管理技术

2.4.1　合理配置授粉树

定植时按照雌雄比例 8:1均匀配制授粉树,雄株不足时,可采用花期挂花枝的方法进行补充,可在缺少雄株的地方挂上装满清水的水瓶,从雄株采集含苞待放的花枝插入水瓶中,每天给水瓶补充清水,每 1~2 d 更换花枝 1 次。

2.4.2　授粉

为了提高座果率和果实质量,软枣猕猴桃温室栽培时花期需要放蜂,每 667 m^2 配 1~2 箱

蜜蜂，在花朵开放前1~2 d将蜂箱放入温室中间位置，调整好角度，平稳放置。也可进行人工辅助授粉，取当日开放的雄花直接对着新开放的雌花进行涂抹，每朵雄花可授5~7朵雌花。也可提前收集雄花粉，使用时用花粉稀释剂稀释花粉，用毛笔或者电动授粉机进行人工授粉。

2.4.3 疏花疏果

软枣猕猴桃果实比较小，疏花疏果工作比较简单，花前疏去过密、畸形、病虫危害的花蕾，座果后疏除畸形果和过小的果，保证所留的果大小整齐一致、分布均匀、自然下垂。

2.5 土肥水管理

软枣猕猴桃喜欢疏松肥沃的土壤，对肥水要求较高，施肥以腐熟的有机肥为主，在每年秋季施入。在萌芽期、花后、果实膨大期及果实成熟前各追肥一次，前期以N肥为主，后期以P肥、K肥为主。叶面喷肥每10~15 d一次，可选择磷酸二氢钾、氨基酸叶面肥等，叶面喷肥对促进果实发育，提高品质效果显著。

灌溉最好采用滴灌。根据土壤水分情况并结合追肥，分别在萌芽前、座果后、果实膨大期、采果修剪后、土壤上冻前进行灌水，保持土层湿润。

2.6 病虫害防治

软枣猕猴桃在日光温室中栽培病虫害较少，目前主要有红蜘蛛、蓑蛾等。冬季修剪后及时清园，减少越冬虫源、病源。在升温后萌芽前全园喷施一次石硫合剂，蓑蛾可用菊酯类药剂防治。

3 结论与讨论

（1）软枣猕猴桃日光温室栽培时，果实成熟期可提早到6月下旬上市。

（2）研究过程中发现温室栽培花期较露地有所延长，从开花到结束持续时间一般7~10 d，露地花期一般3~5 d，这与温室内不同部位环境差异有关。

（3）温室前部叶片容易出现高温伤害，这可能与温室前部棚膜与架面距离较近，造成局部高温有关。

参考文献 References

[1] 王振兴，艾军，陈丽.软枣猕猴桃光合日变化的研究.北方园艺，2010(6)：36-39.

[2] 冯键，曾凡顺.软枣猕猴桃良种选育研究进展.安徽农业科学，2015，43(11)：46-47.

[3] 苍晶，王学东，张达，等.软枣猕猴桃果实生长发育的研究.东北农业大学学报，2004(1)：22-25.

Greenhouse Cultivation Techniques for *Actinidia arguta*

ZHAI Qiuxi　WEI Lihong

(Liaoning Agricultural College　Yingkou　115009)

Abstract　This paper makes an introduction on the greenhouse cultivation techniques for *Actinidia arguta*, it mainly includes the following aspects: phenological period, fruit development, environment regulation, pruning, fruits management and management for nutrient and water. Under greenhouse cultivation conditions, the fruit maturation time is two months earlier than in field cultivation conditions, grain weight per plant during full bearing period is 3.58 kg and 796 kg per 667 m^2.

Key words　*Actinidia arguta*　Greenhouse　Cultivation

施用生物肥料对猕猴桃生长及产量、品质的影响*

涂美艳[1,2,**]　刘春阳[1,2,***]　江国良[1]　廖明安[2,****]

陈　栋[1]　孙淑霞[1]　李　靖[1]　林立金[3]

（1 四川省农业科学院园艺研究所 农业部西南地区园艺作物生物学与种质创制重点实验室　成都　610066；
2 四川农业大学园艺学院　成都　611130；3 四川农业大学果蔬研究所　成都　611130）

摘　要　为进一步完善‘红阳’猕猴桃施肥技术，提升四川猕猴桃产量与品质。本研究以6年生‘红阳’猕猴桃为试材，比较分析了连续4年不同量生物有机肥与复合微生物肥配施和常规化学肥配施对猕猴桃生长、产量、品质及经济效益的影响。研究结果表明：①与施用普通化肥相比，生物有机肥与复合微生物肥配施更能有效促进‘红阳’猕猴桃主干生长，提高营养枝与结果枝的叶面积、百叶重及叶片叶绿素含量，从而促进光合作用，增加碳同化物的积累，生物肥料用量越高其促进效果越好，连年施用，生物肥料的促进作用越发显著；与施用普通化肥相比，生物有机肥与复合微生物肥配施对‘红阳’猕猴桃营养枝和结果枝叶片生长的促进作用较为均衡，有利于产量的提升；②与施用普通化肥相比，生物有机肥与复合微生物肥配施可显著提升‘红阳’猕猴桃外观性状和内在品质，尤其是施用高量生物肥料的效果更好，连年施用，对其内在品质的提升效果更好；外观性状受肥料种类的影响较大，而受年份增长的影响较小；内在品质受肥料种类和年份增长两个因素的影响均较大；③与施用普通化肥相比，生物有机肥与复合微生物肥配施，‘红阳’猕猴桃单株产量、单位面积产量和产投比显著高于普通化肥，并且生物肥用量增加其产量和经济效益更高，连年施用生物肥料，其增产增收效果更好。

关键词　猕猴桃　生物肥料　生长　产量　品质

猕猴桃隶属猕猴桃科（Actinidiaceae）猕猴桃属（*Acinidia* Lindl.），其由野生资源经过人工选择和驯化并进行大规模商业化生产，迄今已有一百多年历史[1]。据统计，2013年，世界猕猴桃栽培面积超过13.33万公顷，总产量242.8万吨[2]。四川是我国野生猕猴桃分布中心之一，也是猕猴桃栽培和生产大省[3]。四川猕猴桃栽培品种以‘红阳’为主，栽培面积约为3.4万公顷，占全省总面积的85%[4]；但该品种适应性较差，对环境条件的要求较高，栽培管理难度较大[5-7]。作者多年调查发现，生产上，果农为追求红阳猕猴桃产量，大量施用N，P，K三元复合肥，忽视腐熟有机肥的施用及功能菌的补充，造成土壤板结、酸化严重，植株旺长，溃疡病大面积发生，经济损失惨重，极大地影响了四川猕猴桃产业的健康持续发展。

如何提高猕猴桃的产量和品质，一直是研究者们研究探讨的重要课题[8-10]，其中合理施肥

---

* 基金项目：四川省农业科学院青年基金（2012QNJJ-010）；四川省科技支撑计划（2014NZ0031）；成都市猕猴桃产业集群项目（2015-cp03 0031-nc）；四川水果创新团队猕猴桃栽培技术岗位专家经费。

** 第一作者，男，1983年出生，江西峡江人，副研究员，在读博士，主要从事果树营养生理与栽培技术研究；E-mail：huahelei@163.com。

*** 并列第一作者，男，1991年出生，重庆梁平人，硕士研究生，主要从事果树生理生态及栽培技术研究；E-mail：544907775@qq.com。

**** 通讯作者，男，1957年出生，四川眉山人，博士生导师，教授，主要从事果树高产优质高效栽培理论与技术研究；E-mail：57590159@qq.com。

是解决上述问题的重要手段[11-12]。生物有机肥兼有微生物肥和有机肥效应,已逐渐成为相关研究的重点[13]。生物肥施入土壤能促作物根际有益微生物的增殖,提升土壤通透性和持水量,改善作物根际生态环境,能有效促进根系生长。有研究发现,有益微生物的大量繁殖和抗病因子的增加,抑制土壤环境中的腐败菌和病原菌,减少了植株病害发生率[14-16]。刘继培等[17]施用腐殖酸生物肥能显著改善草莓长势,盛果期单果重比对照提高 16.23 %,并且提高草莓蛋白质含量、草莓维生素 C 含量及可溶性糖的含量,降低草莓游离酸含量,提高糖酸比,改善口感;同时,显著降低草莓白粉病、灰霉病、烂果病的发生率,进而提高草莓产量。在微生物的生长繁殖中,能产生对果蔬生长有益的代谢产物,如吲哚乙酸、赤霉素、细胞分裂素、多种维生素等生理活性物质,提高果蔬生长激素水平,刺激和调控生长[18],并且可以提高产品中的维生素 C、氨基酸和糖分的含量,有效降低硝酸盐含量,进而使果品的外形、色泽、口感、香气、单果重、耐储运性等方面的品质得到改善[19-20]。谢凯等[21]对皇冠梨施用不同有机肥发现,生物有机肥对促进其叶面积、百叶重及新梢长度的增长,提高果实可溶性固形物、可溶性糖含量和糖酸比效果最好。王柱飞等[22]的研究发现,施用 EV 系列生物肥料对苹果叶片生长、果实重量、横径均有促进作用,能有效改善果实品质,并且提高了果实 SOD 含量,有效延长果品贮藏期。在柑橘生产上,施用微生物肥能够增加柑橘单果重、可溶性固形物和糖酸比,提升柑橘风味[23]。姚春潮等[24]研究发现,在猕猴桃萌芽期增施 1 次生物有机肥可使'徐香''金香'猕猴桃叶片增厚,叶片表面光泽度明显增强,叶片叶绿素及类胡萝卜素含量增加,并提高果实的品质,延长果实的贮藏性能。本研究以'红阳'猕猴桃为试材,以常规化学肥配施为对照,通过连续 4 年施用不同量生物有机肥和复合微生物肥,探讨增施生物肥料对猕猴桃生长、产量、果实品质及经济效益的影响,旨在为四川猕猴桃合理施肥提供理论依据和实践指导。

1 材料与方法

1.1 试验地概况

试验地位于都江堰市胥家镇金胜村(31°01′60″N,103°43′01″E,海拔 657 m),年均气温 15.2 ℃,7 月最高温 33.8 ℃,1 月最低温-2.6 ℃,年均降水量 1 178 mm,无霜期 280 d。试验园地势平坦,土壤为水稻土,试验前其 0~60 cm 土层理化性质为,pH=5.8,有机质 2.37 %,全氮 1.78 g/kg,水解氮 48.4 mg/kg,全磷 0.69 g/kg,有效磷 65.51 mg/kg,全钾 10.5 g/kg,速效钾 85.84 mg/kg,交换性钙 0.92 g/kg,交换性镁 111.33 mg/kg。

1.2 试验材料

供试植株为 6 年生'红阳'猕猴桃嫁接植株,采用深沟高厢方式定植(厢面宽度 2.65 m,高度 40 cm),砧木为野生美味猕猴桃实生苗,栽培株行距 2.5 m×3.0 m,架型为 T 形架,雌雄株比例为 8∶1。

供试生物有机肥和复合微生物肥均由成都正富生物科技开发有限公司提供。其中,生物有机肥由不同功能菌与食用菌渣、鸡粪、腐殖酸等有机物料按照一定比例通过固体发酵制成,有机质 25.39 %,全氮 1.64 %,全磷 3.71 %,全钾 2.32 %,全钙 1.44 %,全镁 0.82 %,pH 值 7.86,侧孢短芽孢杆菌数 1.046 亿/g,枯草芽孢杆菌数 0.115 亿/g;复合微生物肥由尿素、磷酸一铵、硫酸钾、硝酸钙、氯化镁、活化腐殖酸以及不同功能菌按照一定比例和工序混匀而成,有机质 12.8 %,全氮 8.13 %,全磷 2.87 %,全钾 1.28 %,全钙 3.36 %,全镁 0.91 %,pH 值 5.96。

1.3 试验设计

本试验实施期为 2011 年 10 月至 2015 年 9 月,共设 4 个处理(低量生物肥、中量生物肥、高量生物肥、化肥)，每个处理3行(每行35~39株)，采用随机区组设计，区组间设置隔离行。各处理每年施肥用量和施肥方式详见表1。

表1 施肥试验方案

Table 1 The experiment program of fertilization

处理(treatment)	单株施肥量/(kg/株)(fertilizer rate of each tree)	
	生物有机肥(bio-organic fertilizer)	复合微生物肥(compound microbial fertilizer)
低量生物肥	5.00	0.25
中量生物肥	10.00	0.50
高量生物肥	15.00	0.75
化肥	尿素(1.00)+过磷酸钙(3.00)+硫酸钾(2.00)	

施肥方法:生物有机肥与复合微生物肥在10月上旬一次性施入，先全厢撒施(离树干60~100 cm圆周上肥料撒施量占90%)，然后进行全厢人工翻耕(肥料集中撒施区域翻耕25~30 cm，其余区域翻耕10~15 cm);化肥分3次施入:10月上旬(占40%)，3月下旬(占30%)，6月下旬(占30%)。各处理在周年管理过程中，除施肥水平和施肥方法差异外，其余的花果管理、叶面追肥、整形修剪、病虫害防治、水分调控等管理措施均一致。

1.4 测试指标及方法

(1)植株干粗及叶片相关指标测定。2013年和2015年冬季修剪后，用数显游标卡尺测量各处理植株嫁接口以上20 cm处干粗。2013年和2015年果实采收时，每处理选择30株，从树冠各方位营养枝和结果枝上分别摘取基部往上数第5片无病虫害功能叶100片，用保鲜袋装好后，贴上标签带回试验室测定百叶重、叶面积(透明方格板法)及叶绿素含量(参照熊庆娥[25]的方法)。

(2)单位面积产量测算。2013年和2015年，果实达采收标准(可溶性固形物含量达7%)时按处理分别进行全园采果，称出猕猴桃果实总重G，再根据各处理的植株总数N，测算每公顷猕猴桃产量$Y=G/N\times1\,335$。式中，1 335为本试验园每公顷猕猴桃总株数。

(3)果实品质分析。从采下的各处理果实中，随机选择100个代表性果实，用塑料袋装好后贴上标签带回试验室。单果重用电子天平称量，果实纵、横径用游标卡尺测量，果实软熟后可溶性固形物用手持测糖仪测定;总糖、维生素C及总酸含量(参照熊庆娥[25]的方法测定)。

(4)经济效益测算。试验园区果实每年均由当地果品销售公司定价收购，按处理将果实销售后计算出单位面积经济效益和产投比。

1.5 数据处理

所有试验数据借助Excel 2010和DPS v7.05版软件进行统计分析。

2 结果与分析

2.1 生物肥料对'红阳'猕猴桃干粗和叶面积、百叶重的影响

由表2可知，生物有机肥与复合微生物肥配施的各处理其猕猴桃主干直径均高于普通化肥处理，且随着生物肥配施用量的增加主干直径呈递增趋势，其中高量生物肥处理效果最显著，与普通化肥处理差异达极显著水平($p<0.01$)，而低量的生物肥处理与普通化肥处理的差异不显著;但是随着年份的增长，生物肥的各处理与对照的差异更加显著，其中高量生物肥处

理 2013 年和 2015 年分别比普通化肥处理高出 26.80 %,38.92 %。随年份增加,高量生物肥处理主干直径 2015 年比 2013 年提高 19.59 %,而化肥配施处理的 2015 年比 2013 年仅提高 9.15 %。

从叶面积可以看出,普通化肥处理的营养枝叶面积极显著高于生物有机肥与复合微生物肥配施处理($p<0.01$),2013 年生物肥各处理间差异不显著,到 2015 年叶面积有所提高,中量和高量生物肥处理显著高于低量生物肥处理($p<0.05$);结果枝的叶面积随生物肥料用量增加而增大,高量生物肥处理极显著高于普通化肥处理($p<0.01$)。随着年份增加,高量生物肥处理 2015 年营养枝与结果枝叶面积分别比 2013 年增加 15.48 %和 12.98 %,而普通化肥处理 2015 年营养枝与结果枝叶面积分别比 2013 年增加 3.71 %和 7.57 %。可见,生物肥对猕猴桃营养枝与结果枝叶面积促进作用较均衡,且随着年份增加其促进效果更好,而化肥则使得营养枝的生长过旺,这不利于猕猴桃产量的提高。

表 2　施用生物肥料对猕猴桃干粗及叶面积、百叶重的影响

Table 2　Influences of fertilizing biofertilizer on kiwi trunk diameter, leaf size and 100-leaf weight

处理 (treatment)		主干直径/cm (trunk diameter)	叶面积/cm^2 (leaf area)		百叶重/g (100-leaf weight)	
			营养枝 (vegetative branch)	结果枝 (bearing branch)	营养枝 (vegetative branch)	结果枝 (bearing branch)
2013 年	低量生物肥	3.26 bcB	104.50 bB	87.39 bB	486.62 bB	377.24 cC
	中量生物肥	3.45 bAB	105.90 bB	90.73 bAB	503.45 aA	438.41 bB
	高量生物肥	3.88 aA	108.54 bB	107.94 aA	509.62 aA	450.36 aA
	化肥	3.06 cB	136.01 aA	84.38 bB	378.43 cC	328.62 dD
2015 年	低量生物肥	3.58 cC	115.58 cB	96.88 cBC	518.16 cC	412.76 cC
	中量生物肥	4.05 bB	123.50 bB	107.42 bAB	541.07 bB	480.13 bB
	高量生物肥	4.64 aA	125.34 bB	121.95 aA	556.82 aA	524.60 aA
	化肥	3.34 cC	141.05 aA	90.77 cC	404.55 dD	363.14 dD

注:同列数据后小写或大写字母相同表示同一年度各处理经 Tukey 法多重比较在 0.05 水平或 0.01 水平差异不显著(下同)。

Note: Same column data lowercase or uppercase letters represent the same method by Tukey multiple comparisons at the 0.05 level or 0.01 level difference was not significant in the same year(The same below).

生物有机肥与复合微生物肥配施各处理的营养枝与结果枝的百叶重均极显著高于普通化肥处理($p<0.01$),且随着生物肥料施用量的提高表现出递增的规律,以高量生物肥处理最高,随着年份增加,各生物肥处理与普通化肥处理的差异增大,其中高量生物肥处理 2013 年和 2015 年营养枝百叶重分别比普通化肥处理高出 34.57 %,37.64 %,结果枝百叶重分别比普通化肥处理高出 37.05 %,44.46 %。随年份增加,高量生物肥处理营养枝百叶重 2015 年比 2013 年提高 9.26 %,普通化肥处理仅提高 6.90 %;高量生物肥处理结果枝百叶重 2015 年比 2013 年提高 16.48 %,而普通化肥处理仅提高 10.50 %。

2.2　生物肥料对‘红阳’猕猴桃叶片绿素含量的影响

从表 3 可知,各施肥处理对猕猴桃营养枝与结果枝的叶绿素 a、叶绿素 b 含量和叶绿素总量有所影响,且随生物有机肥与复合微生物肥配施用量的提高表现出上升的规律,低量生物肥处理的营养枝与结果枝的叶绿素 a、叶绿素 b 含量以及叶绿素总量与普通化肥处理间表现出不显著差异,但高量生物肥处理较普通化肥处理高,差异极显著($p<0.01$),说明低量生物肥料的施用效果与化肥的效果相近,高量生物肥处理则对叶绿素含量提升效果更好。随着年份的增加,施用生物肥料的各处理与普通化肥处理的差异相应增加,其中高量生物肥处理的营养枝叶片叶绿素 a、叶绿素 b 含量和叶绿素总量在 2013 年分别比对照高出 40.29 %,31.25 %和 38.28 %,2015 年则分别比对照高出 41.83 %,34.21 %和 39.46 %;结果枝叶片的叶绿素 a、叶绿素 b 含量和叶绿素总量在 2013 年分别比对照高出 22.10 %,19.75 %,22.01 %,2015 年则分别比对照高出 24.62 %,23.66 %和 23.76 %。随年份增加,高量生物肥处理的营养枝叶绿素总量 2015 年比 2013 年提高 7.61 %,普通化肥处理仅提高 6.69 %;高量生物肥处理的结果枝叶绿素总量 2015 年比 2013 年提高 6.73 %,而普通化肥处理仅提高 5.20 %。

表 3　施用生物肥料对猕猴桃营养枝与结果枝叶片中叶绿素含量的影响

Table 3　Influences of fertilizing biofertilizer on kiwi chlorophyll content of vegetative branches and bearing branches

处理 (treatment)		叶绿素 a/(mg/g) (chlorophyll a)		叶绿素 b/(mg/g) (chlorophyll b)		叶绿素总量/(mg/g) (total chlorophyll)	
		营养枝 (vegetative branch)	结果枝 (bearing branch)	营养枝 (vegetative branch)	结果枝 (bearing branch)	营养枝 (vegetative branch)	结果枝 (bearing branch)
2013 年	低量生物肥	1.35 cB	1.81 bB	0.65 bB	0.81 bB	2.07 cB	2.68 cB
	中量生物肥	1.56 bB	1.93 bB	0.70 bAB	0.87 bAB	2.34 bB	2.88 bB
	高量生物肥	1.95 aA	2.21 aA	0.84 aA	0.97 aA	2.89 aA	3.27 aA
	化肥	1.39 cB	1.81 bB	0.64 bB	0.81 bB	2.09 cB	2.68 cB
2015 年	低量生物肥	1.51 cB	1.97 bB	0.79 bB	0.95 bcB	2.23 cC	2.84 cB
	中量生物肥	1.74 bB	2.11 bB	0.86 bAB	1.03 bAB	2.52 bB	3.06 bB
	高量生物肥	2.17 aA	2.43 aA	1.02 aA	1.15 aA	3.11 aA	3.49 aA
	化肥	1.53 cB	1.95 bB	0.76 bB	0.93 cB	2.23 cC	2.82 cB

2.3　生物肥料对‘红阳’猕猴桃果实外观性状的影响

从表 4 可知,低量的生物有机肥和复合微生物肥配施处理的果实纵径、横径以及单果重均与普通化肥处理间差异不显著,但随着生物有机肥与复合微生物肥配施用量增加,果实纵径显著增加,果形指数极显著增加,果实横径则呈现先增后降趋势。从果实纵径上看,2013 年和 2015 年高量生物肥处理分别较普通化肥处理提高 16.05 %和 20.76 %,果形指数分别较普通化肥处理提高 12.39 %和 9.73 %,均存在极显著差异($p<0.01$)。从单果重上看,中量和高量生物肥处理间差异不显著,但均极显著高于低量生物肥处理和普通化肥处理,其中,高量生物肥处理 2013 年和 2015 年单果重分别高出普通化肥处理 21.61 %,22.01 %。从果实硬度来看,施用生物肥料的各处理均极显著高于普通化肥处理($p<0.05$),并且随着肥料用量增加呈上升趋势,其中高量生物肥处理显著高于低量生物肥处理,但是随着年份的增加,果实的硬度变化不明显。总的来看,随着年份增加,猕猴桃外观性状变化不大,但生物肥处理显著优于化肥处理,可见生物肥对猕猴桃外观性状提升作用较好。

表 4　施用生物肥料对猕猴桃果实外观性状的影响

Table 4　Influences of fertilizing biofertilizer on kiwifruit appearance quality

处理 (treatment)		果实纵径/mm (fruit length)	果实横径/mm (fruit diameter)	果形指数 (fruit shape index)	单果重/g (fruit weight)	硬度/(kg/cm^2) (hardness)
2013 年	低量生物肥	53.65 cB	47.16 cB	1.14 cBC	84.69 bB	7.28 bA
	中量生物肥	60.18 bA	52.27 aA	1.15 bB	104.61 aA	7.50 abA
	高量生物肥	62.53 aA	49.21 bB	1.27 aA	106.92 aA	7.76 aA
	化肥	53.88 cB	47.49 bcB	1.13 cC	87.92 bB	6.34 cB
2015 年	低量生物肥	54.13 cB	48.88 bB	1.11 dD	85.09 bB	7.26 bA
	中量生物肥	62.26 bA	53.85 aA	1.16 bB	107.79 aA	7.46 abA
	高量生物肥	64.85 aA	52.19 aA	1.24 aA	107.08 aA	7.80 aA
	化肥	53.70 cB	47.57 bB	1.13 cC	87.76 bB	6.41 cB

2.4　生物肥料对‘红阳’猕猴桃果实内在品质的影响

从表 5 可知,‘红阳’猕猴桃果实软熟后的内在品质指标受不同施肥处理的影响较大。从可溶性固形物和总糖含量上看,随生物有机肥和复合微生物肥配施用量的提高,果实可溶性固形物含量、总糖含量均表现出显著升高的趋势(p<0.05),以高量生物肥处理最明显,2013 年和 2015 年可溶性固形物分别高出普通化肥处理 10.60 %和 15.85 %,总糖分别高出普通化肥处理 7.93 %和 29.62 %,但低量生物肥处理与普通化肥处理间差异不显著。从可滴定总酸含量上看,生物肥用量少时果实总酸含量较高,显著高于其他处理(p<0.05),但随生物肥用量增加,总酸含量有所下降,在 2013 年中量和高量生物肥处理与普通化肥处理差异不显著,到 2015 年高量生物肥处理则显著低于普通化肥处理(p<0.05)。受糖酸含量变化影响,各处理糖酸比差异较大,表现为,随生物肥用量增加,糖酸比极显著增加,但只有高量生物肥处理极显著高于普通化肥处理(p<0.01)。从维生素 C 含量上看,其并不随生物肥用量增加而增加,而是呈先增后降趋势,以中量生物肥处理最高,2013 年和 2015 年分别高出对照 8.84 %,15.07 %。维生素 C 含量的变化受肥料种类的影响较大。

表 5　施用生物肥对猕猴桃果实内在品质的影响

Table 5　Influences of fertilizing biofertilizer on kiwifruit internal quality

处理 (treatment)		可溶性固形物含量/%(soluble solid content)	可溶性总糖含量/%(total sugar content)	可滴定总酸含量/%(total acid content)	糖酸比 (sugar-acid ratio)	维生素 C 含量/(mg/100 g) (Vc content)
2013 年	低量生物肥	17.10 cB	11.20 bB	1.08 aA	10.37 cC	130.52 cC
	中量生物肥	18.00 bB	11.60 bB	0.95 bB	12.21 bB	148.48 aA
	高量生物肥	19.30 aA	12.52 aA	0.90 bB	13.91 aA	139.69 bB
	化肥	17.45 bcB	11.60 bB	0.91 bB	12.34 bB	136.42 bBC
2015 年	低量生物肥	18.10bcBC	12.00 cC	1.06 aA	11.32 cC	139.82 cB
	中量生物肥	18.80 bB	13.14 bB	0.96 bAB	13.69 bB	156.34 aA
	高量生物肥	20.10 aA	14.18 aA	0.81 cC	17.51 aA	149.01 bA
	化肥	17.35 cC	10.94 dD	0.93 bB	12.16 cBC	135.86 cB

从表 5 还可以看出，与 2013 年相比，2015 年各施用生物肥处理的果实可溶性固形物、总糖、糖酸比及维生素 C 含量均有上升趋势，总酸含量则变化不大，其中高量生物肥处理的可溶性固形物含量、可溶性糖含量、糖酸比和维生素 C 含量 2015 年比 2013 年分别提高了 4.16 %，13.26 %，25.88 %和 6.67 %；而普通化肥处理 2015 年的各指标与 2013 年相比反而有所下降。这就反映出连年施用生物肥料对猕猴桃内在品质具有较好的提升作用，而连年化肥配施则使得猕猴桃内在品质降低，口感变差。

2.5 施肥对'红阳'猕猴桃产量及经济效益的影响

从表 6 可知，生物有机肥与复合微生物肥配施的各处理，其单株产量、单位面积产量、单位面积产值以及产投比均较普通化肥处理高，随着肥料用量的提高表现出升高的走势，高量生物肥处理均与普通化肥处理呈极显著差异($p<0.01$)，而施用低量生物肥处理的单株产量与普通化肥处理差异不显著。随着年份增长，各处理与普通化肥处理的差异增大，其中高量生物肥处理 2013 年和 2015 年的平均单位面积产量分别比普通化肥处理高出 33.67 %，44.77 %；并且高量生物肥处理由于品质最好，其市场售价 2013 年分别比中低量生物肥处理高 0.60 元/kg，比普通化肥处理高 1.00 元/kg，2015 年比其他三个处理均高 1.00 元/kg。因此，高量生物肥处理 2013 年和 2015 年单位面积产值分别比普通化肥处理高出 42.02 %和 52.81 %，产投比分别比普通化肥处理高出 32.28 %和 42.36 %。

随着年份增加，高量生物肥处理 2015 年的单株产量和单位面积产值分别是 2013 年的 1.86倍和 2.08 倍，而普通化肥处理仅是 2013 年的 1.71 倍和 1.93 倍，可见连年施用高量生物肥料对猕猴桃产量与产值的提升效果优于化肥。

表 6 施用生物肥料对猕猴桃产量及经济效益的影响

Table 6 Influences of fertilizing biofertilizer on kiwifruit yield and economic benefits

处理 (treatment)		单株产量 /kg(yield per plant)	单位面积产量/(kg/hm^2)(yield per unit area)	销售均价 /(元/kg)(selling price)	单位面积产值/(元/hm^2)(output per unit area)	肥料投入/(元/hm^2)(fertilizer inputs)	其他投入 /(元/hm^2)(other inputs)	产投比 (cost ratio)
2013 年	低量生物肥	11.41 bB	15 232.35 cC	16.40	24 9810.54 cC	7 670.50	65 700.00	3.40 bB
	中量生物肥	12.43 bB	16 594.05 bB	16.40	272 142.42 bB	15 341.00	65 700.00	3.36 bB
	高量生物肥	14.73 aA	19 664.55 aA	17.00	334 297.35 aA	23 011.50	65 700.00	3.77 aA
	化肥	11.02 bB	14 711.70 dC	16.00	235 387.20 dD	16 954.50	65 700.00	2.85 cC
2015 年	低量生物肥	19.71 cB	26 312.85 cC	18.00	473 631.30 cC	7 670.50	65 700.00	6.46 bB
	中量生物肥	21.79 bB	29 089.65 bB	18.00	523 613.70 bB	15 341.00	65 700.00	6.46 bB
	高量生物肥	27.39 aA	36 565.65 aA	19.00	694 747.35 aA	23 011.50	65 700.00	7.83 aA
	化肥	18.92 cB	25 258.20 dC	18.00	454 647.60 dD	16 954.50	65 700.00	5.50 cC

注：肥料单价：生物有机肥 980 元/吨，复合微生物肥 3 400 元/吨，尿素 2 500 元/吨，过磷酸钙 800 元/吨，硫酸钾 3 900 元/吨。其他投入包括：土地租金 24 000 元/hm^2，管理人工成本 31 500 元/hm^2，农药及其他农资成本 10 200 元/hm^2。

Note: Fertilizer Price: bio-organic fertilizer 980 yuan/ton, compound microbial fertilizer 3 400 yuan/ton, urea 2 500 yuan/ton, superphosphate 800 yuan/ton, potassium 3 900 yuan/ton Other inputs include: land rent 24 000 yuan/hm^2 manage labor costs 31 500 yuan/hm^2, pesticides and other agricultural costs 10 200 yuan/hm^2.

3 讨论与小结

3.1 生物肥料与猕猴桃干粗和叶片生长的关系

猕猴桃是20世纪人工驯化栽培的野生果树之一，其原生长环境的土壤为腐叶土，土壤条件非常好，有机质含量高，土壤微生物丰富，因此在生产管理上，保障猕猴桃优越的土壤条件是猕猴桃优质丰产的根本。大量研究结果表明，不同时期生物量变化与养分状况有密切的关系[26]。王建等[27]研究发现猕猴桃树体仅在初期会利用上年贮藏的养分，其余养分主要从外界吸收获得。因此合理施肥保障猕猴桃树体的养分供给，在猕猴桃果园的日常管理中尤为重要。生物肥料是指含有大量有机质和有益微生物并以这些微生物的生物化学作用来改善作物营养和生长条件为主要功效的肥料[28]，其中有益微生物主要包含有根瘤菌（生物固氮）、解磷菌（活化土壤中难溶性磷）、解钾菌（又名硅酸盐细菌，分解、释放土壤中的矿物钾）、抗生菌（能抑制或杀灭有害真菌和细菌、刺激作物生长）和酵素菌（促进有机物转化）等[29]。生物肥料施入土壤后能促进果蔬作物根际有益微生物的增殖，提升土壤通透性和持水量，改善作物根际生态环境，能有效促进根系生长，延缓根系衰老，微生物还能促进土壤中营养元素的转化，进而促进作物对土壤营养元素的吸收，更有利于作物生长[30-31]。本研究中，生物有机肥与复合微生物肥配施能促进猕猴桃植株生长，猕猴桃主干直径、营养枝与结果枝的叶面积以及百叶重等均随肥料用量的增加而增加，并且，连年施用生物肥料的效果更加凸显出来；生物肥料对猕猴桃营养枝与结果枝叶片的生长促进作用较为均衡，这更有利于将更多光合同化物往果子运输并积累，提高产量与品质；而化肥则对营养枝的促进作用强于结果枝，导致营养生长过旺，不利于猕猴桃产量提高。百叶重的增加表现为叶片越加厚实，叶肉细胞密度增大，这使得叶片更能有效利用光能，增加碳同化量[32]。叶绿素含量高低是反应光合能力的重要指标之一，光合能力增强，光合同化物的量就会大量增加，有利于作物对碳同化物的积累。前人研究表明，净光合强度与其叶绿素含量呈显著正相关[33]，在本研究中，增施生物肥料能显著提高猕猴桃叶片叶绿素含量，且效果比普通化肥好。这也是生物肥料对猕猴桃产量品质的提高效果优于化肥的一个因素。

3.2 生物肥料与猕猴桃品质变化的关系

果实的外观品质是其作为商品呈现在消费者眼前的第一印象，内在品质是消费者决定是否购买的最重要因素，因此在生产上提高猕猴桃果实品质尤为重要。土壤有机质是土壤肥力的物质基础，增加土壤有机质的含量，可以改善土壤的理化性质，促进树体的养分吸收，从而改善果实品质。生物肥料中微生物的生长繁殖，能产生对果蔬生长有益的代谢产物，如吲哚乙酸、赤霉素、细胞分裂素、多种维生素等生理活性物质，提高果蔬生长激素水平，刺激和调控生长[18]，并且可以提高产品中的维生素C、氨基酸和糖分的含量，有效降低硝酸盐含量，进而使果品的外形、色泽、口感、香气、单果重、耐储运性等方面的品质得到改善[19-20]。在本研究中，施用生物肥料对提高猕猴桃的外观性状和内在品质效果显著，并且随着年份增加生物肥料的提升作用更加显著，这离不开所施生物肥中大量有益微生物的作用。已有研究发现，猕猴桃喷施EM菌肥后可使其叶色更加翠绿，落叶期推迟7～10 d，并且提升果实品质，使口感更加纯正[34]。生物肥料在其他果品上的应用而提升品质、产量的效果也很显著。马文哲等[35]研究发现红富士树施用生物有机肥后可溶性固形物含量增加，比对照增产20.7%，增产提质效果显著。刘利军等[36]对砀山酥梨的研究表明，合理施用微生物肥料可以提高产量和增加果实含糖量、糖酸比和维生素C含量等，果实品质明显改善，果实耐贮性和梨果的等级也显著提高。在柑橘生产上,施用微生物肥能够增加柑橘单果重、可溶性固形物和糖酸比,提升柑橘风味[23]。

3.3 生物肥料与猕猴桃产量和经济效益的关系

生物有机肥中的固氮菌、解磷菌、解钾菌能促进土壤中植物可利用的 N,P,K 营养元素的增加,进而促进作物对营养元素的吸收。研究表明,土壤中有益微生物的大量繁殖,并伴随抗病因子的增加,可抑制土壤环境中的腐败菌和病原菌,减少植株病害发生率,降低重茬作物的病情指数,连年施用还可大大缓解连作障碍[37],从而提升产量与品质。本研究中,施用生物有机肥与复合微生物肥配施对提高猕猴桃产量、产值及产投比均有很好的效果,且显著高于普通化肥;随着使用年份增加,生物肥料的增产效果越明显。赵兰凤等[38]研究也发现,生物有机肥的施用可以预防香蕉枯萎病的发生,在种植 30 d 时防病效果达到 55.4 %。可见,生物有机肥与复合微生物肥的应用不仅可以保障作物基本的营养元素的需求、提升土壤有机质,而且微生物的投入更能改善土壤结构,减少病害发生率,提升果实品质,并且,随着年份增加,生物肥料对猕猴桃的优质丰产效果越发显著,这些都是单施化肥所不能达到的。

参考文献 References

[1] 黄宏文.猕猴桃驯化改良百年启示及天然居群遗传渐渗的基因发掘.植物学报,2009,44(2):127-142.

[2] 郭文韬.中国传统农业思想研究.北京:中国农业科技出版社,2001:19-22.

[3] 郑晓琴,陈彦,李明章,等.猕猴桃加工技术发展现状及四川猕猴桃产业近况.资源开发与市场,2009,25(6):531-533.

[4] 党寿光,刘娟,祝进,等.四川猕猴桃产业现状及发展对策.中国果业信息,2014,31(1):17-19.

[5] 施春晖,骆军,张朝轩,等.不同果袋对'红阳'猕猴桃果实色泽及品质的影响.上海农业学报,2013,29(3):32-35.

[6] 龚宏伟.红阳猕猴桃的冻害成因与防治措施探析.陕西农业科学,2013,59(5):134-136.

[7] 王俊峰,王西锐,李永武,等.红阳猕猴桃溃疡病防治技术.陕西农业科学,2013,59(1):248-249.

[8] 刘科鹏,黄春辉,冷建华,等.猕猴桃园土壤养分与果实品质的多元分析.果树学报,2012(6):1047-1051.

[9] 宁允叶,熊庆娥,曾伟光.'红阳'猕猴桃全红型芽变(86-3)的果实品质及花粉形态研究.园艺学报,2005(3):486-488.

[10] 王玉萍,饶景萍,杨青珍,等.猕猴桃 3 个品种果实耐冷性差异研究.园艺学报,2013(2):341-349.

[11] RONNENBERG K,WESCHE K.Effects of fertilization and irrigation on productivity, plant nutrient contents and soil nutrients in southern Mongolia.Plant & Soil,2010,340(1/2):239-251.

[12] 来源,同延安,陈黎岭,等.施肥对猕猴桃产量和品质的影响.西北农林科技大学学报(自然科学版),2011(10):171-176.

[13] 王桂华,李艳,王爱玲,等.复合微生物肥及 PGPR 菌剂对大蒜重茬病的防效研究.中国园艺文摘,2010,26(5):21-22.

[14] CARDINALE B J,SRIVASTAVA D S,EMMETT D J,et al.,Effects of biodiversity on the functioning of trophic groups and ecosystems.Nature,2006,443(7114):989-992.

[15] SALLES J F O, VEEN J A V, ELSAS J D V.Multivariate analyses of burkholderia species in soil:effect of crop and land use history.Applied & Environmental Microbiology,2004,70(7):4012-4020.

[16] 阎淑珍,杨启银,陈育如.复合微生物肥对植物土传病原真菌的抑制作用.中国生物防治,2004,20(1):49-52.

[17] 刘继培,刘唯一,周婕,等.施用腐植酸和生物肥对草莓品质、产量及土壤农化性状的影响.农业资源与环境学报,2015(1):56-61.

[18] 高宝岩,隋华,吕伟,等.生物肥料的作用特性及应用前景浅析.天津农林科技,2000(1):27-28.

[19] 王秋萍.生物肥料的功效及其在果园中的应用.科学种养,2014(11):35-36.

[20] 任秀芝.微生物肥料对果品生产的影响.烟台果树,2014(3):49.

[21] 谢凯,宋晓晖,董彩霞,等.不同有机肥处理对黄冠梨生长及果园土壤性状的影响.植物营养与肥料学报,2013,19(1):214-222.

[22] 王柱飞,蔡泳,胡守江.苹果施用"EV"系列生物肥料效果试验.新疆农垦科技,2012(9):36-37.

[23] 褚长彬,吴淑航,张学英,等.施用微生物肥料对柑橘园土壤肥力和柑橘养分、品质的影响.上海农业科技,2011(1):93-94.

[24] 姚春潮,龙周侠,刘占德,等.生物有机肥对猕猴桃生长及果实品质影响的研究.陕西农业科学,2015,61(7):1-2.

[25] 熊庆娥.植物生理学实验教程.成都:四川科学技术出版社, 2001:23-27.

[26] 刘旭峰.猕猴桃栽培新技术.杨凌:西北农林科技大学出版社,2005:112-116.
[27] 王建,同延安,高义民.关中地区猕猴桃树体周年磷素需量动态规律研究.干旱地区农业研究,2008,26(6):119-123.
[28] 王兴仁.什么是生物肥料.山西果树,2012(4):59.
[29] 朱昌雄,李俊,沈德龙,等.我国生物肥料标准研究进展及建议.磷肥与复肥,2005,20(2):5-7.
[30] 刘方春,邢尚军,马海林,等.生物肥对冬枣生物学特性及产量和品质的影响.水土保持学报,2010,24(6):222-226.
[31] 曹丹,宗良纲,肖峻,等.生物肥对有机黄瓜生长及土壤生物学特性的影响.应用生态学报,2010,21(10):2587-2592.
[32] 罗文文,高琛稀,张东,等.不同海拔环境因子对富士苹果叶片和果实品质的影响.应用生态学报,2014,25(8):2243-2250.
[33] 张秋英,李发东,刘孟雨.冬小麦叶片叶绿素含量及光合速率变化规律的研究.中国生态农业学报,2005,13(3):95-98.
[34] 周光萍.EM微生物菌剂在猕猴桃上的应用试验.落叶果树,1999(3):45.
[35] 马文哲,米红彬.新时代生物有机肥对红富士苹果产量及品质的影响.北方园艺,2013(10):163-165.
[36] 刘利军,洪坚平,闫双堆,等.应用微生物肥料提高砀山酥梨品质的研究.中国生态农业学报,2007,15(4):72-74.
[37] 孙敬,史雅君.生物肥料在农业生产中的应用.吉林农业,2010(12):152.
[38] 赵兰凤,胡伟,刘小锋,等.生物有机肥对香蕉根际土壤生物多样性的影响.华南农业大学学报,2013,34(2):144-148.

Effects of Fertilizing Biofertilizer on Growth and Yield Quality of Kiwifruit

TU Meiyan[1,2] LIU Chunyang[1,2] JIANG Guoliang[1] LIAO Ming'an[2]
CHEN Dong[1] SUN Shuxia[1] LI Jing[1] LIN Lijin[3]

(1 Horticulture Institute, Sichuan Academy of Agricultural Sciences · Key Laboratory of Biology and Genetic Improvement of Horticultural Crops (Southwest Region), Ministry of Agriculture Chengdu 610066;
2 College of Horticulture, Sichuan Agricultural University Chengdu 611130;
3 Institute of Pomology and Olericulture, Sichuan Agricultural University Chengdu 611130)

Abstract In this study, the six years' grafting 'Hongyang' kiwifruit plants are used as the research material. The influence of successive years' different amounts of bio-organic fertilizers and compound microbial fertilizers on the growth, yield, quality and economic benefits of 'Hongyang' kiwifruit is analyzed in this paper, in order to further improve the soil conditions of kiwifruit orchards and improve the yield and quality of kiwifruit in Sichuan province. The results were as follows: (1) Compared with the application of common fertilizers, a combined application of bio-organic fertilizers and compound microbial fertilizers could better promote the growth of trunks of 'Hongyang' kiwifruits, increase the leaf area, hundred leaf weights of nutritional branches and bearing branches as well as the content of chlorophyll in leaves so as to promote photosynthesis, increase the accumulation of carbon photosynthate in 'Hongyang' kiwifruits. The more amounts of biofertilizers are used, the better the effect of promotion will be. If biofertilizers are applied in successive years, the promoting effect of biofertilizers will be even better. Compared with the application of common fertilizers, a combined application of bio-organic fertilizers and compound microbial fertilizers are more balanced to promote leaf growth on nutritional branches and bearing branches of 'Hongyang' kiwifruits, and favorable to improve the yield of 'Hongyang' kiwifruits; (2) Increase of years has little influence on the appearances and internal qualities of 'Hongyang' kiwifruits; however, the categories of fertilizers applied have greater influence on 'Hongyang' kiwifruits. In case biofertilizers are applied, the appearances and internal qualities of 'Hongyang' kiwifruits could be greatly improved. especially, the effect of applying a large quantity of biofertilizers on 'Hongyang' kiwifruits will be even better.; (3) A combined application of bio-organic fertilizers and compound microbial fertilizers could significantly increase the yield per plant, yield per hectare and input-output ratio of 'Hongyang' kiwifruits, compared with the application of common fertilizers. The increase in amount of biofertilizers could bring high output and better economic benefits; the effect of improvement in yield and income will be better if the biofertilizers are applied in successive years.

Key words Kiwifruit Biofertilizer Growth Yield Quality

施用生物肥料对猕猴桃园土壤理化性质的影响*

涂美艳[1,2,**]　刘春阳[1,2,***]　江国良[1]　廖明安[2,****]
陈　栋[1]　孙淑霞[1]　李　靖[1]　林立金[3]

（1 四川省农业科学院园艺研究所 农业部西南地区园艺作物生物学与种质创制重点实验室　成都　610066；
2 四川农业大学园艺学院　成都　611130；3 四川农业大学果蔬研究所　成都　611130）

摘　要　为进一步改善猕猴桃园土壤条件，提升四川猕猴桃产量与品质。本研究以 6 年生‘红阳’猕猴桃为试材，比较分析了连续 4 年不同量生物有机肥与复合微生物肥配施和常规化学肥配施对猕猴桃园土壤理化性质的影响。研究结果表明：①生物有机肥与复合微生物肥配施可显著提高‘红阳’猕猴桃园土壤总孔隙度和田间持水量、降低土壤容重，对‘红阳’猕猴桃园土壤环境具有很好的改善作用，且随生物肥料用量增加土壤改善效果更好，尤其对 0~40 cm 土层最好，而施用化肥的效果则相反；②与施用普通化肥相比，生物有机肥与复合微生物肥配施显著提高了土壤有机质含量以及土壤酶活性；土壤 pH 均比试验前有所降低，但施用高量的生物有机肥和复合微生物肥提高了‘红阳’猕猴桃园土壤的缓冲性，其 pH 下降幅度最小；③高量的生物有机肥与复合微生物肥配施处理对提高土壤 N，P，K 养分及微量元素含量，尤其是养分有效性和利用率的效果显著优于化肥，其对土壤肥力的提升作用主要在猕猴桃根系分布集中区域；有效 Ca 和有效 Mg 较试验前有所降低，且化肥处理下降幅度最大，而施用高量生物肥料的处理下降最少，与试验前差异不显著。因此，猕猴桃生产中应多施生物肥，其年配施量为，生物有机肥 15 kg/株、复合微生物肥 0.75 kg/株。施用生物肥还应加强 Ca，Mg 元素的补充。

关键词　猕猴桃　生物肥料　土壤理化性质

猕猴桃系猕猴桃科（Actinidiaceae）猕猴桃属（*Acinidia* Lindl.）植物，又名“奇异果”“长寿果”“美容果”，是原产我国的野生木质藤本果树[1]。由于其果实具有较高营养价值[2]和药用价值[3]，风味独特，适宜鲜食与加工，经济价值高，被国际上誉为“水果之王”[4]。本研究选用的猕猴桃品种为‘红阳’，是世界上首个红肉猕猴桃品种[5]，目前已在 11 个国家进行了品种权注册登记，并获得中国和阿根廷新品种权保护[6]。该品种果实子房鲜红色，软熟后可溶性固形物含量 19.6 %，总糖 13.45 %，总酸 0.49 %，维生素 C 含量 135.77 mg/100 g，干物质含量 22 %[7-8]，味甜爽口、风味浓、品质优，是四川、陕西、江苏等地猕猴桃主栽品种之一[9]，占四川猕猴桃总面积的 75 %[10-11]；但该品种生长势弱、抗性较差，比其他品种更需要优越的土壤条件[12]。然而生产上，果农为增产增收常大量施用未腐熟有机肥和化肥，造成土壤结构越加恶化，猕猴桃根系受损严重，植株过早衰退，经济结果寿命缩短，事与愿违现象比比皆是。王改兰

---

* 基金项目：四川省农业科学院青年基金（2012QNJJ-010）；四川省科技支撑计划（2014NZ0031）；成都市猕猴桃产业集群项目（2015-cp03 0031-nc）；四川水果创新团队猕猴桃栽培技术岗位专家经费。

** 第一作者，男，1983 年出生，江西峡江人，副研究员，在读博士，主要从事果树营养生理与栽培技术研究；E-mail：huahelei@ 163.com。

*** 并列第一作者，男，1991 年出生，重庆梁平人，硕士研究生，主要从事果树生理生态及栽培技术研究；E-mail：544907775@ qq.com。

**** 通讯作者，E-mail：57590159@ qq.com。

等研究认为,土壤理化性质是土壤质量的重要组成部分,其不仅影响土壤保持和供应水肥的能力,对调控土壤气热状况以及水分入渗性能和地表径流的产生也有重要作用[13]。现有研究表明,土壤养分的丰缺直接影响着果树产量与果实品质[14-18]。Blake 等和郭胜利等研究提出,不合理地长期施用化肥,易使得化肥效益下降,作物产量降低,甚至对土壤质量带来潜在的危害[19-20]。因此,通过合理施肥并改善果园土壤理化性质是实现果树高产优质的重要途径。马俊永等发现,有机-无机配合肥有利于改善土壤物理性状,显著降低土壤容重,提高土壤田间持水量[21];蒋太明等和曾希柏等研究也发现,施用有机肥能提高土壤团粒结构和有机碳含量[22-23];史银光等发现施肥处理可使田间持水量和总孔隙度均有不同程度提高[24]。本研究以化肥配施为对照,探讨了 4 年定位施用不同量生物有机肥+复合微生物肥对红阳猕猴桃园土壤理化性质的影响,为制定合理施肥策略提供参考,对提升猕猴桃产量与品质具有重要意义。

1 材料与方法

1.1 试验地概况

试验地位于都江堰市胥家镇金胜村(31°01′60″N,103°43′01″E,海拔 657 m),年均气温 15.2 ℃,7 月最高温 33.8 ℃,1 月最低温-2.6 ℃,年均降水量 1 178 mm,无霜期 280 d。试验园地势平坦,土壤为水稻土,试验前其 0~60 cm 土层理化性质为,pH = 5.8,有机质 2.37 %,全氮 1.78 g/kg,水解氮 48.4 mg/kg,全磷 0.69 g/kg,有效磷 65.51 mg/kg,全钾 10.5 g/kg,速效钾 85.84 mg/kg,交换性钙 0.92 g/kg,交换性镁 111.33 mg/kg。

1.2 试验材料

供试植株为 6 年生‘红阳’猕猴桃嫁接植株,采用深沟高厢方式定植(厢面宽度 2.65 m,高度 40 cm),砧木为野生美味猕猴桃实生苗,栽培株行距 2.5 m×3.0 m,架型为 T 形架,雌雄株比例为 8∶1。

供试生物有机肥和复合微生物肥均由成都正富生物科技开发有限公司提供。其中,生物有机肥由不同功能菌与食用菌渣、鸡粪、腐殖酸等有机物料按照一定比例通过固体发酵制成,有机质 25.39 %,全氮 1.64 %,全磷 3.71 %,全钾 2.32 %,全钙 1.44 %,全镁 0.82 %,pH 值 7.86,侧孢短芽孢杆菌数 1.046×10^8/g,枯草芽孢杆菌数 0.115×10^8/g;复合微生物肥由尿素、磷酸一铵、硫酸钾、硝酸钙、氯化镁、活化腐殖酸以及不同功能菌按照一定比例和工序混匀而成,有机质 12.8 %,全氮 8.13 %,全磷 2.87 %,全钾 1.28 %,全钙 3.36 %,全镁 0.91 %,pH 值 5.96。

1.3 试验设计

本试验实施期为 2011 年 10 月至 2015 年 9 月,共设 4 个处理(低量生物肥、中量生物肥、高量生物肥、化肥),每个处理 3 行(每行 35~39 株),采用随机区组设计,区组间设置隔离行。各处理每年施肥用量和施肥方式详见表 1。

表 1 施肥试验方案

Table 1 The experiment program of fertilization

处理(treatment)	单株施肥量/(kg/株)(fertilizer rate of each tree)	
	生物有机肥(bio-organic fertilizer)	复合微生物肥(compound microbial fertilizer)
低量生物肥	5.00	0.25
中量生物肥	10.00	0.50
高量生物肥	15.00	0.75
化肥	尿素(1.00)+过磷酸钙(3.00)+硫酸钾(2.00)	

施肥方法：生物有机肥与复合微生物肥在10月上旬一次性施入，先全厢撒施（离树干60~100 cm圆周上肥料撒施量占90 %），然后进行全厢人工翻耕（肥料集中撒施区域翻耕25~30 cm，其余区域翻耕10~15 cm）；化肥分3次施入：10月上旬（占40 %），3月下旬（占30 %），6月下旬（占30 %）。各处理在周年管理过程中，除施肥水平和施肥方法差异外，其余的花果管理、叶面追肥、整形修剪、病虫害防治、水分调控等管理措施均一致。

1.4 测试指标及方法

分别在试验前（2011年9月）和试验后（2015年10月）采集猕猴桃园土样（试验前采样位置离根颈部位50~60 cm，试验后采样位置离根颈部位80~100 cm），分0~20 cm，20~40 cm和40~60 cm三层采样。土壤物理性质（土壤容重、总孔隙度、田间持水量）测定用环刀分层取样，每处理采集3个点，重复3次，参照卫茂荣的方法[25]测定；化学性质测定用土钻分层取样，每处理8个点，混匀后进行自然风干，再按四分法保留0.5 kg碾碎过筛用于测定pH值、有机质、土壤酶活性、全氮、水解氮、全磷、速效磷、全钾、速效钾、交换性钙、交换性镁以及部分微量元素等项目，参照鲍士旦的方法[26]测定。

1.5 数据处理

采用Excel 2010办公软件和DPS v7.05数据处理软件对实验数据进行统计分析及作图。

2 结果与分析

2.1 生物肥料对猕猴桃园土壤容重和总孔隙度的影响

土壤容重和总孔隙度是反应土壤通透性、土壤肥水保持能力的重要指标。从图1~图2可知，与试验前相比，低量生物有机肥与复合微生物肥配施处理的‘红阳’猕猴桃园土壤容重有所降低、总孔隙度有所提高，但影响效果不显著，随生物有机肥和复合微生物肥施用量的增加，三个土层的土壤容重均表现出下降趋势，土壤总孔隙度均呈升高趋势，且对0~20 cm和20~40 cm两个土层影响较大，其中高量生物肥处理土壤容重分别比试验前降低了24.22 %和21.64 %，总孔隙度分别比试验前升高了35.61 %和21.26 %；而常规化学肥配施反而提高了‘红阳’猕猴桃园土壤容重、降低了土壤总孔隙度，这使得土壤环境恶化，不利于猕猴桃根系生长与养分吸收。高量的生物肥处理使得三个土层的土壤容重、土壤总孔隙度与对照组呈极显著差异（$p<0.01$），可见，提高生物肥用量更有利于改良土壤，为猕猴桃根系生长发育提供良好土壤条件。

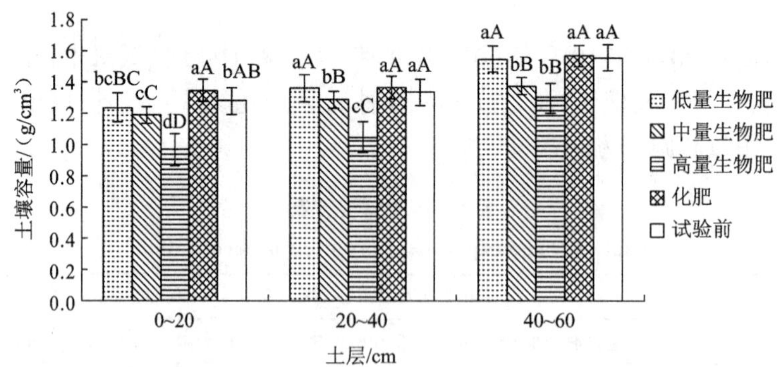

图1 施用生物肥料对猕猴桃园土壤容重的影响

Fig.1 Influences of fertilizing biofertilizer on soil bulk density of kiwifruit orchards

注：图中小写或大写字母相同表示在0.05和0.01水平上差异不显著（下同）。

Note: In the figure the same lowercase or uppercase letters means no significant difference in 0.05 and 0.01 level (the same below).

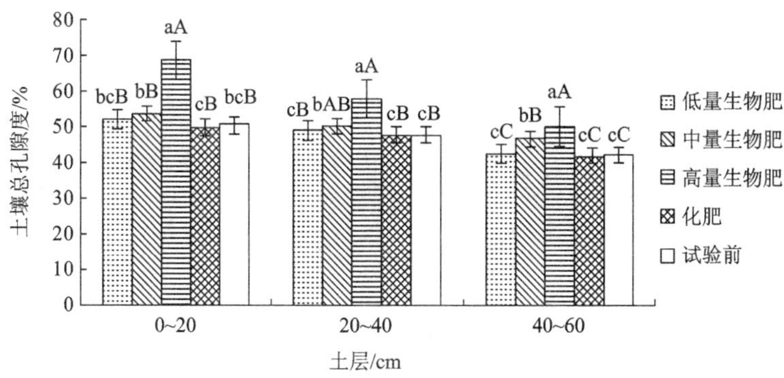

图 2 施用生物肥料对猕猴桃园土壤总孔隙度的影响

Fig.2 Influences of fertilizing biofertilizer on soil total porosity of kiwifruit orchards

2.2 生物肥料对猕猴桃园土壤田间持水量的影响

作物的生长离不开水分，田间持水量是反映土壤保水性能的一个重要指标。从图 3 可知，各生物肥处理使得猕猴桃园土壤田间持水量较试验前有所增加，且随用量增加，田间持水量呈上升趋势，以 0~20 cm 土层表现最明显，而化肥配施处理较试验前反而有所降低；生物肥处理的猕猴桃园土壤三个土层的田间持水量均高于常规化肥配施，分别比普通化肥处理增加了 10.6 %，30.5 %，112.9 %；高量生物肥处理对田间持水量的提升效果最好，与普通化肥处理相比均达到极显著水平（$p<0.01$）。土壤田间持水量的提高更有利于保证猕猴桃的水分长久供应，避免土壤出现忽干忽湿而对猕猴桃生长产生不利影响。

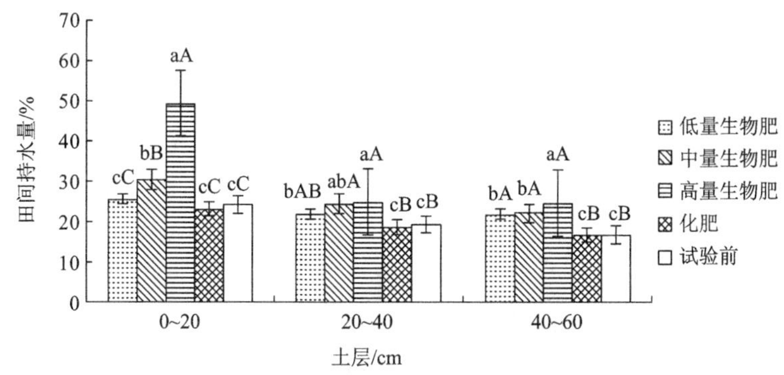

图 3 施用生物肥料对猕猴桃园土壤田间持水量的影响

Fig.3 Influences of fertilizing biofertilizer on soil field capacity of kiwifruit orchards

2.3 生物肥料对猕猴桃园土壤酶活性的影响

由图 4~图 6 可以看出，各处理下土壤脲酶活性、土壤过氧化氢酶活性以及土壤转化酶活性变化规律相同。施用生物肥料的各处理，其 0~20 cm 和 20~40 cm 两个土层的土壤脲酶活性、土壤过氧化氢酶活性以及土壤转化酶活性均较试验前有显著提升，而普通化肥处理较试验前反而有小幅度下降，但差异不显著。各处理 0~20 cm 土层的土壤酶活性均比 20~40 cm 土层高。生物有机肥与复合微生物肥配施用量增加，三种土壤酶活性也随之上升，其中高量生物肥处理的土壤酶活性最高，可见，施用生物肥料尤其是高量的生物肥料对土壤酶活性有很大提升作用。土壤酶活性的提高反映出土壤微生物更加活跃，这就更能促进土壤养分的转化和有机质的分解，以提高土壤肥力和肥效。

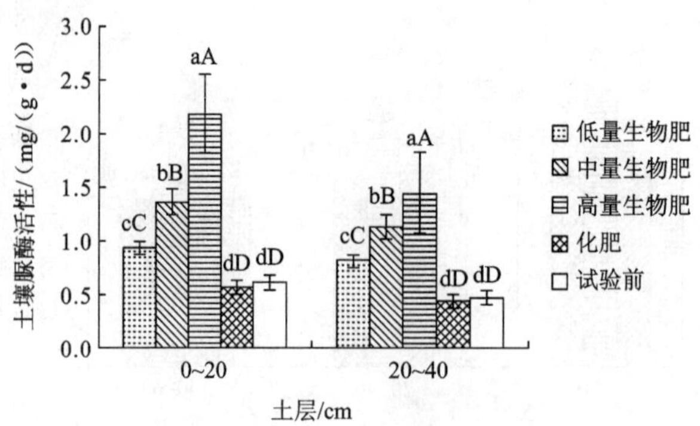

图 4　施用生物肥料对猕猴桃园土壤脲酶活性的影响

Fig.4　Influences of fertilizing biofertilizer on soil urease activity of kiwifruit orchards

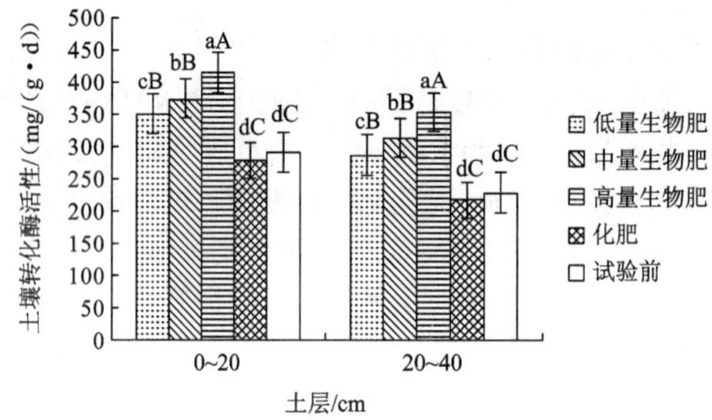

图 5　施用生物肥料对猕猴桃园土壤转化酶活性的影响

Fig.5　Influences of fertilizing biofertilizer on soil invertase activity of kiwifruit orchards

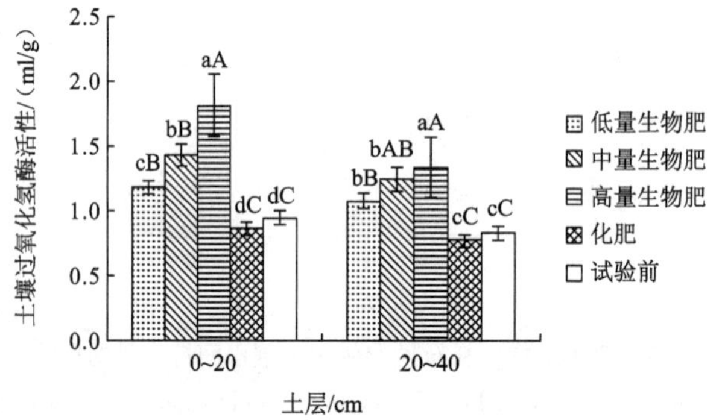

图 6　施用生物肥料对猕猴桃园土壤过氧化氢酶活性的影响

Fig.6　Influences of fertilizing biofertilizer on soil catalase activity of kiwifruit orchards

2.4　生物肥料对猕猴桃园土壤 pH 和有机质的影响

从图 7 可知，与试验前相比，各土层中各处理的 pH 均有所下降，且以常规化肥配施下降的幅度最大，生物有机肥与复合微生物肥配施的各处理下降幅度随肥料用量增加而减少；与试验前相比，各施肥处理对 20～40 cm 土层的 pH 影响最大，分别下降了 24.91 %，18.09 %，11.26 %，26.62 %。其中高量生物肥处理在 0～20 cm 和 40～60 cm 土层分别下降了 4.85 %和 7.67 %。土壤 pH 降低超过了猕猴桃的适应范围便会对猕猴桃的生长产生不利影响，而高量生物肥处理使得土壤 pH 平均值（5.5）保持在其最适范围之内，这就保证了猕猴桃的正常生长。而化肥处理和低量的生物肥处理则使得土壤 pH 偏低，这会对猕猴桃生长产生不利影响。

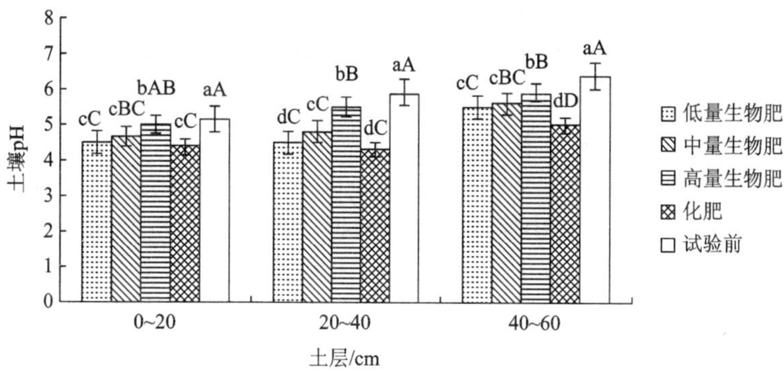

图 7　施用生物肥料对猕猴桃园土壤 pH 的影响

Fig.7　Influences of fertilizing biofertilizer on soil pH of kiwifruit orchards

从图 8 可以看出，与试验前相比，生物有机肥与复合微生物肥配施处理显著提高了土壤中有机质的含量，且肥料用量越大效果越好，而普通化肥处理使得土壤中有机质含量下降。从各个土层看，施用生物有机肥与复合微生物肥配施处理对 0～20 cm 和 20～40 cm 土层有机质影响较大，高量生物肥处理的有机质含量分别比试验前高 46.12 %，38.29 %；常规化肥配施由于连续多年未补充有机质，其三个土层的有机质含量均比试验前有所下降，以 0～20 cm 和 20～40 cm 土层下降幅度大，分别达 26.67 %，19.38 %。有机质含量的提高，促进土壤有益菌群的繁衍，进一步改善土壤结构。

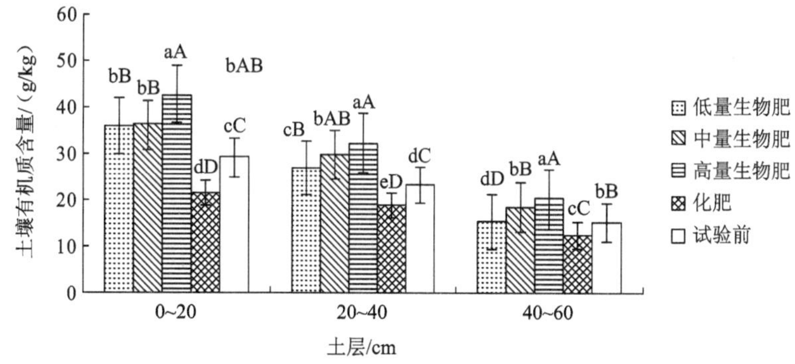

图 8　施用生物肥料对猕猴桃园土壤有机质含量的影响

Fig.8　Influences of fertilizing biofertilizer on soil organic matter content of kiwifruit orchards

2.5　生物肥料对猕猴桃园土壤大量元素养分状况的影响

由表 2 可知，从三个土层平均值来看，各施肥处理的全氮、全磷、全钾含量均比试验前有所提高，其中普通化肥处理的全氮含量显著高于生物有机肥与复合微生物肥配施处理，全磷和全钾为高量生物肥配施处理极显著高于普通化肥处理（$p<0.01$），中、低量生物肥处理与化肥处理差异不显著，且施用生物肥料的三个处理，全效氮、磷、钾养分含量随肥料用量的增加而上升，高量生物肥处理显著或极显著高于中、低量生物肥处理。从各土层来看，全氮、全磷、全钾含量表现为 0～20 cm 土层>20～40 cm 土层>40～60 cm 土层；全氮含量表现为随生物肥料用量的增加呈上升趋势，高量生物肥处理显著高于其余两个生物肥处理（$p<0.05$），略低于普通化肥处理，差异不显著；三个土层中全磷和全钾均表现为生物有机肥与复合微生物肥配施高于普通化肥，且随生物有机肥与复合微生物肥配施用量增加而上升，其中高量生物肥处理在 0～20 cm和 20～40 cm 土层极显著高于普通化肥处理（$p<0.01$），在 40～60 cm 土层则不显著。

从三个土层平均值看,碱解氮、速效磷、速效钾均比试验前有所提高,且生物有机肥与复合微生物配施处理大于普通化肥处理;随着生物有机肥与复合微生物肥配施用量提高,速效磷、钾呈上升趋势,且高量生物肥处理极显著高于普通化肥处理,而碱解氮随生物有机肥与复合微生物肥配施用量增加呈下降趋势。从各土层看,0~20 cm 和 20~40 cm 土层的碱解氮随生物有机肥与复合微生物肥配施用量增加而下降,但 40~60 cm 土层则随生物有机肥与复合微生物肥配施用量增加而升高;三个土层中速效磷和速效钾均随生物有机肥与复合微生物肥配施用量增加而升高,且与普通化肥处理的差异性也随之增大,施用生物肥料对 0~20 cm 和 20~40 cm土层影响较大,其中高量生物肥处理的速效磷分别是普通化肥处理的 4.67 倍、3.84 倍,速效钾分别是普通化肥处理的 1.30 倍、1.16 倍。

表 2　施用生物肥料对猕猴桃园土壤大量元素养分含量的影响

Table 2　Influences of fertilizing biofertilizer on soil macroelement nutrient content of kiwifruit orchards

土层/cm (soil layer)	处理 (treatment)	全氮 /(g/kg) (total N)	碱解氮 /(mg/kg) (alkali-hydrolyzable N)	全磷 /(g/kg) (total P)	速效磷 /(mg/kg) (available P)	全钾 /(g/kg) (total K)	速效钾 /(mg/kg) (available K)
	低量生物肥	2.22 bB	106.26 aA	0.99 cC	234.94 cC	12.10 cBC	125.30 cC
	中量生物肥	2.28 bAB	98.82 bA	1.21 bB	299.92 bB	14.20 bB	133.31 bB
0~20	高量生物肥	2.45 aA	88.16 cB	1.75 aA	467.96 aA	17.70 aA	168.54 aA
	化肥	2.55 aA	68.84 dC	0.92cdC	100.17 dD	11.90 cC	129.74bcBC
	试验前	2.12 cC	66.36 dC	0.84 dC	81.55 eE	11.80 cBC	96.24 dD
	低量生物肥	2.12bB	69.69 aA	0.73 bcB	95.98 cC	10.30 cB	97.50 cC
	中量生物肥	2.15bAB	63.50 abAB	0.77 bB	175.91 bB	12.50 abAB	116.50 bB
20~40	高量生物肥	2.29aA	58.46 bB	0.94 aA	248.51 aA	13.90 aA	131.48 aA
	化肥	2.34aA	47.51 cC	0.79 bB	64.74 cC	10.70 bcB	113.45 bB
	试验前	1.80cC	43.31 cC	0.67 cB	66.32 cC	10.10 cB	82.65 dD
	低量生物肥	1.02cB	40.17 bB	0.52 bA	80.50 cB	9.20 bA	46.81 eD
	中量生物肥	1.13cAB	47.84 bAB	0.57 abA	91.05 bAB	10.30 abA	103.75 bB
40~60	高量生物肥	1.26bA	57.28 aA	0.61 abA	103.98 aA	11.20 aA	117.61 aA
	化肥	1.47aA	38.78 bB	0.63 aA	47.37 dC	9.60 abA	96.87 cB
	试验前	1.42aA	35.54 bB	0.55 abA	48.65 dC	9.70 abA	78.62 dC
	低量生物肥	1.79cB	72.04 aA	0.75 bcB	137.14 cC	10.50 bB	89.87 cC
	中量生物肥	1.85cB	70.05 aA	0.86 bB	188.96 bB	12.30 bAB	117.85 bB
0~60 平均	高量生物肥	2.00bAB	67.97 aA	1.09 aA	273.48 aA	14.30 aA	139.21 aA
	化肥	2.12aA	51.71 bB	0.78 bcB	70.76 dD	10.60 bB	113.35 bB
	试验前	1.78cB	48.40 bB	0.69 cB	65.51 dD	10.50 bB	85.84 cC

注:表中小写或大写字母相同表示在 0.05 和 0.01 水平上差异不显著(下同)。

Note:The same lowercase or uppercase letters in the table means no significant difference in 0.05 and 0.01 level(the same below).

土壤 N,P,K 养分含量是作物生长所需要的最基本养分,其有效养分含量的高低直接影响着作物的吸收状况。试验中施用生物肥料对提高猕猴桃园土壤 N,P,K 养分含量及其有效养分含量具有很好的效果,并且其肥效主要集中在猕猴桃根系集中分布区,这就有利于猕猴根系对养分的吸收,肥料利用率更高。

2.6 对猕猴桃园土壤中微量元素养分状况的影响

从表3可以看出,各施肥处理0~60 cm土层中交换性Ca和交换性Mg的平均含量均较施肥处理前有小幅度下降,但生物有机肥与复合微生物肥配施各处理的下降幅度比常规化肥处理要小,随生物肥料用量增加下降幅度越小,其中高量生物肥处理与处理前接近,差异不显著;低量生物肥处理与化肥配施处理差异不显著。从各土层来看,交换性Ca均表现为各处理均比试验前降低,但高量生物肥处理与处理前差异最小,且交换性Ca随土层加深呈升高趋势,这与pH变化规律相同。从表3可看出,0~60 cm土层平均值中生物有机肥与复合微生物肥配施处理的猕猴桃园土壤中Cu,Zn,Fe和Mn微量元素含量均要高于化肥施用,并且生物肥料用量高效果更好,高量生物肥料处理与普通化肥处理之间差异极显著($p<0.01$),Cu,Zn,Fe和Mn分别比化肥处理高16.42%,82.84%,32.55%和51.34%。从各土层数据可看出,微量元素含量随土层加深而下降,并且施用生物肥料的处理其微量元素养分含量主要集中在0~40 cm土层。由此可见生物有机肥与复合微生物肥配施对提高土壤微量元素养分含量和养分有效性具有很好的效果,并且肥效主要集中在猕猴桃根系分布区域,比起化肥(易随雨水流失)更能充分发挥肥力。

表3 施用生物肥料对猕猴桃园土壤中微量元素养分含量的影响

Table 3 Influences of fertilizing biofertilizer on soil medium trace element nutrient content of kiwifruit orchards

土层/cm (soil layer)	处理 (treatment)	交换性Ca/(g/kg) (exchangeable Ca)	交换性Mg/(mg/kg) (exchangeable Mg)	Cu /(mg/kg)	Zn /(mg/kg)	Fe /(mg/kg)	Mn /(mg/kg)
0~20	低量生物肥	0.52 cBC	68.80 bcB	2.97 bcB	5.26 bB	131.30 bB	42.77 bcB
	中量生物肥	0.60 bAB	72.60 bAB	3.04 bAB	5.51 bB	135.90 bB	46.02 bB
	高量生物肥	0.73 aA	76.90 abA	3.22 aA	7.34 aA	152.33 aA	57.30 aA
	化肥	0.49 cC	62.30 cB	2.83 cB	3.70 cC	115.55 cC	37.00 cB
	试验前	0.78 aA	83.28 aA	—	—	—	—
20~40	低量生物肥	0.71 bcB	80.30 bB	3.31 bB	3.10 bB	124.95 cB	40.06 bB
	中量生物肥	0.76 bB	86.15 bB	3.40 bB	3.20 bB	135.45 bB	42.83 bB
	高量生物肥	0.88 aA	102.90 aA	3.80 aA	4.59 aA	158.40 aA	51.16 aA
	化肥	0.66 cB	76.45 cB	2.99 cC	2.68 cB	122.65 cB	32.85 cB
	试验前	0.94 aA	116.45 aA	—	—	—	—
40~60	低量生物肥	0.85 bB	91.55 cB	1.70 bB	1.88 bcB	55.66 aA	38.74 aA
	中量生物肥	0.90 bAB	106.60 bB	1.85 bB	2.05 bB	59.14 aA	39.64 aA
	高量生物肥	0.97 abA	127.50 aA	2.35 aA	2.76 aA	59.52 aA	40.54 aA
	化肥	0.73 cB	88.90 cB	2.22 aA	1.66 cB	41.12 bB	28.60 bB
	试验前	1.05 aA	134.26 aA	—	—	—	—
0~60平均	低量生物肥	0.69 bcC	80.22 bcB	2.66 bB	3.41 bB	103.97 bB	40.52 bA
	中量生物肥	0.75 bBC	88.45 bB	2.76 bAB	3.59 bB	110.16 abA	42.83 bA
	高量生物肥	0.86 aAB	106.10 aA	3.12 aA	4.90 Aa	123.42 aA	49.67 aA
	化肥	0.63 cC	75.88 cB	2.68 bB	2.68 cC	93.11 cB	32.82 cB
	试验前	0.92 aA	111.33 aA	—	—	—	—

3 讨论与小结

3.1 生物肥料与土壤物理性质和 pH 的关系

土壤容重、总空隙度和田间持水量大小反映土壤结构、透气性、透水性能以及保水能力的高低，土壤容重值小、总空隙度和田间持水量值大说明土壤结构、透气透水性能越好，更有利于作物的生长[24,27-28]。本试验中，生物有机肥与复合微生物肥配施处理使得猕猴桃园土壤总孔隙度和土壤容重较试验前都有较大改善，其中高量生物肥处理使猕猴桃园土壤得到了最大的优化；而常规化学肥配施却没能使猕猴桃园土壤容重、总孔隙度和田间持水量有所改善，反而有恶化的趋势。生物肥料与化肥最大的区别就是含有大量活性有益菌群，施入土壤后菌群的代谢活动是生物肥料的效应得以更好发挥的重要原因。微生物代谢过程中所溢出的孢外多糖是土壤团粒结构的黏合剂，促进土壤团粒结构的形成，能疏松土壤，改善土壤的容重，提高保水保肥能力。可见长期施用生物有机肥+复合微生物肥能改善猕猴桃园土壤容重和土壤总孔隙度状况，使其土壤结构、透气透水能力和保水保肥能力更好，更有利于猕猴桃的生长，且生物有机肥与复合微生物肥配施用量高效果更好。

本试验中各处理使得 0~60 cm 土层土壤的 pH 值均有所下降，猕猴桃园土壤呈酸化趋势，与试验前相比，pH 值下降幅度顺序为化肥处理>低量生物肥处理>中量生物肥处理>高量生物肥处理。土壤 pH 不仅影响土壤养分的有效性，也直接影响树体根系的养分吸收能力。相关研究认为，氮的输入会加速土壤的酸化，土壤中硝酸盐的淋溶作用、NH_4^+ 的硝化作用和作物对阴阳离子的不均衡吸收是土壤酸化加速的重要原因[29-31]，普通化肥处理投入了大量的尿素，这是其 pH 降幅最大的原因之一。也有研究表明施用有机肥也可能使土壤 pH 下降[32-33]，比如土壤微生物在分解有机物的时候会产生有机酸以及呼吸产生的 CO_2 溶于水形成的碳酸在土壤中积累可能使得土壤 pH 降低[34]；土壤 pH 缓冲能力的变化受土壤有机质含量的影响较大，土壤有机质含量的提高对土壤酸碱缓冲能力的稳定具有积极作用，因此施用有机质含量高的肥料可使土壤的酸碱缓冲能力得到提高，土壤酸化趋势得到减缓，而单施化肥使土壤 pH 下降的同时土壤酸碱缓冲性能下降，导致土壤酸化的加速[35]。

3.2 生物肥料与土壤有机质和土壤酶活性的关系

土壤中有机质含量高低直接决定着土壤的优劣，它不仅为植物提供多种养分，反映出土壤的肥力高低，也是土壤生物的能量来源，有机质含量高有利于土壤菌群的繁衍，进一步提升土壤物理、化学及生物学性质，提高土壤的肥力和缓冲能力[36-39]。本试验表明，长期生物有机肥与复合微生物肥配施可提高猕猴桃园土壤的有机质含量，而常规化肥配施有机质含量则会降低。土壤有机质的提高更能保证猕猴桃园土壤肥力的全面性和长久性，同时还进一步促进土壤有益菌群的繁衍，促进土壤结构改善。

试验还表明，生物有机肥与复合微生物肥配施对提高土壤脲酶活性、土壤过氧化氢酶活性以及土壤转化酶活性具有很好的效果，这是由于土壤条件的好转和有机质含量的提高，促进了土壤有益菌群的大量繁殖。而施用普通化肥不但不能提高土壤有机质含量和土壤酶活性，连年施用还会导致土壤的通透性能下降，土壤出现板结现象，不利于土壤有益菌群的生活。土壤酶参与了土壤物质的转化和能量的循环过程，以及土壤中有机物质的分解；水解酶中的脲酶决定着土壤中氮的转化；转化酶类与土壤腐殖质，水溶性有机质、黏粒的含量以及微生物数量和活动能力呈正相关；氧化还原酶类中的过氧化氢酶不但可促进 H_2O_2 对土壤中的各种化合物进行氧化，还可消除土壤中 H_2O_2 的积累，避免了土壤的毒害作用[40]。因此土壤酶活性提高有利于猕猴桃园土壤养分的提高,以及减少土壤毒害。

3.3 生物肥料与土壤养分含量的关系

植物所需矿物营养元素主要从土壤中吸收获得,土壤养分的丰缺直接影响着作物的生长。肥料施入土壤后,养分随着雨水向下渗透,这使得土壤养分含量表现为上层高下层低。施用生物肥料补充了大量有益微生物,促进了土壤营养元素的矿化作用,更有利于养分的释放[41-42],其作用效果是持续的,保障了土壤养分释放的长久性[43],而化肥的施用虽短时间内能快速提高养分供给,但也容易随雨水流失,使得土壤余留养分低于生物肥料。本研究结果中氮、磷、钾养分及中微量元素含量变化印证了这点,可见合理的生物有机肥与复合微生物肥配施对土壤养分含量的提升效果大于普通化肥。

氮是土壤中最活跃的营养元素之一,也是植物需求量最大的营养元素,与植株营养生长密切相关,猕猴桃在营养生长时,其枝叶生长旺盛,因此对氮素养分的吸收量很大。猕猴桃根系分布浅,根据实地采样发现其根系主要分布在 40 cm 以上土层,因此对 40 cm 以下的土壤养分吸收较少,其 40~60 cm 土层的水解氮含量主要来源于上部养分的渗透。因此,由 40~60 cm 土层碱解氮的变化可以得出生物肥料的各处理碱解氮含量是随肥料用量增加而增加的。而在 0~20 cm 和 20~40 cm 土层碱解氮含量变化则相反,这是由于 40 cm 以上土层含有大量有益微生物使得土壤中矿质态氮进行固持,而后再慢慢矿化释放,供植株吸收利用。相关研究已经发现植物吸收的氮素有 70 %是来自土壤微生物所固持氮素的释放。而且在猕猴桃根系分布主要区域(0~40 cm)对氮素的大量吸收,加上生物肥料处理改善了土壤条件,促进了对水解氮的吸收,而本试验对猕猴桃植株生长的研究结果显示,施用生物肥料的各处理对猕猴桃生长促进作用均比化肥显著,这也与此点相印证。

Ca 是猕猴桃必须营养元素之一,不仅调控着猕猴桃生长发育,而且对提高猕猴桃果实品质及采后贮藏性密切相关[44]。本研究发现,施用生物肥后土壤交换性 Ca 有所下降,变化趋势与土壤 pH 相同。由于试验中土壤 pH 偏低,Ca 在酸性土壤中有效性较低,因此生产中使用生物肥料应注意加强 Ca 的补充。Mg 是植物叶绿素的重要组成部分,植物缺镁叶绿体会遭到破坏,直接影响到光合作用,导致光合同化物降低[45]。试验中,各处理交换性 Mg 含量较试验前有所降低,但高量的生物肥处理的交换性 Mg 与试验前差异不显著,而化肥处理的则显著降低,可见施用高量生物肥料对保障 Mg 的供应比化肥好;试验中,施用生物肥料处理的土壤,其交换性 Mg 含量较试验前有所降低,但并没有给猕猴桃的光合作用带来不利的影响,本试验的研究表明生物肥料处理的猕猴桃光合能力显著强于化肥处理,因此,笔者认为这种降低是由于施用生物肥料促进了猕猴桃对 Mg 的吸收所致。

对于植物来说,微量元素的需求量非常之少但起到的作用却很大,当缺乏某一种微量元素,植株相应的生理过程就会受到很大影响,然后在表观上反映出来,植株生长受到限制,最终导致产量和品质下降[46-47]。本试验中 Cu,Zn,Fe,Mn 等微量元素含量也明显表现出比常规化肥配施高,这可能与土壤中大量有益微生物代谢过程中产生的多种有机酸类物质促进了土壤中微量元素的释放有关。

参考文献 References

[1] 刘科鹏,黄春辉,冷建华,等.猕猴桃园土壤养分与果实品质的多元分析.果树学报,2012,29(6):1047-1051.

[2] 徐小彪,张秋明.中国猕猴桃种质资源的研究与利用.植物学通报,2003,20(6):648-655.

[3] 黄诚,周长春,李伟.猕猴桃的营养保健功能与开发利用研究.食品科技,2007,32(4):51-55.

[4] 巩文红,李志强,李汉友.我国猕猴桃优异资源的评价.山西果树,2005(5):23-24.
[5] 王明忠.红阳猕猴桃质量体系研究:病虫害及其防治.资源开发与市场,2005,21(5):443-446.
[6] 刘强,李晓.四川省猕猴桃产业发展SWOT分析及对策.贵州农业科学,2014(4):224-228.
[7] 王明忠,李明章,吴伯乐,等.红肉猕猴桃新品种的选育研究.资源开发与市场,1996,12(2):51-54.
[8] 李明章,邱利娜,王丽华,等.红阳猕猴桃杂交 F_1 代果实主要经济性状遗传倾向分析.果树学报,2011,28(1):51-54.
[9] 韩明丽,张志友,赵根,等.我国红果肉猕猴桃育种研究现状与展望.北方园艺,2014(1):182-187.
[10] 党寿光,刘娟,祝进,等.四川猕猴桃产业现状及发展对策.中国果业信息,2014,31(1):17-19.
[11] 涂美艳,江国良,陈栋,等.四川省猕猴桃产业发展现状及对策.湖北农业科学,2012,51(10):1945-1949.
[12] 李铁钧,邢银利.红阳猕猴桃品种特性与栽培对策.西北园艺,2008(6):8-9.
[13] 王改兰,段建南,贾宁凤,等.长期施肥对黄土丘陵区土壤理化性质的影响.水土保持学报,2006,20(4):82-85.
[14] 艾应伟,裴娟,刘浩,等.四川盆周山区猕猴桃耕地土壤特性及施肥技术.中国农学通报,2009,25(18):308-310.
[15] 江泽普,韦广泼,蒙炎成,等.广西红壤果园土壤肥力退化研究.土壤,2003,35(6):510-517.
[16] 魏凌云,程玉峰,曹仲根.土壤管理对枇杷生长的影响.陕西林业科技,2004(4):10-12.
[17] 辛燕,陈延军,郑禾,等.京郊樱桃园土壤状况、施肥对策与效果评价.北方果树,2013(2):4-6.
[18] 赵庆庭,朱立武,贾兵,等.黄河故道地区果园土壤肥力与砀山酥梨品质初步研究.安徽农业科学,2009,37(29):14121-14123.
[19] BLAKE L,GOULDING K W T,MOTT C J B,et al.,Changes in soil chemistry accompanying acidification over more than 100years under woodland and grass at Rothamsted Experimental Station, UK.European Journal of Soil Science,1999,50(3):401-412.
[20] 郭胜利,周印东,张文菊,等.长期施用化肥对粮食生产和土壤质量性状的影响.水土保持研究,2003,10(1):16-22.
[21] 马俊永,李科江,曹彩云,等.有机-无机肥长期配施对潮土土壤肥力和作物产量的影响.植物营养与肥料学报,2007,13(2):236-241.
[22] 蒋太明,罗龙皂,李渝,等.长期施肥对西南黄壤有机碳平衡的影响.土壤通报,2014(3):666-671.
[23] 曾希柏,柴彦君,俄胜哲,等.长期施肥对灌漠土团聚体及其稳定性的影响.土壤通报,2014(4):783-788.
[24] 史银光,李花,李平儒,等.长期施用化肥或不同有机物对塿土土壤物理性质的影响.西北农业学报,2010,19(9):124-130.
[25] 卫茂荣.一次取样连续测定土壤物理性质的方法.辽宁林业科技,1990(1):56-57.
[26] 鲍士旦.土壤农化分析.北京:中国农业出版社,2007:89-93.
[27] SEULBI L,CHANGHOON L,KIYUOL J,et al.,Changes of soil organic carbon and its fractions in relation to soil physical properties in a long-term fertilized paddy.Soil & Tillage Research,2009,104(2):227-232.
[28] 龚伟,颜晓元,蔡祖聪,等.长期施肥对华北小麦-玉米轮作土壤物理性质和抗蚀性影响研究.土壤学报,2009,46(3):520-525.
[29] POSS R,SMITH C J,DUNIN F X,et al.Rate of soil acidification under wheat in a semi-arid environment.Plant & Soil,1995,177(1):85-100.
[30] 董炳友,高淑英,吕正文.不同施肥措施对连作大豆的产量及土壤 pH 值的影响.黑龙江八一农垦大学学报,2002,14(4):19-21.
[31] 张永春,汪吉东,沈明星,等.长期不同施肥对太湖地区典型土壤酸化的影响.土壤学报,2010,47(3):465-472.
[32] XU J M,TANG C,CHEN Z L.The role of plant residues in pH change of acid soils differing in initial pH.Soil Biology & Biochemistry,2006,38(4):709-719.
[33] 栾书荣,汪晓丽,洪岚,等.土壤中掺入不同植物材料对其 pH 的影响.扬州大学学报,2005,26(3):62-65.
[34] 王利辉.不同来源有机肥及其配合施用对土壤性质的影响.长春:吉林农业大学,2007:12-22.
[35] 张永春.长期不同施肥对土壤酸化作用的影响研究.南京:南京农业大学,2012.
[36] 李军营,邓小鹏,杨坤,等.施用有机肥对植烟土壤理化性质的影响.中国土壤与肥料,2012(3):12-16.
[37] 汪建飞,周毅,高祥,等.施用生物有机肥对连作滁菊产量及土壤微生物区系的影响.土壤通报,2014,45(2):394-397.
[38] 张辉,李维炯,倪永珍.生物有机无机复合肥对土壤性质的影响.土壤通报,2006,37(2):273-277.
[39] 马鑫,许文年,夏振尧,等.浅谈土壤有机质的功能及可持续管理.科技致富向导,2014(27):25-34.
[40] 胡慧蓉,田昆,王艳霞,等.土壤学实验指导教程.北京:中国林业出版社,2012:31-37.

[41] 张丽娟,曲继松,杨冬艳,等.微生物肥对温室土壤质量及哈密瓜生长发育的影响.上海农业学报,2014,30(1):40-44.
[42] 苏德纯,王敬国,曹一平.麦田土壤可矿化氮的动态与供氮规律的研究.北京农业大学学报,1995,21(S2):57-60.
[43] 陈哲,赵永锋,张建岭.长期施用复合微生物肥对农田土壤速效养分的影响.现代农业科技,2014(19):241,245.
[44] 张天志,郑伟尉,邵晓岚,等.采前钙处理对猕猴桃果实和叶片营养元素含量的影响.浙江农业学报,2014(4):966-970.
[45] 吴韶辉,温明霞,王鹏,等.补镁对缺镁温州蜜柑叶片光合作用的影响.中国南方果树,2015(1):17-20.
[46] 曹小艳,汤璐,李百健,等.氨基酸螯合中微量元素肥料改善葡萄品质的研究.土壤通报,2009(4):880-883.
[47] 张炳运,介晓磊,刘芳,等.微量元素配施对土壤及紫花苜蓿中微量元素的影响.土壤通报,2009(1):144-149.

Effects of Fertilizing Biology Fertilizer on Physical and Chemical Properties of Soil in Kiwifruit Orchard

TU Meiyan[1,2] LIU Chunyang[1,2] JIANG Guoliang[1] LIAO Ming'an[2]
CHEN Dong[1] SUN Shuxia[1] LI Jing[1] LIN Lijin[3]

(1 Horticulture Institute, Sichuan Academy of Agricultural Sciences Key Laboratory of Biology and Genetic Improvement of Horticultural Crops(Southwest Region), Ministry of Agriculture Chengdu 610066;
2 College of Horticulture, Sichuan Agricultural University Chengdu 611130;
3 Institute of Pomology and Olericulture, Sichuan Agricultural University Chengdu 611130)

Abstract In this study, the six years' grafting 'Hongyang' kiwifruit plants are used as the research material. The influence of successive years' different amounts of bio-organic fertilizers and compound microbial fertilizers on the physicochemical property of the soil in 'Hongyang' kiwifruit orchards is analyzed in this paper, in order to further improve the soil conditions of kiwifruit orchards and improve the yield and quality of kiwifruit in Sichuan province. The results showed that: (1) A combined application of bio-organic fertilizers and compound microbial fertilizers could greatly improve the total porosity and field capacity of the soil in kiwifruit orchards and, at the same time, decrease the soil bulk density, which well improves the soil environment of kiwifruit orchards. Moreover, the increase in the dosage of biofertilizers even better improves the quality of soils, with best effect on the soil layer at the depth of 0~40cm; the effect of applying chemical fertilizers is, however, on the contrary. (2) Compared with common fertilizers, a combined application of bio-organic fertilizers and compound microbial fertilizers greatly improves the content of soil organic matters and soil enzyme activities. The pH value of the soil is decreased compared with that prior to the test; however, the application of a large quantity of biofertilizers and compound microbial fertilizers increases the buffering capacity of the soil in 'Hongyang' kiwifruit orchards, with minimum decrease in pH. (3) The contents of nitrogen, phosphorus and potassium, especially the availability and utilization rates of nutrients in soils are obviously improved by a combined application of high bio-organic fertilizers and compound microbial fertilizers. The contents of effective Ca and effective Mg are decreased compared with those before the test; the contents of effective Ca and effective Mg in soils applied by fertilizers are decreased the most; but those in soils applied by a large quantity of biofertilizers are decreased the least, and there was no significant differences when compared with those prior to the test. Therefore, more biofertilizer should be needed in the production of kiwifruit. bio-organic fertilizers need 15 kg/tree and compound microbial fertilizers need 0.75 kg/tree should be better, and supplementing Ca and Mg elements.

Key words Kiwifruit Biofertilizer Physical and chemical properties of soil

夏季修剪对猕猴桃生长及结果的影响

姚春潮　刘占德　李建军　龙周侠

（西北农林科技大学园艺学院　杨凌　712100）

摘　要　以8年生'海沃德'猕猴桃为材料，研究结果枝不同摘心处理对猕猴桃生长及结果的影响，结果表明：结果枝摘心以捏尖处理劳动力投入少（二次稍发生率），果实产量高，质量好，翌年结果能力强，综合效果最优；强旺结果枝结果部位以上留7~8叶摘心与捏尖处理在树体翌年萌芽、结果能力无明显差异，但是劳动力投入（二次稍发生率）较高，品质较差，综合效果次之；强旺结果枝结果部位以上留3~4叶摘心处理的劳动力投入（二次稍发生率）最高，果实产量较低、质量较差、翌年萌发、结果能力差，综合效果最差。

关键字　猕猴桃　夏季修剪　捏尖　摘心　生长　结果

夏季修剪是猕猴桃栽培管理关键技术环节之一，合理的夏季修剪方法不仅能及时控制枝蔓旺长、构建合理的叶幕层和叶果比，而且可以提高果实产量和品质、提高新梢翌年结果能力、减少劳动力投入，降低生产成本[1-9]。'海沃德'为世界性栽培品种，也是陕西猕猴桃主要栽培品种[10]，借鉴、吸收国内外先进的夏季枝蔓管理技术，进行'海沃德'不同夏季修剪方法研究，以探求最优的枝蔓夏季修剪方法，从而为实际生产提供技术理论支持。

1　材料与方法

1.1　试验地点和材料

试验在陕西眉县西北农林科技大学猕猴桃试验站进行。试验站地处陕西眉县青化乡西寨村。试验材料为8年生的美味系'海沃德'猕猴桃，栽培株行距为3 m×4 m。树体树形均为单主干上架，双主蔓，羽状分布。

1.2　试验方法

在试验园内选取12株生长健壮、长势一致的'海沃德'猕猴桃植株随机进行不同处理。试验用植株在留足预备枝、疏除多余枝的基础上，对每株树离主蔓（主干）50 cm以内的强旺枝长放待生长势衰弱后轻摘心，离主蔓（主干）50 cm以外的强旺结果枝当达30 cm左右时进行不同处理，即：处理A，强旺结果枝在结果部位之上留3~4叶进行摘心；处理B，强旺结果枝在结果部位之上留7~8片叶进行摘心；处理C，强旺结果枝进行捏尖控长；对照，强旺结果枝长放待生长势衰弱后轻摘心。所有处理的二次梢均进行抹除。

单株为一个重复，每个处理3个重复。从4月中旬至8月中旬，每隔2周对试验树上达到处理要求的枝条进行处理。

4月中旬至8月中旬各处理选取粗度大致一致的枝蔓30个，每周测量其长度，调查并统计各种摘心处理条件下的控长情况。5月上旬至8月中旬每隔两周在每株树体随机选取10个处理结果枝，调查二次稍的发生率，从而计算劳动力投入情况，调查后及时抹除所有二次梢。9月每株树体在相同方位选取10个成熟叶片测量叶片质量：用叶面仪测其叶面积（叶片较大的进行分割测量）、用叶绿素计测量叶片叶绿素含量、用游标卡尺测量叶片厚度，并统计每株叶片数量、果实数量，从而计算出各处理的叶面指数、叶果比。9~10月果实采收时统计各处理的果实产量,并且在各处理中随机选取30个果实进行品质(单果重、硬度、可溶性固形物含量、干物质含量、维生素C含量、含酸量、总糖含量)测定。翌年4月中旬调查各处理的萌发率、花序数、结果枝率等。借助Excel 2013软件及SPSS 19.0软件对试验数据进行整理统计分析。

2 结果与分析

2.1 不同摘心处理对结果枝生长的影响

从图1来看,'海沃德'猕猴桃结果枝不同摘心方法对枝蔓生长影响不同,对照处理的枝蔓周生长量最高,处理后7周内周生长量分别为15.50 cm,38.75 cm,28.65 cm,28.15 cm,47.20 cm,22.25 cm,39.08 cm;处理B和处理C的周生长量次之,两者相差不大,且均从第5周开始枝蔓趋于停止生长;处理A的生长量最低,处理后三周的生长量分别为2.60 cm,3.10 cm,0.56 cm,从第4周开始生长量非常小,枝蔓生长趋于停止。

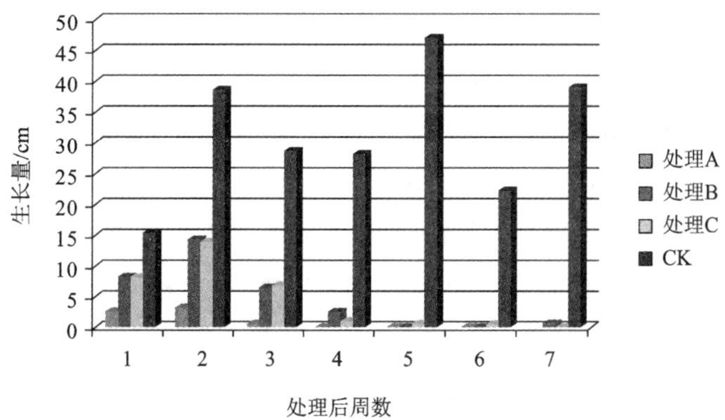

图1 '海沃德'猕猴桃结果枝不同摘心处理下新梢的周生长量

Fig.1 The length change of 'Hayward' kiwifruit shoots under different pinching of bearing branch

2.2 不同摘心处理对叶片质量(叶面积、叶片厚度、叶片叶绿素含量)、叶面积指数和叶果比的影响

由表1可以看出,与对照相比,处理A、处理B、处理C的叶面积指数、叶果比均明显低于对照,处理B、处理C差异不明显,但明显高于对照A;从叶绿素含量、厚度、单叶面积来看,处理A、处理B、处理C均明显高于对照,而且表现出处理A高于处理B、处理B高于处理C。

表1 不同摘心处理对'海沃德'猕猴桃的叶面积指数、叶果比、叶片质量的影响

Table 1 The effect of different pinching of bearing branch on the characters of 'Hayward' kiwifruit leaves

处理 (treatment)	叶面积指数 (leaf area index)	叶果比 (leaf-fruit ratio)	叶绿素含量/(mg/L) (chlorophyll content)	叶片厚度/μm (leaf thickness)	叶面积/cm^2 (leaf area)
A	2.29	2.59	67.50	30.87	179.13
B	3.04	4.09	66.86	29.97	173.90
C	3.06	4.02	66.94	29.71	165.36
CK	3.97	7.73	63.37	25.23	157.03

注:小写字母表示0.05水平差异显著(下同)。

Note: Different lowercase letters within the same column mean significant difference at $p<0.05$ (the same as below).

2.3 不同摘心处理劳动力投入(二次梢发生率)

不同摘心处理下枝蔓的二次梢发生率差异显著,处理A新梢二次梢发生率最高,为68.30%,明显高于处理B、处理C和对照;处理B新梢二次梢发生率次之,为49.25%,但明显高于处理C和对照;处理C和对照新梢二次稍发生率最低,为0.00%(表2)。根据猕猴桃生产二次梢需进行抹除或者反复摘心的习惯,那么枝蔓管理劳动力投入处理C和对照最少,其次为处理B,处理A最大。

表2 不同夏剪处理条件下'海沃德'猕猴桃新梢二次梢发生率

Table 2 The occurrence rate of the secondary branch of 'Hayward' kiwifruit shoots under different pinching treatments

处理(treatment)	A	B	C	CK
二次稍发生率/%(occurrence rate of the secondary branch)	68.30	49.25	0.00	0.00

2.4 不同摘心处理对果实产量、品质的影响

由表3可知,不同摘心处理果实产量具有明显差异,处理C单位面积产量最高,其次为处理B,但两者差异不显著,处理A明显低于处理B和处理C,对照处理最低;单果重以处理C最大,其次是处理B,再次是处理A,均明显高于对照;处理C的果实可溶性固形物、干物质含量、维生素含量、可滴定酸含量、总糖含量最高,然后依次是处理B、处理A,对照的最低。

表3 不同摘心处理对'海沃德'猕猴桃果实产量及品质的影响

Table 3 The effect of different pinching of bearing branch on the yield and quality of fruit of 'Hayward' kiwifruit

处理(treatment)	A	B	C	CK
单位面积产量/(kg/m^2)(per unit yield)	3.03	3.30	3.33	2.63
单果重/g(weight of single fruit)	100.54	101.78	101.84	98.39
软熟时可溶性固形物/%(soluble solids at ripening stage)	14.27	14.45	14.65	14.11
干物质含量/%(dry matter content)	17.36	17.46	17.62	17.25
Vc含量/(mg/g)(vitamin C content)	2.928	2.938	2.940	2.919
软熟时可滴定酸含量/%(acid content at ripening stage)	2.10	2.14	2.16	2.09
软熟时总糖含量/%(total sugar content at ripening stage)	7.11	7.33	7.48	7.04

2.5 不同摘心处理对翌年萌芽率、结果能力的影响

'海沃德'猕猴桃翌年萌芽率、结果能力见表4。处理B、处理C和处理A的萌芽率均明显高于对照,处理B、处理C的萌芽率无明显差异,但均明显高于处理A;每果枝花序数处理C明显高于处理A和对照,但与处理B差异不明显,处理B明显高于对照,但与处理A差异不明显,处理A与对照差异不明显;结果枝率以处理A明显高于对照,处理A最高,其次为处理B,再次为处理C,对照最低,但四者无明显差异。

表 4 ‘海沃德’猕猴桃翌年萌发、结果能力

Table 4 The germination and bearing capacity of ‘Hayward’ kiwifruit in the ensuing year

处理 (treatment)	萌芽率/% (germination rate)	结果枝率(结果枝/新梢总数)/% (fruit shoot percentage)	花序数/结果枝 (flower florescence No./fruiting shoot)
A	58.50	92.91	5.25
B	64.85	88,42	5.54
C	66.45	87.96	5.65
CK	50.35	84.84	4.94

3 讨论

合理的夏季修剪一直是猕猴桃栽培者探讨的问题。强旺结果枝结果部位以上留 3~4 叶摘心虽然控长效果最好,叶绿素含量、厚度、单叶面积最高,但是果实产量较低、质量较差、翌年结果较差。分析原因,可能是强摘心导致叶幕层稀疏,叶面指数低,叶果比小,库源关系和营养分配调控不合理。Atomies 等认为要获得正常的营养生长和产量、较高的果实等级与果实质量、保证下年足够的花量,叶面积指数应在 3.3 以上[11];而刘旭峰等则认为叶面积系数在 2.9~3.4 时猕猴桃园得到最大的光合产物总量[1]。本试验以‘海沃德’猕猴桃为试验材料,强旺结果枝结果部位以上留 7~8 叶摘心和捏尖处理条件下叶面指数为 3.04~3.06,效果最好,与刘旭峰的研究结果一致。Cooper 等研究表明‘海沃德’猕猴桃平均每个果实至少有 600 cm^2的叶面积,叶果比低于 3 : 1 时当年的果实重量和下年的结果能力均受到影响[12]。刘旭峰等研究表明‘秦美’品种的适宜叶果比应保持在 4 : 1[1]。刘占德等研究表明,高产‘徐香’猕猴桃叶果比为 3.33 :1[3]。本试验中强旺结果枝捏尖处理与结果部位以上 8 叶摘心处理条件下叶果比均在 4.02~4.09 之间生长和结果效果最好,与刘旭峰、Cooper 的研究结果相接近,但与刘占德研究结果差异较大,可能因为‘海沃德’猕猴桃果实较‘徐香’大,但‘海沃德’叶片大小基本与‘徐香’一样大有关。猕猴桃树冠的平面特点容易造成树冠内膛严重遮荫,Antognozzi 等研究发现,叶面积指数大于 3.1 的猕猴桃植株,在生长季节中有 70 %的叶片仅能获得低于 10 %的入射光,这部分树冠的光合作用对整个植株的碳素营养贡献很小[13]。长放处理条件下枝蔓生长旺盛,叶面指数与叶果比过大,树冠隐蔽,叶片光合作用不足,影响果实发育,导致果实产量低、质量差、翌年萌芽、结果能力差。

二次梢反复摘心或完全抹除是猕猴桃生产普遍采用的方法[1,3,8]。强旺结果枝结果部位以上留 3~4 叶摘心处理条件下‘海沃德’猕猴桃枝蔓二次梢发生率高达 68.3 %左右,留 7~8 叶摘心处理枝蔓的二次稍发生率将近 50 %,这无疑给猕猴桃生产者在进行二次梢处理上增加了较大的工作量及果园管理成本。捏尖技术处理后不会促发二次稍,这大大降低劳动力成本,有利猕猴桃经济效益的提高。

4 结论

‘海沃德’猕猴桃结果枝不同摘心处理以捏尖处理劳动力投入小,果实产量高,质量好,翌年结果能力强,综合效果最优;强旺结果枝结果部位以上留 7~8 叶摘心与捏尖处理在树体翌年萌芽、结果能力无明显差异,但是劳动力投入(二次稍发生率)较高,品质较差,综合效果次之;强旺结果枝结果部位以上留 3~4 叶摘心处理的劳动力投入(二次稍发生率)最高,果实产

量较低、质量较差、翌年萌发、结果能力差,综合效果最差。

参考文献 References

[1] 刘旭峰,樊秀芳,龙周侠,等.夏季修剪对秦美猕猴桃叶幕特性及结果的影响.西北农林科技大学学报,2003(4):106-108.

[2] 陈永安,陈鑫,刘艳飞.夏季修剪对华优猕猴桃新蔓发育及结果的影响.江苏农业科学,2013,41(7):157-158.

[3] 刘占德,郁俊谊,屈学农,等.高产型徐香猕猴桃树体结构及土壤养分结构分析.西北农业学报,2012(12):105-107.

[4] 金方伦.不同修剪方法对猕猴桃新蔓发育和产量的影响.贵州农业科学,2008,36(5):142-143.

[5] 林大正,刘美琴,林世升 .猕猴桃的夏季修剪技术.农业科技通讯,2003(5):17.

[6] 秦继红.美猕猴桃结果枝摘心对产量和品质的影响.山地农业生物学报,1999,18(6):396-398 .

[7] 刘旭峰.猕猴桃夏季管理修剪是关键.科学种养,2009(4):20-21.

[8] SHANE M,TIM W,MIKE C,et al.Tip squeezing.KiwiTech Bulletin,2008(49):1-5.

[9] 黄春辉,汤佳乐,冷建华,等.环剥处理对'金魁'猕猴桃果实品质的影响.中国南方果树,2013,42(5):24-27.

[10] 王西锐,李永武,李敏敏,等.猕猴桃'海沃德'规范化栽培技术.陕西农业科学,2013(3):276-279.

[11] ATOMIES T,ANTOGNOZZI E,PALLIOTTI A.Optimum leaf area index in T-bar trained kiwifruit vines.Journal of Horticultural Science,1994,69 (2):339-350.

[12] COOPER K,MARSHALL R.Crop loading and canopy management.Acta Horticulturae,1991,297:501-508.

[13] ANTOGNOZZI E, TOMBESI A, PALLITTI A. Relations hip between leaf area index and fruiting in kiwifruit (*Actinidia deliciosa*).Acta.Horticulturae,1991(279):435-442.

Effect of Different Pinching of Bearing Branch on Growth and Fruiting in *Actinidia deliciosa* var.*deliciosa* cv.hayward

YAO Chunchao LIU Zhande LI Jianjun LONG Zhouxia

(College of Horticulture, Northwest Agriculture and Forstry University Yangling 712100)

Abstract The effects of different pinching of bearing branch on growth and fruiting in *Actinidia deliciosa* var.*deliciosa* cv.hayward were studied.The results showed that the comprehensive results of tip squeezing of bearing branch is the best, less labor input, the high yield and good quality of fruit, and strong bearing capacity in the ensuing year;The second is pinching shoots to 7-8 leaves past the last fruit, there is no significant difference compared with tip squeezing in germination and bearing capacity of 'Hayward' kiwifruit in the ensuing year, but labor input is higher and lower quality of fruit;pinching shoots to 3-4 leaves past the last fruit was the worst, with high labor input, lower yield and quality of fruit, and poor germination and bearing capacity of 'Hayward' kiwifruit in the ensuing year.

Key words Kiwifruit Summer pruning Tip squeezing Pinching Growth Fruiting

猕猴桃成熟过程中碳水化合物代谢相关酶类研究进展

张慧琴　李小白　谢　鸣*　肖金平　周立秋

（浙江省农业科学院园艺研究所　杭州　310021）

摘　要　猕猴桃果实成熟过程对其品质形成至关重要，期间伴随着一系列碳水化合物成分的变化，最终导致果实甜度、质地等品质性状的改变。这些生理生化过程受到许多生物酶的严格调控，从而调节果实中品质组分含量。值得注意的是猕猴桃属于淀粉积累型水果，淀粉（包括直链和支链淀粉）与糖组分（包括蔗糖、山梨醇、果糖和葡萄糖）有着密切直接的联系，从而影响着果实的质地和口感。本文着重综述了猕猴桃果实成熟中淀粉和糖代谢的相关酶，其中一些重要的酶类如 ADP 葡萄糖焦磷酸化酶（AGPase）、中性转化酶（NI）、酸性转化酶（AI）和蔗糖磷酸转化酶（SPS）等在不同淀粉积累型的品种中有明显差异，是猕猴桃果品差异的成因。另外，本文还涉及了果胶和纤维素代谢的相关酶类信息，这些信息为今后猕猴桃品质形成机理的研究奠定了一定的基础。

关键词　淀粉　糖　纤维素　果胶　酶

猕猴桃果实成熟是一个非常复杂的生理生化过程，期间碳水化合物的变化涉及果实色泽、质地、风味、香气的改变。其中，糖分与甜度有直接密切的关系并影响着果实的风味。糖分水平主要由光合同化和生理代谢的异化两方面决定的。植物通过光合作用合成糖，然后再通过运输系统分配，影响果实中的最终糖水平。多数水果中糖分主要包括蔗糖、山梨醇、果糖和葡萄糖。其中，以果糖为最甜，果糖的甜度是葡萄糖的 2 倍，是蔗糖的 1.8 倍，山梨醇的甜度大概只有蔗糖的 60％。淀粉是猕猴桃果实转化糖积累的源泉，其淀粉的组分（直链和支链淀粉）比例直接影响着果实的质地和口感。原果胶在果实成熟之前呈胶质状，维持细胞结构完整，使果肉质地坚硬，在果实成熟过程中，其逐步降解为可溶性果胶，使细胞结构失去支持，从而使得果肉硬度下降，进一步成熟软化后，果实细胞膜透性增加，电解质大量外渗，最终导致细胞解体。

猕猴桃果实成熟的过程有细胞分裂期、淀粉积累期和果实成熟期三个阶段。猕猴桃属于淀粉转化型水果，在细胞分裂期结束后淀粉开始积累，果实进入成熟期后，淀粉开始降解，果实软熟后，淀粉几乎均转化为可溶性糖（Richardson et al.，2004）。在淀粉代谢的动态变化过程中（Wegrzyn et al.，1995），一般猕猴桃在花后 30～40 天葡萄糖含量会出现一个较小的高峰值（Klages et al.，1988），在花后 40～60 天开始积累淀粉，葡萄糖和果糖含量在花后 140 天开始迅速增加，在成熟前（约花后 170 天左右）蔗糖含量随着淀粉降解开始增加（Boldingh et al.，2000）。因此，淀粉、原果胶和纤维素的降解就是果实甜度和质地等性状的改变。

1　淀粉降解相关酶

猕猴桃属于淀粉积累型水果，一般果实淀粉积累多而含量高的，其转化后的糖含量也高，品质也好；反之，则糖含量就低，品质也差。猕猴桃果实积累的淀粉主要以直链和支链淀粉的形式存在。在植物体内淀粉降解主要有磷酸解和水解两种途径。在降解途径中有一系列的酶进行了参与，淀粉磷酸解是在淀粉磷酸化酶作用下使磷酸根和产物葡萄糖结合在一起产生磷

* 通讯作者，浙江省农业科学院园艺研究所所长，E-mail：xieming1957@ aliyun.com。

酸葡萄糖,逐一水解 α-1,4 糖苷键,但该酶不能水解 α-1,6 糖苷键,因此对于支链淀粉需转移酶和 α-1,6 糖苷酶共同作用,才能降解。水解是通过 α-淀粉酶与 β-淀粉酶作用分解糊精、麦芽糖和葡萄糖,糊精经脱支酶降解,麦芽糖经麦芽糖酶的作用分解为葡萄糖。猕猴桃果实淀粉降解伴随着果实软化,有两个明显的阶段(王贵禧,1995):第一阶段软化较快,此时对软化起主要作用的酶是淀粉酶;第二阶段软化速度变慢,主要作用的酶是多聚半乳糖醛酸酶和纤维素酶。乙烯形成酶(Ethylene-forming enzyme,EFE)的活性高峰出现在两个软化阶段之间,它所引起的乙烯释放对软化有促进作用,因此 EFE 也是与果实软化有关的阶段性专一酶。淀粉被水解代谢后,导致植物细胞的张力下降、果实软化(Arpania et al.,1987)。

2 糖代谢相关酶

多数植物组织中富含葡萄糖磷酸变位酶(Phosphoglucomutase,),其是决定碳水化合物用于多糖合成还是用于呼吸作用的一个关键酶。PGM 催化 G-1-P 和 G-6-P 之间的可逆反应,G-6-P 可以进入戊糖磷酸途径被代谢,也可以重新转变为 G-1-P 用于合成淀粉或蔗糖。植物组织中一般存在质体异构酶(Plastidial isoform)和细胞质异构酶(Cytosolic isoform)两种 PGM 异构酶。它们在亚细胞定位和功能上有一定差异,质体 PGM 是构成淀粉生物合成途径的一个重要组成部分,抑制其活性可抑制淀粉的合成,增加蔗糖积累(Tauberger et al.,2000)。细胞质 PGM 在淀粉生物合成及淀粉积累过程中起重要作用,但抑制其活性对蔗糖含量影响不大(Fernie et al.,2002)。植物体内质体异构体 PGM 能够补偿细胞质异构体 PGM 的活性,单独抑制质体异构体 PGM 使淀粉积累减少,蔗糖水平增加;单独抑制细胞质异构体 PGM 活性时组织中淀粉水平明显下降,蔗糖积累水平只出现较小的下降;而将它们同时抑制时则会导致植株生长发育受阻,蔗糖及淀粉积累水平均下降。

在高等植物中,ADP 葡萄糖焦磷酸化酶(ADP glucose pyrophosphorylase,AGPase)催化 G-1-P+ATP 和 ADPG+PPi 之间的可逆反应(ADPG 是淀粉合成反应的基本原料)。AGPase 是一个具有双重功能的调节酶,能够调节组织中的活性糖水平和碳流方向(Kleczkowski,2001;Baroja-Fernńdez et al.,2001)。另外,与淀粉积累有关的酶还有核苷二磷酸葡萄糖焦磷酸酶(Nucleoside diphosphoglucose pyrophosphatase,AGPPase),AGPPase 参与 ADPG 的降解,它催化与 AGPase 催化方向相反的反应,并对 ADPG 高度专一。AGPPase 可以与淀粉合成酶竞争底物从而限制淀粉合成(Baroja-Fernńdez et al.,2000)。AGPase 主要存在于细胞质中,而 AGPPase 在细胞质和质体中均广泛存在,它对支链淀粉合成也起调控作用(Shannon et al.,1998)。

与蔗糖代谢有关的酶主要有蔗糖合成酶(Sucrow synthase,SS)、蔗糖磷酸合成酶(Sucrose phosphate synthase,SPS)及转化酶(Invertase,Ivr)。其中,SPS 是合成蔗糖的酶,Ivr 是分解蔗糖的酶,SS 既能催化合成蔗糖的反应,也能催化分解蔗糖的反应。果实中蔗糖的积累与这 3 种酶活力的变化有关。在蔗糖分解反应中,转化酶催化的水解通常与细胞膨大有关,而 SS 催化的代谢与生物合成有关(Shannon et al.,1998)。Ivr 催化蔗糖水解为果糖和葡萄糖为不可逆反应,因此在蔗糖代谢中 Ivr 起着非常重要的作用。一般情况下,较高 Ivr 活性会直接导致较低蔗糖水平。SS 催化蔗糖水解为 UDPG 和果糖的可逆反应,它控制蔗糖向果实内部的运输。由于蔗糖在植物体内具有信号功能,通过 Ivr 和 SS 抑制或促进蔗糖水解均会使相应地转基因植株的生长发育受阻。例如,减小 Ivr 活性虽然能提高果实蔗糖浓度,但高蔗糖的渗透作用反而减少了水分吸收,而导致果实体积明显减小,最终,虽然糖浓度增加,但果实总糖量并未增加

(Chetelat et al.,1995)。

果糖代谢包括己糖磷酸化及己糖磷酸异构(Schaffer,1999)。己糖激酶(Hexokinase,HXK)、葡萄糖激酶(Glucokinase,GLK)和果糖激酶(Fructokinase,FRK)是催化己糖磷酸化的酶,这一步是己糖代谢的第一步且不可逆,是调节果实糖含量及组成比例的关键调控步骤。HXK能磷酸化果糖和葡萄糖,但对葡萄糖特异性小。FRK对果糖有较高特异性,而GLK对葡萄糖有较高特异性。HXK和FRK是果糖代谢的关键酶。以前的研究表明(Dai et al.,1999;Veramendi et al.,1999),HXK可通过降低叶绿素含量和光合速率、从而减少果重和幼果淀粉含量,以及成熟果实可溶性固形物。FRK通过调节己糖下游途径来调节蔗糖与淀粉之间的相互转化,从而调节果实果糖水平。

另外,还有许多与果实淀粉积累及糖代谢密切相关的酶。如酸性转化酶(AI)、中性转化酶(NI)、蔗糖磷酸转化酶(SPS)和蔗糖合成酶(SS)(Lombardo et al.,2011;袁野 等,2009;谢鸣 等,2007;常尚连 等,2006;王永章 等,2001)。在对猕猴桃果实中,腺苷二磷酸葡萄糖焦磷酸化酶(AGPase)是影响淀粉积累的关键酶,NI,AI和SPS也是影响果实淀粉积累、干物质、可溶性糖组分及含量的重要因素(张慧琴 等,2014)。

3 果胶和纤维素代谢相关酶

果实软化过程中,原果胶在多聚半乳糖醛酸酶(PG)作用下转化为水溶性果胶,是导致果实软化的原因之一(王仁才 等,2000)。果胶质是构成细胞初生壁和胞间中胶层的主要成分,在果实成熟之前呈胶质状,维持细胞结构完整,使果肉质地坚硬。果实成熟过程中,PG逐步降解原果胶为可溶性果胶,破坏细胞结构,从而使得果肉硬度下降。随着果实进一步成熟和软化,细胞膜的透性逐渐增加,电解质大量外渗,最终导致细胞结构瓦解。在猕猴桃果实软化过程中发现,PG活性在采后20~60天时迅速提高,期间水溶性果胶迅速上升伴随着果肉硬度的快速下降。而钙处理能降低PG酶的活性和纤维素酶活性,同时也相应地降低了水溶性果胶和抑制了纤维素的降解,从而延缓了果实的软化(吴炼 等,2008)。

另外,与细胞壁组分降解相关的糖苷酶与果实软化也有一定相关性。如β-半乳糖苷酶可以使细胞壁的一些组分变得不稳定,参与果实软化,还可以降解支链多聚醛酸(Branched polyuronide),从而使其果胶可溶化(Ross et al.,1993)。在一些猕猴桃的研究中发现,伴随着果实的成熟衰老过程,β-半乳糖苷酶活性持续增加(陈昆松 等,2000),但另一些研究结果表明猕猴桃果实成熟过程中该酶活性无明显变化(Redg-well et al.,1995;Wegrzyn et al.,1992)。在分子水平上,β-半乳糖苷酶可为外源乙烯所诱导,但在果实乙烯跃变期间β-半乳糖苷酶基因的表达水平无显著变化,但此酶参与了细胞壁或细胞间隙原果胶降解与果实的软化。

4 结语

猕猴桃果实碳水化合物积累以淀粉为主,淀粉积累直接或间接地影响了猕猴桃的口感和风味,在生产中研究者发现,以'红阳''Hort16A''G3'和'G30'为代表的一系列高淀粉积累性猕猴(Nardozza et al.,2013;Richardson et al.,2011),与以'华特''G25'和'G17'为代表的一系列低淀粉积累性猕猴桃(Nardozza et al.,2013),无论在果实淀粉积累速率、还是糖代谢过程中相关酶活上都有显著差异。与低淀粉积累型相比,高淀粉积累型果实在积累淀粉时表现出增速快、时间长和峰值高等特征,同时在采前较长时间内其果实干物质和淀粉的含量均保持在一个较高的水平,为果实软熟时转化为更多的可溶性糖提供了代谢基础。从细胞膨大和淀粉积累期开始,高淀粉积累型品种'红阳'果实干物质含量始终高于低淀粉积累型品种'华特';而从'华特'果实淀粉开始降解时,'红阳'果实碳水化合物含量一直远大于'华特',最大差距时是'华特'的2.67倍。另外,红阳的AGPase酶活性是'华特'的2~3倍,在淀粉积累期猕猴桃SPS活性随淀粉、干物质和蔗糖等含量的升高而变强,但其显著相关性只在高淀粉积累型品种'红阳'中呈现,且其SPS活性显著高于'华特'(张慧琴 等,2014)。研究者还发现猕猴桃果实淀粉与NI和AI酶活性呈显著负相关。低淀粉积累型品种'华特'果实的转化酶活性始终显著高于高淀粉积累型品种'红阳'(张慧琴 等,2014)。总之,通过AGPase,NI,AI和SPS等关键酶活性的差异可能是造成果实淀粉积累高低、干物质多少、可溶性糖含量不同的重要原因,其具体机理需要进一步深入研究。

参考文献 References

常尚连,于贤昌,于喜艳,2006.西瓜果实发育过程中糖分积累与相关酶活性的变化.西北农业学报,15(3):138-141.

陈昆松,张上隆,ROSS G S,2000.β-半乳糖苷酶基因在猕猴桃果实成熟过程的表达.植物生理学报,26 (2):117-122.

王贵禧,1995.猕猴桃软化过程中阶段性专一酶活性变化的研究.植物学报,37(3):198-203.

王永章,张大鹏,2001.'红富士'苹果果实蔗糖代谢与酸性转化酶和蔗糖合酶关系的研究.园艺学报,28(3):259-261.

王仁才,熊兴耀,谭兴,等,2000.美味猕猴桃果实采后硬度与细胞壁超微结构变化.湖南农业大学学报(自然科学版)(6):457-460.

吴炼,王仁才,王中炎,等,2008.钙处理对采后猕猴桃果实生理生化的影响.经济林研究,26 (1):25-29.

谢鸣,陈俊伟,秦巧平,等,2007.转化酶和己糖激酶调控草莓聚合果内糖积累.植物生理与分子生物学学报,33(3):213-218.

袁野,吴凤芝,周新刚,2009.光氮互作对番茄果实糖积累及蔗糖代谢相关酶活性的影响.中国农业科学,42(4):1331-1338.

张慧琴,谢鸣,张琛,等,2014.猕猴桃果实发育过程中淀粉积累差异及其糖代谢特性.中国农业科学,47:3453-3464.

ARPANIA M L,LABARITCH J M,1987.Effects in the cell wall compentents of kiwifruit during storage in air controlled atmosphere. Amer Sci,112(2): 474-487.

BAROJA-FERNÁNDEZ E, ZANDUETA-CRIADO A, RODRÍGUEZ-LÓPEZ M, et al., 2000. Distinct isoforms of ADPglucose pyrophosphatase and ADPglucose pyrophosphorylase occur in the suspension-cultured cells of sycamore(*Acer pseudoplatanus* L.). FEBS Lett.,480(2/3):277-282.

BAROJA-FERNÁNDEZ E, MUÑOZ F J, AKAZAWA T, et al., 2001. Reappraisal of the currently prevailing model of starch biosynthesis in photosynthetic tissues: a proposal involving the cytosolic production of ADP-glucose by sucrose synthase and occurrence of cyclic turnover of starch in the chloroplast.Plant Cell Physiol.,42(12):1311-1320.

BOLDINGH H,SMITH G S,KLAGESF K,2000.Seasonal concentrations of non-structural carbohydrates of five *Actinidia* species in fruit,leaf and fine root tissue.Annals of Botany,85(4):469-476.

CHETELAT R T,DEVERNA J W, BENNETT A B,1995.Introgression into tomato(*Lycopersicon esculentum*) of the *L.chmielewskii* sucrose accumulator gene(sucr) controlling fruit sugar composition.Theor Appl Genet,91(2):327-333.

DAI N, GERMAN M A Matsevitz T,2002.LeFRK2, the gene encoding the major fructokinase in tomato fruits, is not required for starch biosynthesis in developing fruits.Plant Science, 162:423-430.

FERNIE A R, TAUBERGER E, LYTOVCHENKO A, et al., 2002. Antisense repression of cytosolic phosphoglucomutase in potato (*Solanum tuberosum*) results in severe growth retardation, reduction in tuber number and altered carbon metabolism. Planta, 214 (4):510-520.

KLAGES K, DONNISON H, BOLDINGH H, et al., 1998. Myo-Inositol is the major sugar in *Actinidia arguta* during early fruit development.Australian Journal of Plant Physiology,25(1):61-68.

KLECZKOWSKI L A,2001.A new player in the starch field.Plant Physiol Biochem 39:759-761.

LOMBARDOV A,OSORIO S,BORSANI J,et al.,2011.Metabolic profiling during peach fruit development and ripening reveals the metabolic networks that underpin each developmental stage.Plant Physiology,157(4):1696-1710.

NARDOZZA S,BOLDINGH H L,OSORIO S,et al.,2013.Metabolic analysis of kiwifruit (*Actinidia deliciosa*) berries from extreme genotypes reveals hallmarks for fruit starch metabolism.Journal of Experimental Botany,64(16):5049-5063.

REDG-WELL R J, HARKER R, 1995. Softening of kiwifruit discs: effect of inhibition of galactose loss from cell walls. Phytochem(9): 1319-1323.

RICHARDSON A C, MARSH K B, BOLDINGH H L, et al., 2004. High growing temperatures reduce fruit carbohydrate and vitamin C in kiwifruit. Plant Cell Environ, 27(4): 423-435.

RICHARDSON A C, BOLDINGH H L, Mcatee P A, et al., 2011. Fruit development of the diploid kiwifruit, *Actinidia chinensis* 'Hort16A'. BMC Plant Biology(11): 182-196.

ROSS G S, REDGWELL R J, MACRAE E A, 1993. Kiwifruit β-galactosidase: Isolation and activity against specific fruit cell-wall polysaccharides. Planta, 189 (4): 499-506.

SCHAFFER A A, 1999. Modification of carbohydrate content in developing tomato fruit. HorsScience, 34: 1024-1027.

SHANNON J C, PIEN F M, CAO H, et al., 1998. Brittle-1, an adenylate translocator, facilitates transfer of extraplastidial synthesized ADP-glucose into amyloplasts of maize endosperms. Plant Physiol, 117(4): 1235-1252.

TAUBERGER E, FERNIE A R, EMMERMANN M, et al., 2000. Antisense inhibition of plastidial phosphoglucomutase provides compelling evidence that potato tuber amyloplasts import carbon from the cytosol in the form of glucose-6-phosphate. Plant Journal, 23(1): 43-53.

WEGRZYN T F, MACRAE E A, 1992. Pectinesterase polygalacturonase and b-galactosidase during softening of ethylene-treated kiwifruit. HortSci, 27(8): 900-902.

WEGRZYN T F, MACRAE E A, 1995. Alpha-amylase and starch degradation in kiwifruit. Journal of Plant Physiology, 147(1): 19-28.

Research Progress on Enzymes Related Carbohydrate Metabolism during Kiwifruit Ripening

ZHANG Huiqin　LI Xiaobai　XIE Ming　XIAO Jinping　ZHOU Liqiu

(Institute of Horticulture, Zhejiang Academy of Agricultural Sciences　Hangzhou　310021)

Abstract　Kiwifruit ripening with changes of carbohydrate components, is important physiological process for its quality, which eventually determines the fruit quality trait e.g. sweetness, texture, etc. The process is strictly controlled by many enzymes, which regulate the content of quality components in fruit. It is worthy to note that Kiwi is starch-accumulation dependent fruit, starch including amylose and amylopectin are tightly associated with sugars including sucrose, sorbitol and fructose and glucose, the components have big effect on texture and taste of the fruit. This paper summarizes enzymes related with starch and sugar metabolism during the procedure of kiwi fruit ripening. The enzymes, such as ADP glucose pyrophosphorylase (AGPase), neutral invertase (NI), acid invertase (AI) and sucrose phosphate invertase (SPS) show significant differences between starch-accumulation dependent cultivars, which affect the quality of kiwifruit. Meanwhile, the paper summaries the enzymes related with the metabolism of pectin and cellulose. The information is very helping for the future study in the formation mechanism of kiwi fruit quality.

Key words　Starch　Sugar　Pectin　Cellulose　Enzymes

（五）猕猴桃病虫害防治

中国猕猴桃果实软腐病菌的分离鉴定及抗性种质资源筛选*

李　黎　潘　慧　陈美艳　钟彩虹**

（中国科学院武汉植物园 植物种质创新与特色农业重点实验室　武汉　430074）

摘　要　本文对2014~2015年收集自河南、湖北、重庆、江西、贵州、陕西、四川、浙江、福建、安徽及湖南等地区的138份猕猴桃软腐病样本进行了病原菌分离，共获得82份真菌菌株。运用生物学特性观察、致病性测定及ITS分子鉴定等方法，发现引起中国猕猴桃软腐病的主要病原菌是间座壳菌及拟茎点霉菌（无性及有性态，*Diaporthe* sp.，*Phomopsis* sp.）、葡萄座腔菌（*Botryosphaeria dothidea*）、链格孢菌（*Alternaria alternate*）、盘多毛孢菌（*Pestalotiopsis* sp.），其检出率分别为48.78 %，21.95 %，12.20 %及9.76 %。82个病原菌菌株均可从果面伤口侵入，引起软腐病症状，但除葡萄座腔菌外其他菌株均无法从果皮表面直接侵入。利用4个种的代表性菌株对国家猕猴桃种质资源圃中31个具有重要经济价值的主栽品种进行软腐病抗性筛选，结果表明'川猕2号''东红''和平1号''建科1号''金桃''金霞''金圆''武植3号'及'长安1号'品种的抗性较强。研究结果对中国猕猴桃果实软腐病的抗性育种及防治研究具有重要的指导意义。

关键词　猕猴桃　果实软腐病　分子鉴定　致病力　抗性材料筛选

猕猴桃（*Actinidia* spp.）隶属猕猴桃科（Actinidiaceae）猕猴桃属（*Actinidia* Lindl.），具有很高的营养及经济价值，是当今世界发展最为迅速的水果。我国是世界猕猴桃起源和分布中心，拥有丰富的猕猴桃种质资源。2015年，中国的猕猴桃年产量达到250万吨，总栽培面积超过25万公顷，连续10年超越新西兰及意大利成为世界猕猴桃栽培面积和产量最大的国家（Belrose，2016）。然而，随着近年来栽培面积的迅速扩大，猕猴桃细菌性及真菌性病害的发生情况日益突出，严重地影响了猕猴桃产业的发展，给猕猴桃产业造成了巨大的经济损失。其中，猕猴桃真菌性软腐病是在果实贮藏期发生的一种常见病害。

2014~2015年，中科院武汉植物园猕猴桃团队对全国果实腐烂病害进行了大规模地调查，发现该病在四川、陕西、河南、湖北及湖南等猕猴桃主产区普遍发生，发病率通常在20 %~50 %。近年来国内外学者先后对日本、韩国、美国、新西兰、智利、印度的软腐病病原菌进行了鉴定，研究结果表明各国病原菌存在明显差异，病原菌种类主要为灰葡萄孢霉（*Botrylis cinerea*）、拟茎点霉菌（*Phomopsis* sp.）、葡萄座腔菌（*Botryosphaeria* sp.）、大茎点霉菌（*Macrophoma* sp.）、青霉菌（*Penicillium* sp.）、含糊间座壳（*Diaporthe ambigua*）、枝孢菌属（*Cladosporium*）、链格孢菌（*Alternaria* sp.）等（Sharma et al.，2014；Auger et al.，2013；Pennycook，1985；Sommer et al.，1984；Opgenporty，1983；Hawthrone et al.，1982）。在我国，李爱华等（1994）发现'秦美'猕猴桃果实软腐病菌为苹果轮纹病菌（*Physalospora piricola* Nose）；丁爱冬等（1995）认为陕西省周至县和北京房山区的猕猴桃软腐病菌主要为灰葡萄孢霉、青霉菌和拟茎

* 基金项目：中国科学院科技服务网络计划研究项目（KFJ-EW-STS-076），农业部作物种质资源保护与利用项目（2015NWB027），国家公派访问学者项目（Grant NO.201504910013），湖北省技术创新专项（重大项目）（2016ABA109）。

** 通讯作者，女，湖南浏阳人，研究员，国家猕猴桃种质资源圃负责人，中国园艺学会猕猴桃分会理事长，长期从事猕猴桃等果树育种及栽培研究；E-mail：zhongch@ wbgcas.cn。

点霉菌；宋爱环等(2003)确定江山地区中华猕猴桃软腐病菌为大茎点霉菌和拟茎点霉菌；姜景魁等(2007)对福建省建宁县猕猴桃软腐病进行了研究，结果表明该地区的主要病原菌为拟茎点霉菌；李诚等(2012)明确了江西奉新的猕猴桃软腐病菌是葡萄座腔菌(*Botryosphaeria* sp.)、富克葡萄孢盘菌(*Botryotinia fuckeliana*)、盘多毛孢菌(*Pestalotiopsis* sp.)、层出镰刀菌(*Fusarium proliferatum*)、拟茎点霉菌(*Phomopsis* sp.)和链格孢菌(*Alternaria* sp.)；Zhou 等(2015)对四川省的软腐病菌进行了分析，认为其主要病原为葡萄座腔菌科菌株；Wang 等(2015)认为中国软枣猕猴桃软腐病的致病菌为层出镰刀菌。由此可见，目前我国针对该病病原菌的报道尚存在较大争议，且部分研究主要集中在对某一个产区或某一个品种的病原菌进行分析，缺乏系统性和完整性。为明确中国主要产区猕猴桃软腐病菌的种类，为病害防治及抗性育种提供理论依据，本研究 2014～2015 年从中国主要猕猴桃产区采集了大量病害样本，对其致病力、显微形态和核糖体内转录间隔区(ITS)基因序列进行比较分析，并对国家猕猴桃种质资源圃中 31 个具有重要经济价值的主栽品种进行了软腐病抗性筛选，以期明确中国猕猴桃果实软腐病的病原菌种类及分布情况，为猕猴桃软腐病的有效防治提供理论依据。

1 材料与方法

1.1 材料

供试感病样本果实：2014 年 9 月至 2015 年 10 月，采集自河南、湖北、重庆、江西、贵州、陕西、四川、浙江、福建、安徽及湖南等地区不同果园的果实软腐病感病果实 138 份，包括‘金艳’‘金魁’‘贵长’及‘红阳’等品种。

供致病力测试样本果实：选取中国科学院武汉植物园猕猴桃国家资源圃中的‘金魁’及‘金艳’健康果实为致病力接种材料。

供抗性筛选样本果实：2015 年 9～11 月，按照果实成熟期，采摘国家猕猴桃种质资源圃(武汉植物园)中 31 个具有重要经济价值的国内主栽品种的果实，采摘后放入冷库中低温保存。

培养基：马铃薯葡萄糖琼脂培养基(PDA)为马铃薯(去皮)200 g，葡萄糖(分析纯、国药集团化学试剂有限公司)20 g，琼脂(日本 Biosharp 公司)20 g，蒸馏水 1 L。

试剂：Ezup 柱式真菌基因组 DNA 抽提试剂盒 SK8259-50 次，生工生物工程(上海)股份有限公司。

仪器：德国 ZEISS 公司，Carl Zeiss Axio Observer A1 光学显微镜。

1.2 方法

病原菌的分离纯化：取具有典型软腐病症状的果实进行病原菌分离。将果实表面病斑及四周用 75 %的酒精擦拭消毒后，用无菌手术刀削去病斑果皮及外层组织，切取病健交界处小块组织，接种至 PDA 平板培养基上，置于 25 ℃恒温箱中培养 3～4 d。待长出菌落后，挑取菌丝尖端对分离的病原菌进一步纯化，获得纯培养。

病原菌的显微形态观察：将供试菌株接种到 PDA 平板上，25 ℃避光培养 5 d 后，用无菌毛笔蘸无菌水浸润变软后扫刷菌苔，于 25 ℃光照条件下培养 5 d 诱导产孢。在显微镜下观察病菌的分生孢子形态。

致病性测试：分离得到的病菌按照柯赫氏法则进行回接验证。致病力测试在‘金魁’及‘金艳’健康果实上进行。将各分离纯化得到的菌株在 PDA 平板上 25 ℃培养 5 d，镜检确定有孢子后，用 100 ml 无菌水冲洗孢子，倒入 250 ml 无菌三角烧瓶中，用血球计数板进行计数，将悬浮液配制成浓度为 1×10^6 个/ml 的孢子悬浮液。分刺伤和不刺伤 2 种方式进行接种;其中刺伤接种:将果实的表面用 10 根 2 号解剖针进行针刺,刺伤深度为 2~3 mm,在刺伤处接种 10 μl孢子悬浮液;不刺伤接种即直接在果实表面接种 10 μl 孢子悬浮液;接种后将果实放入透明盒中密封保湿,25 ℃培养 6 d 后观察各处理发病情况。以接种无菌水为阴性对照,每个菌株 3 次重复,定期观察发病情况。对接种发病的果实病斑,再次采用组织分离法分离病菌,进行形态观察及 ITS 分子鉴定,确定病原菌是否为致病菌。

病原菌的分子鉴定:提取真菌基因组 DNA。参照李诚等(2012)的方法,扩增真菌核糖体内 ITS 基因序列。PCR 产物送生工生物工程(上海)股份有限公司进行测序。测序结果在 DNAMAN 软件中拼接后,提交至 GenBank 数据库中进行比对,作同源性相似差异性分析,确定该菌株的分类地位。

抗性种质资源筛选:在确定软腐病的致病菌后,选取代表性菌株对国家猕猴桃种质资源圃内 31 个具有重要经济价值的品种进行抗性初步筛选,在第 10 天统一观察果实的感病症状及测量感病直径,根据综合感病指数对各品种的抗性进行评价。根据果实感病症状对病菌的致病性进行分级:0 为无感病症状;1 为表皮接种块附近颜色变深或表皮变软;2 为以接种块为中心呈现直径为 0~5 mm 的病斑;3 为以接种块为中心呈现直径 0.5~1 cm 的病斑;4 为以接种块为中心呈现直径>1 cm 的病斑;5 为接种块处果实完全腐烂。每个品种 5 个重复。

2 结果与分析

2.1 猕猴桃软腐病果实的典型病症

持续观察病果形态发现,发病初期果实外表无明显症状,随着病情发展,发病部位表皮开始变软,微微凹陷,剥开凹陷部的表皮,可发现病部中心果肉呈乳白色,周围果肉呈黄绿色透明状。纵剖病果可以看到病变组织呈圆锥状向果肉深部扩展,6~10 d 病斑扩散至果实中间至整个果实完全腐烂;侵染后期,可观察到果实表面有菌丝出现,且果实气味败坏酸臭。果实发病部位主要从果侧及果蒂开始(图 1,彩图 19)。

图 1　猕猴桃果实腐烂病的典型症状

Fig.1　Typical symptoms of kiwifruit rot disease

(A)'金艳'品种感染猕猴桃软腐病后果实表面感病表征;(B)'金艳'品种感染猕猴桃软腐病后果实内部感病表征;(C)'金魁'品种感染猕猴桃软腐病后果实剖面感病表征;(D)'金艳'品种感染猕猴桃软腐病后果实剖面感病表征。

(A) The external soft rot disease symptom on fruit peel of 'Jinyan'; (B) The internal soft rot disease symptom on fruit fresh of 'Jinyan'; (C) The rot disease symptom on fruit cross-section of 'Jinkui'; (D) The rot disease symptom on fruit cross-section of 'Jinyan'.

2.2 病原菌的平板及显微形态特征

从 138 个果实中共分离到 82 株纯菌株。根据菌落及显微结构特征,82 个纯培养菌株中比较有代表性的菌株形态有 4 种类型(图 2):供试菌株 KFRD-3 菌落较稀松;分生孢子无色,分为 2 种,甲型孢子椭圆形,一头尖,一头钝圆,具 2 个明显油球,大小为(4.2~7.8)μm×(1.7~3.5)μm,乙型分生孢子细长,线状或端部呈钩状,大小为(13.2~24.5)μm×(0.4~1.3)μm(图 2 A1-2)。供试菌株 KFRD-1 菌落圆形,气生菌丝发达,分生孢子纺锤形或梭形,无色,单胞,内含多个不规则油滴,基部平截,顶部稍钝,孢子大小(20.1~24.5)μm×(5.9~6.9)μm(图 2 B1-2)。供试菌株 KFRD-9 菌落近圆形,基内菌丝和气生菌丝均发达,初为白色,后变为程度不同的褐色,分生孢子榄褐色至深榄褐色;短喙柱状或锥状,榄褐色,大小为(5.0~7.5)μm×(16.3~22.5)μm,平均为(6.25×21.78)μm(图 2 C1-2)。供试菌株 KFRD-2 菌落白色浓密,圆形,具有同心轮纹;分生孢子纺锤形,4 隔 5 细胞,大小为(20.2~24.9)μm×(5.8~7.2)μm;顶孢上着生 2~4根长(8.2~16.7)μm 的无色附属丝,尾孢上着生一根基部附属丝,中生,长 2.5~5.8 μm(图 2 D1-2)。

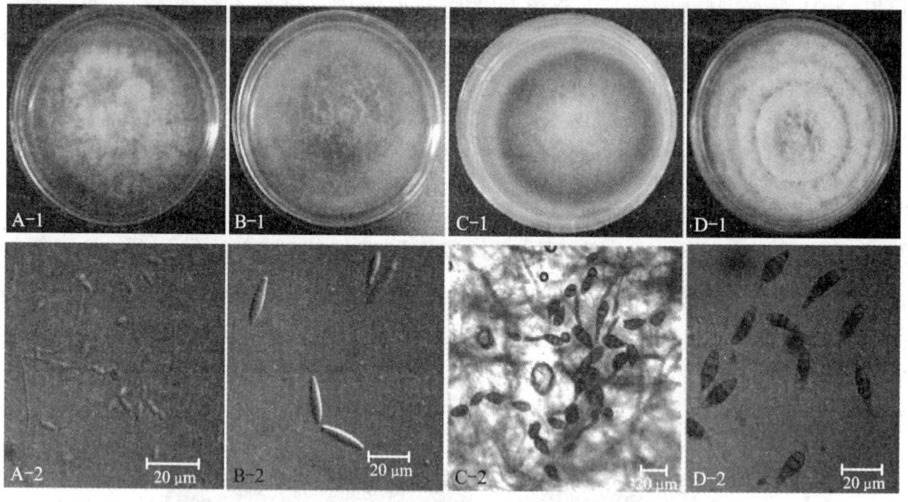

图 2 猕猴桃果实软腐病原菌的生物学特征

Fig.2 The morphological characterization of pathogen causing kiwifruit rot disease

A1~D1:KFRD-3、KFRD-1、KFRD-9 及 KFRD-2 菌株在 PDA 上的菌落特征;A2~D2:KFRD-3、KFRD-1、KFRD-9 及 KFRD-2 菌株的分生孢子形态。

A1-D1:KFRD-3, KFRD-1, KFRD-9 and KFRD-2's colony on PDA; A2-D2: KFRD-3, KFRD-1, KFRD-9 and KFRD-2's conidia.

2.3 致病性测定

致病结果显示,将分离到的 82 株菌株接种到刺伤的'金艳'及'金魁'果实上均可导致果实软腐病发生,感病症状与自然发病症状一致。葡萄座腔菌可导致未刺伤果实感病,其他菌株不可导致未刺伤果实感病,阴性对照均无发病症状。对接种后的发病组织进行再次分离,均可重新分离到原接种菌株。

2.4 分子鉴定

将 82 个菌株的 ITS 基因序列提交至 GenBank,并进行了序列同源性比对。具体结果见表 1。结果发现 KFRD-3,KFRD-1,KFRD-9 及 KFRD-2 分别与拟茎点霉菌(*Phomopsis lithocarpus*)、葡萄座腔菌(*Botryosphaeria dothidea*)、链格孢菌(*Alternaria alternate*)和拟盘多毛孢菌(*Pestalotiopsis microspora*)的同源性最高,同源性分别达到 99 %,100 %,100 %及 100 %。从病原菌的分离频率来看,主要致病菌种类为间座壳菌及拟茎点霉菌(无性及有性态,*Diaporthe* sp.,*Phomopsis* sp.)、葡萄座腔菌(*Botryosphaeria dothidea*)、链格孢菌(*Alternaria alternate*)、盘多毛孢菌(*Pestalotiopsis* sp.),其检出率分别为 40/82(48.78 %)、18/82(21.95 %)、10/82(12.19 %)及 8/82(9.76 %),其他菌株占 6/82(7.32 %)。

表 1 分离到的 82 个菌株 ITS 鉴定结果

Table 1 The ITS identification result of 82 isolated strains

采样地点 (sampling location)	菌株提交编号 (strains NO.)	Genbank 序列号 (Genbank accession NO.)	与该序列最同源菌株的 ITS 序列号 (the Genbank accession NO.of most similar species by BLAST)	最同源的种 (the most similar species by BLAST)	同源性/% (Identity)
湖北武汉	KFRD-1	KR703274	HM156068	葡萄座腔菌 *Botryosphaeri dothidea*	100
湖北武汉	KFRD-2	KR703275	AF377292	拟盘多毛孢菌 *Pestalotiopsis microspora*	100
湖北武汉	KFRD-8	KX346887	KC145886	间座壳菌(拟茎点霉菌的有性态) *Diaporthe actinidiae*	99
湖北武汉	KFRD-10	KX346889	LC131444	链格孢菌 *Alternaria alternata*	100
湖北武汉	KFRD-11	KX346890	LC131448	链格孢菌 *Alternaria alternata*	100
湖北武汉	KFRD-12	KX346891	KU866390	链格孢菌 *Alternaria alternata*	100
湖北武汉	KFRD-21	KX866862	KC343146	间座壳菌(拟茎点霉菌的有性态)*Diaporthenobilis*	99
湖北武汉	KFRD-51	KX866891	LC120711	葡萄座腔菌 *Botryosphaeria dothidea*	100
湖北武汉	KFRD-58	KX866898	KC343146	间座壳菌(拟茎点霉菌的有性态) *Diaporthe nobilis*	100
湖北武汉	KFRD-59	KX866899	LC120711	葡萄座腔菌 *Botryosphaeria dothidea*	100
湖北武汉	KFRD-60	KX866900	LC120711	葡萄座腔菌 *Botryosphaeria dothidea*	100
湖北武汉	KFRD-61	KX866901	KF616500	间座壳菌(拟茎点霉菌的有性态) *Diaporthe pseudomangiferae*	99
湖北武汉	KFRD-62	KX866902	KC343033	间座壳菌(拟茎点霉菌的有性态) *Diaporthe phoenicicola*	95
湖北武汉	KFRD-63	KX866903	JQ044420	间座壳菌(拟茎点霉菌的有性态) *Diaporthe ceratozamiae*	99
湖北武汉	KFRD-64	KX866904	JQ044420	间座壳菌(拟茎点霉菌的有性态) *Diaporthe ceratozamiae*	99
湖北黄石	KFRD-75	KX866915	LC120711	葡萄座腔菌 *Botryosphaeria dothidea*	100
河南西峡	KFRD-20	KX866861	HM156068	葡萄座腔菌 *Botryosphaeria dothidea*	100
河南西峡	KFRD-53	KX866893	HQ660462	葡萄座腔菌 *Botryosphaeria dothidea*	100
河南西峡	KFRD-65	KX866905	LC120711	葡萄座腔菌 *Botryosphaeria dothidea*	100
河南西峡	KFRD-66	KX866906	KF545328	*Ciboria aestivalis*	99

续表

采样地点(sampling location)	菌株提交编号(strains NO.)	Genbank 序列号(Genbank accession NO.)	与该序列最同源菌株的 ITS 序列号(the Genbank accession NO.of most similar species by BLAST)	最同源的种(the most similar species by BLAST)	同源性/%(Identity)
河南西峡	KFRD-67	KX866907	KJ609008	间座壳菌(拟茎点霉菌的有性态) *Diaporthe cotoneastri*	99
河南西峡	KFRD-68	KX866908	KR703275	拟盘多毛孢菌 *Pestalotiopsis microspora*	100
河南西峡	KFRD-69	KX866909	FJ478132	间座壳菌(拟茎点霉菌的有性态) *Diaporthe eres*	99
河南西峡	KFRD-70	KX866910	KT735105	葡萄座腔菌 *Botryosphaeria dothidea*	100
河南西峡	KFRD-71	KX866911	KC343173	拟茎点霉菌 *Diaporthe perseae*	99
河南西峡	KFRD-72	KX866912	AF377296	拟盘多毛孢菌 *Pestalotiopsis microspora*	100
河南西峡	KFRD-73	KX866913	LC120711	葡萄座腔菌 *Botryosphaeria dothidea*	100
河南西峡	KFRD-77	KX866917	KC343146	间座壳菌(拟茎点霉菌的有性态) *Diaporthe nobilis*	99
四川成都	KFRD-15	KX346894	KU866390	链格孢菌 *Alternaria alternata*	100
四川成都	KFRD-74	KX866914	JF430491	间座壳菌(拟茎点霉菌的有性态) *Diaportheeres*	100
四川成都	KFRD-82	KX866922	LC120711	葡萄座腔菌 *Botryosphaeria dothidea*	100
四川蒲江	KFRD-3	KR703276	KC153101	间座壳菌(拟茎点霉菌的有性态) *Diaporthe lithocarpus*	99
四川蒲江	KFRD-13	KX346892	KU866390	链格孢菌 *Alternaria alternata*	100
四川蒲江	KFRD-16	KX346895	KU866390	链格孢菌 *Alternaria alternata*	100
四川蒲江	KFRD-17	KX346896	KU866390	链格孢菌 *Alternaria alternata*	100
四川蒲江	KFRD-18	KX346897	KU866390	链格孢菌 *Alternaria alternata*	100
四川蒲江	KFRD-26	KX866867	FJ478132	间座壳菌(拟茎点霉菌的有性态) *Diaporthe eres*	99
四川蒲江	KFRD-80	KX866920	KT337391	盘多毛孢菌 *Pestalotiopsis neglecta*	100
四川蒲江	KFRD-81	KX866921	KP004445	间座壳菌(拟茎点霉菌的有性态) *Diaporthe phragmitis*	99
四川都江堰	KFRD-4	KR703277	AF001018	间座壳菌(拟茎点霉菌的有性态) *Diaporthe phaseolorum*	99
四川都江堰	KFRD-14	KX346893	KU866390	链格孢菌 *Alternaria alternata*	100
四川都江堰	KFRD-28	KX866869	JF441180	间座壳菌(拟茎点霉菌的有性态) *Diaporthe phaseolorum*	98
四川都江堰	KFRD-83	KX866923	KF923244	*Neofusicoccum parvum*	100
四川都江堰	KFRD-84	KX866924	KJ609006	间座壳菌(拟茎点霉菌的有性态) *Diaporthe nobilis*	98

续表

采样地点 (sampling location)	菌株提交编号 (strains NO.)	Genbank 序列号 (Genbank accession NO.)	与该序列最同源菌株的 ITS 序列号 (the Genbank accession NO.of most similar species by BLAST)	最同源的种 (the most similar species by BLAST)	同源性/% (Identity)
四川都江堰	KFRD-85	KX866925	HQ832822	拟茎点霉菌 *Phomopsis asparagi*	99
四川邛崃	KFRD-33	KX866873	AF001024	间座壳菌(拟茎点霉菌的有性态) *Diaporthe phaseolorum*	99
四川邛崃	KFRD-34	KX866874	AF001024	间座壳菌(拟茎点霉菌的有性态) *Diaporthe phaseolorum*	99
四川邛崃	KFRD-35	KX866875	KJ609006	间座壳菌(拟茎点霉菌的有性态) *Diaporthe nobilis*	99
四川邛崃	KFRD-55	KX866895	KM489071	*Stagonosporopsis cucurbitacearum*	100
四川邛崃	KFRD-78	KX866918	FJ810147	*Bjerkandera adusta*	100
四川广元	KFRD-30	KX866870	KP004445	间座壳菌(拟茎点霉菌的有性态) *Diaporthe phragmitis*	99
四川广元	KFRD-31	KX866871	KP004445	间座壳菌(拟茎点霉菌的有性态) *Diaporthe phragmitis*	99
四川广元	KFRD-79	KX866919	KC343098	间座壳菌(拟茎点霉菌的有性态) *Diaporthe eugeniae*	99
四川苍溪	KFRD-27	KX866868	HQ328008	间座壳菌(拟茎点霉菌的有性态) *Diaporthe phaseolorum*	99
四川雅安	KFRD-32	KX866872	FJ478132	间座壳菌(拟茎点霉菌的有性态) *Diaporthe eres*	97
重庆黔江	KFRD-36	KX866876	HM156068	葡萄座腔菌 *Botryosphaeria dothidea*	99
重庆黔江	KFRD-37	KX866877	HQ328038	葡萄座腔菌 *Botryosphaeria dothidea*	100
重庆黔江	KFRD-38	KX866878	KC343146	间座壳菌(拟茎点霉菌的有性态) *Diaporthe nobilis*	99
贵州贵阳	KFRD-25	KX866866	KM979819	间座壳菌(拟茎点霉菌的有性态) *Diaporthe helianthi*	99
贵州贵阳	KFRD-42	KX866882	KT337391	盘多毛孢菌 *Pestalotiopsis neglecta*	100
贵州贵阳	KFRD-43	KX866883	KJ609006	间座壳菌(拟茎点霉菌的有性态) *Diaporthe nobilis*	99
贵州贵阳	KFRD-44	KX866884	KJ609006	间座壳菌(拟茎点霉菌的有性态) *Diaporthe nobilis*	99
贵州贵阳	KFRD-52	KX866892	KT337391	盘多毛孢菌 *Pestalotiopsis neglecta*	100
贵州六盘水	KFRD-39	KX866879	HQ141529	间座壳菌(拟茎点霉菌的有性态) *Diaporthe phaseolorum*	100
安徽金寨	KFRD-45	KX866885	KT965676	拟盘多毛孢菌 *Pestalotiopsis microspora*	100

续表

采样地点 (sampling location)	菌株提交编号 (strains NO.)	Genbank 序列号 (Genbank accession NO.)	与该序列最同源菌株的 ITS 序列号 (the Genbank accession NO.of most similar species by BLAST)	最同源的种 (the most similar species by BLAST)	同源性/% (Identity)
安徽金寨	KFRD-46	KX866886	KT337391	盘多毛孢菌 *Pestalotiopsis neglecta*	100
安徽金寨	KFRD-54	KX866894	LC120711	葡萄座腔菌 *Botryosphaeria dothidea*	100
安徽金寨	KFRD-76	KX866916	LC120711	葡萄座腔菌 *Botryosphaeria dothidea*	100
安徽安庆	KFRD-56	KX866896	KM435318	葡萄座腔菌 *Botryosphaeria dothidea*	100
安徽安庆	KFRD-57	KX866897	AF001018	间座壳菌(拟茎点霉菌的有性态) *Diaporthe phaseolorum*	99
江西奉新	KFRD-22	KX866863	HQ328038	葡萄座腔菌 *Botryosphaeria dothidea*	100
江西奉新	KFRD-23	KX866864	KC153101	间座壳菌(拟茎点霉菌的有性态) *Diaporthe lithocarpus*	99
江西奉新	KFRD-24	KX866865	KC153101	间座壳菌(拟茎点霉菌的有性态) *Diaporthe lithocarpus*	99
湖南郴州	KFRD-7	KX346886	JQ697847	间座壳菌(拟茎点霉菌的有性态) *Diaporthe actinidiae*	99
湖南郴州	KFRD-47	KX866887	JKT966515	*Nigrospora sphaerica*	100
湖南郴州	KFRD-48	KX866888	KU659809	间座壳菌(拟茎点霉菌的有性态) *Diaporthe phaseolorum*	100
湖南郴州	KFRD-49	KX866889	KR936130	间座壳菌(拟茎点霉菌的有性态) *Diaporthe tulliensis*	100
福建福安	KFRD-40	KX866880	KT966515	*Nigrospora sphaerica*	100
福建福安	KFRD-41	KX866881	KC153100	间座壳菌(拟茎点霉菌的有性态) *Diaporthe lithocarpus*	100
浙江桐乡	KFRD-50	KX866890	FJ478124	拟茎点霉菌 *Phomopsis liquidambari*	99
上海长兴	KFRD-86	KX866926	KT390194	葡萄座腔菌 *Botryosphaeria dothidea*	100
陕西大庄	KFRD-9	KX346888	KU866390	链格孢菌 *Alternaria alternata*	100

2.5 种质资源抗性筛选

运用 KFRD-3, KFRD-1, KFRD-9 及 KFRD-2 菌株, 分别对国家猕猴桃种质资源圃内的 31 个品种进行抗性初步筛选, 在第 10 天统一观察果实的发病情况, 对感病指数进行分级, 根据各品种的总感病指数对其抗性进行综合评价。31 个品种的抗性由强到弱依次为'川猕 2 号'>'东红'='和平 1 号'='建科 1 号'='金桃'>'金霞'='金圆'='武植 3 号'>'长安 1 号'='桂海 4 号'='金丰'='米良 1 号'>'川猕 1 号'='金魁'='夏亚 1 号'='徐香'>'金梅'='金玉'='金艳'='魁蜜'='西选 1 号'>'布鲁诺'='夏亚 15 号'='新观 2 号'='通山 5 号'>'龙山红'='满天红'>'秦美'>'川猕 3 号'='M2'>'香绿'(图 3)。

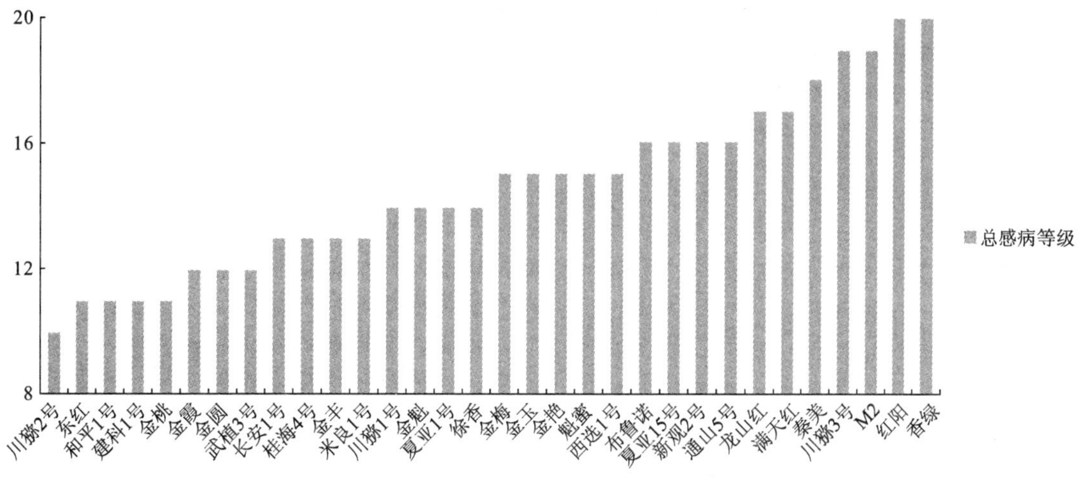

图 3　31 个主栽品种的软腐病抗性筛选结果

Fig.3　Preliminary resistance screening result of 31 kiwifruit varieties

3　讨论

猕猴桃果实软腐病是国内外猕猴桃贮藏期发现的主要病害之一，给果农和销售企业造成严重的经济损失，但由于对病原菌的种类及其侵染规律了解不够，使得难以对其开展有效的研究和防治。本研究首次对中国猕猴桃主要栽培地区的软腐病菌进行了系统研究，发现引起猕猴桃软腐病的主要病原菌为间座壳菌及拟茎点霉菌、葡萄座腔菌、链格孢菌及盘多毛孢菌。但不同地区的病原菌存在明显差异，如在湖北、河南及江西地区的葡萄座腔菌及拟茎点霉菌检出率基本相同，四川、贵州、福建、浙江及湖南的拟茎点霉菌检出率较高，安徽及上海的葡萄座腔菌检出率较高。大部分产区的葡萄座腔菌及拟茎点霉菌检出率高，因此这两种病原菌仍为猕猴桃果实软腐病防治的重点。值得引起注意的是，四川的链格孢菌检出率相对较高，在防治时需引起重视。究其原因，致病菌株的差异可能与不同栽培区域温度湿度环境不同，病原菌的来源及侵染能力不同有关。

丁爱东等（1995）对‘秦美’猕猴桃果实腐烂病研究过程中认为采收运输过程中造成的机械伤口是主要的病原菌侵染途径；但王井田等（2013）研究发现‘徐香’猕猴桃果皮相对‘秦美’厚，毛较硬，抗机械伤能力较强，因而储运过程中机械伤口罕见，但发病率仍然较高，因此认为机械伤口不是‘徐香’猕猴桃果实腐烂病菌的主要侵染途径。在本研究的致病力及抗性筛选实验中，发现除葡萄座腔菌外，其他致病真菌均不能对无伤口的猕猴桃果实直接引起侵染，且品种的抗病性与果实表面的果皮厚度、中华/美味系没有直接关系。本研究的结果同意丁爱东等（1995）的结论，认为采收运输过程中造成的机械伤口及病虫刺伤造成的伤口是主要的病原菌侵染途径，后期对于病原菌的侵染方式还有待进一步深入研究。

在已验证中国不同猕猴桃产区的主要软腐病菌存在差异的前提下，本研究在统一条件下运用 4 个主要致病菌对 31 个猕猴桃主要栽培品种的软腐病抗性进行了综合分析，证实了不同品种的软腐病抗病性差异十分明显，在已证实软腐病严重的老园区或地区应尽可能改栽抗性较强的品种，以减少软腐病造成的经济损失。

参考文献 References

丁爱冬,于梁,石蕴莲,1995.猕猴桃采后病害鉴定和侵染规律研究.植物病理学报,25(2):149-153.

姜景魁,张绍升,廖廷武,2007.猕猴桃黄腐病的研究.中国果树(6):14-16.

李诚,蒋军喜,冷建华,等,2012.奉新县猕猴桃果实腐烂病原菌分离鉴定.江西农业大学学报,34 (2):259-263.

李爱华,郭小成,1994.猕猴桃软腐病的发生与防治初探.植保技术与推广(3):31.

宋爱环,李红叶,马伟,2003.浙江江山地区猕猴桃贮运期主要病害鉴定.浙江农业科学(3):132-134.

王井田,刘达富,刘允义,等,2013.猕猴桃果实腐烂病的发病规律及药剂筛选实验.浙江林业科技,33(3):55-57.

AUGER J,PÉREZ I,ESTERIO M,2013.*Diaporthe ambigua* associated with post-harvest fruit rot of kiwifruit in Chile.Plant Disease,97(6):843-843.

BELROSE.Inc.2016.World kiwifruit review.Pullman:Belrose, Inc., 2016:93-95.

HAWTHRONE B T, REID M S, 1982. Possibility for fungicidal control of kiwifruit fungal storage rots. New Zealand Journal of Experimental Agriculture,10(3):333-336.

OPGENPORTY D C,1983.Storage rot of California-grown kiwifruit.Plant Disease,67(4):382-383.

PENNYCOOK S R,1985.Fungal fruit rots of *Actinidia deliciosa* (kiwifruit).New Zealand Journal of Experimental Agriculture,13(4):289-299.

SHARMA I M,Prashad D,Sharma S,2014.Hitherto unreported post harvest diseases of kiwifruit (*Actinidia deliciosa*) from Himachal Pradesh.Journal of Mycology and Plant Pathology,44(2):209-211.

SOMMER N F,SUADI J E,1984.Postharvest disease and storage life of kiwifruits.Acta Horticulturae,157:295-302.

WANG C W,AI J,FAN S T,et al.,2015.*Fusarium acuminatum*:a new pathogen causing postharvest rot on stored kiwifruit in China. Plant Disease,99(11):1644.

ZHOU Y,GONG G S,CUI Y L,et al.,2015.Identification of Botryosphaeriaceae causing kiwifruit rot in Sichuan Province, China. Plant Disease,99(5):699-708.

Identification of Pathogenic Fungi Causing Kiwifruit Rot Disease in China

LI Li PAN Hui CHEN Meiyan ZHONG Caihong

(Key laboratory of Plant Germplasm Enhancement and Specialty Agriculture,

Wuhan Botanic Garden, Chinese Academy of Sciences Wuhan 430074)

Abstract In order to clarify the pathogens which cause kiwifruit rot disease, 82 strains were isolated from 138 rotten fruits, which collected from Henan, Hubei, Chongqing, Jiangxi, Guizhou, Shanxi, Sichuan, Fujian, Anhui and Hunan Provinces during 2014-2015, and identified by the biological characteristics analysis, pathogenicity test and ITS molecular sequencing.The results showed that four species were responsible for kiwifruit rot disease in different regions of China.They were *Diaporthe* sp.(including *Phomopsis* sp.), *Botryosphaeria dothidea*, *Alternaria alternate*, *Pestalotiopsis* sp., the identified rate is 48.78 %, 21.95 %, 12.20 %, and 9.76 %, respectively.Fruit can be infected by all isolates from the wound site but can not infected from the unwounded peel except *B. dothidea*.Preliminary resistance screening of 31 economically important varieties (*Actinidia chinensis* and *Actinidia deliciosa*) in National *Actinidia* Germplasm Repository were implemented. 'Chuanmi No2', 'Donghong', 'Heping No1', 'Jianke No1', 'Jintao', 'Jinxia', 'Jinyuan', 'Wuzhi No 3' and 'Changan No1' cultivars were verified as high resistant materials.The research results have important significance for resistance breeding and control of kiwifruit rot disease in China.

Key words Kiwifruit Fruit rot diseases Molecular identification Pathogenicity Screening of resistance varieties

六盘水市猕猴桃秋冬季及春季主要病害调查及病原鉴定*

潘 慧[1] 李 黎[1] 胡秋舲[2]

张胜菊[1] 祖 达[2] 钟彩虹[1,**]

(1 植物种质创新与特色农业重点实验室 中国科学院武汉植物园 武汉 430074;

2 六盘水市农委植保植检站 六盘水 553001)

摘 要 自2007年以来,贵州省六盘水市猕猴桃产业蓬勃发展。但2014年以来,该市猕猴桃病害问题日益严重。中国科学院武汉植物园联合六盘水市农委分别于2015年10月及2016年4月对六盘水市11个乡镇23个代表性栽培园区进行猕猴桃秋冬季及春季病害调查。基于感病症状采集大量典型病害样本,运用生物学特征分析及分子鉴定对分离得到的病原菌进行分析,研究结果表明六盘水市猕猴桃秋冬季主要病害为细菌性溃疡病和真菌性灰斑病、褐斑病、果实软腐病、黑腐病,春季病害相对轻微,部分园区感染了细菌性溃疡病,个别园区存在的病原菌可能会导致果实软腐病,黑腐病和褐斑病。该分析结果为六盘水市后期开展有效、有针对性的检疫、预测预报及病害综合防治提供了理论依据。

关键词 猕猴桃 病害 生物学特征 ITS分子鉴定 Psa鉴定

猕猴桃(*Actinidia* spp.)隶属猕猴桃科(Actinidiaceae)猕猴桃属(*Actinidia* Lindl.),具有很高的营养及经济价值,目前在中国、新西兰、意大利、法国、智利等国家广泛种植(Huang,2014)。自2007年以来,六盘水市开始大力发展猕猴桃种植产业,主要栽培品种为'红阳',全市猕猴桃种植基地覆盖了猴场乡、米箩镇、野钟乡、都格乡、杨梅乡、鸡场镇、普古乡、月亮河乡及郎岱镇等20个乡镇。截至2015年年底,全市栽培总面积达17.01万亩,年产量达1.5万吨。

然而自2014年以来,六盘水市农委植保植检站发现该市猕猴桃细菌性及真菌性病害日益突出,给当地猕猴桃产业造成了一定的经济损失,因此尽快对当地猕猴桃病害进行全面调查尤为重要。中国科学院武汉植物园联合六盘水市农委分别于2015年10月及2016年4月对六盘水市11个乡镇23个代表性栽培园区进行了秋冬季和春季采样分析及病原鉴定,以期全面了解该地区范围内猕猴桃病害的种类、分布及危害程度,掌握主要病害的发生规律,为有效、有针对性地开展检疫和预测预报工作、加强对猕猴桃病害综合防治对策的研究提供依据。

1 材料与方法

1.1 园区感病症状观察及样本采集

2015年10月,对六盘水市11个猕猴桃主要种植区域(采样点1~11)进行了园区秋冬季病害调查,共采集有65份具有明显病斑的叶片作为实验材料。各采样点栽培品种均为'红阳',具体地理位置及栽培品种见表1。其中,部分园区灰斑病及褐斑病早期感病症状不太容

---

*基金项目:中国科学院科技服务网络计划研究项目(KFJ-EW-STS-076),农业部作物种质资源保护与利用项目(2015NWB027),湖北省自然科学基金青年项目(2013CFB421),贵州六盘水猕猴桃产业合作项目(Y339901No.7)。

**通讯作者,女,湖南浏阳人,研究员,国家猕猴桃种质资源圃负责人,中国园艺学会猕猴桃分会理事长,长期从事猕猴桃等果树育种及栽培研究;E-mail:zhongch@ wbgcas.cn。

易区分,因此采样期间疑似病害记录为灰斑病/褐斑病。

表 1　秋冬季各采样点具体地理位置、疑似病害及预测病害

Table 1　Detailed location, susceptible disease and forecasting disease at autumn and winter seasons

采样园区编号(sampling orchard)	经纬度(longitude and latitude)	高度/m(altitude)	所属乡镇(township)	采样期间疑似病害(susceptible disease during sampling)	基于本文检测结果预测的未来可能发生病害(forecasting Disease based on the research)
1	E105°10′22″ N26°13′24″	1150	水城县猴场乡	溃疡病(Bacterial canker disease)	溃疡病,软腐病(Bacterial canker disease, Postharvest soft rot)
2	E105°07′41″ N26°13′17″	1024	水城县猴场乡	灰斑病(Gray leaf spot)	灰斑病,软腐病(Gray leaf spot, Postharvest soft rot)
3	E104°57′48″ N26°25′09″	1103	水城县米箩镇	灰斑病,溃疡病(Gray leaf spot, Bacterial canker disease)	灰斑病,溃疡病,炭疽病,软腐病(Gray leaf spot, Bacterial canker disease, Anthracnose, Postharvest soft rot)
4	E104°58′20″ N26°24′29″	1073	水城县米箩镇	灰斑病,溃疡病(Gray leaf spot, Bacterial canker disease)	灰斑病,溃疡病,软腐病(Gray leaf spot, Bacterial canker disease,Postharvest soft rot)
5	E105°23′48″ N26°04′25″	1305	六枝特区郎岱镇	灰斑病,溃疡病(Gray leaf spot, Bacterial canker disease)	灰斑病,溃疡病,软腐病(Gray leaf spot, Bacterial canker disease, Postharvest soft rot)
6	E104°49′51″ N26°04′38″	1370	盘州市普古乡	灰斑病,溃疡病(Gray leaf spot, Bacterial canker disease)	灰斑病,溃疡病,软腐病(Gray leaf spot, Bacterial canker disease, Postharvest soft rot)
7	E104°48′8″ N26°4′25″	1199	水城县鸡场镇	灰斑病/褐斑病(Gray/Brown leaf spot)	灰斑病,褐斑病,炭疽病,黑腐病,软腐病(Gray leaf spot, Brown leaf spot, Anthracnose,Black rot,Postharvest soft rot)
8	E104°41′24″ N26°20′27″	1070	水城县都格乡	灰斑病/褐斑病(Gray/Brown leaf spot)	灰斑病,褐斑病,黑腐病,软腐病(Gray leaf spot, Brown leaf spot, Black rot,Postharvest soft rot)
9	E104°53′00″ N28°27′00″	1260	水城县勺米镇	灰斑病/褐斑病(Gray/Brown leaf spot)	灰斑病,褐斑病,黑腐病,软腐病(Gray leaf spot, Brown leaf spot, Black rot,Postharvest soft rot)
10A	E104°51′17″ N26°29′38″	1269	水城县顺场乡	灰斑病(Gray leaf spot)	灰斑病,软腐病(Gray leaf spot,Postharvest soft rot)
11	E104°35′26″ N26°13′45″	1255	水城县米箩镇	灰斑病(Gray leaf spot)	灰斑病,软腐病(Gray leaf spot,Postharvest soft rot)

2016 年 4 月,对六盘水市 18 个猕猴桃主要种植区域(采样点 12~21 及秋冬季的 7 个采样点)进行了春季病害调查,共采集有 75 份具有病斑的叶片、9 份枝条样本及 6 份花朵样本作为实验材料。各采样点栽培品种均为‘红阳’,具体地理位置见表 2。

表 2　春季各采样点具体地理位置、疑似病害及预测病害

Table 2　Detailed location, susceptible disease and forecasting disease at spring seasons

采样园区编号 (sampling orchard)	经纬度 (longitude and latitude)	高度/m (altitude)	所属乡镇 (township)	采样期间疑似病害 (susceptible disease during sampling)	基于本文检测结果预测的未来可能发生病害 (forecasting Disease based on the research)
1	E105°10′22″ N26°13′24″	1150	水城县猴场乡	无明显感病症状 (no symptoms)	无 (none)
2	E105°07′41″ N26°13′17″	1024	水城县猴场乡	无明显感病症状 (no symptoms)	无 (none)
5	E105°23′48″ N26°04′25″	1305	六枝特区郎岱镇	溃疡病 (Bacterial canker disease)	溃疡病 (Bacterial canker disease)
6	E104°49′51″ N26°4′38″	1370	盘州市普古乡	溃疡病 (Bacterial canker disease)	溃疡病 (Bacterial canker disease)
8	E104°41′24″ N26°20′27″	1070	水城县都格乡	无明显感病症状 (no symptoms)	无 (none)
10B	E104°51′29″ N26°14′00″	1261	水城县顺场乡	溃疡病 (Bacterial canker disease)	溃疡病,褐斑病,黑腐病,果实软腐病 (Bacterial canker disease, Brown leaf spot, Black rot, Postharvest soft rot)
10C	E104°52′39″ N26°13′51″	1334	水城县顺场乡	溃疡病 (Bacterial canker disease)	溃疡病 (Bacterial canker disease)
11	E104°35′26″ N26°13′45″	1255	水城县米箩镇	无明显感病症状 (no symptoms)	无 (none)
12	E104°47′35″ N26°18′44″	1321	水城县发耳镇	无明显感病症状 (no symptoms)	无 (none)
13	E104°45′02″ N26°16′45″	1383	水城县发耳镇	无明显感病症状 (no symptoms)	无 (none)
14	E104°39′20″ N26°18′37″	967	水城县发耳镇	无明显感病症状 (no symptoms)	无 (none)
15	E104°40′18″ N26°15′49″	1223	水城县鸡场镇	无明显感病症状 (no symptoms)	无 (none)
16	E104°41′06″ N26°17′58″	1088	水城县鸡场镇	无明显感病症状 (no symptoms)	无 (none)
17	E105°8′48″ N26°24′15″	1272	水城县蟠龙镇	无明显感病症状 (no symptoms)	无 (none)
18	E105°7′21″ N26°21′27″	1232	水城县蟠龙镇	无明显感病症状 (no symptoms)	无 (none)
19	E105°07′45″ N26°17′17″	812	水城县猴场乡	无明显感病症状 (no symptoms)	无 (none)
20	E104°58′51″ N26°22′00″	1255	水城县米箩镇	无明显感病症状 (no symptoms)	无 (none)
21	E104°58′13″ N26°11′54″	1181	水城县野钟乡	无明显感病症状 (no symptoms)	无 (none)

1.2 病原菌的分离和培养

1.2.1 细菌性病原菌的分离和培养

对于每一份样本,运用 1 cm 规格的打孔器取病健交界处的 3 片 1 cm×1 cm 叶片组织,运用 70 %乙醇进行叶片表面消毒后,将叶片组织置于 1.5 ml 离心管中进行匀浆(每管内加入 400 μl 10 mmol/L $MgSO_4$和 2 粒钢珠)。对菌悬液进行 10^0 ~ 10^{-4}梯度稀释,取 100 μl 10^{-4}菌悬液涂布在假单胞菌专用分离培养基 KB CFC 固体培养基上,置于 27~28 ℃培养 2 d 后划线分离。待观察到单菌落后,挑取生物学特征上近似丁香假单孢杆菌猕猴桃致病变种(*Pseudomonas syringae* pv.*actinidiae*, Psa)的菌落进行氧化酶测试,取阴性菌落进行保存。每个样本设置 3 个重复。

1.2.2 真菌性病原菌的分离和培养

对于每一份样本,运用 1 cm 规格的打孔器取病健交界处的 3 片 1 cm×1 cm 叶片组织,运用 70 %乙醇进行叶片表面消毒,置于 PDA 平板培养基 25 ℃恒温培养 3 d。平板出现菌落后挑取菌丝尖端于新 PDA 平板上纯化,直至获得纯菌株。每个样本设置 3 个重复。

1.3 病原菌的分子生物学鉴定

1.3.1 细菌菌落 PCR

挑选新鲜菌落置于 20 μl 的无菌水中,98 ℃裂解 10 min 之后涡旋,快速短暂离心,吸取 2 μl上清液用于 DNA 模板。参照 Rees-George 等(2010)的方法运用 Psa 特异引物 PsaF1(TTTTGCTTTGCACACCCGATTTT)和 PsaR2(CACGCACCCTTCAATCAGGATG)进行分子鉴定。反应体系为 10 μl,其中含 Mg^{2+}的 10×PCR buffer 1 μl,10 mmol/L dNTP 0.2 μl 100 μmol/L PsaF1 引物 0.1 μl,100 μmol/L PsaR2 引物 0.1 μl,1.10g/mL DMSO 0.2 μl,5 U/μl Taq 酶 0.1 μl,菌落模板 2 μl,无菌去离子水 6.3 μl;PCR 扩增反应程序为 94 ℃ 5 min;94 ℃ 30 s,55 ℃ 30 s,72 ℃ 1 min,30 个循环;72 ℃ 10 min。PCR 扩增产物经 2 %琼脂糖凝胶检测,观察是否有目的片段条带。Psa 菌株可扩增得到大小 280 bp 的目的条带。

1.3.2 真菌 ITS 鉴定

纯菌株在 PDA 平板上 25 ℃培养 5 d 后,用打孔器制成直径 5 mm 的菌饼,将菌饼接入盛有 40 ml 的 PDA 液体培养基三角瓶中,25 ℃静置培养 5~8 d 后收集菌丝。运用上海生工 Ezup 柱式真菌基因组 DNA 抽提试剂盒提取基因组 DNA,并将 DNA 保存在-20 ℃备用。

采用真菌核糖体基因组转录间隔区通用引物 ITS4/ITS5 对真菌病原菌的基因组 DNA 进行 PCR 扩增(ITS5 序列,GGAAGTAAAAGTCGTAACAAGG;ITS4 序列,TCCTCCGCTTATTGATATGC)。反应体系为 40 μl,其中含 Mg^{2+}的 10×PCR buffer 4 μl,10 mmol/L dNTP 0.8 μl,100 μmol/L上游引物 0.2 μl,100 μmol/L 下游引物 0.2 μl,1.10 g/ml DMSO 0.8 μl,5U/ μl Taq 酶 0.25 μl,DNA 模板 2 μl,无菌去离子水 31.75 μl。PCR 扩增反应程序为 94 ℃ 5 min;94 ℃ 30 s,55 ℃ 30 s,72 ℃ 1 min,30 个循环;72 ℃ 10 min。PCR 扩增产物经 2 %琼脂糖凝胶电泳检测,目的条带为 600 bp。将 PCR 产物送华大基因公司测序。将测序结果与 NCBI 已发表菌株序列进行 Blast 比对,作同源性相似差异性分析,确定该菌株的分类地位。

2 结果与分析

2.1 感病症状

采样期间,在六盘水市部分猕猴桃栽培园区观察到疑似溃疡病及褐斑病、灰斑病的症状(图 1,彩图 20),主要感病症状与李黎等(2013)、罗禄怡等(2000)描述一致。其中疑似溃疡病感病症状:春季,当气温回升至 15 ℃以上,在感病植株的枝条分叉处等明显可见乳白色黏质菌脓，与植物伤流混合后呈黄褐色或锈红色菌脓，顺着树干流下，扩延至整个树干发病；叶片上不规则形或多角形褐色斑点，病斑周围有 3~5 mm 明显的黄色晕圈。疑似褐斑病感病症状：发病部位多从叶缘开始，初期呈水渍状褪绿污褐斑，逐渐沿叶缘迅速纵深发展，形成不规则大褐斑；发生在叶面上的病斑较小，约 3~15 mm，近圆形至不规则形；病斑外沿深褐色，中部色浅；高温干燥天气下，感病叶片内卷或破裂，导致提前枯落。疑似灰斑病感病症状：前期症状与褐斑病相似，发生在叶面的病斑受叶脉限制，其大小一般为 5~20 mm；病斑穿透叶片，叶背病斑黑褐色，叶面暗褐至灰褐色。

图 1 （A）~（C）疑似灰斑病或褐斑病的症状；（D）疑似溃疡病的症状

Fig.1 （A）~（C）Suspected symptoms of Gray/Brown leaf spot disease;（D）Suspected symptoms of bacterial canker disease

2.2 细菌性病原菌的鉴定结果

秋冬季细菌性病原菌的鉴定结果：采样点 1，3，4，5，6 的叶片样本均携带细菌性溃疡病病原菌（图 2）。

春季细菌性病原菌的鉴定结果：采样点 10B，10C，5，6 的枝条及叶片样本携带 Psa 病原菌（图 3）。

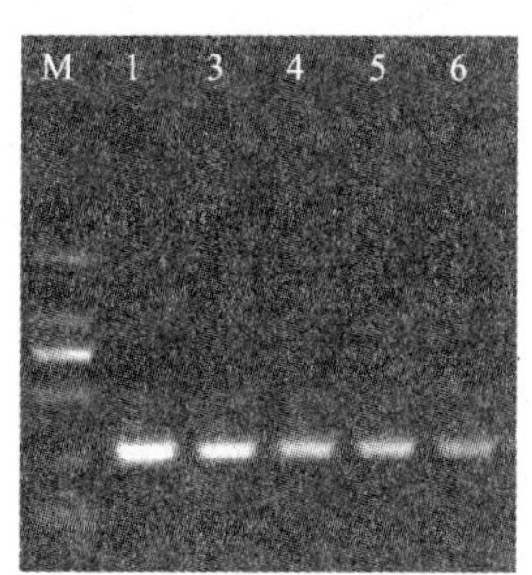

图 2 秋冬季感病园区样本 PsaF1/PsaR2 菌落 PCR 扩增图

Fig.2 PsaF1/PsaR2 colony PCR amplification of infected orchards at autumn and winter seasons

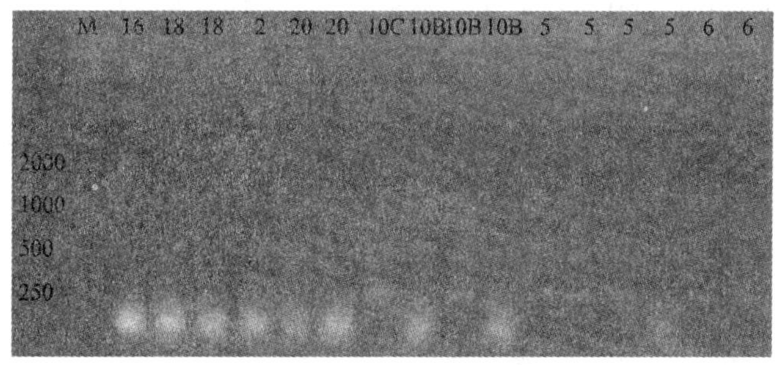

图 3 春季感病园区样本 PsaF1/PsaR2 菌落 PCR 扩增图

Fig.3 PsaF1/PsaR2 colony PCR amplification of infected orchards at Spring season

2.3 真菌性病原菌的测序结果

在各园区感病叶片上均分离到 1~4 种真菌(图 4,彩图 21),秋冬季具体菌株列表见表 3,春季具体菌株列表见表 4。

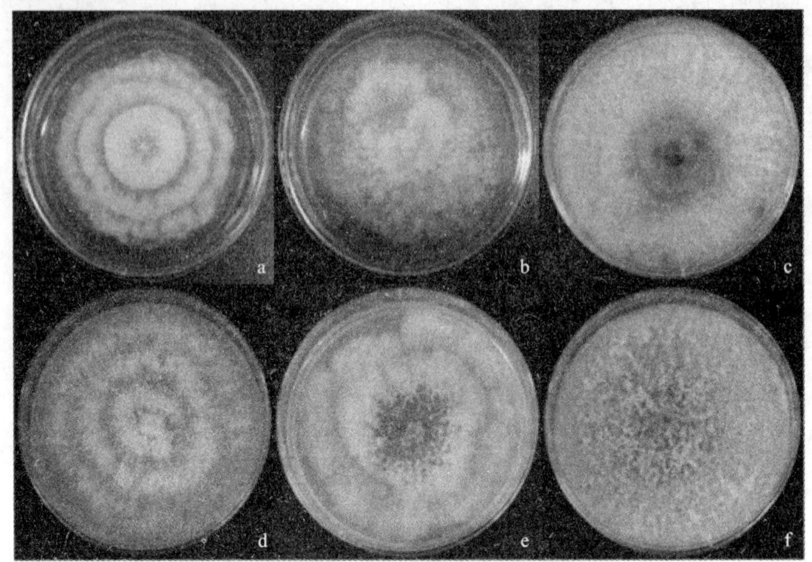

图 4 分离得到的小孢拟盘多毛胞菌(a)、间座壳菌(b)、链格孢菌(c)、菜豆间座壳菌变种(d)、新壳梭孢菌(e)及稻黑孢(f)在 PDA 培养基 28 ℃培养 5 d 后的菌落特征

Fig. 4 The colony characteristics of isolated strains: *Pestalotiopsis microspora* (a) *Diaporthe hongkongensis* (b) *Alternaria alternata* (c) *Diaporthe phaseolorum var. sojae* (d) *Neofusicoccum parvum* (e) *Nigrospora oryzae* (f) on PDA after incubation for 5 days at 28 ℃

表 3 秋冬季各采样点叶片样本分离鉴定的真菌列表

Table 3 Fungi isolated from sampling leaves of each orchard at autumn and winter seasons

园区 (sampling orchard)	菌株号 (strains NO.)	NCBI 编号 (Accession NO.)	Blast 对应最近似种属编号(the Genebank accession NO.of most similar species by Blast)	Blast 对应最近似种属 (the most similar species by Blast)	相似性/% (identity)
1	LPS-1	KX355167	JF430489	菜豆间座壳菌变种 *Diaporthe phaseolorum* var.*sojae*	100
1	LPS-2	KX355168	EU326186	淡色丛赤壳菌 *Bionectria ochroleuca*	100
2	LPS-3	KX355169	KT337391	拟盘多毛孢菌 *Pestalotiopsis neglecta*	100
2	LPS-4	KX355170	KT337391	拟盘多毛孢菌 *Pestalotiopsis neglecta*	100
3	LPS-5	KX355171	KT337391	拟盘多毛孢菌 *Pestalotiopsis neglecta*	100
3	LPS-6	KX355172	KT337391	拟盘多毛孢菌 *Pestalotiopsis neglecta*	100
3	LPS-7	KX355173	KT390195	胶孢炭疽菌 *Colletotrichum gloeosporioides*	100
4	LPS-8	KX355174	KT337391	拟盘多毛孢菌 *Pestalotiopsis neglecta*	100
4	LPS-9	KX355175	JF430489	菜豆间座壳菌变种 *Diaporthe phaseolorum* var.*sojae*	100
4	LPS-10	KX355176	KF923242	新壳梭孢菌 *Neofusicoccum parvum*	100
5	LPS-11	KX355177	KT337391	拟盘多毛孢菌 *Pestalotiopsis neglecta*	100

园区 (sampling orchard)	菌株号 (strains NO.)	NCBI 编号 (Accession NO.)	Blast 对应最近似种属编号(the Genebank accession NO.of most similar species by Blast)	Blast 对应最近似种属 (the most similar species by Blast)	相似性/% (identity)
5	LPS-12	KX355178	KT337391	拟盘多毛孢菌 *Pestalotiopsis neglecta*	100
5	LPS-13	KX355179	KT337391	拟盘多毛孢菌 *Pestalotiopsis neglecta*	100
5	LPS-14	KX355180	NR_111848	间座壳菌 *Diaporthe hongkongensis*	99
6	LPS-15	KX355181	FJ904817	新壳梭孢菌 *Neofusicoccum parvum*	100
6	LPS-16	KX355182	JF430489	菜豆间座壳菌变种 *Diaporthe phaseolorum* var.*sojae*	100
6	LPS-17	KX355183	KR703275	小孢拟盘多毛孢 *Pestalotiopsis microspora*	100
7	LPS-18	KX355184	KU136388	胶孢炭疽菌 *Colletotrichum gloeosporioides*	100
7	LPS-19	KX355185	KT345696	链格孢菌 *Alternaria alternata*	100
7	LPS-20	KX355186	KP943747	拟盘多毛孢菌 *Neopestalotiopsis egyptiaca*	100
8	LPS-21	KX355187	KU293595	链格孢菌 *Alternaria brassicicola*	100
8	LPS-22	KX355188	KT337391	拟盘多毛孢菌 *Pestalotiopsis neglecta*	100
9	LPS-23	KX355189	KT337374	拟盘多毛孢菌 *Pestalotiopsis biciliata*	100
9	LPS-24	KX355190	KT345696	链格孢菌 *Alternaria alternata*	100
9	LPS-25	KX355191	EU436680	稻黑孢 *Nigrospora oryzae*	100
10A	LPS-26	KX355192	JQ341110	拟盘多毛孢菌 *Pestalotiopsis* sp.	100
10A	LPS-27	KX355193	KT337391	拟盘多毛孢菌 *Pestalotiopsis neglecta*	100
10A	LPS-28	KX355194	KP133330	尖顶炭角菌 *Xylaria apiculata*	99
11	LPS-29	KX355195	KT337391	拟盘多毛孢菌 *Pestalotiopsis neglecta*	100
11	LPS-30	KX355196	KT337391	拟盘多毛孢菌 *Pestalotiopsis neglecta*	100
11	LPS-31	KX355197	JF430489	菜豆间座壳菌变种 *Diaporthe phaseolorum* var.*sojae*	100
11	LPS-32	KX355198	JF430489	菜豆间座壳菌变种 *Diaporthe phaseolorum* var.*sojae*	100

表 4　春季各采样点样本分离鉴定的真菌列表

Table 4　Fungi isolated from samples of each orchard at spring season

园区 (sampling orchard)	菌株号 (strains NO.)	NCBI 编号 (Accession NO.)	Blast 对应最近似种属编号 (the Genebank accession NO. of most similar species by Blast)	Blast 对应最近似种属 (the most similar species by Blast)	相似性/% (identity)
1	LPS-33	KX588102	KU844327	白囊耙齿菌 *Irpex lacteus*	97
1	LPS-34	KX588103	HQ332532	木贼镰刀菌 *Fusarium equiseti*	100
11	LPS-35	KX588104	JX311924	白囊耙齿菌 *Irpex lacteus*	99
10C	LPS-36	KX588105	HQ331028	白囊耙齿菌 *Irpex lacteus*	100
10B	LPS-37	KX588106	KF951149	细极链格孢 *Alternaria tenuissima*	100
10B	LPS-38	KX588107	JX311924	白囊耙齿菌 *Irpex lacteus*	99
10B	LPS-39	KX588108	EU273517	白囊耙齿菌 *Irpex lacteus*	99
10B	LPS-40	KX588109	KT192329	链格孢 *Alternaria alternata*	99
6	LPS-41	KX588110	HQ331096	白囊耙齿菌 *Irpex lacteus*	98
6	LPS-42	KX588111	JX311924	白囊耙齿菌 *Irpex lacteus*	99

3 讨论

猕猴桃病害的类型和发生程度受宿主生长地域、生育期、品种抗性、气候条件和土壤环境等因素影响。本文对六盘水市猕猴桃秋冬季和春季常见的病害进行了初步调查,并基于生物学特性及分子鉴定确定了各园区的病原菌种类,预测了各园区将来可能发生的病害(表 1、表 2),为各园区进行有效防治奠定了理论基础。

从本次六盘水的检测结果来看,采样点 1,3,4,5,6,10B,10C 均已证实感染了溃疡病,其中采样点 5,6 连续两次均发现溃疡病。该病由丁香假单胞杆菌猕猴桃致病变种(*Pseudomonas syringae* pv.*actinidiae*,Psa)引起。自 2008 年以来,该病在全球大规模暴发,给世界猕猴桃产业造成了巨大的经济损失,具有发生范围广、致病性强、传播迅速、根除难度大等特点,已经成为猕猴桃产业发展的主要限制因素(Mccann et al.,2013)。近年来,我国陕西、四川、安徽、湖南及河南等猕猴桃主要产区均出现大量溃疡病感病报告,且由于苗木远距离传播,该病在江苏、浙江、广西及贵州等猕猴桃新发展区域逐渐被发现。究其原因,近年来由于'红阳'品种的出园价格持续走高,各地区新发展园区均大量引进'红阳'苗木,六盘水市的'红阳'猕猴桃苗木主要从四川省引进,然而四川部分园区已证实感染了溃疡病,带菌苗木的运输及栽培极大程度上加快了溃疡病在六盘水的传播。该病目前并无根治方法,只能运用铜制剂、链霉素等进行化学防治,以尽可能减轻症状,减少传播。

猕猴桃果实软腐病是近年来猕猴桃产业中最严重的真菌病害,在果实采收期间无明显表征,贮藏期间才逐渐显现病症。目前已确定的猕猴桃果实软腐病致病菌有葡萄座腔菌(*Botryosphaeria dothidea*),灰葡萄孢菌(*Botrytis cinerea*),拟盘多毛孢菌(*Pestalotiopsis* sp.),拟茎点霉菌(*Phomopsis* sp.),链格孢菌(*Alternaria alternata*)等(李黎 等,2016;Li et al.,2016a,2016b;李诚 等,2012;丁爱冬 等,1995)。通过对分离到的菌株进行分析,六盘水市秋冬季节大部分猕猴桃果园(采样点 1 除外)均检测到了拟盘多毛孢菌(*Pestalotiopsis* sp.),采样点 1,4,5,6,11 分离鉴定到了间座壳菌(*Diaporthe* sp.,拟茎点霉菌 *Phomopsis* sp.的有性态),采样点 7,8,9 鉴定到链格孢菌(*Alternaria alternata*),春季的采样点 10B 也鉴定到链格孢菌(*Alternaria alternata*),由此可见六盘水市各园区内潜伏的果实软腐病病原菌种类很多,各采样点均需对软腐病病原进行重点防治,防止来年软腐病造成严重的经济损失。

同时,秋冬季大部分猕猴桃果园(采样点 1 除外)的拟盘多毛孢菌(*Pestalotiopsis* sp.)证实会引起猕猴桃的灰斑病(Jeong et al.,2008)。采样点 7,8,9,10B 的链格孢菌(*Alternaria alternata*)会引起猕猴桃的褐斑病及果实黑腐病(赵金梅,2014;*Kwon et al.*,2011)。由于在猕猴桃真菌病害感病初期,灰斑病与褐斑病等从表征上并不能十分有效准确地进行区分,建议各园区针对两种病害进行综合防治。采样点 3,7 中鉴定出胶孢炭疽菌(*Colletotrichum gloeosporioides*),该菌已证实会引起炭疽病的发生(Mousakhah et al.,2014),两个采样点应对该病进行针对性的防治。而在春季调查中,并未鉴定到引起软腐、灰斑等病的主要致病菌,其他几种鉴定到的真菌暂未见其对猕猴桃的危害报告,建议先进行观察,如未来采样中仍鉴定到该菌,可进行人工接种实验,验证其致病性。

从全国范围来看,猕猴桃秋冬季节的主要发生病害有细菌性溃疡病及真菌性软腐病、黑斑病、褐斑病、叶枯病、灰斑病等,园区春季病害较秋冬季病害一般相对轻微一些。此次调查结果显示六盘水市秋冬季病害较春季严重，与以往的规律保持一致。经与当地果农沟通，总结其主要原因可能是六盘水市各园区在秋季收获果实后都会采取相关措施进行彻底的冬季清园，如冬季剪除清理溃疡病、褐斑病等病害寄生的病枝、落叶、烂果等；刮除红蜘蛛、叶蝉等害虫越冬的粗老翘皮等；抹擦主干和枝蔓上密集的越冬虫源；深翻结合土壤药剂处理除地下害虫及虫卵；全园喷施石硫合剂等药剂防治细菌及真菌性病害等。

本文首次对六盘水市秋冬季和春季的主要病害进行了分析，确定了当地不同时期的主要病原菌，并对潜在可能发生的病害进行了预测。然而，目前对该地的病害发生条件及病原菌侵染规律等了解还不够，后期需进一步进行周年调查，建立六盘水市猕猴桃病害数据资料库，开展药物筛选及防治效果对比研究，形成适合当地的病害预测预报系统及综合防治方案，提高六盘水市猕猴桃整体生产水平。

参考文献 References

丁爱冬，于梁，石蕴莲，1995.猕猴桃采后病害鉴定和侵染规律研究.植物病理学报，25(2)：149-153.

李诚，蒋军喜，冷建华，等，2012.奉新县猕猴桃果实腐烂病原菌分离鉴定.江西农业大学学报，34(2)：259-263.

李黎，钟彩虹，李大卫，等，2013.猕猴桃细菌性溃疡病的研究进展.华中农业大学学报，32(5)：124-133.

李黎，陈美艳，张鹏，等，2016.猕猴桃软腐病的病原菌鉴定.植物保护学报，43(3)：527-528.

罗禄怡，张晓燕，2000.为害猕猴桃的两种叶斑病及防治.中国南方果树，29(2)：40.

赵金梅，2014.中华猕猴桃褐斑病病原鉴定及 ClO_2 杀菌效果的研究.西安：陕西师范大学.

HUANG Hongwen, 2014. The Genus *Actinidia*: A World Monograph. Beijing: Science Press: 4.

JEONG I h, LIM M T, KIM G H, et al., 2008. Incidences of leaf spots and blights on kiwifruit in Korea. The Plant Pathology Journal, 24(2): 125-130.

KWON J H, KIM J W, 2011. Black rot of kiwifruit caused by *Alternaria alternata* in Korea. The Plant Pathology Journal, 27(3): 298-298.

LI Li, PAN H, CHEN M Y, et al., 2016a. First Report of *Pestalotiopsis microspora* causing postharvest rot of kiwifruit in Hubei Province, China. Plant Disease(10): 2161.

LI Li, PAN h, CHEN M Y, et al., 2016b. First Report of *Diaporthe lithocarpus* causing postharvest rot of kiwifruit in Sichuan Province, China. Plant Disease(11): 2327.

MCCANN H C, RIKKERINK E h A, BERTELS F, et al., 2013. Genomic analysis of the kiwifruit pathogen *Pseudomonas syringae* pv. *actinidiae* provides insight into the origins of an emergent plant disease. PLoS Pathogen, 9(7): e1003503.

MOUSAKHAH M, JAMALI A, KHODAPARAST S A, et al., 2014. Incidences of leaf spots, blights and fruit rots of kiwifruit (*Actinidia deliciosa*) in Guilan province, Iran. Iranian Journal of Plant Pathology, 50(4): 173-181.

REES-GEORGE J, VANNESTE J L, CORNISH D A, et al., 2010. Detection of *Pseudomonas syringae* pv. *actinidiae* using polymerase chain reaction (PCR) primers based on the 16S-23S rDNA intertranscribed spacer region and comparison with PCR primers based on other gene regions. Plant Pathology, 59(3): 453-464.

The Kiwifruit Disease Investigation and Pathogen Identification of Liupanshui City at Autumn, Winter and Spring Seasons

PAN Hui[1] LI Li[1] HU Qiuling[2] ZHANG Shengju[1]
ZU Da[2] ZHONG Caihong[1]

(1 Key laboratory of Plant Germplasm Enhancement and Specialty Agriculture,
Wuhan Botanic Garden, Chinese Academy of Sciences Wuhan 430074;
2.Plant Protection and Plant Quarantine Station, Agriculture committee of LiuPanshui Liupanshui 553001)

Abstract The kiwifruit industry of Liupanshui City, Guizhou Province is flourishing since 2007.However, disease problems become more and more seriously from 2014. In October 2015 and April 2016, Wuhan Botanical Garden united Agricultural Committee of Liupanshui city performed the disease investigation of Autumn, Winter and Spring seasons in 23 representative kiwifruit orchards of 11 townships.Several typical disease samples were collected based on the susceptible symptoms.According to the biological characteristics analysis and molecular identification of isolated pathogens, the research indicated the main disease of kiwifruit in Liupanshui at Autumn and Winter seasons is Bacterial canker disease, Gray leaf spot, Brown leaf spot, Postharvest soft rot and Black rot disease. Disease of kiwifruit at Spring season is not serious comparatively, some orchards infected Bacterial canker disease, isolated pathogens of one orchard may lead to Postharvest soft rot disease, Black rot and Brown leaf spot. The result provides a theoretical basis for effective and targeted quarantine, forecasting and kiwifruit disease control in Liupanshui City.

Key words Kiwifruit Disease Biological characteristics ITS molecular identification Psa identification

植物源复方制剂在猕猴桃溃疡病上的应用效果初探

吴福成[1,*]　岁立云[2]　张　江[1]　方继宇[1]　黄驰超[1]

（1 成都天本生物科技有限公司　成都　610000；2 成都市农林科学院　成都　611130）

摘　要　通过对成都地区红阳猕猴桃施用植物源复方制剂（中药植保营养素和营养液），探究其在猕猴桃溃疡病上的防控效果。本研究选取三个不同感病等级的果园，利用植物源复方制剂进行针对性防控处理，结果表明：①对感染园区的感病植株作防治处理，有效治愈率为79.33％；②未表现猕猴桃溃疡病的植株作预防处理，有效预防率约97.70％；③对感病园区的植株作预防和防治处理后，当年有效防控率约占80.83％，次年复发率约为6.18％，且对复发植株作防治处理，可有效遏制病害的加重与蔓延，所有复发植株当年均正常开花结果。

关键词　植物源中药　营养素　猕猴桃　溃疡病

猕猴桃溃疡病（bacterial canker disease of kiwifruit）是一种严重威胁猕猴桃生产和发展的毁灭性细菌性病害。目前，因猕猴桃溃疡病导致的死树、毁园现象时有出现，已成为制约猕猴桃产业发展的瓶颈之一。因此，如何有效防治溃疡病是猕猴桃生产上亟待解决的问题，常用的溃疡病防控措施主要包括农业防治（科学修剪、合理负载、防治虫害等）、化学防治（农用链霉素、噻霉酮等）[1-2]以及生物防治[3]等，但存在效果差、见效慢、易产生耐药性和污染环境等缺点。

实际上，植物抵抗病虫害的能力与其营养水平密切相关。研究表明，生物病原通过营养与作物发生联系，而作物的营养水平取决于其体内营养元素的种类和比例，处于最佳营养状态的作物具有最强的抗病力[4]。因此，从植物营养角度提高植物抗病虫能力是可行的[5]。植物源药肥是一种以有机质、各类氨基酸为主要营养载体，融入天然生物植物药用成分的复方制剂，兼具提供作物健康生长的营养需求和杀虫杀菌的功效，又有安全性高、无污染等特点[6]。配合施用有机全营养配方肥，可补充猕猴桃果园土壤中缺乏的养分，改善土壤理化性质，降低溃疡病的发病率，且效果显著[7]。近年来，运用植物源复配药肥防治病害虫害已逐渐成为研究热点。

天本生物通过长期对猕猴桃溃疡病防治方法研究，通过复配多种中草药、植物源氨基酸和有益微生物，研发了针对猕猴桃溃疡病有效防治的一系列国家发明专利产品——中药植保产品。通过多年田间试验证实系列产品防治效果好、产品功能丰富、操作方便简洁。本文通过对不同感病程度的猕猴桃试验园做了针对性防控处理，目的在于解决猕猴桃溃疡病的预防和治疗问题，实现猕猴桃产业的可持续性发展。

1　材料与方法

1.1　试验材料

试验在都江堰市胥家镇猕猴桃果园进行，栽培品种均为‘红阳’猕猴桃。试验地海拔615 m左右，年平均气温15.2 ℃，日平均气温稳定≥10 ℃天数为252天，积温5 108 ℃，年日照时数1 195 h，年降水量1 028 mm，年蒸发量1 051 mm，年均相对湿度82％，年无霜期285天。

＊第一作者，男，1975年出生，农艺师，主要从事植物营养与肥料，国际贸易，农业机械研发与设计，法律顾问等领域方面的工作；E-mail：sinotb@163.com。

试验地有灌溉条件,管理水平中等,株行距为 2.5 m×3.0 m。

试验用试剂为成都天本生物科技有限公司自主研发的富含多种氨基酸和微量元素的中药植保营养素(Q/510109TBSW001-2016)和中药植保营养液(Q/510109TBSW002-2016)。其中,中药植保营养素为根施型产品;中药植保营养液分喷施、冲施和输液三种类型产品。

1.2 试验处理

田间试验共设 4 个处理,分别为预防性处理(根施+喷施)、治疗性处理(冲施+输液)、预防治疗性处理(根施+冲施+喷施+输液)和空白对照。试验于 2015 年 1 月至 2016 年 6 月进行。每个处理重复三次,120~200 株树。

表 1 猕猴桃溃疡病防控试验处理

编号	试验处理	总株数	健康株数	感病株数	处理方法
A	预防性处理	200	200	0	结合施基肥,每株施用营养素 2.5 kg,生长期叶面喷施 500 倍营养液,每 15 天喷一次,第二年春季溃疡病高发季节调查病害发生及树体存活情况
A-CK	空白对照	200	200	0	不使用任何营养素和营养液进行处理,第二年春季溃疡病高发季节调查病害发生及树体存活情况
B	治疗性处理	150	0	150	发病植株开环状沟施冲施产品 200 倍液,每株 15 L,同时在树体基部打孔输液,每株使用 500 ml 的输液产品,三个月后逐一调查植株发病及存活情况
B-CK	空白对照	150	0	150	不使用任何营养素和营养液进行处理,三个月后逐一调查植株发病及存活情况
C	预防治疗性处理	120	70	50	采用施基肥、生长季叶面喷施、树体输液和冲施一起处理,处理方法同预防及治疗处理,第二年春季溃疡病高发季节调查病害发生及树体存活情况
C-CK	空白对照	120	70	50	不使用任何营养素和营养液进行处理,第二年春季溃疡病高发季节调查病害发生及树体存活情况

1.3 数据处理

试验过程中,于施药前和施药后调查各处理发病情况,记录试验处理株数、感病株数、死亡株数,并按照以下公式计算发病率、治愈率、防控率和死亡率。

$$发病率(\%)=\frac{处理后感病株数}{总株数}\times 100\ \%$$

$$治愈率(\%)=\frac{处理后感染株数-对照健康株数}{总株数}\times 100\ \%$$

$$相对防效率(\%)=\frac{(对照感病株数+对照死亡株数)-(处理后感病株数+处理后死亡株数)}{对照感病株数+对照死亡株数}\times 100\ \%$$

$$死亡率(\%)=\frac{死亡植株数}{总株数}\times 100\ \%$$

2 结果与分析

2.1 猕猴桃溃疡病预防效果

由表 2 可以看出,采用天本产品根施和叶面喷施对未感染猕猴桃溃疡病果园进行预防性处理后，溃疡病病株率仅为 1.50 %，与对照（67.00 %）相比大幅度下降；同时，预防处理果园的植株全部存活，而对照处理果园死亡率却达到 40 %。整体来看，采用预防处理其相对防效高达 97.70 %，可有效抑制溃疡病的发生和蔓延。

表 2　猕猴桃溃疡病预防处理效果

编号	总株数	感病株数	死亡株数	死亡率/%	发病率/%	相对防控率/%
A	200	3	0	0	1.50	97.70
A-CK	200	54	80	40	67.00	—

2.2　猕猴桃溃疡病治疗效果

对感病严重的猕猴桃果园采用天本植保营养液进行冲施和输液治疗后，当年发病率仅为 18.67 %，死亡率仅为 10.00 %。与对照相比，溃疡病治愈率达到 79.33 %（表 3）。

表 3　猕猴桃溃疡病预防处理效果

编号	总株数	感病株数	死亡株数	死亡率/%	发病率/%	治愈率/%
B	150	13	15	10.00	18.67	79.33
B-CK	150	22	125	88.33	98.00	—

2.3　猕猴桃溃疡病预防及治疗效果

对部分感染溃疡病的猕猴桃果园，采用根施、叶面肥、冲施和输液防治性处理后，与对照相比，溃疡病发病率不再继续增加，而是下降至 5.80 %，植株只有少量死亡（2.50 %）。整体来看，采用预防加治疗的方法对部分感染溃疡病的果园进行处理其相防控率可达到 80.83 %，同时第二年的复发率也仅为 6.18 %，进一步证明了植保营养产品对猕猴桃溃疡病的抑制及治疗效果（表 4）。

表 4　猕猴桃溃疡病预防及治疗处理效果

编号	总株数	感病株数	死亡株数	死亡率/%	发病率/%	相对防控率/%
C	120	4	3	2.50	5.80	80.83
C-CK	120	9	95	79.17	86.67	—

3　讨论

以往研究表明，‘红阳’‘黄肉优系 11-7’‘大红’‘早鲜’‘早艳’和‘黄肉优系 Y-HZ201201’为高感品种[8]，应用化学防治方法防治猕猴桃溃疡病，例如噻霉酮对‘海沃德’、农用链霉素对‘华优’防治溃疡病效果较为明显，但各种药剂对‘红阳’的防治效果均较差[9]。由本文研究结果可知，天本系列产品——中药植保营养素、营养液对于‘红阳’猕猴桃溃疡病的防治取得了良好效果，研究结果与孟莉[7]、Scotichini[10]等报道一致，即多施有机肥、硼肥，能有效提高猕猴桃树势，预防溃疡病的发生。

猕猴桃溃疡病高感型的‘红阳’品种可利用天本公司中药植保系列产品进行有效防控，但其预防及治疗效果会受到产品配合使用方式（使用的浓度、方法、时期、次数等）、农事操作及果园管理等多个因素的影响。因此，产品的合理和有效使用还需做进一步优化和深入研究。此外，利用中药复方制剂防治植物病害，在植物保护领域是一个颇具新意的技术，但其防治猕猴桃溃疡病的作用机理还不明确，需进一步研究。

最后，猕猴桃溃疡病立体防控体系在当地验证有效的情况下，需进一步扩展试验范围，为后期的大面积推广使用提供科学依据；同时，迫切需要国内多地的学者、甚至是全世界猕猴桃主产国研究学者对其防控效果是否受到自然地理环境的影响进行深入合作研究。

参考文献 References

[1] 胡万芬，张利，李恢安，等.重庆开县猕猴桃溃疡病药效试验研究初报.中国园艺文摘，2014(11)：50-51.

[2] 谭永中，赵琳，周贤文，等.噻霉酮对猕猴桃溃疡病的防治效果及施药方法.中国南方果树，2016，45(2)：140-141.

[3] 盛存波，安德荣，鲁燕汶，等.一株抗猕猴桃溃疡病的芽孢杆菌分离和筛选研究初报.中国农学通报，2005，21(12)：346-348.

[4] 管致和.植物医学导论.北京：中国农业大学出版社，1996：58-66.

[5] 尹立红，马志卿，陈安良，等.矿质元素与植物抗病虫草害关系研究进展.西北农林科技大学学报，2003，31：157-161.

[6] 姚红杰，王景华，郭平毅，等.除草药肥的研究进展.山西农业大学学报，2001，21(3)：308-309.

[7] 孟莉.有机全营养配方施肥对猕猴桃品质和溃疡病发病率的影响.杨凌：西北农林科技大学，2013.

[8] 石志军，张慧琴，肖金平.不同猕猴桃品种对溃疡病抗性的评价.浙江农业学报，2014，26(3)：752-759.

[9] 王西锐，李艳红.噻霉酮防治猕猴桃溃疡病药效试验.烟台果树，2013(1)：18-19.

[10] SCOTICHINI M，MARCELLETTI S，FERRANTE P，et al. *Pseudomonas syringae* pv. *actinidiae*：a re-emerging，multi-faceted，pandemic pathogen. Molecular Plant Pathology，2012，13：631-640.

Effect of Herbal Traditional Chinese Medicine Compound Preparations on Controlling Kiwifruit Bacterial Canker

WU Fucheng[1] SUI Liyun[2] ZHANG Jiang[1] FANG Jiyu[1] HUANG Chichao[1]

(1 Chengdu Tobest Biotech Co., Ltd Chengdu 610041;

2 Chengdu Academy of Agriculture and Forestry Sciences Chengdu 611130)

Abstract The effects of Herbal Traditional Chinese Medicine compound preparations on preventing and controlling of kiwifruit bacterial canker were evaluated in 'Hongyang' kiwifruit orchard of Chengdu, Sichuan Province. Three orchards at different infected levels were sampled; correspondingly the relevant treatments were performed. The results showed that: (1) with the treatments of infusion and root-irrigation in the infected orchard, the control rate was 79.33 %, (2) with the treatments of fertilization and spaying in the non-infected orchard, the control rate was 97.70 %, (3) with the treatments of both controlling and preventing in the about-half-infected orchard, the control rate in the same year was 80.83 %, and the re-infected rate was 6.18 %. We tracked down the re-infected plants by taking both controlling and preventing treatments on them, the Psa symptoms were effectively remarkable. Moreover, the spread of infection was forcefully prevented, and the infected plants could blossom and fruit in the same year.

Key words Herbal traditional Chinese medicine Nutrition element Kiwifruit Bacterial canker Psa

建始县猕猴桃溃疡病的发生、发展情况及防治对策

龚小刚[1]　周光彦[1]　姜正旺[2]　黄仁煌[2]

（1 湖北省建始县花坪镇农业技术服务中心　恩施　445308；

2 中国科学院武汉植物园　武汉　430074）

摘　要　建始县是湖北省猕猴桃种植起步较早的县份之一，已有三十多年的栽培历史，目前已发展到两万余亩，初步形成了该县的农业支柱产业。但近几年溃疡病的蔓延给果农和相关企业带来很大的经济损失，使当地猕猴桃产业发展受到制约。笔者综合多年从事猕猴桃生产实践及研究结果，对建始县猕猴桃的发生规律、生态环境及当地的防治试验进行总结，提出针对性很强的措施和防治对策，对缓解当前面临的猕猴桃发展困境有重要作用。

关键词　溃疡病　发生规律　防治措施

建始县位于湖北省西南部恩施土家族苗族自治州的崇山峻岭中，温度适宜、雨量充沛、土壤肥沃、生态环境优越，其所处的武陵山脉分枝余脉地区也是原生猕猴桃重要分布区域之一。

1　猕猴桃溃疡病在建始县的发生发展历程

1985 年中科院武汉植物园的科技人员在海拔 800 m 的红岩镇黄木垭村建立了第一个猕猴桃生产基地，主要品种为‘武植 2 号’（‘金早’）、‘武植 3 号’‘武植 5 号’（‘金霞’）、‘通山 5 号’及‘武植 6 号’（‘金桃’）等。经过十余年的发展，面积不断扩大，为全县猕猴桃的大发展起到了很好的示范作用。

1998 年武汉大圣猕猴桃公司在海拔 1 400 m 的花坪镇三岔槽村建了 50 亩猕猴桃生产基地，以‘武植 3 号’‘金魁’为主栽品种，后又引进‘米良 1 号’‘三峡 1 号’‘海沃德’‘秦美’等品种。2003 年春首次发现‘武植 3 号’感染溃疡病病株，因未及时采取果断措施，致使次年病情迅速发展，造成大量植株死亡。2005 年导致毁园，周边的数百亩猕猴桃园也相继发病和毁园。

汲取高山（海拔 1 200 m 或以上）种植猕猴桃易得溃疡病的教训，恩施州益寿天然果品公司带头成立猕猴桃专业合作社，并选择在海拔 800～1 000 m 的花坪镇石马、西山、蔡家、田家坝等村选定地址建猕猴桃果园，同时向稍低海拔（600～800 m）的红岩寺镇、高坪镇、邺州镇、长梁乡等地区发展，主栽品种为‘金魁’‘金桃’‘海沃德’等。2005 年从四川引进‘红阳’接穗进行高接换头，2006 年大面积推广。2009 年在蔡家村和田家坝村的‘红阳’果园局部开始发病，2010 年‘红阳’出现大面积死亡，并发现‘海沃德’有感染病株。2013～2015 年全县‘红阳’大面积发病，同时‘金魁’‘金桃’也出现感染植株。

对建始县猕猴桃溃疡病的局部发生到大面积蔓延进行梳理，可以得到如下启发。

（1）在海拔 1 000 m 或以上的地区发展猕猴桃要慎重，而在海拔 800 m 以下区域发展要安全一些，如红岩寺镇的黄木垭村的猕猴桃在 2003 年前的 18 年间从未发生过溃疡病。猕猴桃溃疡病菌为细菌性病害，适宜在低温、高湿的环境下生长繁殖，而高山地区冬天气温的零下十几度，经常云雾缭绕，空气湿度大，正适宜溃疡病病菌的生长繁殖。此外，过度寒冷的气候会导

致猕猴桃枝干冻裂,产生伤口,使这种弱寄生的病菌有可乘之机,增加猕猴桃植株感染溃疡病的机会。

(2) 引种要慎重。溃疡病发病区域刚开始仅限在花坪镇的高山种植区域,后来却在全县蔓延,通过分析苗木来源,自 2005 年后当地未经植物检疫就从四川疫区引进了‘红阳’接穗,这些接穗已感染或潜伏着溃疡病病菌,在遇到适合的环境条件后,就会生长繁殖,蔓延到其他区域,产生严重溃疡病。今后猕猴桃新区域的发展,注意避免从疫区引种接穗或嫁接的品种,控制病菌来源是防范该病发生的重要措施之一。

2 采取的防治措施及效果观察

2.1 采取的防治措施

一旦发现猕猴桃园有溃疡病症状(如叶面黄斑、植株萎蔫、伤口流出菌脓液等),要尽快采取适当措施进行防治和处理。

2.1.1 清园消毒

进行彻底的清园消毒。早春要勤检查,发现有流菌脓液的病株要尽快铲除和销毁,修剪工具用酒精消毒,地面洒石灰消毒,减少感染其他植株的机会。在冬季进一步对病株病残枝、落叶及杂草进行全面清理,并及时集中烧毁。用 4~5 波美度石硫合剂全园喷施,翌年早春再喷一次。每年在 9 月和 12 月进行两次涂白,药剂为 10 倍石硫合剂液和 2.5 倍石灰乳剂。

2.1.2 药物治疗

对已感染的植株,症状较轻的,可适当采取药物治疗措施。

(1) 涂抹法。可分为刻伤涂药和刮皮涂药两种,刻伤涂药是将噻菌酮、氧氯化铜、溃腐灵等药剂直接涂抹于患处刻伤部位,用刀纵刻 3~5 条、深达木质部的切口后涂药。刮皮涂药是用刀将病斑处树皮全部刮除,深达木质部,削到病斑与健康树皮交界见绿为止,涂药后用地膜包扎保护,冬季最好用过氧乙酸液进行涂干消毒。

(2) 吊瓶法。将 800 万单位农用链霉素稀释 1 200 倍,加入 0.1 %硼砂,于 3 月上旬在患处打孔吊瓶输药。

(3) 喷雾法。用农用链霉素、噻菌酮于采果后及早春分别交替喷雾 3~4 次。冬季修剪结束应彻底清园,用过氧乙酸喷雾消毒 2~3 次,每次修剪对树体造成的伤口应及时用防腐油涂抹保护。

2.2 防治效果观察

(1) 不同品种对同一种涂药方法效果差异较大。对‘红阳’‘金桃’等中华系列的品种效果较差;而对‘金魁’‘海沃德’等美味系列品种效果较好,且病部形成愈合组织较好。

(2) 同一品种采用不同栽培方式,防治效果差异显著。花坪镇周塘村李必甫采用‘海沃德’实生苗作砧木,绿枝高接‘红阳’,比周边果农直接定植‘红阳’嫁接苗的晚 3 年发病。处于相同海拔,均采用起垄栽培,2012 年同期建‘红阳’果园,高坪镇花园村采用实生苗绿枝高接,截至 2015 年未发现感病植株。而郦州镇岩风洞村定植嫁接苗和实生苗高位硬枝嫁接,2014 年损失达 60 %;郦州镇牛角水村采用定植嫁接苗建园的,于 2014 年全部毁园。

(3) 同一品种、相同药剂,采用不同处理方法,存在局限性且效果不同。化学防治以刮皮涂药效果最好,适宜于最早出现的小病斑;有两个以上病斑的枝干,其形成层已呈圆周状坏死,则涂药治疗无多大意义。

3 溃疡病防治对策

3.1 因地制宜,进行合理区划种植

建始县的山地一般海拔 400~1 400,不同海拔高度,其自然生态条件相差甚远。因此,一定要根据猕猴桃品种的习性,因地制宜分区种植。如前所述,高山地区(海拔 1 000 m 以上)最好不要种植易感染溃疡病的'红阳'。在海拔 800~1 000 m 的山区主要种植'金魁''海沃德'等美味系列的品种。400~800 m 的山区主要种植'红阳''金桃'等中华系列的品种,这样溃疡病的发生率就会大大降低。

3.2 改善土壤条件,培育健壮树体

不少地方的猕猴桃树体长势差、寿命短、病害多、产量低、质量差,是长年滥施劣质化肥,导致土壤板结的恶果。因此,培育健康、肥沃的土壤是优质猕猴桃生产的核心。多施有机肥,应用生物菌肥,使土壤疏松肥沃,猕猴桃根系才能生长良好,树势才能长得健壮,其抗病能力就提高了。

3.3 推行测土配方施肥

严格控制氮肥、增施磷肥、钾肥,补充适量硼、锌、钙、镁等矿质肥,使土壤含磷量达到 30~40 mg/m^2,每年还要补施硼肥,确保土壤不缺硼,以免由此产生的藤肿病而使树皮开裂,易被溃疡病病菌入侵。

3.4 加强树体管理

改变以前多主干树体结构,大力推广单主干 Y 形树形结构,搞好夏季修剪,改善通风透光条件。提前进行冬季修剪,采果后半个月即应抓紧进行冬剪,修剪晚了伤口不易愈合好,病菌就有可能入侵。并控制好单株的结构负载量,亩产应在 1 000~1 500 kg 较好。

3.5 把好苗木繁殖关,切断病苗传染源

应采集当地野生猕猴桃的种子繁殖实生苗作砧木,果园先定植实生苗,第二年再进行绿枝高接选定品种。在低山建立健康无病的猕猴桃品种采穗圃,同一提供接穗,这样就可以降低疫区苗木和接穗带病扩散的风险。

The Psa Status and Control Measures of Kiwifruit Production in Jianshi County, Hubei Province

GONG Xiaogang[1] ZHOU Guangyan[1] JIANG Zhengwang[2] HUANG Renhuang[2]

(1 The Agricultural Technique Service Center of Huaping Township, Jianshi county, Hubei province Enshi 445308;
2 Wuhan Botanical Garden, Chinese Academy of Sciences Wuhan 430074)

Abstract Jianshi County is one of the early kiwifruit production counties in Hubei province, and the history of kiwifruit cultivation is over thirty years. The cultivation area is about 1,330 ha (20,000 mu), and it's become the mainly agricultural product and the local supportive industry. However, the Psa almost destroyed the local kiwifruit industry and made a lot of economic loss to the growers, and kiwifruit industry suffers heavily.The authors have investigated the Psa development on kiwifruit vines, the surroundings, the control techniques and studied the results of related research, and put forward some good practical measures for the control of Psa in Jianshi county, which could be helpful for the further kiwifruit production.

Key words Kiwifruit canker (Psa) Development procedures Control techniques

彩图1　猕猴桃滴灌

彩图2　猕猴桃微喷

彩图3　‘红昇’与‘红阳’果实采收时着色比较

彩图4　‘红昇’与‘红阳’后熟果实着色比较

彩图5　左边为‘湘吉红’无籽果实，右边为‘红阳’有籽果实

彩图6 ‘湘吉红’母本园

彩图7 卵圆叶和长果的果实外观

彩图8 长果猕猴桃结果状

彩图9 卵圆叶猕猴桃的结果状

彩图10 长果猕猴桃的花蕾（露瓣状）

彩图11 卵圆叶猕猴桃的花

彩图12 桃花猕猴桃的花和结果状

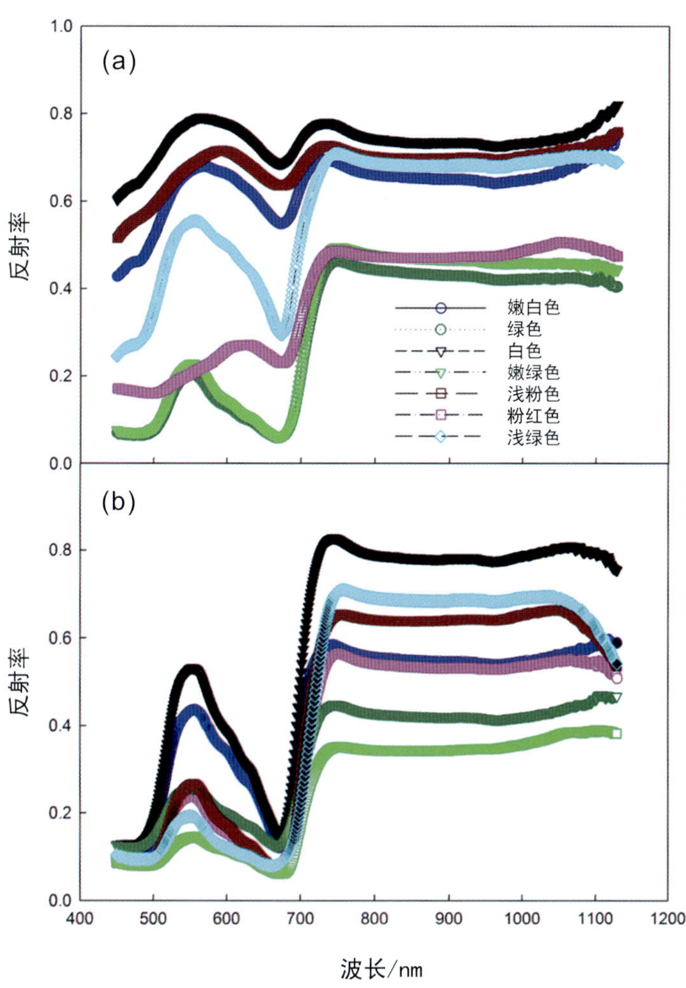

（a）近轴面　　　　　（b）远轴面

彩图13 狗枣猕猴桃不同颜色叶片光谱学特性

彩图14　杂种后代及双亲的花色

注：(A)‘红阳’的花（白色）；(B)白色花（赋值为0）；(C)花瓣基本为白色，仅基部有很少的红色的花（赋值为1）；(D)花瓣颜色基本为红色白色各占一半，边缘为白色，基部为浅红色的花（赋值为2）；(E)花瓣颜色基本为红色白色各占一半，边缘为白色，基部为深红色的花（赋值为3）；(F)花瓣基本为全红，但边缘有很浅的白色，且比母本‘江山娇’的红色稍浅的花（赋值为4）；(G)花瓣上无白色表现，且与“江山娇”的花色（玫瑰红）表现类似的花（赋值为5）；(H)‘江山娇’的（花玫瑰红）。

彩图15　秋水仙素(混培法)处理不同时间下猕猴桃叶片分化和再生小苗生长情况

A~C分别是秋水仙素处理后9d，11d和18d的叶片分化情况；D~F分别是秋水仙素处理9d，11d和18d再生小苗的生长情况。

彩图16　秋水仙素(包埋法)处理不同时间下猕猴桃小苗的生长情况

A~C分别是处理24h，48h和72h后小苗培养1~2d时的生长情况；D~F分别是处理24h，48h和72h后小苗培养4~7d时的生长情况。

彩图17　秋水仙素处理后猕猴桃再生植株与对照植株叶片形态的比较

A1~C1分别是秋水仙素处理0d，9d和11d后的再生植株；A2~C2分别是秋水仙素处理0d，9d和11d后的再生植株叶片。

1

2

3

4

5

6

彩图18　不同品种生根能力的比较

注：1-4:‘东红’瓶外生根；5-12:‘AA12-10’瓶外生根。

7

8

9

10

11

12

彩图18　不同品种生根能力的比较(续)

注：1-4：‘东红’瓶外生根；5-12：‘AA12-10’瓶外生根。

彩图19　猕猴桃果实腐烂病的典型症状

(A)‘金艳’品种感染猕猴桃软腐病后果实表面感病表征；(B)‘金艳’品种感染猕猴桃软腐病后果实内部感病表征；(C)‘金魁’品种感染猕猴桃软腐病后果实剖面感病表征；(D)‘金艳’品种感染猕猴桃软腐病后果实剖面感病表征。

彩图20　(A)~(C)疑似灰斑病或褐斑病的症状；(D)疑似溃疡病的症状

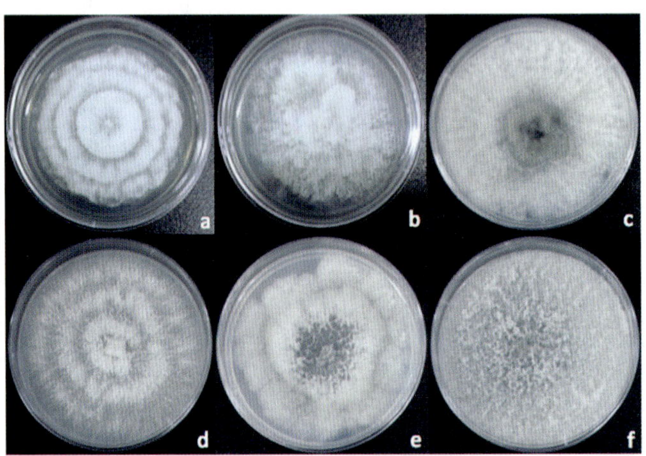

彩图21　分离得到的小孢拟盘多毛孢菌

(a)间座壳菌；(b)链格孢菌；(c)菜豆间座壳菌变种；(d)新壳梭孢菌；(e)及稻黑孢；(f)在PDA培养基28℃培养5d后的菌落特征。